Walter Witzel · Dieter Seifried

Das Solarbuch

Fakten, Argumente und Strategien für den Klimaschutz

Herausgeber
Energieagentur Regio Freiburg

ökobuch
Politik

Impressum

Herausgeber
Energieagentur Regio Freiburg GmbH
Postfach, 79072 Freiburg
Tel.: (0761) 791 77-0
Fax: (0761) 791 77-19
www.energieagentur-freiburg.de

Autoren
Dr. Walter Witzel
Dieter Seifried

Produktionsleitung
Rainer Schüle

Design und Infografiken
triolog - kommunikaion mit energie
Erbprinzenstr. 18, D-79098 Freiburg
Tel.: (0761) 70 42 67-0
Fax: (0761) 70 42 67-7
mail@triolog-web.de
www.triolog-web.de

unter Verwendung von Grafiken von Sabine Kropat und Moni Bauer (1. Auflage)

Wir danken für die freundliche Unterstützung
Servicestelle Kommunen
in der Einen Welt/InWEnt gGmbH
Tulpenfeld 6, D-53113 Bonn
Tel.: (0228) 24 34-630
Fax: (0228) 24 34-635
info@service-eine-welt.de
www.service-eine-welt.de

Hinweis: Alle Folien aus diesem Buch können Sie unter **www.solarbuch.de** herunterladen.

Die Deutsche Bibliothek – CIP-Einheitsaufnahme

Ein Titeldatensatz für diese Publikation ist bei der Deutschen Bibliothek erhältlich

Für den Inhalt verantwortlich:
Dr. Walter Witzel, Im Laimacker 93, 79249 Merzhausen, w.witzel@gmx.de
Dieter Seifried, Turnseestr. 44, 79102 Freiburg, seifried@oe2.de, www.oe2.de

1. Auflage April 2000, 2. überarbeitete und ergänzte Auflage Januar 2004
3. überarbeitete und ergänzte Auflage Juni 2007

ISBN 978-3-936896-30-5

Inhalt

1 → 2 → 3 → 4 → 5 → 6 → 7 → 8 → 9 → 10 → 11 → 12 →

Fußnoten ↓ Glossar ↓ Infos ↓

Zum Geleit

Düstere Wolken ziehen auf. Der Klimawandel – lange erforscht, diskutiert und bestritten – kommt mit Nachdruck. Der neueste Bericht des UN-Sachverständigenrates (IPCC) von über 2000 Klimaforschern aus aller Welt spricht eine klare Sprache. Eine Erderwärmung von zwei Grad gegenüber der vorindustriellen Zeit ist schon nicht mehr zu vermeiden. Eine weitere Erwärmung mit massivsten Folgen für Mensch und Umwelt und eine Weltwirtschaftskrise sind nur unter größter und weltweiter Anstrengung zu verhindern.

„Die Zeit für Halbheiten ist vorbei", sagte der scheidende französische Präsident Jacques Chirac zu den Herausforderungen beim Klimaschutz. „Es ist Zeit für eine Revolution: Die Revolution des Bewusstseins, die Revolution der Wirtschaft, die Revolution des politischen Handelns."

Im Unterschied zu den drei industriellen Revolutionen (der ersten mit Dampfmaschine, Webstuhl und Eisenbahn; der zweiten mit Erdöl, Auto und Chemie; und der dritten mit Informations- und Biotechnologie) soll und muss die vierte industrielle Revolution mit dem Übergang zur Solarwirtschaft aber aktiv eingeleitet, beschleunigt und weltweit durchgeführt werden.

Aber trotz aller Proklamationen steigt der weltweite Energieverbrauch von Jahr zu Jahr, gibt es nur bescheidene Klimaschutzmaßnahmen bei den bisherigen Industriestaaten und steigt der Energieverbrauch in den bevölkerungsreichen Schwellenländern China und Indien massiv an. Die geforderte Halbierung der weltweiten Treibhausgas-Emissionen bis 2050 und die mehr als berechtigte und überfällige wirtschaftliche Entwicklung bisher armer Länder wird nur mit einer globalen Energiewende und einer Doppelstrategie zu erreichen sein – mit Energieeffizienzsteigerungen und mit der parallelen raschen Entwicklung regenerativer Energien.

Hinter den düsteren Wolken lockt der blaue Himmel und scheint die Sonne. Mit der industriellen Revolution zur Effizienz- und Solarwirtschaft wird die Energieversorgung sicher, gibt es keinen Kampf um Öl, wird Armut bekämpft, werden Millionen neuer Arbeitsplätze geschaffen und die Volkswirtschaften und Verbraucher zukünftig finanziell entlastet. Fürchten muss man sich nur vor dem Nichtstun.

Aber davor muss man sich tatsächlich fürchten. Die wesentlichen Energieeffizienz-Technologien und ökoeffizienten Produkte vom Drei-Liter-Auto über die Kraft-Wärme-Kopplung bis zum Plusenergiehaus sind längst entwickelt. Seifried und Witzel machen das an ausgewählten Bereichen und überzeugenden Praxisbeispielen deutlich und benennen die politischen Gründe für den gesellschaftlichen Effizienzstau.

1 →
2 →
3 →
4 →
5 →
6 →
7 →
8 →
9 →
10 →
11 →
12 →

Im Solarbuch konzentrieren sie sich auf die zweite große Herausforderung der Energiewende – die vollständige Deckung eines (bereits deutlich reduzierten) Weltenergiebedarfs durch regenerative Energiequellen. Die Autoren zeigen überzeugend die großen technischen und wirtschaftlichen Perspektiven der Solarenergie im engeren Sinn und die der sonnengetriebenen Energiequellen Wind, Wasser und Biomasse.

Aber noch mehr. Sie zeigen, dass die Fixierung auf technische Potenziale zu kurz greift. Die gewaltige Strukturveränderung der Energiewirtschaft und der Gesellschaft wird es nur über einen gesellschaftlichen Innovations-Prozess geben. Und der erfordert neben den Technologien den Willen zum Aufbruch in sonnigere Zeiten, erfordert förderliche institutionelle und marktliche Rahmensetzungen und Änderungen im Kauf- und Nutzerverhalten der Konsumenten.

Da stellen sich Fragen über Fragen, aber die Antworten stehen im aktualisierten und stark erweiterten Solarbuch und beim Lesen erhellt sich der Blick. Denn die dritte Auflage des Solarbuchs ist das Handbuch für die vierte industrielle Revolution.

Rainer Grießhammer

Rainer Grießhammer ist
Mitglied der Geschäftsführung
des Öko-Institut e.V.
und Mitglied im
Wissenschaftlichen Beirat
der Bundesregierung
Globale Umweltänderungen

Vorwort
der Autoren

„Den erneuerbaren Energien gehört die Zukunft." Diese Aussage war vor 20 Jahren nur die Meinung einer Minderheit. Die Energieversorgung wurde damals durch die fossilen Energieträger Kohle, Öl und Gas sowie durch die Atomkraft gesichert. Die Energieversorger redeten die Solarenergie klein und wollten in ihr bestenfalls das „fünfte Rad am Wagen" sehen, das auch langfristig nur einen bescheidenen Anteil des Bedarfs decken kann.

Insbesondere in den letzten Jahren hat sich die Stimmung gewandelt. Die Märkte der regenerativen Energiequellen boomen weltweit. Gleichzeitig werden die negativen Auswirkungen der fossil-atomaren Energieversorgung zunehmend deutlicher:

- Die dramatischen Klimafolgen des ungebremsten Verbrauchs fossiler Energien lassen Gletscher und Polkappen in ungeahntem Tempo schmelzen und Wüsten wachsen. Malaria und Cholera sind wegen steigender Temperaturen auf dem Vormarsch; Extremereignisse wie der Hitzesommer 2003 und der Hurrikan Kathrina häufen sich. Entsprechend weisen Wissenschaftler mit zunehmender Stringenz auf die katastrophalen Folgen und die immensen Kosten des Klimawandels hin. So folgert Nicholas Stern, der ehemalige Chefvolkswirt der Weltbank, in einer im Oktober 2006 vorgelegten Studie, dass Klimaschutz die beste Wirtschaftspolitik sei. Sie kostet nur etwa ein Prozent des weltweiten Bruttoinlandsprodukts, während der Verzicht auf eine effektive Klimaschutzpolitik Kosten von bis zu 20 Prozent des Bruttoninlandsprodukts verursachen könnte.[1]
- Erdöl und Erdgas werden zunehmend knapper; die Preise sind rapide gestiegen, und der Irak-Krieg erinnert daran, dass der größte Teil der weltweiten Erdölreserven unter dem politischen Pulverfass Nahost lagert.
- Die Reaktorkatastrophe von Tschernobyl (1986) hat tragisch bewiesen, dass es keine sicheren Atomkraftwerke gibt. Immer wieder treten Havarien und Schäden auf, wie z.B. im Sommer 2006 in Forsmark und in Biblis. Nach wie vor ist das Problem der Entsorgung des radioaktiven Abfalls der Atomkraftwerke ungelöst. Der Ausstieg aus der Atomenergie ist daher dringend notwendig.

Diese und andere Gründe verdeutlichen, dass die fossil-atomare Energieversorgung weder nachhaltig noch zukunftsfähig ist. Gleichzeitig haben die Menschen den Einstieg ins Solarzeitalter und den Boom bei den erneuerbaren Energien erlebt bzw. selbst forciert. Damit ist klar: **Die Solarenergie ist keine Randerscheinung, sondern neben der rationellen Energienutzung die einzige nachhaltige Energiequelle und damit der zentrale Baustein einer zukünftigen Energiewirtschaft.**

Das belegt auch die Entwicklung der letzten Jahre:
Die **Solarenergie** ist aus ihrem Nischendasein herausgetreten![2] Die Zahl der Solaranlagen hat in Deutschland im Jahr 2006 die Millionengrenze überschritten. In nur sieben Jahren, von 1999 bis 2005, hat die Branche ihren Umsatz mehr als verzehnfacht, das entspricht einem durchschnittlichen jährlichen Wachstum von ca. 50 Prozent(!). Im Jahr 2005 haben 45.000 Beschäftigte einen

1 → 2 → 3 → 4 → 5 → 6 → 7 → 8 → 9 → 10 → 11 → 12 →

Umsatz von 3,7 Mrd. € erwirtschaftet; bis 2020 ist eine (weitere) Steigerung auf das Sechsfache geplant.
Noch robuster stellt sich die **Windkraft** dar: Die Förderpolitik der 1990er Jahre hat den Ausbau vorangebracht und auch eine Entwicklung zu immer leistungsfähigeren Windturbinen angestoßen. Deutschland ist heute Windkraft-Weltmeister. Ende 2006 lieferten bundesweit 18.685 Anlagen mit insgesamt ca. 20.600 MW umweltfreundlichen Strom ins Netz. Sie erzeugten etwa 5,7 Prozent des Stromverbrauchs. Damit hat die Windkraft die Wasserkraft als bislang wichtigste regenerative Energiequelle vom ersten Platz verdrängt.

Die Windkraft-Förderung zahlt sich inzwischen aus. Deutsche Firmen sind führend auf dem Weltmarkt. Moderne Windturbinen werden in großem Umfang exportiert, weil an guten Standorten Strom aus Wind günstiger erzeugt werden kann als in konventionellen Kraftwerken. Das kommt auch den 70.000 Menschen zu Gute, die in der deutschen Windkraftbranche arbeiten.

Auch die lange Zeit vernachlässigte **Biomasse** wird zunehmend attraktiv. Zahlreiche Kommunen beheizen Neubaugebiete mit dem regenerativen Brennstoff Holz, und die insbesondere für Ein- und Mehrfamilienhäuser geeignete Holz-Pelletheizung entwickelt sich zu einer echten Konkurrenz zu Öl- und Gasheizungen: Die Zahl dieser umweltfreundlichen Kessel verzehnfachte sich innerhalb von drei Jahren. – Viele Landwirte haben den Schritt zum Energiewirt vollzogen. Der Betrieb von Biogasanlagen oder der Anbau von Raps zur Erzeugung von Biodiesel verschafft ihnen zusätzliche Einnahmequellen.

Diese aus unserer Sicht sehr erfreuliche Entwicklung wurde angestoßen durch eine staatliche **Förderpolitik**, wobei in erster Linie das Erneuerbare-Energien-Gesetz (EEG) zu nennen ist. Deutschland steht damit aber nicht allein. Viele Länder haben inzwischen dieses erfolgreiche Förderinstrument im Grundsatz übernommen. So erlebt z.B. Spanien aufgrund eines entsprechenden Gesetzes derzeit einen Boom der Solarenergie.

Auch weltweit gab es drastische Zuwächse[3]. Die global installierte Windkraftleistung stieg im Jahr 2005 um ca. 24 Prozent gegenüber dem Vorjahr an, bei der Zahl der netzgebundenen Solaranlagen konnte sogar ein Zuwachs von 55 Prozent verbucht werden. Investitionen von insgesamt ca. 30 Milliarden Euro (2005) zeigen die zunehmende wirtschaftliche Bedeutung der Branche.

Von besonderer Bedeutung ist dabei, dass sich China als bevölkerungsreichster Staat der Erde anspruchsvolle Ziele setzt[4]: Bis zum Jahr 2020 sollen die erneuerbaren Energien dort 15 Prozent des gesamten Energiebedarfs abdecken. So soll z.B. die installierte Windkraftleistung von derzeit ein Gigawatt auf 20 Gigawatt im Jahr 2020 gesteigert werden. Auch für die anderen regenerativen Energien gibt es ehrgeizige Ausbaupläne. Damit zeigt China, dass die Erneuerbaren gerade auch für Entwicklungs- und Schwellenländer eine ernsthafte Option darstellen.

Auch in den USA, die bisher dem Kyoto-Protokoll nicht beigetreten sind, gibt es erfreuliche Entwicklungen. Eine Allianz von über dreihundert Bürgermeistern, u.a. von Chicago, New York, Los Angeles und New Orleans, bekennt sich zum Kyoto-Protokoll.[5] Selbst in der US-Regierung scheint ein

Umdenken einzusetzen. Präsident Bush, Ex-Ölmanager und noch heute von Beratern aus der Öl-Industrie umgeben, kündigte im Januar 2006 eine Förderung der erneuerbaren Energien an, um die Abhängigkeit der USA vom ausländischen Öl zu verringern[6].

Die Energiepolitik ist also in einem starken Wandel begriffen. Die erneuerbaren Energien erlangen in rasantem Tempo an Bedeutung. Das vorliegende Buch will den Leserinnen und Lesern in diesem Prozess **eine Orientierung geben, Fakten und Argumente liefern sowie Strategien für den raschen Umstieg ins Solarzeitalter aufzeigen:**

- Zunächst informiert es über die vielfältigen Nutzungsmöglichkeiten der Sonnenenergie. Wir beginnen dabei mit der **direkten Solarenergienutzung:** Solarthermie und Photovoltaik, also die Wärme- bzw. Stromerzeugung mittels Sonnenstrahlung (Kapitel 2 bis 4). Die Sonne ist aber auch der Motor für unser Klima, denn Wind, Wolken und damit auch Regen sind eine Folge der Sonneneinstrahlung. Auch Pflanzen (Biomasse) können nicht ohne Licht entstehen. Daher werden auch die **indirekten Nutzungen der Sonnenenergie** in Form von Biomasse sowie Wind- und Wasserkraft dargestellt. Auch auf die Geothermie als weitere regenerative Energiequelle gehen wir dabei ein (Kapitel 5 bis 7). Ergänzt wird diese Darstellung durch eine Übersicht über **neue Energietechnologien** wie z.B. die Brennstoffzelle, die häufig im Zusammenhang mit regenerativen Energien diskutiert werden (Kapitel 8).

- Im zweiten Schritt folgt eine **Gesamtschau eines solaren Energiesystems.** Dabei geht es um die Potenziale der verschiedenen solaren Energien, um deren derzeitige Nutzung in Deutschland, in Europa und in der gesamten Welt. Ein Szenario zum Ausbau dieser Energien verdeutlicht die Zukunftsperspektiven. (Kapitel 9) – In der Debatte um die Zukunft unserer Energieversorgung tauchen immer wieder Argumente gegen einen Ausbau der Erneuerbaren auf. Diese greifen wir in Kapitel 10 auf und erläutern an Hand von Fakten unsere Gegenposition.

- Die beiden letzten Kapitel gehen der Frage nach, wie die so beschriebene Solarenergiewirtschaft Realität werden kann. Dazu gibt das Kapitel 11 eine Übersicht und Bewertung verschiedener **Fördermodelle**. Aufgrund seiner großen Bedeutung steht dabei das Erneuerbare-Energien-Gesetz (EEG) im Mittelpunkt. Für einen nachhaltigen Ausbau der erneuerbaren Energien müssen jedoch noch andere Instrumente (z.B. im Wärmemarkt) hinzukommen. Wir beziehen dabei auch bewusst einige Modelle mit ein, die heute überholt sind (wie die kostendeckende Vergütung), aber in der Vergangenheit eine wichtige Bedeutung hatten, um damit auch die Entwicklung in Deutschland zu erklären. - Ergänzend stellen wir in Kapitel 12 einige Beispiele für kreative **Marketing-Strategien** vor, die die Nutzung der erneuerbaren Energien (vorwiegend auf kommunaler Ebene) vorangebracht haben. Damit zeigen wir nicht nur die Handlungsmöglichkeiten im Großen auf, sondern geben auch Anregungen für das Handeln in kleinen Zusammenhängen sowie auf der kommunalen Ebene.

In diesem Solarbuch haben wir jedem Text zur Verdeutlichung eine Grafik zur Seite ge-

1 → 2 → 3 → 4 → 5 → 6 → 7 → 8 → 9 → 10 → 11 → 12 →

stellt. Dieses Konzept ermöglicht Ihnen, als Leser/innen und Betrachter, einen schnellen Überblick über das Thema. Gleichzeitig schafft es aber auch Zwänge, denn für jedes Thema steht nur genau eine Seite zur Verfügung. Wir mussten daher bei verschiedenen Texten ergänzende Gedanken aus dem Text streichen und konnten sie nur in Form einer Fußnote berücksichtigen. - Um die Verständlichkeit zu verbessern, haben wir **Fachbegriffe im Glossar** am Schluss des Buches erläutert. Interessierte Leser und Leserinnen finden im Anhang auch eine **Auswahl wichtiger Zeitschriften und Internetadressen**. Dies soll es Ihnen ermöglichen, aktuelle Entwicklungen zu verfolgen und zusätzliche Informationen zu speziellen Themen zu erhalten.

Gegenüber der zweiten Auflage haben wir die Texte nicht nur auf den aktuellen Stand gebracht. Entsprechend der zunehmenden Bedeutung von Biomasse als regenerative Energiequelle haben wir das Kapitel 5 deutlich erweitert. Es war uns darüber hinaus auch wichtig, einige Blicke über die Landesgrenzen zu werfen: Die Entwicklung der erneuerbaren Energien in Europa und in der gesamten Welt stellen wir daher sowohl in einer Zusammenschau als auch an Beispielen für vorbildhafte Entwicklungen dar.

Wir wünschen uns, dass auch die dritte Auflage dieses Buches denjenigen das nötige Grundwissen vermittelt, denen eine umweltverträgliche Energieerzeugung am Herzen liegt, und dass unser Buch Anregungen gibt, sich aktiv für eine nachhaltige Energiepolitik einzusetzen. Auf diesem Weg mag es auch manche Rückschläge geben, aber die Perspektive ist klar: "Der Lauf der Sonne ist nicht aufzuhalten."

Freiburg, Februar 2007
Walter Witzel, Dieter Seifried

P.S.: Alle Folien aus diesem Buch können Sie unter **www.solarbuch.de** herunterladen. Wir wünschen Ihnen viel Erfolg bei Ihrem Vortrag oder Ihrer Bildungsarbeit.

Auf neuen Wegen in die Zukunft

Liebe Leserinnen und Leser,

im Kontext der Klimawandels wird praxisnahes Fachwissen über Energieeffizienz und Erneuerbare Energien nötiger denn je gebraucht! Denn nur in den Erneuerbaren Energien liegt eine wirklich langfristige Alternative zu den endlichen, klimaschädlichen und auch sicherheitspolitisch sensiblen fossilen Energiequellen. Und nur die unerschöpfliche Kraft von Sonne, Wind und Wasser sowie die nachwachsenden Energiequellen können, anders als die Atomenergie, auch unserer Zukunftsverantwortung ganz gerecht werden.
Ohne die atomare Last für Jahrtausende sind Erneuerbare Energien auch ein wirklicher Hoffnungsträger für Entwicklung, denn sie sind in Entwicklungsländern dezentral auch dort einsetzbar, wo bislang Armut und Energiemangel einander bedingen. Und wo bereits jetzt mittel- und schutzlose Menschen von den Folgen einer falschen Energiepolitik, von extremen Wetterereignissen wie Dürren, Starkregen oder Stürmen am härtesten getroffen werden.

Die Neuauflage des Solarbuchs gibt auf viele dieser aktuellen Fragen wichtige Antworten. Es bietet Informationen und technische Erläuterungen auf dem neusten Erkenntnisstand, dazu anregende Beispiele und Tipps zur Nachahmung. Gute Gründe für die Servicestelle Kommunen in der Einen Welt der InWEnt gGmbH, die Neu-Auflage zu unterstützen.

Klima- und Energiepolitik ist nicht allein eine nationalstaatliche Aufgabe. Sie gehen auch die unteren politischen Ebenen, die Privatwirtschaft und jeden Einzelnen etwas an. Lokal, am Wohn- und Arbeitsort eines jeden, wird Energieverbrauch und Klimawandel konkret. Ca. 75% des Energieverbrauchs entfällt auf Städte. Deshalb muss besonders auch dort nachhaltige Energiepolitik betrieben, Kohlendioxidemission vermieden und Klimaanpassung vorangebracht werden. Weltweit zeigen Mega- und Großstädte diesen Handlungsbedarf am deutlichsten. Hier wird Klimawandel verursacht und erlitten: Gerade die schnell wachsenden asiatischen Megastädte liegen oft genau an den Flussläufen oder in den Küstenstreifen, die von dem klimabedingten Anstieg des Meeresspiegels, den zunehmenden Taifunen und Überschwemmungen betroffen sind. Die Armen in den Slums werden es „ausbaden".

Städte sind stark genug, um einer neuen Energiepolitik Schwung und Richtung zu geben und flexibel genug, um den oft langsam zu tragfähigen Beschlüssen kommenden Staaten voraus zu gehen. Sie sind durch ihre Nähe zu den Bürgern und der Privatwirtschaft in der Lage, Bewusstseinsprozesse anzustoßen und innovative Politiken zu implementieren. Viele deutsche Städte leben diesen Anspruch bereits. Einen Ansatz zur Vernetzung innovativer Städte weltweit hat u.a. die Local Renewable Konferenz 2004 mit ihrer mutigen Bürgermeistererklärung gemacht. Dieser Weg muss nun weiter beschritten und durch internationalen Erfahrungsaustausch befruchtet und motiviert werden.

Viele Anregungen hierzu finden sich im neuen Solarbuch. Ein Gewinn für jeden, der Zukunftschancen und Verantwortung zusammen wahrnehmen möchte.

Ihr **Ulrich Nitschke**
Leiter der Servicestelle Kommunen in der Einen Welt/ InWEnt gGmbH

InWEnt
Internationale Weiterbildung und Entwicklung gGmbH

SERVICESTELLE
KOMMUNEN IN DER EINEN WELT

1 Einleitung
1.1 Unser Klima ist bedroht

Die Zeichen der Klimaveränderung sind unübersehbar: Die globale Mitteltemperatur ist innerhalb eines Jahrhunderts um 0,7 Grad gestiegen; die Gletscher in den Alpen nehmen ebenso ab wie die arktische Eisfläche. Die Häufigkeit und Stärke von Wirbelstürmen hat zugenommen, und extreme Wetterereignisse wie die Flutkatastrophe im Jahr 2002 oder der Hitzesommer 2003 häufen sich.

Die **Ursachen** sind bekannt: Durch das **Verbrennen fossiler Energien** entsteht Kohlendioxid, das sich in der Atmosphäre anreichert und zu einer Verstärkung des Treibhauseffekts führt. So ist die Konzentration des wichtigsten Klimagases Kohlendioxid (CO_2) von ungefähr 280 ppm (parts per million) in der vorindustriellen Zeit auf heute knapp 390 ppm angestiegen. Neben dem Kohlendioxid produziert die Menschheit noch andere klimarelevante Gase. Dazu gehört z.B. Methan, das in der Viehhaltung oder bei der Kohle- und Erdgasgewinnung freigesetzt wird. Ebenso ist Distickstoffoxid (N_2O, Lachgas) ein klimarelevantes Gas, das z.B. durch den Einsatz von Kunstdünger in der Landwirtschaft in die Atmosphäre gelangt.

Diese Gase verändern die Strahlungsbilanz aus einfallender und abgestrahlter Energie. Die von der Sonne kommenden kurzwelligen Lichtstrahlen durchdringen die Atmosphäre und werden auf der Erdoberfläche reflektiert. Die reflektierte Strahlung ist langwelliger und kann die Atmosphäre nicht so gut durchdringen, sondern wird teilweise durch die Treibhausgase absorbiert. Dieses natürliche Phänomen (Treibhauseffekt) ist lebenswichtig für unseren Planeten, denn ohne diesen Treibhauseffekt würde sich auf der Erde eine mittlere Temperatur von -18° Celsius einstellen. **Durch die ansteigende Konzentration der Klimagase gerät die Strahlungsbilanz mehr und mehr aus dem Gleichgewicht.** Die Erdflächen und die Meere erwärmen sich stärker, über den Meeren verdunstet mehr Wasser, es entstehen mehr Hurrikans bzw. Taifune. Insgesamt wird der Atmosphäre mehr Energie zugeführt. Als Folge davon treten extreme Wetterereignisse häufiger auf, wie z.B. Dürren, Überschwemmungen oder Hitzeperioden.

Während bei der ersten Auflage dieses Buches die von Menschen gemachte Klimaveränderung noch in Zweifel gezogen wurde bzw. umstritten war, ist heute die Sachlage eindeutig: „Keine ernsthafte wissenschaftliche Arbeit bestreitet inzwischen die Bedrohung, die für das Klima durch aus der Verbrennung fossiler Brennstoffe entstehende Treibhausgase ausgeht", sagt Professor Mojib Latif vom Leibniz-Institut für Meereswissenschaften an der Universität in Kiel.[7]

Dennoch gibt es weiterhin Widerstände gegen eine effizientere Klimaschutzpolitik. Diese sind nicht durch echte Zweifel an der Klimaveränderung begründet. Vielmehr liegt dies am betriebswirtschaftlichen Interesse einzelner Industriezweige oder an dem vermeintlichen wirtschaftlichen Nachteil, der von einzelnen Ländern oder Interessensgruppen bei der Umsetzung einer Klimaschutzpolitik erwartet wird.

Unser Klima ist bedroht

1
2 →
3 →
4 →
5 →
6 →
7 →
8 →
9 →
10 →
11 →
12 →

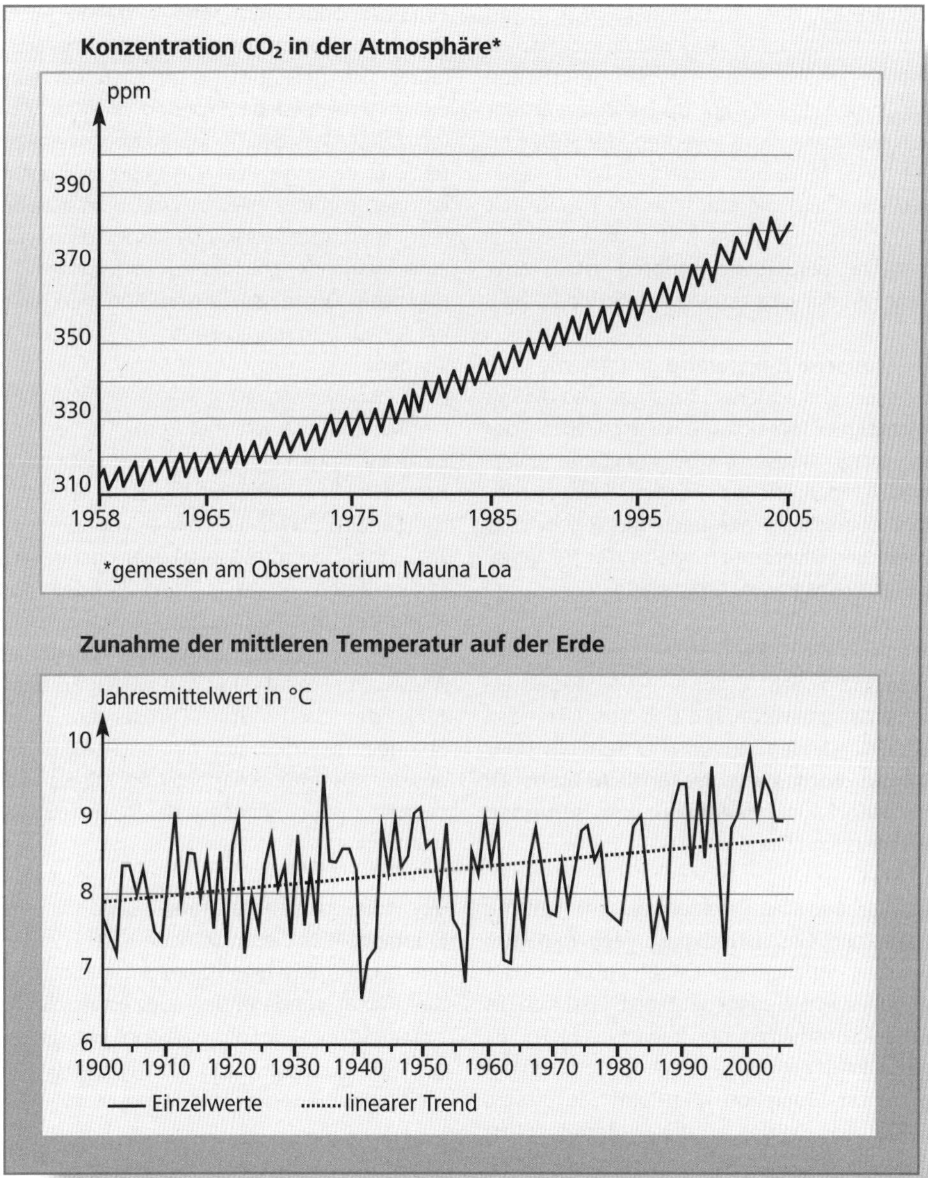

Quelle: Al Gore, Eine unbequeme Wahrheit, 2006; BMU

Der Bericht des Club of Rome „Die Grenzen des Wachstums" machte Anfang der 70er Jahre breite Bevölkerungsschichten darauf aufmerksam, dass exponentielles Wachstum auf der Erde langfristig nicht möglich ist und die Erdölvorräte unter den getroffenen Annahmen bereits in 30 Jahren versiegt sein würden. Heute werden die Reserven mit 1.200 Milliarden Barrel (ein Barrel gleich 159 Liter) und die statische Reichweite mit 42 Jahren angegeben.[8] Das mag sich für manchen beruhigend anhören, ist es aber nicht. Hierfür gibt es mehrere Gründe:

Die **statische Reichweite** gibt an, wie viele Jahre die vorhandenen Reserven, also die mit derzeitiger Technologie wirtschaftlich gewinnbaren Ölreserven bei konstantem Verbrauch noch reichen würden. Diese Kennzahl überschätzt demnach die Reichweite, wenn der Ölverbrauch wie in der Vergangenheit weltweit weiterhin ansteigt.

Während bis zu Beginn der 80er Jahre noch regelmäßig mehr Erdöl in neuen Lagerstätten entdeckt wurde, hat sich dieser Trend in den 90er Jahren umgedreht. **Seit ein paar Jahren wird stets wesentlich mehr Öl gefördert als neue Ölquellen gefunden werden** (vgl. Grafik).

Die vorhandenen Ölfelder können nicht mit beliebiger Geschwindigkeit leer gepumpt werden. Solange ein Ölfeld nur zu einem geringen Anteil ausgebeutet ist, lässt sich die Produktionsmenge bei Bedarf steigern. Ist das Ölfeld zur Hälfte erschöpft, so spricht man von „Depletion Mid Point". In diesem Fall ist eine Steigerung der Förderrate kaum mehr möglich. Da ein großer Teil der Ölfelder bereits diesen Punkt erreicht oder überschritten hat, **wird über kurz oder lang die Produktionskapazität aller Ölfelder der Welt zurückgehen** - auch wenn rechnerisch die Reichweite einige Jahrzehnte beträgt. Einige Förderländer, wie die USA, Mexiko, Norwegen, Ägypten, Venezuela, Oman oder England haben ihr Produktionsmaximum bereits erreicht oder hinter sich gelassen – andere stehen kurz davor. Verschiedene Experten prognostizieren daher, dass der Höhepunkt der weltweiten Ölförderung („Peak Oil") bereits erreicht ist oder in Kürze erreicht wird.[9] Stößt dann eine tendenziell sinkende Produktion auf eine steigende Nachfrage, so wird es zu massiven **Ölpreissprüngen** kommen, wie wir sie aus den Jahren 2005 und 2006 schon kennen.

Ein weiterer gravierender Punkt ist noch zu berücksichtigen: Die noch verbleibenden Reserven konzentrieren sich auf immer weniger Länder. Die OPEC-Länder verfügten im Jahr 2005 über drei Viertel aller nachgewiesenen Reserven. Allein **fünf Länder der Krisenregion Persischer Golf**, nämlich Saudi-Arabien, Irak, Kuwait, die Vereinigten Arabischen Emirate und Iran **verfügen über 60% der weltweiten Ölreserven**.[10] Der Sprengstoff ergibt sich demnach nicht nur aus der absoluten Knappheit der Ölreserven, sondern insbesondere aus der Verteilung der Vorkommen.

Vor diesem Hintergrund schont eine Energiepolitik, die auf erneuerbare Energiequellen und Energieeffizienz setzt, nicht nur das Klima, sondern sie reduziert auch die Abhängigkeit von den fossilen Energieträgern und verringert das **Konfliktpotenzial** um knappe Reserven und Ressourcen.

Öl-Reserven: Die Schere zwischen Neufunden und Förderung öffnet sich

1
2
3
4
5
6
7
8
9
10
11
12

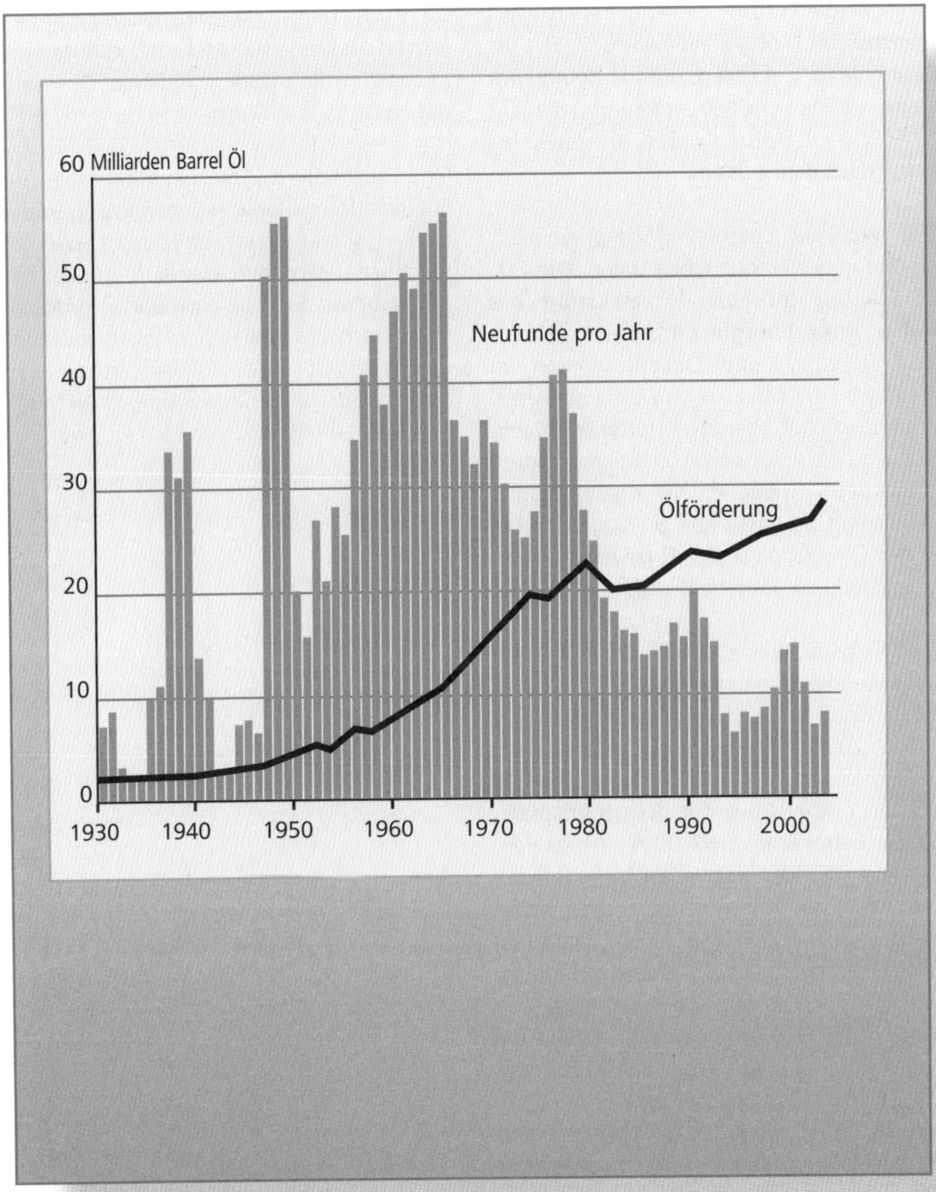

Quelle: BP, IEA, Aspo nach SZ Wissen 1/2005

1.3 Energieimporte machen abhängig

1

59% des deutschen Primärenergiebedarfs wurden im Jahr 2005 als Öl- und Gasimporte nach Deutschland eingeführt. Auch bei der Atomenergie (12,5% des Primärenergieverbrauchs) und bei Steinkohle (12,9%) ist Deutschland keineswegs autark: Kernbrennstoffe werden zu 100% eingeführt und mehr als 50% der in Deutschland verfeuerten Kohle kommt aus dem Ausland.

Eine ähnliche Energieimportabhängigkeit besteht in der Europäischen Union. **Die EU-25-Staaten müssen derzeit rund die Hälfte ihrer Energie einführen.** Würden sich Verbrauch und Eigenproduktion im Trend weiterentwickeln, so würde der Anteil des Imports auf über zwei Drittel ansteigen. Während die europäische Energieproduktion zurückgeht, steigt der Energieverbrauch deutlich an, so dass ohne ein Gegensteuern in der Energiepolitik der Eigenversorgungsanteil stetig zurückgehen wird.

Die jüngste Preisentwicklung auf dem Rohölweltmarkt hat die Energiepolitiker in Deutschland und der EU wach gerüttelt. Im Herbst 2005 kletterten die Erdölpreise auf bislang kaum vorstellbare Höhen. Über 70 US-Dollar waren auf den Rohstoffmärkten für ein Barrel Erdöl (159 Liter) zu bezahlen. Die Auswirkungen des Preisanstiegs spiegelten sich in den Konsumentenpreisen wider: Hatte ein Haushalt mit einem jährlichen Energieverbrauch von 3.000 Litern Heizöl im Jahr 2003 noch eine Jahresrechnung von rund 1.000 Euro zu bezahlen, so sind die Kosten in der Heizsaison 2005/2006 auf knapp 2.000 Euro angestiegen.
Die Öl- und Gasimporte Deutschlands sind im Jahre 2005 auf 66 Mrd. Euro angestiegen. Das entspricht einem Anstieg gegenüber dem Vorjahr von rund 27%.[11]

Die starke **Importabhängigkeit** ist nicht nur mit einem starken Abfluss von Kapital verbunden, sondern erhöht auch das Erpressungspotenzial[12] und führt, wie man in den letzten Jahren beobachten konnte, zu Kriegen um die knapper werdenden Rohstoffquellen.

Eine nachhaltige Energiepolitik, die auf Energieeffizienz und regenerative Energiequellen setzt, stärkt somit nicht nur die regionalen Wirtschaftskreisläufe, indem der Mittelabfluss für Energieimporte in Nachfrage nach „einheimischen Energiequellen" umgewandelt wird, sondern stellt auch einen Beitrag dar, um den drohenden Konflikten um Ressourcen zu begegnen.[13]

Die weltweiten Öl- und Gasreserven (2005) konzentrieren sich in wenigen Regionen

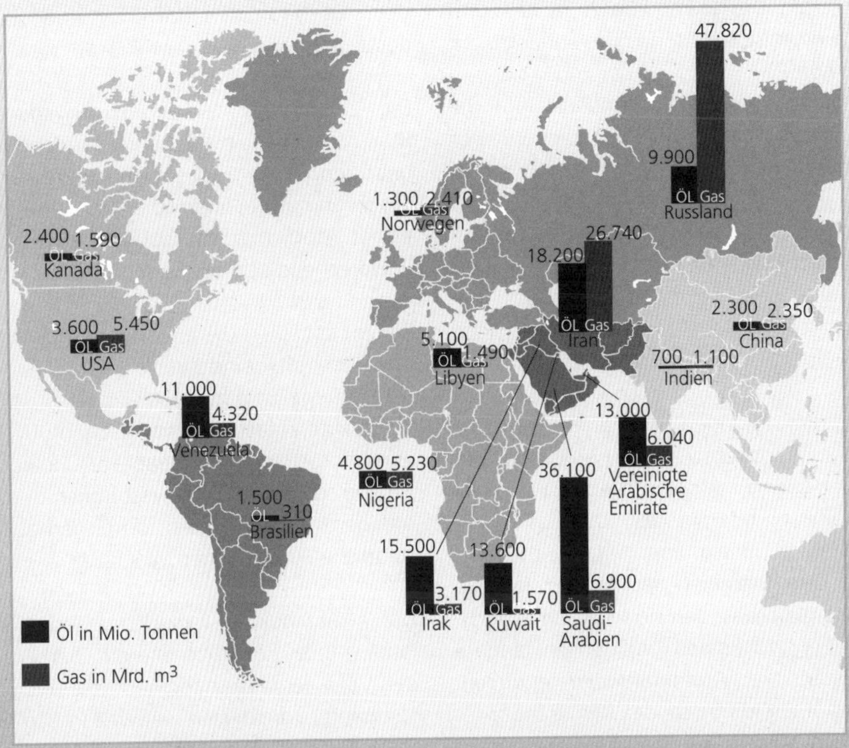

Ca. 60% der weltweiten Ölreserven finden sich in wenigen Ländern des Nahen Ostens: Saudi Arabien, Iran, Irak, Kuwait und Vereinigte Arabische Emirate.

Quelle: BP Energiestatistik 2006

1.4 Atomenergie bietet keine Alternative

Die Nutzung der Atomenergie steht vor **ungelösten und unlösbaren Problemen:**[14]

- Die Gefahr einer schweren Reaktorkatastrophe wie in Tschernobyl (1986) besteht weiterhin. Das wurde zuletzt im Juli 2006 im schwedischen Atomkraftwerk Forsmark offenbar.[15]
- Die Frage nach einem Endlager für die hochradioaktiven Abfälle ist nach wie vor ungelöst.
- Die so genannte friedliche Nutzung der Atomenergie lässt sich nicht sicher von der kriegerischen Nutzung trennen.
- Es gibt keinen perfekten Schutz von Atomkraftwerken gegen terroristische Angriffe.

Aus guten Gründen ist daher mit dem Atomausstiegsgesetz in Deutschland der Fahrplan für den Atomausstieg festgelegt.[16] Infolgedessen ging im Jahr 2005 das Atomkraftwerk Obrigheim vom Netz. Seither versuchen die Betreiber der Atomkraftwerke den Atomkonsens, den sie selbst unterzeichnet haben, zu kippen und wollen längere Laufzeiten ihrer Atomkraftwerke erwirken. Als Argument führen sie den Klimaschutz an: Mit dem Abschalten der Atomkraftwerke müsse der Strom in Kohle- oder Gaskraftwerken erzeugt werden. Das erhöhe die CO_2-Emissionen und widerspräche dem Klimaschutz.

Eine Verlängerung der AKW-Laufzeiten oder gar **ein Bau neuer Atomkraftwerke ist jedoch der falsche Weg aus der Klimafalle.** Wollte man z. B. die für 2050 formulierten Klimaschutzziele (eine Emissionsminderung von 80% CO_2 im Vergleich zu 1990) durch den Ausbau der Kernenergie realisieren, so müssten dazu in Deutschland zwischen 60 und 80 neue Atomkraftwerke gebaut und dauerhaft betrieben werden[17]. Entsprechend müssten bei einer globalen Betrachtung weltweit mehrere hundert neue Atomkraftwerke ans Netz gehen, um die Kohlendioxid-Emissionen merklich zu verringern. Die atomaren Risiken würden damit deutlich ansteigen.

Die Versorgung der Atomkraftwerke mit Brennstoff wäre nicht gesichert. Schon bei heutigem Verbrauch reichen die **Uranreserven** nur noch für 40 bis 65 Jahre.[18] Bei einem Atomenergieausbau wäre das Uran entsprechend schneller erschöpft.

Zudem sprechen die Investitionen der Energiewirtschaft eine klare Sprache: Die Atomenergie ist out, weil sie zu teuer ist. Seit der Reaktorkatastrophe von Tschernobyl gab es nur noch wenige Neubestellungen von Atomkraftwerken. Die Investitionen in diese Anlagen wurden meist durch erhebliche staatliche Subventionen versüßt.[19]

Die Atomindustrie versucht dagegen eine Renaissance der Atomenergie herbeizureden. Sie verweist dabei auf die wenigen Neubauten, die derzeit weltweit in Bau sind. Dabei werden aber auch Bauruinen mitgezählt, an denen seit Jahren nicht mehr ernsthaft gebaut wird. Weil in den nächsten Jahren weltweit viele AKWs aus Altersgründen stillgelegt werden müssen, wird die Zahl der Atomkraftwerke abnehmen.[20]

Alleine zu Beginn des Jahres 2007 gingen sieben Atomkraftwerke in Europa für immer vom Netz: vier in England, zwei in Bulgarien und eins in der Slowakei[20a]. Die Risiken der Atomenergie lassen sich vermeiden, weil mit den erneuerbaren Energien eine umweltfreundliche Alternative bereitsteht (vgl. auch 11.18).

Atomenergie bietet keine Alternative

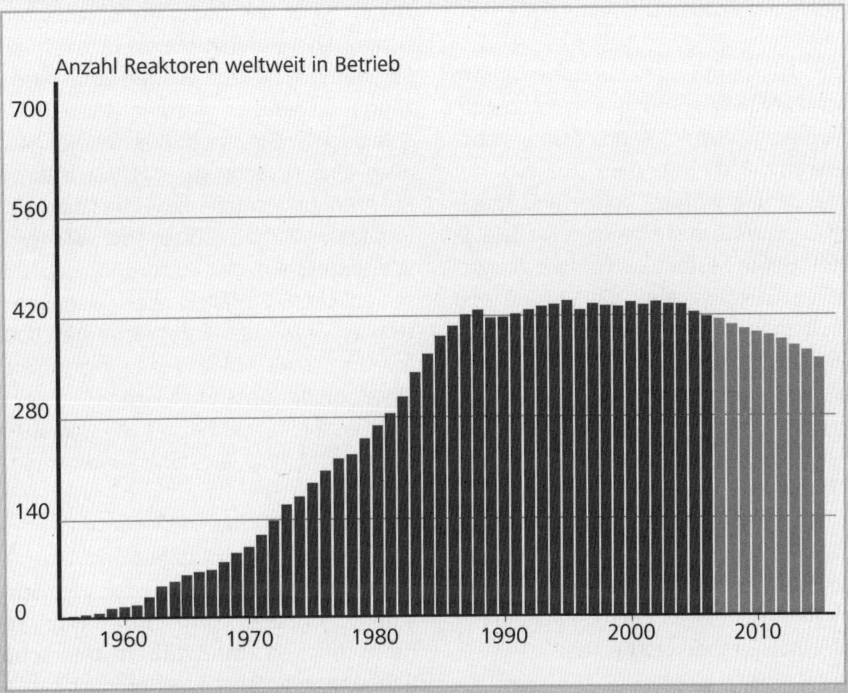

Weltweit wird im nächsten Jahrzehnt sowohl die Zahl der Atomkraftwerke als auch die Menge des produzierten Atomstroms abnehmen.

Quelle: IAEA

1.5. Der Sonne gehört die Zukunft

Die Energieversorgung der Bundesrepublik basiert derzeit fast vollständig, nämlich zu 85%, auf fossilen Energieträgern. Öl liefert dabei mit 36% vom Gesamtverbrauch den größten Anteil. Danach folgen Stein- und Braunkohle mit 24% und Gas mit 23%.[21]

Bis zum 18. Jahrhundert beruhte unsere gesamte Energieversorgung auf erneuerbaren Energien, wie Holz, Wind, Wasser- oder Muskelkraft. Erst mit dem Beginn der Industrialisierung wurden Kohle- und später Öl- und Gasvorräte in steigendem Maße ausgebeutet. Heute besteht kein akuter Mangel an fossilen Energien, aber die Vorräte sind endlich. Beim derzeitigen Verbrauch werden die bekannten Reserven in ca. 40 Jahren (Erdöl) bis 220 Jahren (Braunkohle) erschöpft sein.[22] Auch wenn neue Lagerstätten entdeckt werden, ändert das nichts an der **Endlichkeit der fossilen Energien.** Die Grafik zeigt dies deutlich: Bei einem Rückblick aus dem Jahr 4000 auf den Energieverbrauch der Vergangenheit wird das Zeitalter der fossilen Energienutzung nur als eine kurze Episode erscheinen.

Bei der Verbrennung von Kohle, Öl und Gas entsteht Kohlendioxid (CO_2), das die wesentliche Ursache für die Aufheizung der Erdatmosphäre und die daraus resultierende **Klimagefahr** ist. Die Enquete-Kommission "Schutz der Erde" des Deutschen Bundestages hat 1990 als Beitrag Deutschlands zum Schutz des Weltklimas für die Bundesrepublik eine Reduktion der CO_2-Emissionen gefordert, und zwar um 80 Prozent bis zum Jahre 2050.

Die Atomenergie deckt derzeit bundesweit ca. 30% des Strombedarfs, das entspricht rund 13% des gesamten Energieverbrauchs. Das Risiko eines schweren Reaktorunfalls, wie in Tschernobyl 1986, sowie die ungelöste Entsorgungsfrage verbieten es aber, die Risikotechnologie Atom als Beitrag zu einer nachhaltigen Energieversorgung zu zählen.

Damit bleibt als Basis für eine langfristig sichere Energieversorgung nur die Sonne.[23] Sie kann direkt zur Wärme- und Stromerzeugung genutzt werden (Solarthermie, Solarstrom). Gleichzeitig ist die Sonne aber auch eine Ursache für das Wachstum von Pflanzen und somit die Grundlage für die Biomassenutzung sowie der Motor des Wettergeschehens. Aufgrund des unterschiedlichen Einfallswinkels der Sonnenstrahlen wird die Erde nicht gleichmäßig erwärmt.[24] Als Folge der unterschiedlichen Einstrahlung entstehen Winde. Weil die Sonne scheint, verdunstet Wasser aus den Ozeanen, Wolken entstehen und regnen sich ab. Damit ist die Basis für die Wasserkraftnutzung gelegt. Biomasse sowie Wind- und Wasserkraft stellen daher indirekte Nutzungen der Sonnenenergie dar. Weil **Sonne, Wind, Wasser und Biomasse nach menschlichen Maßstäben unerschöpflich** sind, werden sie als erneuerbare oder regenerative Energien bezeichnet.

Für die direkte und die indirekte Solarenergienutzung stehen zahlreiche Techniken zur Verfügung, die stetig weiterentwickelt werden. Zusammen mit einer deutlich effizienteren Energienutzung (vgl. auch 1.8) ermöglicht dies eine zuverlässige und nachhaltige Energieversorgung.

Der Sonne gehört die Zukunft. Das Solarzeitalter kommt in jedem Fall. Doch nur wenn jetzt die Weichen gestellt werden, wird dieser Übergang ohne Krisen und größere Konflikte zu bewältigen sein.

1
2 →
3 →
4 →
5 →
6 →
7 →
8 →
9 →
10 →
11 →
12 →

Der Sonne gehört die Zukunft

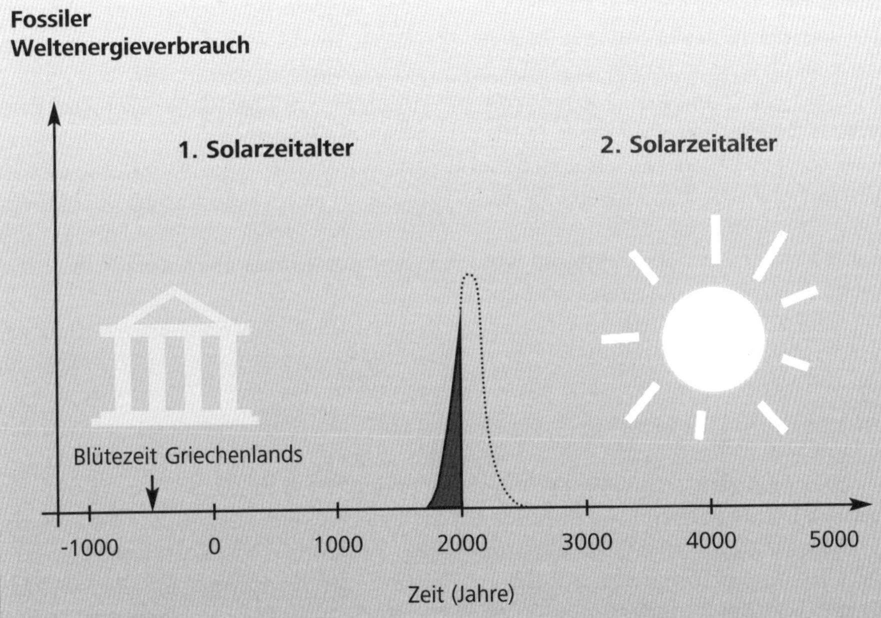

Reichweite fossiler Energieträger

Steinkohle	ca. 150	Jahre
Braunkohle	ca. 220	Jahre
Erdgas	ca. 63	Jahre
Erdöl	ca. 40	Jahre

Diese Zahlen beruhen auf den verfügbaren Reserven und dem derzeitigen jährlichen Verbrauch.

nach Quelle: Goetzberger/Witwer, Sonnenenergie; Bundesamt für Geowissenschaften und Rohstoffe, 2006

1.6 Das solare Angebot: Sonne ist genug da

Die Sonne ist der Haupt-Energielieferant unseres Planeten. Jahr für Jahr liefert die Solarstrahlung mit hoher Zuverlässigkeit das 7.000-fache des heutigen weltweiten Energieverbrauchs. Obwohl davon etwa 70% auf die Ozeane fallen, bleibt für eine solare Energieversorgung genug übrig. So fällt z.B. in der Sahara jährlich in einem 200 km x 200 km großen Quadrat (also auf einer Fläche, die etwa so groß ist wie Niedersachsen) so viel Energie ein, wie derzeit weltweit verbraucht wird. Würde die Solarstrahlung in der Sahara mit einem Wirkungsgrad von 10% genutzt, so könnte auf einer Fläche von ca. 700 km x 700 km der heutige Weltenergiebedarf solar erzeugt werden.[25]

In der Bundesrepublik ist die Sonneneinstrahlung etwa halb so stark wie in der Sahara. Das sind jährlich 1.000 kWh bis 1.100 kWh pro Quadratmeter und entspricht dem Energieinhalt von gut 100 Litern Heizöl. **Pro Jahr strahlt die Sonne also auf jeden Quadratmeter der Bundesrepublik so viel Energie, wie in 100 Litern Öl enthalten ist!** Insgesamt beträgt die jährliche Sonneneinstrahlung auf die gesamte Fläche der Bundesrepublik mehr als das 80-fache des deutschen Jahresenergieverbrauchs.

Solarstrahlung besteht aus direkter und diffuser Strahlung. Letztere entsteht durch Sonnenlicht, das z.B. an Wolken gestreut wird. Es trifft daher aus unterschiedlichen Richtungen auf die Erdoberfläche. Manche solaren Systeme benötigen direkte Sonneneinstrahlung (vgl. 2.6). In den meisten Fällen kann aber sowohl die direkte als auch die diffuse Strahlung genutzt werden.

Diese Zahlen zeigen:

1. Die solare Einstrahlung ist in unseren Breiten nur um die Hälfte geringer als in den Ländern der Tropen und Subtropen. Daher macht es Sinn, auch bei uns die Solarenergie zu nutzen. Der Solarertrag ist hier zwar geringer, dafür fallen aber keine Transportkosten an.

2. Auch in einem Industrieland wie der BRD liefert die Sonne noch ein Vielfaches dessen, was an Energie benötigt wird.

Den Vorteilen der Solarenergie steht als wichtiger Nachteil die geringe Energiedichte gegenüber. Bei voller Sonneneinstrahlung beträgt die solare Leistung 1.000 Watt pro Quadratmeter, im Jahresmittel sind es aber nur 100 W/m^2. Daher benötigen solare Systeme größere Flächen. Bundesweit stehen ca. 3.500 km^2 an Dachflächen zur Verfügung, davon sind ungefähr 800 km^2 solartechnisch nutzbar.[26] Mit heutiger Technik kann auf einer solchen Fläche ca. 16 % des heutigen (hohen) Strombedarfs solar erzeugt werden. Weitere Flächen stehen an Fassaden und technischen Bauten, wie Brücken oder Lärmschutzwänden, zur Verfügung. Daneben können auch die anderen regenerativen Energien wie Wind, Wasser und Biomasse wichtige Beiträge für eine solare, d.h. regenerative Energieversorgung leisten.

Flächenbedarf für eine solare „Vollversorgung"

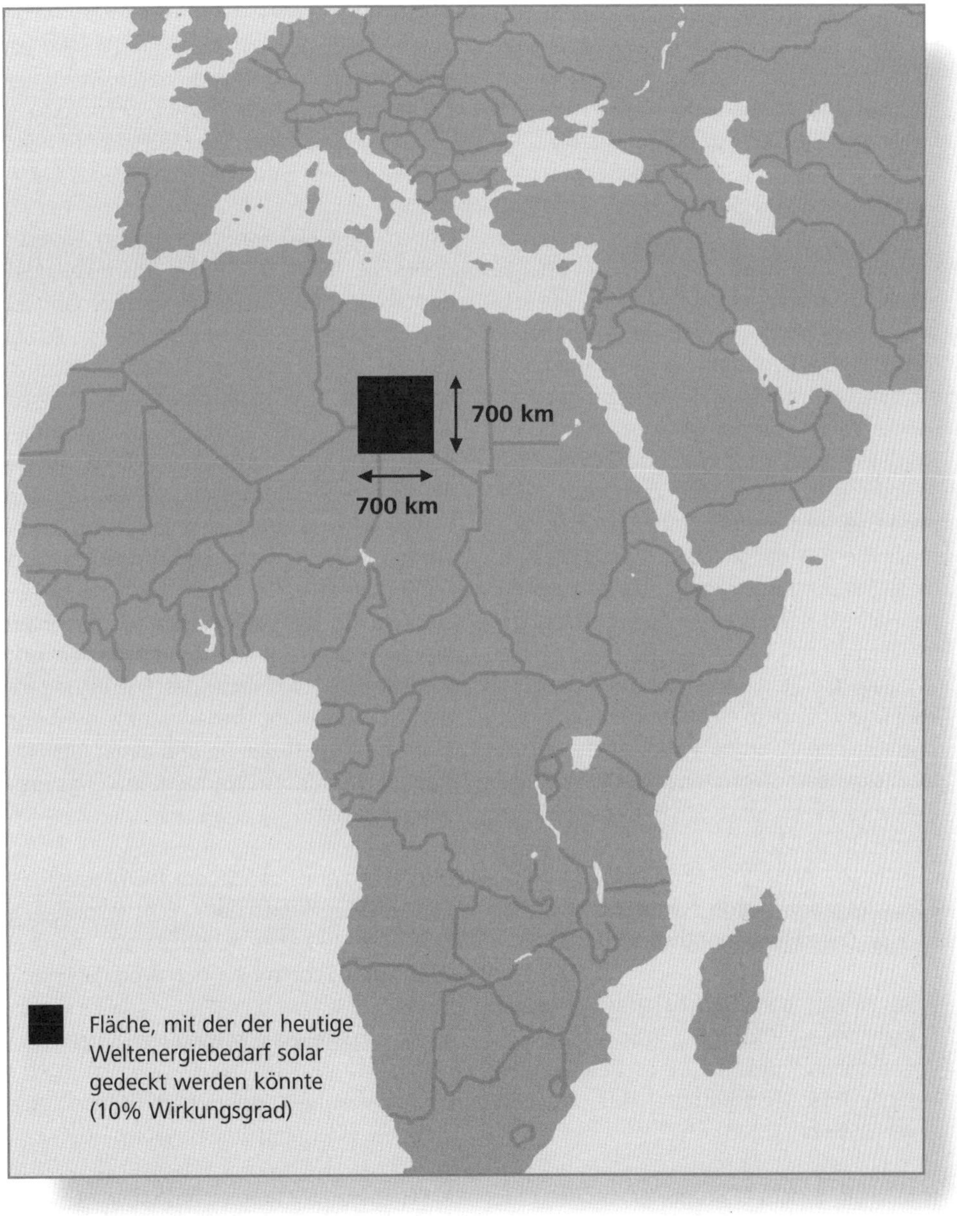

Quelle: eigene Darstellung

1.7 Szenario für die solare Zukunft

1

Der Weg in eine Wirtschaftsweise, bei der die Sonne und die anderen erneuerbaren Energien den Bedarf ganz oder fast vollständig decken, erfordert eine Wende in der Energiepolitik. Schon 1980 legte das Öko-Institut Freiburg[27] hierfür ein Szenario vor: Entscheidend ist dabei die Abkehr von dem bisherigen Glauben, dass nur ein Mehr an Energieverbrauch auch ein Mehr an Wohlstand bewirkt. Die Studie des Öko-Instituts fragt vielmehr nach dem Bedarf der Gesellschaft an Dienstleistungen, die mit Energie erbracht werden sollen, wie z. B. Beleuchtung, Transportleistungen oder beheizte Gebäude. Der Bedarf an Energie dafür hängt nicht nur vom Umfang dieser Leistungen ab, sondern auch von der Effizienz, mit der die Energie genutzt wird. Wird also z.B. ein PKW so verbessert, dass er auf 100 km statt bisher neun Liter jetzt nur noch drei Liter benötigt, so kann er mit der gleichen Energie die dreifache Strecke zurücklegen, oder er kann mit der Hälfte des Sprits einen 50 Prozent längeren Weg fahren. Derartige Effizienzpotenziale belegt die Studie in vielen Bereichen. Sie kommt so zu dem Schluss, dass in einem Zeitraum von 40 bis 50 Jahren auch bei weiter steigendem Wohlstand der Primärenergieverbrauch um fast 50 Prozent reduziert werden kann.

Dieses Ergebnis wurde zwischenzeitlich von anderer Seite wiederholt bestätigt:

- So weist der Bericht der Enquete-Kommission „Vorsorge zum Schutz der Erdatmosphäre" des 11. Deutschen Bundestages Energieeinsparpotenziale in Höhe von 35% bis 45% nach[28].

- In ihrem Bericht „Faktor Vier" an den Club of Rome belegen E. U. v. Weizsäcker, A. Lovins und H. Lovins die Position, dass die Effizienzpotenziale so groß sind, dass sogar ein doppelter Wohlstand mit nur dem halben Energieverbrauch möglich ist.[29]

- Die Studie „Ökologisch optimierter Ausbau der Nutzung erneuerbarer Energien in Deutschland" zeigt die Möglichkeiten und Kosten eines sanften Energiepfades auf.[30]

Neben dem Nachweis der hohen Einsparpotenziale stellte die Studie „Energiewende" des Öko-Instituts auch schon ein Szenario für den Einstieg in die solare Zukunft vor: So liefert die Sonnenenergie Niedertemperaturwärme. Der Ausbau von Wind- und Wasserkraft deckt größere Anteile des Strombedarfs. Holz und landwirtschaftliche Abfälle liefern sowohl Wärme als auch Strom und dienen ebenso zur Herstellung von Treibstoffen. Werden die genannten Einsparpotenziale genutzt, kann die Energieversorgung bis zum Jahr 2030 so umgebaut werden, dass Sonne, Wind, Wasser und Biomasse ca. die Hälfte des Energiebedarfs decken. Für den Restbedarf wird vorwiegend Kohle in hocheffizienten und damit umweltfreundlichen Kraft-Wärme-Kopplungsanlagen eingesetzt.

Die „Energiewende"-Studie thematisiert die Sonnenenergiewirtschaft nicht explizit als Ziel, aber sie zeigte schon damals die **drei wichtigen Schritte** für den Weg dahin auf:

- Einsparpotenziale konsequent nutzen

- Kraft-Wärme-Kopplung als Technologie für die Übergangszeit einsetzen

- Regenerative Energien ausbauen

Energiewende-Studie des Öko-Instituts (1980): Wachstum und Wohlstand ohne Erdöl und Uran

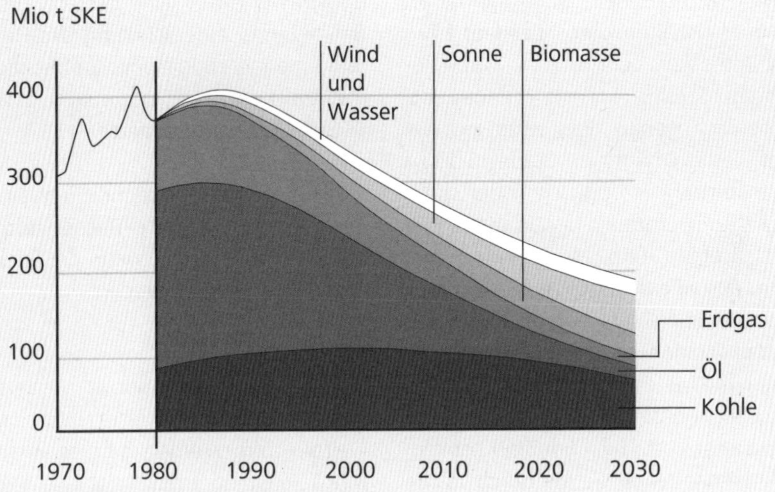

Energiewende heißt:

- **Einsparpotenziale konsequent nutzen**
- **Kraft-Wärme-Kopplung einsetzen**
- **Regenerative Energien ausbauen**

Quelle: Krause u. a., Energiewende, Wachstum und Wohlstand ohne Erdöl und Uran, 1980

1.8 Solarstrategie verlangt Energiesparen

Ergänzend zu den Ausführungen im letzten Abschnitt wird hier an drei Beispielen die Bedeutung des Energiesparens (der Energieeffizienz) für die Solarstrategie herausgestellt:

Beispiel 1: Stromverbrauch für Stand-by-Schaltungen
Bundesweit verbrauchen Elektrogeräte in Büros und Haushalten durch Leerlauf bzw. Stand-by-Betrieb pro Jahr rund 22 Mrd. Kilowattstunden Strom.[31] Diese Menge entspricht ziemlich genau dem, was die vier Atomkraftwerke Obrigheim, Stade, Biblis A und Brunsbüttel erzeug(t)en oder dem gesamten Stromverbrauch der Bundesländer Saarland, Bremen und Mecklenburg-Vorpommern. Für eine solare Erzeugung dieses Bedarfs wären über 200 Quadratkilometer (!) Photovoltaikanlagen notwendig. Angesichts der Kosten und Materialbilanz wäre solch ein Versuch schlicht unsinnig, denn schon heute ließe sich dieser Verbrauch um 60% senken, wenn die vorhandenen Geräte durch solche mit geringem Stand-by-Verbrauch ersetzt würden. Verzicht auf unnötiges Stand-by und neue technologische Entwicklungen bringen weitere Reduzierungen mit sich.

Beispiel 2: Raumwärme
In Deutschland benötigt ein durchschnittliches Einfamilienhaus mit 120 m^2 Wohnfläche fürs Heizen und Warmwasser ca. 30.000 kWh pro Jahr. Eine größere solare Warmwasseranlage (12 m^2) kann davon ca. 13 Prozent erzeugen. Um diesen Anteil deutlich zu steigern, kann durch eine gute Dämmung und effiziente Fenster der Wärmebedarf abgesenkt werden. Ein solches Niedrigenergiehaus (vgl. 4.1) kommt mit ca. 10.600 kWh im Jahr aus. Eine 12m^2-Solaranlage deckt dann schon 28 Prozent des Bedarfs (siehe Grafik). Durch höhere Effizienz lässt sich also der solare Anteil drastisch steigern[32].

Beispiel 3: Effiziente Pumpen
Durch effizientere Pumpen und deren Steuerung lassen sich in Haushalten, Gewerbe- und Industriebetrieben viele Milliarden kWh Strom und Wärme einsparen. Das erfordert eine bessere Information der Akteure, eine Schulung des Handwerks und eine Investitionsphilosophie, die höhere Investitionskosten zugunsten niedrigerer Betriebskosten akzeptiert.[33]

Die drei Beispiele verdeutlichen: Eine solare Energiewirtschaft ist einfacher und kostengünstiger umsetzbar, wenn die Energiesparpotenziale genutzt werden.

Gemessen am Ziel einer solaren Vollversorgung kann auch der im 2. Beispiel genannte Anteil noch nicht befriedigen. Für weitere Verbesserung gibt es verschiedene Möglichkeiten:

- Mehr Solarenergie: Großflächige Solaranlagen decken einen deutlich höheren Teil des Wärmebedarfs (siehe: Solare Nahwärme, 2.3)
- Mehr Effizienz: Durch weitere Verbesserungen der Wärmedämmung und des Lüftungssystems wird die Heizung entbehrlich (siehe: Passivhaus, 4.6)
- Andere regenerative Energien einbeziehen: Eine Kombination von Solaranlage und Holzheizung kann ganzjährig den Wärmebedarf aus erneuerbaren Quellen decken (siehe: Energetische Nutzung von Holz, 5.4, und Plusenergiehäuser, 4.8)

Diese verschiedenen Optionen bieten für den Start ins Solarzeitalter eine gute Voraussetzung.

Solarstrategie verlangt Energiesparen

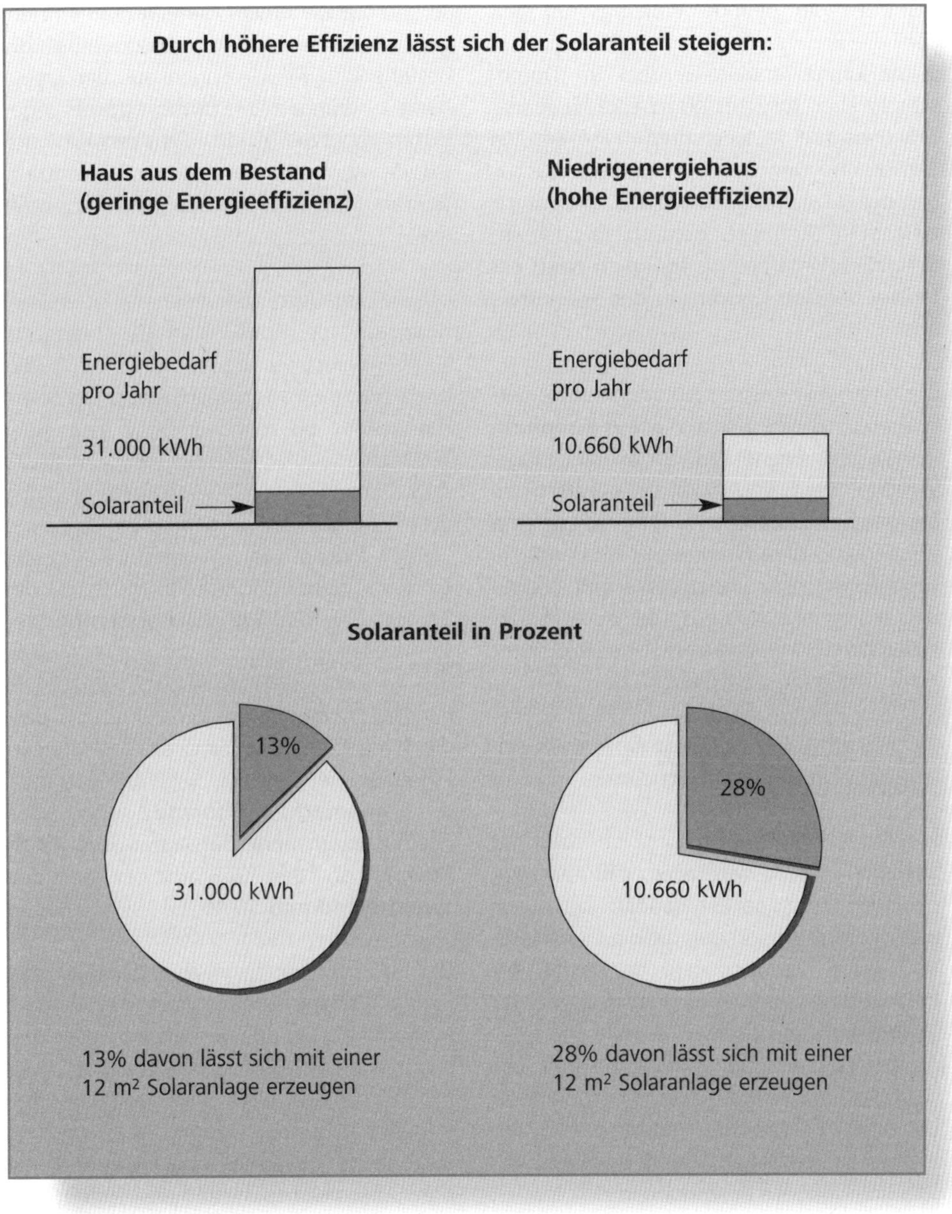

Quelle: eigene Darstellung

1.9 Kraft-Wärme-Kopplung: Der unverzichtbare Baustein einer Energiewende

Die Stromerzeugung verursacht heute mehr als ein Drittel aller in der Bundesrepublik erzeugten Kohlendioxidemissionen. Hintergrund ist der geringe Wirkungsgrad, mit dem die Brennstoffe in den Kraftwerken in Strom umgewandelt werden. Im Durchschnitt aller fossilen Kraftwerke liegt der Wirkungsgrad deutlich unter 40 Prozent. Bei Berücksichtigung des Eigenstromverbrauchs bei der Erzeugung sowie der Transportverluste im Stromnetz **gelangt** von der eingesetzten Primärenergie **lediglich rund ein Drittel bei den Kunden in der Steckdose an**.[34]

Die Alternative zur herkömmlichen Stromerzeugung stellt die **Kraft-Wärme-Kopplung (KWK)** dar. Bei diesem Stromerzeugungsverfahren wird die **Abwärme genutzt,** die bei der herkömmlichen Stromerzeugung in Kondensationskraftwerken anfällt. Damit die Wärmeenergie für Heizzwecke in Wohngebäuden, Krankenhäusern oder auch Fabrikhallen genutzt werden kann, ist eine kundennahe Erzeugung notwendig.

Der **Gesamtwirkungsgrad** einer KWK-Anlage liegt bei **85 bis 95 Prozent.**

Die Kraft-Wärme-Kopplung ist aufgrund ihres hohen Wirkungsgrades nicht nur unter ökologischen Aspekten sondern auch aus wirtschaftlichen Gründen die deutlich bessere Lösung. Dennoch liegt der Anteil der KWK-Stromerzeugung in Deutschland unter 10 Prozent. Grund ist die Geschäftspraxis der großen Verbundunternehmen, die stets versucht haben, die Kraft-Wärme-Kopplung in den kommunalen oder industriellen Kraftwerken zu verhindern, um ihre eigenen Absatzmöglichkeiten auszudehnen.[35]

Mit der Liberalisierung des Strommarktes wurde die Stromeigenerzeugung noch schärfer bekämpft: Die großen Stromversorger, die alle unter Überkapazitäten litten, versuchten mit Kampfpreisen selbst die bestehenden KWK-Anlagen aus der Erzeugung zu drängen. Bei **Dumpingpreisangeboten** von zwei bis drei Cent pro Kilowattstunde ist auch die hocheffiziente Kraft-Wärme-Kopplung nicht mehr konkurrenzfähig.

Um die negativen Wirkungen der Liberalisierung auf die Kraft-Wärme-Kopplung zu kompensieren, wurde im März 2002 das Kraft-Wärme-Kopplungs-Gesetz erlassen. Damit sollte bis zum Jahr 2010 gegenüber 1998 eine CO_2-Minderung von jährlich 23 Mio. Tonnen durch die verstärkte Nutzung der KWK erreicht werden. Diese Zielwerte werden jedoch aller Voraussicht nach nicht erreicht werden. Deshalb wird in der Branche die baldige Nachbesserung des Gesetzes eingefordert.[36]

Ein Blick über die Grenzen lehrt uns, dass die Kraft-Wärme-Kopplung ein bedeutendes Potenzial besitzt: Bei unseren Nachbarn in **Dänemark, Finnland und den Niederlanden liegt der Anteil des KWK-Stroms** an der Gesamtstromerzeugung **zwischen 40 und 50 %**.[37]

Die Stromerzeugung wird in den nächsten Jahrzehnten nicht ohne fossile Kraftwerke auskommen. Gerade deshalb ist es von besonderer Bedeutung, dass diese Kraftwerke möglichst effizient sind und geringe Klimaschädigungen hervorrufen. Deshalb stellt die Kraft-Wärme-Kopplung ebenso wie die Energieeinsparung ein **wichtiges Standbein** für den Einstieg in das Solarzeitalter dar.

Effiziente Strom- und Wärmeversorgung durch Kraft-Wärme-Kopplung

1
2
3
4
5
6
7
8
9
10
11
12

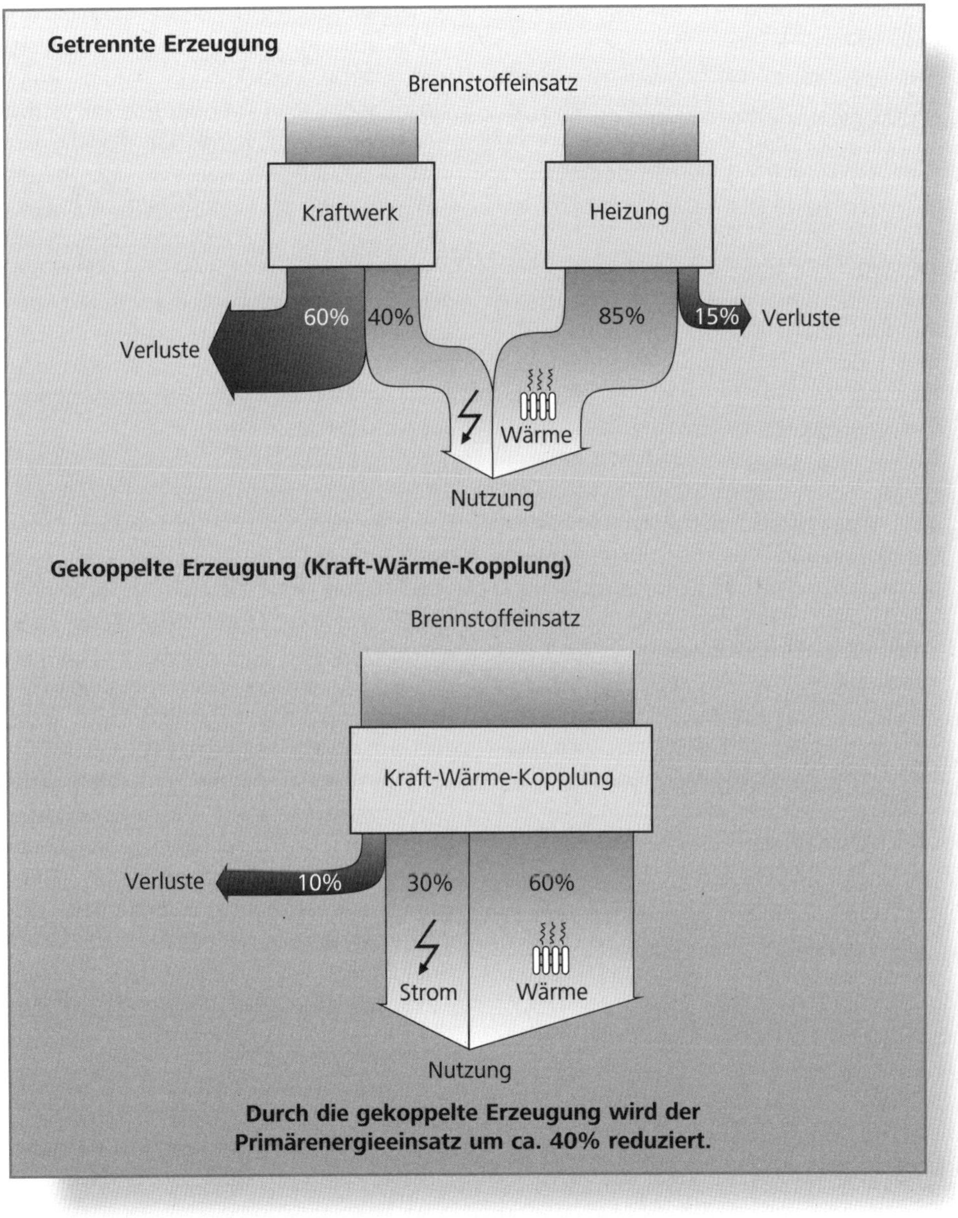

Quelle: eigene Darstellung

1.10 Liberalisierung des deutschen Energiemarktes

1

Am 29. April 1998 ist das **neue Energiewirtschaftsrecht** in Kraft getreten. Damit wurden von einem Tag auf den anderen die Versorgungsgebiete der Energieversorgungsunternehmen für konkurrierende Unternehmen geöffnet. Hatten bis dahin die Monopolbetriebe ihre Kunden über 60 Jahre fest im Griff, so herrschte nun (vorübergehend) Wettbewerb. Jeder Kunde kann jetzt seinen Stromversorger wählen.

Die Folgen der Liberalisierung waren gravierend: Die Strompreise purzelten zunächst, Versorgungsunternehmen fusionierten, kleinere Energieversorgungsunternehmen wurden und werden von ihren Vorlieferanten (also den „Großen der Branche") aufgekauft. Energieversorgungsunternehmen konzentrieren sich zunehmend auf ihr vermeintliches Kerngeschäft: Die Absatzsteigerung. Insbesondere führten die Überkapazitäten und die damit verbundene Dumpingpreispolitik dazu, dass die kommunale Kraft-Wärme-Kopplung zusehends unter Druck geriet und Kraftwerke stillgelegt wurden. Programme zur rationellen Stromnutzung, wie sie Anfang und Mitte der neunziger Jahre im Rahmen von Least-Cost Planning-Ansätzen[38] entwickelt wurden, wurden zurückgefahren und eingestellt.

Der Wettbewerb hat auch die Kassen der **Haushaltsstromkunden vorübergehend entlastet**. Während man vor der Liberalisierung und auch in der ersten Phase danach davon ausging, dass es für die Haushalts- und Kleingewerbekunden kaum Preissenkungen geben würde, trat im Herbst 1999 eine überraschende Entwicklung ein: RWE und EnBW lieferten sich einen harten Preiskampf um die Verbraucher. Doch wenige Jahre nach Inkrafttreten des neuen Energiewirtschaftsrechts ist der Kampf um neue Haushalts- und Kleingewerbekunden abgeebbt. So ist es auch nicht verwunderlich, dass die Strompreise für die Haushalte heute (Anfang 2007) deutlich höher sind als vor der Liberalisierung.[39]

In den letzten fünf Jahren sind die Strompreise für die Haushalte um etwa ein Drittel gestiegen, ohne dass in dieser Zeitspanne Steuern und Abgaben auf den Strompreis erhöht wurden.[40] Die Ursache dieser Preisentwicklung liegt größtenteils an der Marktmacht der „großen Vier" und dem nicht funktionierenden Wettbewerb. Eon, RWE, EnBW und Vattenfall haben nach einer kurzen Phase eines harten Preiswettbewerbs (1998 bis 2000) erkannt, dass es sich besser lebt, wenn man die Versorgungsgebiete der Konkurrenten achtet und den Markt regional aufteilt. Das funktioniert auch deshalb ganz gut, weil die vier Oligopolisten 96% aller Grundlastkraftwerke besitzen und 80% der deutschen Stromerzeugung beherrschen.[41]

Kletternde Strompreise: Profit zu Lasten der Haushalte und Kleinverbraucher

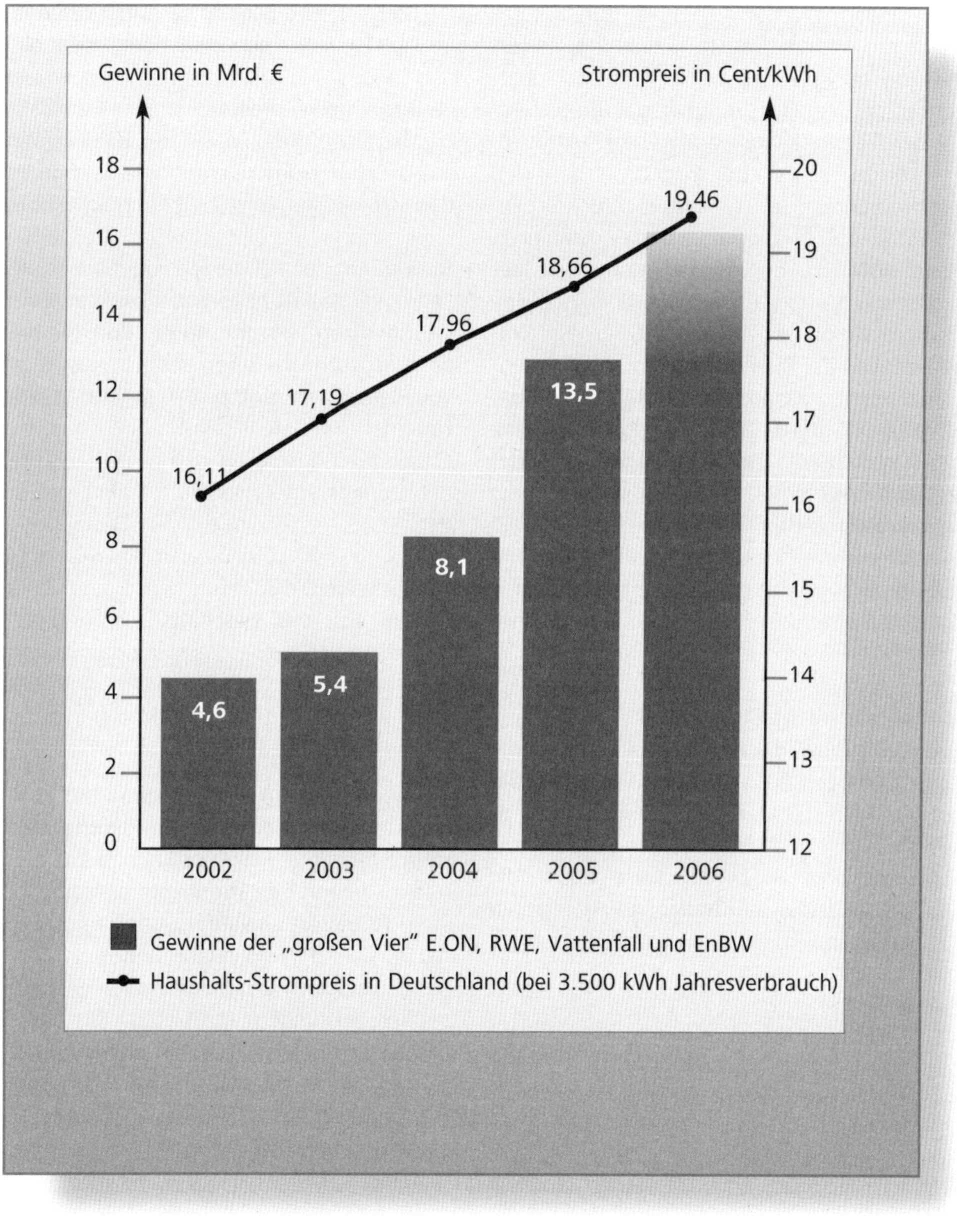

Quelle: VDEW, Bund der Energieverbraucher, eigene Darstellung

Die Politik antwortete 2005 mit der Schaffung einer **Bundesnetzagentur** auf die steigenden Strompreise und den nicht funktionierenden Wettbewerb. Die Bundesnetzagentur ordnete auch bereits in einigen Fällen erfolgreich eine Senkung der überhöhten Netzdurchleitungsgebühren an. Doch kann sie nur wenig dazu beitragen, einen echten Wettbewerb zwischen den Unternehmen zu gestalten. Vor diesem Hintergrund und um die Handlungsfähigkeit der Politik zu demonstrieren, forderte der hessische Wirtschaftsminister Alois Rhiel eine Verschärfung des Wettbewerbsrechts: "Notfalls muss der Staat das Oligopol der Stromerzeuger zerschlagen und RWE, Eon, Vattenfall und EnBW zwingen, Kraftwerke zu verkaufen". So könne die Zahl der Stromproduzenten so weit steigen, dass wirksamer Wettbewerb ermöglicht wird und damit die privaten und gewerblichen Stromverbraucher entlastet würden. Die hohen Strompreise seien eine Achillesferse des Produktionsstandorts Deutschland.[42]

Eine weitere Maßnahme zur Verschärfung des Wettbewerbs hat die Bundesregierung im Oktober 2006 auf den Weg gebracht: Durch eine „Grundversorgungsverordnung" für Strom und Gas wird der Wechsel der Strom- und Gaskunden erleichtert; die Kündigungsfrist der Kunden beträgt jetzt nur noch einen Monat.

Nun ist es im Strombereich Aufabe der Kunden, den Wettbewerb zu stärken. Dies ist bislang noch nicht einmal ansatzweise geschehen: Seit Beginn der Liberalisierung im Jahr 1998 bis Ende 2006 haben nicht einmal 5% der Haushaltskunden ihren Stromversorger gewechselt, obwohl die Haushalte bei beträchtlichen Preisunterschieden zwischen den Versorgern erhebliche Beträge bei den Stromkosten einsparen könnten.[43]

Die veränderten Rahmenbedingungen in der Energiewirtschaft haben aber auch zu einer **Gefährdung kommunaler Energieversorgungsunternehmen** geführt. Aus Angst vor dem Wettbewerb haben sich einige Unternehmen bereits selbst aufgegeben und Gesellschaftsanteile an den großen Bruder, den Vorlieferanten, verkauft. Damit wird in der Regel jedoch auch der Gestaltungsspielraum der kommunalen Energiepolitik aufgegeben. Die Erfahrung lehrt, dass sich in diesem Fall die Geschäfts- und Absatzinteressen der großen Verbundunternehmen auch dann durchsetzen, wenn nur eine Kapitalminderheit an die Verbundunternehmen verkauft wird.

Dabei sind die Zukunftsaussichten für kommunale **Energiedienstleistungsunternehmen**[44] recht gut. Einerseits können sie heute und in Zukunft den Strom vom preisgünstigsten Anbieter einkaufen und anderseits haben sie die Kundennähe und das Knowhow, die vom Kunden gewünschten Energiedienstleistungen anzubieten. Sie haben allerdings nur dann eine **Daseinsberechtigung,** wenn sie sich in ihren Leistungen von den rein absatzorientierten Energieversorgern unterscheiden.

Die nächsten Jahre werden belegen, dass es nicht darauf ankommt, der preisgünstigste Anbieter von Energieträgern zu sein, sondern dass die Stadtwerke die Energiedienstleistungen erbringen müssen, die von den Kunden gewünscht werden.[45]

Dazu gehört neben der Bereitstellung von Energiedienstleistungsangeboten auch das Engagement für die regenerativen Energiequellen. Dieses sollte sich nicht nur auf "grüne Stromangebote" beschränken, sondern weitergehende Aktivitäten umfassen, wie z.B. den Bau und die Finanzierung eigener Anlagen oder die Förderung von Bürgerbeteiligungsanlagen.

Mit der Liberalisierung der Energiemärkte haben zwei wichtige Standbeine der Energiewende schwer gelitten:

- Die Stromerzeugung in kommunalen Kraft-Wärme-Kopplungsanlagen und in der Industrie wurde teilweise eingestellt. Da die großen Verbundunternehmen ihre Überkapazitäten zu Dumpingpreisen auf den Markt warfen, lohnte sich die umweltfreundliche Kraft-Wärme-Kopplung (KWK) nicht mehr. Nachdem die Fehlentwicklung nicht mehr zu übersehen war, versuchte die Bundesregierung mit einem Fördergesetz für die Kraft-Wärme-Kopplung der Verdrängung entgegenzuwirken und neue Impulse für den KWK-Ausbau zu setzen. Das angestrebte Ziel – eine Emissionsminderung um 23 Mio. Tonnen CO_2 bis zum Jahr 2010 – lässt sich mit der derzeitigen KWK-Regelung wohl nicht erreichen.

  Eine Verbesserung des KWK-Fördergesetzes sollte deshalb unverzüglich in Kraft gesetzt werden, denn für ein solares Energiesystem werden effiziente Kraftwerkskapazitäten wie die Kraft-Wärme-Kopplung benötigt. Diese könnten eine wesentliche Rolle bei der Grundlaststromerzeugung, aber auch beim Ausgleich von Angebotsschwankungen (vgl. 10.1) spielen.

- Mit Beginn der Liberalisierung haben sich die Versorgungsunternehmen noch stärker als bisher auf den Verkauf von Kilowattstunden konzentriert. Was die Kunden jedoch benötigen, sind kostengünstige Energiedienstleistungen. Gezielte Einsparprogramme, die von einigen Energieversorgungsunternehmen Mitte der 90er Jahre mit Erfolg durchgeführt wurden, sind eine Rarität geworden. Konnten sich die Kunden anfangs noch über niedrigere Strompreise freuen, werden sie heute „ausgebeutet".[46]

Die bisherigen Erfahrungen aus der Liberalisierung belegen, dass für den Schutz der Umwelt und des Klimas der Markt korrigiert werden muss. **Der Markt benötigt Leitplanken, die die Richtung der gewünschten Entwicklung vorgeben.** Ohne diese Korrektur wird die Liberalisierung langfristig zu großen Umweltschäden und hohen volkswirtschaftlichen Kosten führen. Welches sind nun die wichtigsten Leitplanken?

- Durch einen **systematischen Umbau des Steuersystems** muss der Verbrauch von Energieträgern und Rohstoffen noch stärker besteuert und Arbeit von Steuern

1 2 3 4 5 6 7 8 9 10 11 12

Fußnoten ↓ Glossar ↓ Infos ↓

entlastet werden. Mit der ökologischen Steuerreform ist ein guter Anfang gemacht worden. Jedoch reichen die derzeitigen Steuersätze auf den Energieverbrauch der Haushalte, Gewerbe- und Industriebetriebe nicht aus, um einen effizienteren Umgang mit Energie zu erzielen. Weitere Schritte sind notwendig.[47]

- Einführung einer **handelbaren Quote für Kraft-Wärme-Kopplung.** Diese Quote verpflichtet jeden Energieversorger, einen bestimmten Anteil seines Absatzes über Kraft-Wärme-Kopplungsanlagen abzudecken. Dabei wird dem Versorger freigestellt, ob er die Strommengen in eigenen Anlagen erzeugt oder die Anteile zukauft. Im Gegensatz zu dem derzeit gültigen Fördergesetz könnten so die Ziele für den Ausbau der Kraft-Wärme-Kopplung sicher erreicht werden.

- Einführung eines **EnergieSparFonds**[48] **oder eines Energieeffizienzfonds** und weitere Maßnahmen zur Förderung von effizienten Technologien (Demonstrationsprojekte und Ausbildungsprogramme, verbessertes Labeling bei Elektrogroßgeräten, Gebäudeenergiepass, Verschärfung von Effizienzstandards, etc.). Ein Energieeffizienz-Fonds würde Energieeinsparungen nach einem Wettbewerbsmodell ausschreiben. Dabei bekommt dasjenige Unternehmen den Zuschlag, das die Energieeinsparmaßnahmen zu den geringsten Kosten erschließen kann. Mit solchen Energieeffizienz-Fonds hat man in anderen Ländern bereits gute Erfahrungen gesammelt.[49] Finanziert werden könnte der Effizienzfonds aus einem Aufschlag auf den Strompreis bzw. auf den Preis anderer Energieträger.

- **Verschärfung der Energieeinsparverordnung** für Neubauten und bei der Altbausanierung.

- **Wettbewerbsverstärkende Maßnahmen auf der Kundenseite** sind notwendig, um die Angebote der Energieversorger zu beeinflussen. Dabei sollte der Preis pro Kilowattstunde nicht das alleinige Kriterium für einen Anbieterwechsel sein. Vielmehr sollten die Kunden bei ihrer Wahl auch andere ökonomische, ökologische und soziale Aspekte berücksichtigen können. Hierzu sollte ein so genannter **Versorgertest** eingesetzt werden, der die Leistungen eines Unternehmens bewertet. Ein solcher Test hätte sowohl für die Kunden als auch für nachhaltig orientierte Unternehmen große Vorteile.[50]

- Bei der Regelung und Aufsicht der Netzdurchleitungsgebühren müssen Regeln (Stichwort **Anreizregulierung**) eingeführt werden, die Energieversorgungsunternehmen besser stellen, wenn sie bei ihren Kunden Energiesparprogramme durchführen.

- **Markteinführungshilfen** für regenerative Energiequellen und eine Fortführung des Erneuerbare Energien Gesetzes für die Stromeinspeisung von Strom aus regenerativen Energiequellen. Dies ist der Bereich, in dem die Bundesregierung mit der Umsetzung des Erneuerbare-Energien-Gesetzes (siehe 11.9 - 11.12) die größten Erfolge erzielen konnte.

- Ein **rascher Ausstieg aus der Atomenergie** (siehe 1.4 und 11.18) sowie eine klare Ausrichtung der Energiepolitik auf diesen Schritt.

Entscheidend ist in diesem Zusammenhang, dass EU, Bund und Länder **klare Zielvorstellungen** und eine **verlässliche Energie- und Verkehrspolitik** vorgeben und somit langfristig stabile und günstige Rahmenbedingungen für die Investoren und Produzenten von Effizienztechnologien und regenerativen Technologien schaffen. Hierzu bedarf es verstärkt auch **neuer Akteure:** Energie-Agenturen, Contracting-Firmen[51], Akademien, die kompetente Energiefachleute ausbilden. Unternehmen, die sich auf Effizienztechnologien konzentrieren, könnten die Energie- und Stromeinsparung schneller vorantreiben. Diese Unternehmen werden jedoch nur dann Erfolg haben, wenn die Rahmenbedingungen entsprechend günstig gestaltet werden.

Genauso wichtig sind die klaren Signale einer **verlässlichen Steuer- und Förderpolitik** für die Verbraucher. Sie sind die Voraussetzung dafür, dass die Verbraucher beim Kauf von langlebigen Gebrauchsgütern, wie Autos oder Kühlschränken, die Energiekosten stärker beachten.

Wir wissen heute: Eine nachhaltige Energieversorgung[52] ist kein Hirngespinst sondern eine machbare Alternative. Diese ist bezahlbar und mit großen gesellschaftlichen und volkswirtschaftlichen Vorteilen verbunden.

1.11 Ökonomische Vorteile

Für ein nachhaltiges Energieversorgungssystem sind erhebliche Investitionsmittel notwendig, um auf einen großen Anteil regenerativer Energiequellen und energieeffiziente Anwendungen umzustellen. Diesen Investitionen stehen langfristig niedrigere Energiekosten und eine Unabhängigkeit von den fossilen Energieträgern und deren Preissteigerungen gegenüber.

Investitionen in Energieeffizienz können bei den aktuellen Öl- und Gaspreisen in einem weiten Spektrum ohne Subventionen und mit volks- und betriebswirtschaftlichen Vorteilen umgesetzt werden.[53] Dagegen bedarf der Ausbau regenerativer Energiequellen weiterer Unterstützung. Z.B. durch das Erneuerbare Energien-Gesetz (EEG), das eine kostenorientierte Vergütung gewährleistet (vgl. Abschnitt 11.10). Mit Hilfe des EEG's werden die Stromkunden nicht nur belastet. Vielmehr füht die zunehmende Einspeisung aus regenerativen Energiequellen dazu, dass die Strompreise an der Börse unter Druck geraten. In zwei voneinander unabhängigen Gutachten wird nachgewiesen, dass der Strompreis an der Börse durch die Einspeisung der regenerativen Energiequellen deutlich gesenkt wird.[54] Das scheint zunächst überraschend, ist aber durchaus logisch. Bei der Bildung des Börsenpreises werden die Angebote nach aufsteigenden Preisen sortiert. Je höher die Stromnachfrage, desto mehr kommen die ineffizienteren Kraftwerke mit geringerem Wirkungsgrad und höheren Brennstoffkosten zum Einsatz. Wird nun eine größere Menge Regenerativstrom eingespeist, so kommen die schlechtesten Kraftwerke nicht mehr zum Einsatz. Angebot und Nachfrage gleichen sich bei einem niedrigeren Börsenpreis aus. Das senkt die Strompreise um bis zu 0,76 ct pro kWh.[55]

Insbesondere volkwirtschaftliche Vorteile sprechen für einen Umbau des Energiesystems:

- Die externen Kosten des heutigen Systems durch Luftverschmutzung, Klimaveränderung, Unfallrisiken der Atomenergie und Kosten zur Sicherung der Rohstoffquellen sind heute noch nicht in die Rechnungen der Kunden einbezogen. Sie fallen außerhalb der Energieversorgung als externe, gesellschaftliche Kosten an. Durch ein nachhaltiges Energiesystem werden sie größtenteils vermieden. Dagegen stehen die Schäden extremer Wetterereignisse der vergangenen zehn Jahre in Deutschland mit etwa 16,5 Milliarden Euro. Nach Schätzungen des Deutschen Instituts für Wirtschaftforschung (DIW) steigen diese Kosten in Deutschland bis 2050 auf jährlich 27 Milliarden Euro.[56]

- Ein nachhaltiges Energiesystem schafft einige Hunderttausend Arbeitsplätze. Alleine im Bereich der regenerativen Energiequellen ist in den letzten Jahren die Zahl der Beschäftigten in Deutschland auf 170.000 angestiegen. Das Bundesministerium für Umwelt rechnet damit, dass bis zum Jahr 2020 insgesamt rund 300.000 Arbeitsplätze in diesem Bereich entstehen werden.[57] Jeder neue Arbeitsplatz ist nicht nur unter sozialen Aspekten wertvoll, sondern er reduziert auch die Kosten des Sozialsystems.

Ökonomische Vorteile durch Energieeffizienz und erneuerbare Energien

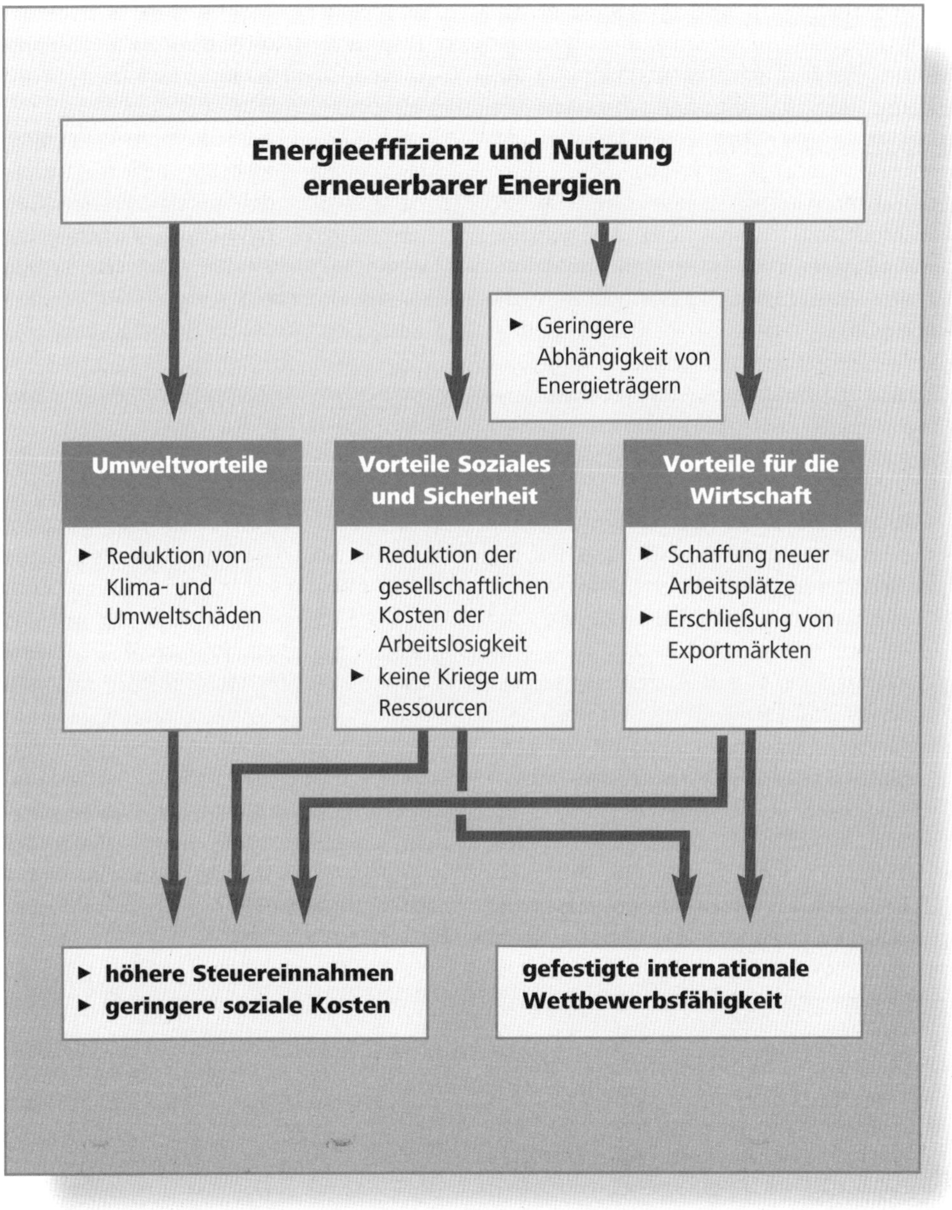

Quelle: eigene Darstellung

2 Thermische Solarenergienutzung

2.1 Sonnenkollektor

Wenn Sonnenlicht auf einen dunklen Gegenstand trifft, erwärmt sich dieser. Dieser allgemein bekannte Effekt ist die Grundlage der thermischen Solarenergienutzung. Im Sonnenkollektor wird dies effektiv genutzt, um Solarstrahlung in Nutzwärme umzuwandeln: Der Absorber, eine schwarze Platte aus Kupfer, Aluminium oder bei einfachen Anwendungen auch Kunststoff wird ins Sonnenlicht gehalten, absorbiert die Strahlung und wird dadurch warm bzw. heiß. Die so entstandene Wärme erhitzt eine Flüssigkeit (Wärmeträger), die durch in die Platte eingearbeitete Röhren strömt und dann der Nutzung zugeführt wird (z. B. dem Erhitzen von Brauchwasser). Um Wärmeverluste zu vermeiden, werden unterschiedliche Techniken eingesetzt:[58]

1) Beim weit verbreiteten **Flachkollektor** wird der Absorber in einen Kasten eingebaut, der auf der Vorderseite eine transparente Abdeckung erhält und der an den Rändern sowie der Rückseite eine gute Wärmedämmung besitzt. Ein solcher Sonnenkollektor hat bei Temperaturen von 50° C einen Wirkungsgrad von etwa 50 bis 60%. Bei direkter Sonneneinstrahlung kann er Temperaturen bis zu ca. 80°C erreichen.

2) Beim **Vakuum-Röhrenkollektor** ist der Absorber in ein luftleeres Glasrohr eingebaut. Das Vakuum reduziert die Wärmeverluste sehr stark. Daher erreichen diese Röhrenkollektoren einen höheren Wirkungsgrad, insbesondere bei großen Temperaturdifferenzen zwischen der Außenluft und dem Absorber. Bei einer Differenz von 70 K (= 70 Grad) hat die Vakuumröhre gegenüber dem Flachkollektor einen etwa 15% höheren Wirkungsgrad. Bei 40 K Differenz sind es nur 5%. Die Vorteile des Röhrenkollektors zeigen sich daher vorwiegend in der kalten Jahreszeit. Er eignet sich daher insbesondere für Systeme, die auch zur Heizungsunterstützung eingesetzt werden.

3) Bei der solaren Beheizung von Freibädern wird in der Regel auf jegliche Wärmedämmung verzichtet: Das Wasser wird durch schwarze **Absorbermatten** gepumpt und nimmt dabei Solarwärme auf. Dieses einfache System eignet sich nur dort, wo (wie bei Freibädern) eine Erwärmung um wenige Grad ausreicht.

Der Ertrag eines Sonnenkollektors hängt von seiner Ausrichtung ab. In Deutschland werden optimale Werte bei ca. 45° Dachneigung und exakter Südausrichtung erreicht. Bei Abweichung von diesen Idealwerten sinkt der Ertrag zunächst nur wenig. Auch Kollektoren zwischen 0° und 50° Neigung und einer Ausrichtung zwischen Südost und Südwest erreichen noch ca. 90% der maximal möglichen Solarausbeute. Eine nicht optimale Ausrichtung kann also durch eine geringfügig größere Kollektorfläche kompensiert werden. Bei einigen Röhrenkollektoren gibt es eine noch einfachere Möglichkeit: der Absorber wird in der Röhre nach Süden gedreht.

Aufbau eines Flachkollektors

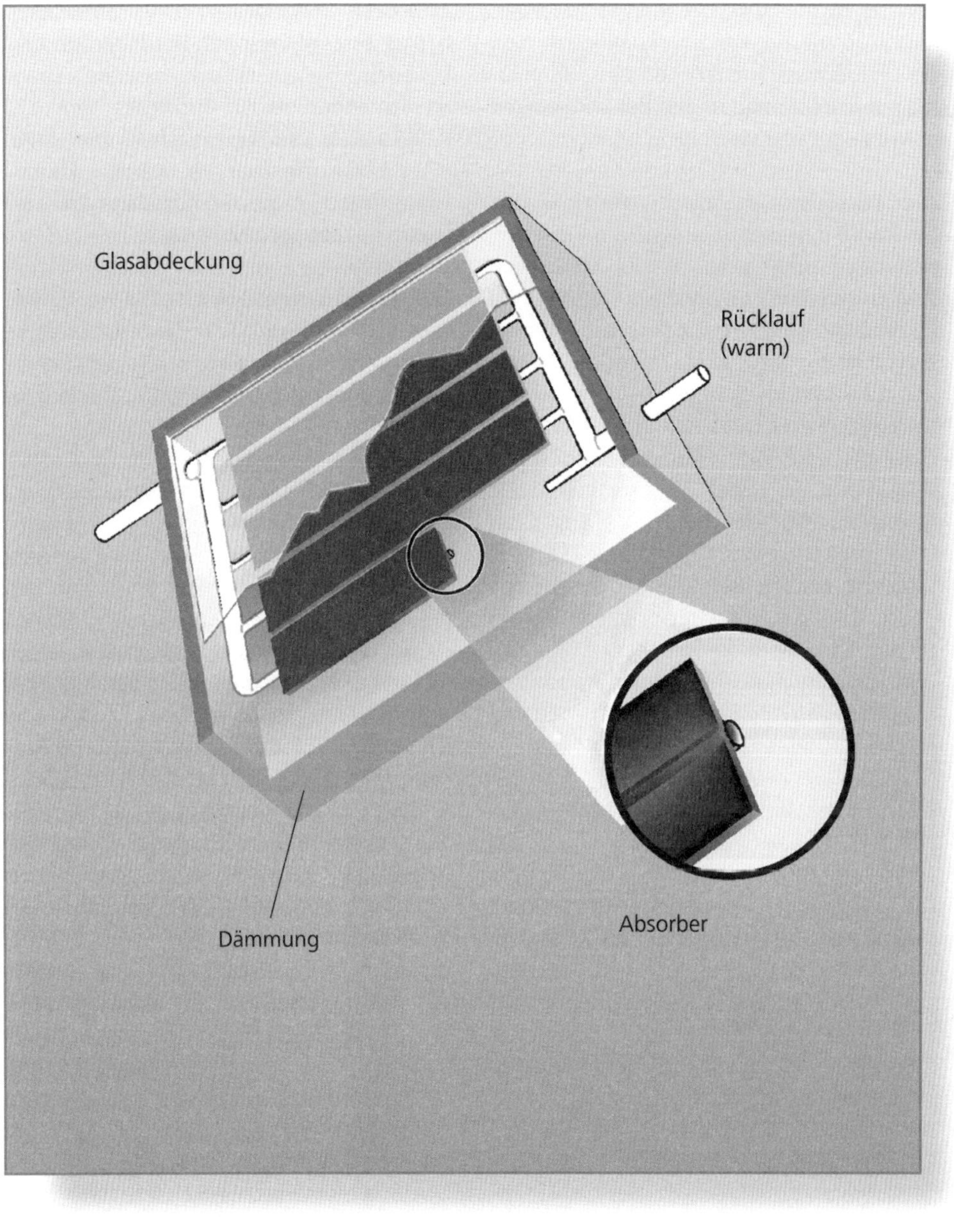

Quelle: Schüle/Ufheil/Neumann: Thermische Solaranlagen, 1997

Die im Sonnenkollektor erzeugte Wärme wird meist zur Erwärmung des Brauchwassers, aber auch des Heizungswassers genutzt. Dazu wird die thermische Solaranlage so mit der Heizung kombiniert, dass der Warmwasserbedarf in den Sommermonaten vollständig und in der übrigen Zeit teilweise gedeckt wird.

Die Technik: Bei Anlagen für Ein- und Zweifamilienhäuser, die heute am weitesten verbreitet sind, wird in der Regel ein Zweikreissystem gewählt (siehe Grafik): Unabhängig vom Heizungskreislauf befindet sich in einem Solarkreislauf (Sonnenkollektor – unterer Wärmetauscher – Pumpe) eine frostsichere Flüssigkeit (Wasser-Glykol-Gemisch), die die Wärme transportiert. Sobald sich bei Einfall von Sonnenlicht die Temperatur im Kollektor um einige Grad über die Temperatur im unteren Teil des Speichers erhöht, setzt eine elektronische Regelung die Pumpe im Solarkreislauf in Betrieb. So gelangt die Solarwärme über den unteren Wärmetauscher in den Brauchwasserspeicher, der den Warmwasserbedarf von etwa zwei Tagen fassen sollte.

Da warmes Wasser leichter ist als kaltes, steigt das solar erwärmte Wasser im Speicher auf. Damit bildet sich eine Temperaturschichtung: Das leichtere warme Wasser sammelt sich im oberen, das kältere im unteren Teil des Speichers. So ist gesichert, dass am Warmwasserauslauf immer das wärmste Wasser verfügbar ist. Wenn die Sonnenenergie einmal für die gewünschte Wassertemperatur nicht ausreicht, so liefert die Heizung über den oberen Wärmetauscher die notwendige Wärme.

Ein Beispiel: Eine thermische Solaranlage mit ca. 6 Quadratmeter Flachkollektoren und einem 300-Liter-Speicher kann in der Regel in den Sommermonaten den Warmwasserbedarf eines 4-Personen-Haushalts decken. Da auch im Rest des Jahres solare Erträge erwirtschaftet werden, lassen sich damit pro Jahr ca. 300 Liter Öl einsparen. Die Netto-Investitionskosten von ca. 4.500 € können so in 20 Jahren durch eingesparte Ölkosten wieder herein geholt werden.[59]

Der entscheidende Vorteil: Eine thermische Solaranlage zur Brauchwasserbereitung ersetzt nicht nur den Verbrauch fossiler Brennstoffe durch Solarenergie, sondern sie reduziert dabei auch überproportional den Schadstoffausstoß: Jede Öl- oder Gasheizung arbeitet in den Sommermonaten mit schlechterem Wirkungsgrad und höheren Schadstoffemissionen, da der Brenner jeweils nur für kurze Zeit anspringt und daher nicht im optimalen Bereich arbeitet. Dieser unbefriedigende Zustand wird beseitigt, wenn die Sonne im Sommer das Brauchwasser erwärmt und daher der Heizkessel vollständig abgestellt werden kann.

Größere thermische Solaranlagen können neben der Brauchwasserbereitung in der Übergangszeit auch **Wärme für die Raumheizung** liefern. Eine gute Wärmedämmung des Hauses sowie ein Heizsystem, das mit niedriger Vorlauftemperatur arbeitet, sind dabei wichtig für den Erfolg. Dann kann z. B. eine 12 qm Solaranlage zur Raumheizungsunterstützung im Vergleich zur konventionellen Heizung über 20 Prozent des Brennstoffs einsparen. Diese erweiterte Nutzung der Solarenergie setzt sich mehr und mehr am Markt durch.[60]

Solare Brauchwasseranlage

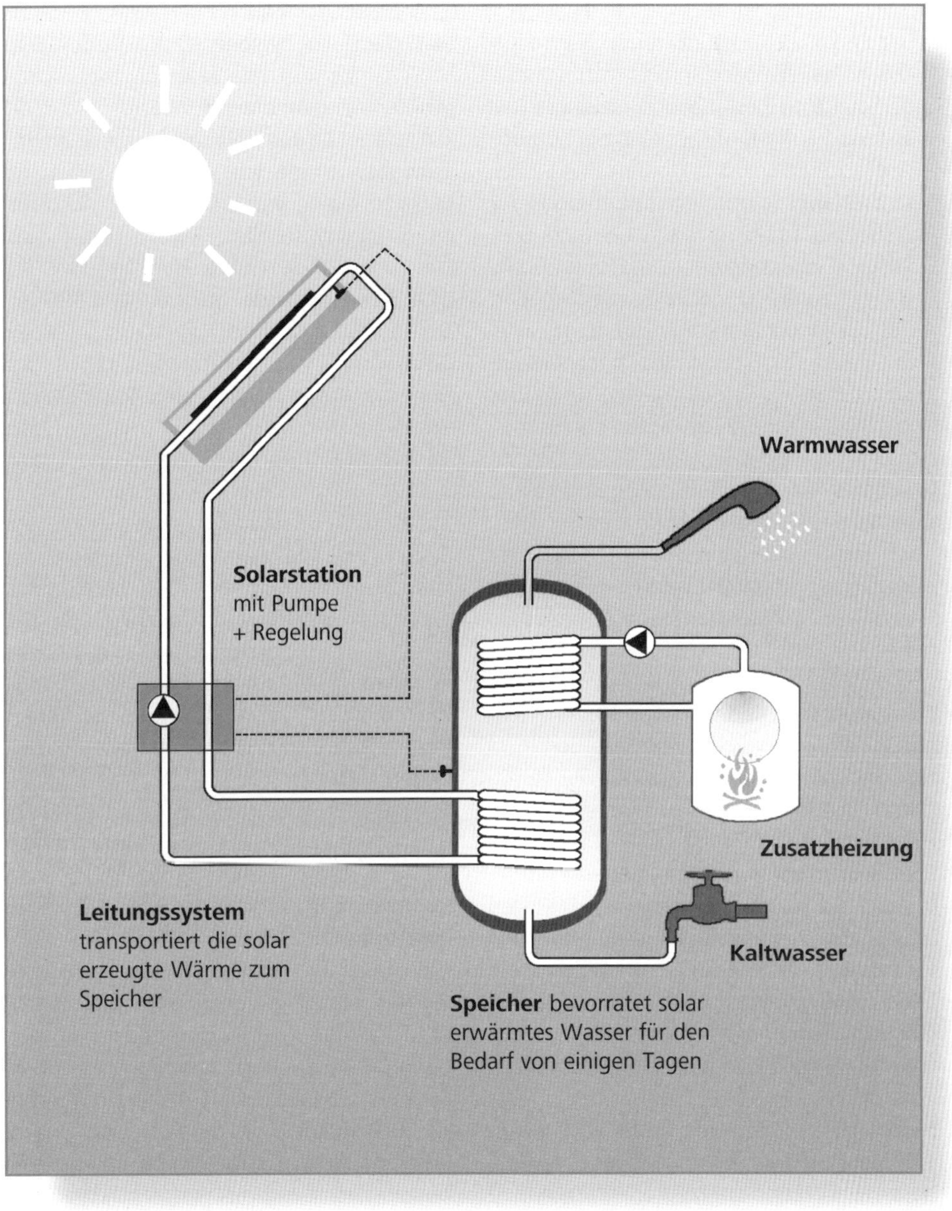

Quelle: Schüle/Ufheil/Neumann: Thermische Solaranlagen, 1997

2
3 →
4 →
5 →
6 →
7 →
8 →
9 →
10 →
11 →
12 →

Fußnoten ↓ Glossar ↓ Infos ↓

2.3 Sonne zum Heizen: Solare Nahwärmesysteme

Wer einen großen Anteil der Heizenergie solar decken will, muss von zwei Fakten ausgehen:

- Der Energiebedarf zum Heizen liegt deutlich höher als der für die Warmwasserbereitung: In bestehenden Gebäuden ist ersterer häufig fünf- bis zehnmal so hoch wie letzterer; selbst in Häusern mit erhöhtem Wärmeschutz (Niedrigenergiebauweise) beträgt er noch das zwei- bis dreifache. Dies bedeutet, dass fürs solare Heizen zunächst der Heizenergiebedarf des Gebäudes reduziert werden sollte, und dass auch in diesem Fall noch wesentlich größere Kollektorflächen benötigt werden als zur Brauchwasserbereitung.
- In den Wintermonaten, also gerade dann, wenn der Heizenergiebedarf am größten ist, steht nur wenig Sonnenenergie zur Verfügung: Im Januar liefert die Sonne nur etwa ein Sechstel der Energie, die sie im Juli einstrahlt.

Das Hauptproblem des solaren Heizens liegt darin, den Wärmeüberschuss des Sommers für die Wintermonate zu konservieren. Damit kommt **Langzeitwärmespeichern** eine zentrale Bedeutung zu. Bei derartigen Speichern nehmen die spezifischen Wärmeverluste und auch die spezifischen Kosten mit zunehmender Größe ab. Daher kommen für Langzeitwärmespeicher vorrangig große, in der Regel unterirdische Behälter in Frage[61]. Ein **Nahwärmenetz** versorgt von hier aus die umliegenden Gebäude.

Heizen mit Sonne ist im größeren Umfang z.B. dann möglich, wenn Gebäude mit verbessertem Wärmeschutz, großen Kollektorfeldern, einem Langzeitwärmespeicher und einem solaren Nahwärmenetz in geeigneter Weise kombiniert werden.

Nachdem in Schweden bereits in den 80er Jahren erste solare Nahwärmenetze errichtet wurden, gingen in der Bundesrepublik 1996 die ersten beiden solaren Pilotanlagen mit Langzeitwärmespeicher in Betrieb.

In Hamburg-Bramfeld wurden dazu auf den Dächern in einem Neubaugebiet mit 124 Reihenhäusern insgesamt 3.000 m^2 Kollektoren installiert. Die damit erzeugte Solarwärme wird zentral gesammelt und über ein Nahwärmenetz den Verbrauchern zugeleitet. Nicht genutzte Wärme wird dem Langzeitwärmespeicher zugeführt. Dieser 4.500 Kubikmeter große Betonbehälter ist innen mit Edelstahlfolie abgedichtet. Eine außen liegende Dämmung verringert die Wärmeverluste. In den Sommermonaten wird der Speicher aufgeladen; im August erreicht er mit rund 80° C die höchste Temperatur; bis in den Dezember gibt er dann die Wärme zum Heizen ab. Der übrige Bedarf wird mit einem Brennwertkessel gedeckt. Das angestrebte Ziel (ca. 50% des Energiebedarfs für Heizung und Warmwasser solar zu decken) wurde erreicht.

Die Kosten für die solar erzeugte Wärme liegen (ohne Zuschüsse) beim Hamburger Projekt bei 26 Cent/kWh, bei dem größeren zweiten Pilotprojekt in Friedrichshafen konnte u. a. aufgrund kompakterer Bauweise (Mehrfamilienhäuser) und einem größeren Speicher ein Preis von 16 Cent/kWh erreicht werden. Bundesweit wurden zwischenzeitlich fünf weitere solare Nahwärmesysteme realisiert. [62]

Solaranlage mit Langzeitwärmespeicher

2
3 →
4 →
5 →
6 →
7 →
8 →
9 →
10 →
11 →
12 →

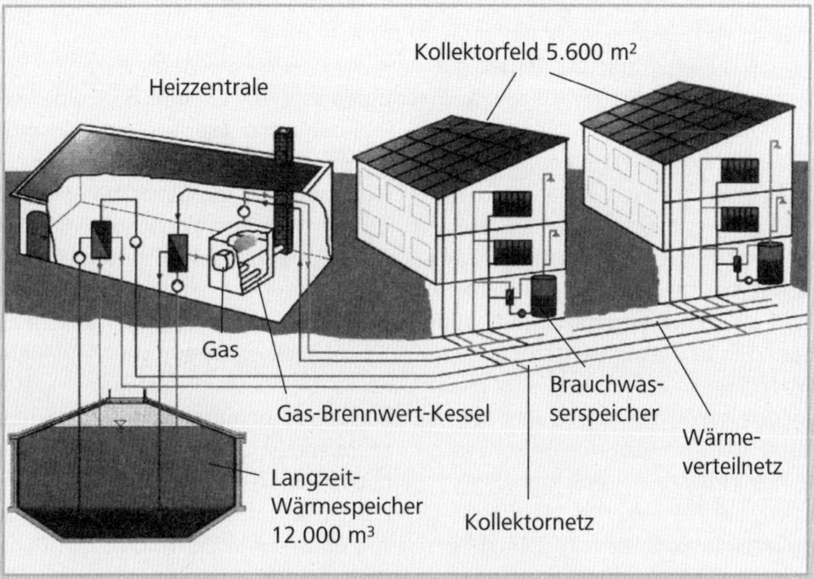

Solaranteil am Wärmebedarf:

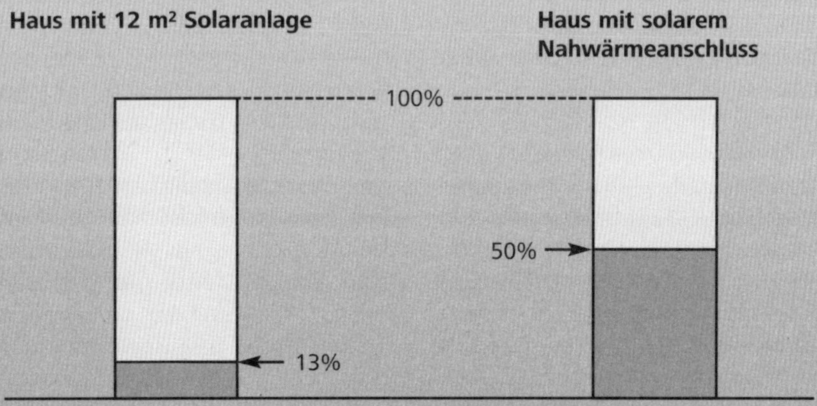

Quelle: BINE: Solare Nahwärmekonzepte

Fußnoten ↓ Glossar ↓ Infos ↓

2.4 Kühlen mit der Sonne: Solare Klimatisierung

Derzeit werden für die Gebäudeklimatisierung hauptsächlich (wie auch im Kühlschrank) Kompressionskältemaschinen eingesetzt. Die dabei benutzten Kältemittel (auch die FCKW-freien Ersatzstoffe) sind aber nicht unbedenklich in ihrer Auswirkung auf das Erdklima. Außerdem ist der Betrieb dieser Kälteanlagen mit hohem Stromverbrauch verbunden. Mit Hilfe der Sonnenenergie können daher auch in diesem Bereich fossile Energieträger eingespart, Schadstoffemissionen reduziert und Lastspitzen im Stromnetz vermieden werden. Ein wichtiger Vorteil ist dabei die **weitgehende Zeitgleichheit zwischen solarem Angebot und dem Kühlbedarf:** In der Regel müssen Gebäude nur im Sommer, also bei reichlichem Solarangebot, gekühlt werden. Daher ist hier eine kostenintensive Langzeit-Speicherung (wie z.B. beim solaren Heizen) überflüssig.

Für die Gebäudeklimatisierung stehen verschiedene thermisch angetriebene Kühlverfahren zur Verfügung.[63] Für die Solarenergienutzung sind dabei besonders diejenigen Verfahren geeignet, die schon mit niedrigen Temperaturen angetrieben werden können. Beispielhaft stellen wir dazu die sorptionsgestützte Klimatisierung (SGK) vor.

Technik: Das Verfahren der SGK (siehe Grafik) beruht auf dem Prinzip der Verdunstungskühlung („Verdunstendes Wasser kühlt die Umgebung ab").[64] Im Wärmetauscher trifft die extra bis zum Taupunkt[65] befeuchtete Abluft auf die kältere Zuluft, kondensiert deshalb und kühlt so die Zuluft ab. Letztere muss vorher getrocknet werden: Im Entfeuchter entzieht das Trocknungsmittel Silikagel der Zuluft Feuchtigkeit durch Anlagerung des Wassers an die eigene Molekülstruktur (Adsorption). Damit das Silikagel wieder regeneriert (trocken) wird, muss es auf der anderen Seite durch die Abluft erhitzt werden. Die Wärme hierfür liefern Sonnenkollektoren (ggf. über einen Kurzzeitspeicher mit Möglichkeit zur Nachheizung).

Beispiel: Im Gründerzentrum in Riesa (Sachsen) ging 1996 ein solar unterstütztes SGK-System zur Klimatisierung in Betrieb. Mit insgesamt 20 Quadratmeter Kollektorfläche kann dort die erforderliche Kühlung zu 75-80% solar erbracht werden.[66]

Perspektive: Im Bereich der solaren Klimatisierung gibt es bereits verschiedene erfolgreiche Demonstrationsprojekte. Die Serienfertigung beginnt, aber bei heutigen Energiepreisen können die solaren Anlagen noch nicht konkurrieren. Kostensenkungen werden erwartet[67], auch durch den Einsatz von preiswerten Luftkollektoren (siehe 2.5). Diese bieten insbesondere in südlichen Ländern günstige Ergebnisse. In Mitteleuropa benötigen gut geplante Gebäude in der Regel keine Klimatisierung. Ausnahmen bilden spezielle Räume, z.B. für Technik oder für Versammlungen. Hier können sich Vorteile ergeben, wenn die Kollektoren ganzjährig genutzt werden: Im Sommer zur Klimatisierung, im Winter zur Heizungsunterstützung. In tropischen Ländern können solar betriebene Kühlungen helfen, Lebensmittel länger zu lagern und so Verluste zu verringern. Insgesamt haben daher Anlagen zur solaren Klimatisierung und Kühlung ein beträchtliches Zukunftspotenzial.

Kühlen mit der Sonne

2
3
4
5
6
7
8
9
10
11
12

Sorptionsgestützte Klimatisierung (SGK)

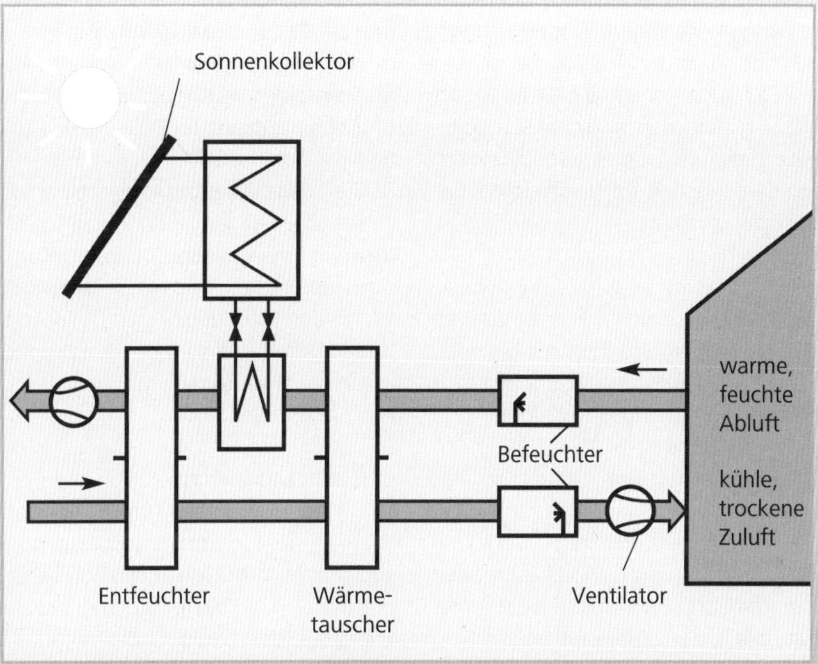

Vorteile:

- **Keine Klimagefahr durch Kühlmittel**
- **Kühlbedarf in der Regel gleichzeitig mit großem Solarangebot**
- **Solare Deckung von 70-80% möglich**

Quelle: Sonnenenergie 1/99

2.5 Sonne zum Trocknen: Der Luftkollektor

Der (flüssigkeitsgefüllte) Sonnenkollektor (2.1) ist technisch einfach zu realisieren. Mit dem Luftkollektor kann Solarenergie noch einfacher thermisch genutzt werden: Über einer schwarzen Platte wird in wenigen Zentimetern Abstand eine lichtdurchlässige Folie gespannt. Fällt Sonnenlicht auf einen solchen Luftkollektor, so erwärmt sich die Luft zwischen Platte und Folie. Bei schräg gestelltem Kollektor steigt die warme Luft auf und erzeugt so automatisch eine Luftzirkulation; in waagerechter Lage wird dies mit einem kleinen (ggf. solar getriebenen) Ventilator erreicht.

Luftkollektoren werden z.B. zum solaren Trocknen eingesetzt: In vielen ländlichen Regionen der Tropen und Subtropen stehen den Bauern zur Trocknung und damit zur Konservierung ihrer Ernten nur Sonne und Wind zur Verfügung. Obst, Gemüse u. a. werden dazu unter freiem Himmel ausgebreitet. Verluste durch Nagetiere und Vögel sowie Qualitätseinbußen durch Staub und andere Verunreinigungen (Mikroorganismen, Schimmelsporen,...) sind die fast zwangsläufige Folge. Dies führt zu hohen Nachernteverlusten bzw. verhindert eine angemessene Vermarktung. Hier stellt ein **solarer Tunneltrockner**[69] eine erschwingliche Alternative dar, um die Produkte qualitativ hochwertig und ohne Verluste zu trocknen bzw. zu konservieren (siehe Grafik): Über eine aufgeständerte Fläche (2 m x 18 m) wird dachförmig eine Folie gespannt. Knapp die Hälfte der Fläche dient als Luftkollektor, auf dem Rest werden die Früchte ausgebreitet und durch die im Kollektor erwärmte Luft getrocknet. Kleine, mit Solarstrom angetriebene Ventilatoren sorgen für den notwendigen Luftdurchsatz. Im Vergleich zur ungeschützten Trocknung an der Sonne kann so die **Trocknungsdauer etwa halbiert** werden. Weiterhin wird das Trockengut vor den in tropischen Ländern häufigen Niederschlägen geschützt und somit der Trocknungsprozess nicht unterbrochen. Bei länger andauerndem Regen kann z.B. ein Gasbrenner die nötige Wärme liefern. – Pro Tag kann ein solcher Tunneltrockner bis zu 60 kWh Solarenergie gewinnen, was dem Energieinhalt von ca. 15 kg Brennholz entspricht.

Solare Tunneltrockner (entwickelt an der Universität Hohenheim) sind heute in 30 **Ländern im Einsatz;** in der Türkei, Sri Lanka und Thailand werden sie bereits lokal produziert. Wenn aufgrund der besseren Qualität auch höhere Preise erzielt werden können, so amortisiert sich ein solarer Tunneltrockner in wenigen Jahren.

Luftkollektoren lassen sich aber auch in gemäßigten Breiten sinnvoll einsetzen.[69] Werden sie zur Raumlufterwärmung eingesetzt, so lassen sich deutlich höhere Energieerträge als mit Flachkollektoren erzielen. Bei energieeffizienten Gebäuden mit kontrollierter Lüftung ergeben sich interessante Möglichkeiten durch Kombination von Luftkollektor und Lüftungsanlage[70]. So erwärmt z.B. im Hallenbad Kostheim (bei Wiesbaden) ein 420 m² großer Luftkollektor die Hallenluft; damit werden jährlich 50.000 Kubikmeter Erdgas eingespart.[71] In Göttingen dient ein 343 m² großer Luftkollektor an der Wand des Heizkraftwerks zur solaren Vorwärmung der Verbrennungsluft und damit zur Energieeinsparung.[72]

Solare Trocknung

Prinzip des Luftkollektors

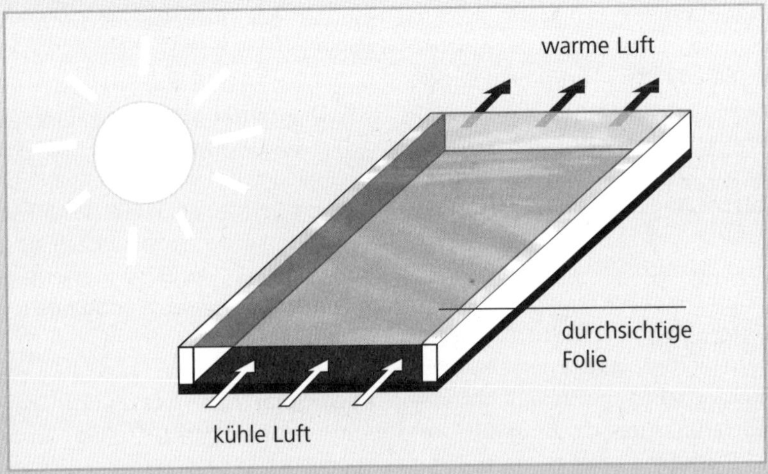

Solarer Tunneltrockner für landwirtschaftliche Produkte

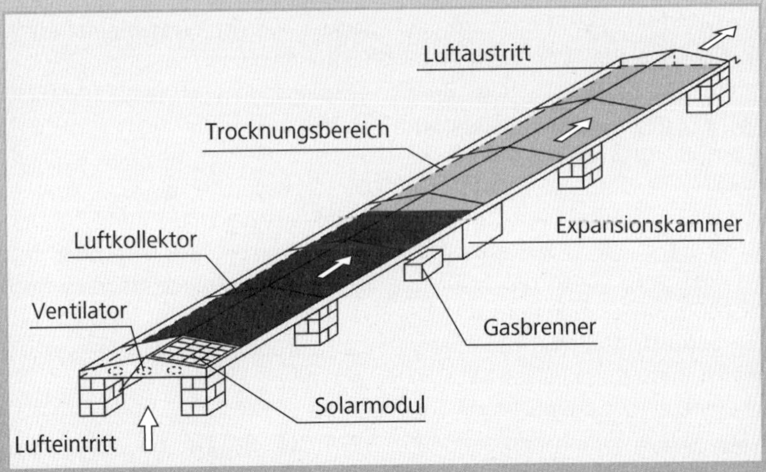

Quelle: W. Mühlbauer, A. Esper: Solare Trocknung, in: Sonnenenergie 6/1997

2.6 Solarthermische Kraftwerke

Mit Sonnenkollektoren können Temperaturen bis etwa 80° C erreicht werden. Deutlich höhere Temperaturen lassen sich erzielen, wenn das Sonnenlicht gebündelt bzw. konzentriert wird. Wird damit heißer Wasserdampf erzeugt und mittels einer Turbine zur Stromerzeugung genutzt, so spricht man von einem solarthermischen Kraftwerk. Diese Kraftwerke sind auf direkte Sonnenstrahlung angewiesen. Daher liegt ihr Einsatzgebiet z.B. im südlichen Mittelmeerraum, wo Wolken oder Dunst nur selten die Intensität der Solarstrahlung mindern.

Bei den solarthermischen Kraftwerken wird das Sonnenlicht durch große, dem Lauf der Sonne nachgeführte Spiegelsysteme konzentriert; damit entstehen im Brennpunkt sehr hohe Temperaturen (bis ca. 800° C). Dort wird eine Flüssigkeit erhitzt und damit Dampf erzeugt. Der Dampf wird dann wie in einem Kohle- oder Öl-Kraftwerk zur Stromerzeugung genutzt. Im Gegensatz zur Photovoltaik (vgl. Teil 3.) wird hier also das Sonnenlicht nicht direkt in Strom umgewandelt, sondern auf dem Umweg über Dampferzeugung und Turbine. – Es lassen sich drei Typen solarthermischer Kraftwerke unterscheiden:[73]

Am weitesten entwickelt sind **Parabolrinnenkraftwerke**. Diese haben das Stadium der Pilotanlagen hinter sich. In der kalifornischen Mojave-Wüste stehen neun dieser Solarkraftwerke mit insgesamt 2,3 Mio. m^2 Spiegelfläche und einer Gesamtleistung von 354 MW: Die Spiegel sind jeweils in Form einer (Parabol-) Rinne gebogen und lenken damit die Sonnenstrahlen auf ein Rohr, das in der Brennlinie verläuft. Dort wird eine Flüssigkeit auf ca. 400° C erhitzt und zur Stromerzeugung genutzt. Nachdem in Spanien im Jahr 2002 ein Gesetz für eine spezielle Einspeisevergütung für solarthermisch erzeugten Strom in Kraft getreten ist, werden nun kommerzielle Anlagen gebaut. Mitte 2006 ging ein 50 MW-Rinnenkraftwerk in Bau, mehr als ein Dutzend sind in Planung.[74]

Bei **Dish-Stirling-Anlagen** (dish (engl.) = Schüssel) fängt ein großer, schüsselartiger Hohlspiegel das Sonnenlicht auf und konzentriert es in einem Punkt. Ein Stirlingmotor erzeugt mit der dort entstehenden Hitze Strom. Bei Spiegeldurchmessern zwischen 7 m und 17 m werden Leistungen zwischen 10 kW und 50 kW erreicht.

Auch **Solar-Turm-Kraftwerke** konzentrieren wie beim Dish-Stirling-Konzept das Sonnenlicht auf einen Punkt. Dies wird durch zahlreiche große, dem Lauf der Sonne nachgeführte Spiegel (Heliostaten) erreicht, die das Sonnenlicht auf die Spitze eines Turmes lenken, wo der Wasserdampf erzeugt wird. Pilot- und Versuchsanlagen erreichen derzeit Leistungen von 1 MW bis 10 MW.[75]

Solarthermische Kraftwerke können Strom in Leistungseinheiten bis zu 200 MW erzeugen. Eine Studie des Deutschen Zentrums für Luft- und Raumfahrt (DLR) errechnet allein für die Länder des Mittelmeerraumes ein Potenzial von bis zu 1.500 TWh, was etwa der Hälfte des europäischen Stromverbrauchs entspricht (!).[76]

Wird das solar erhitzte Wasser gespeichert, kann auch in sonnenlosen Stunden Strom produziert werden.

2
3 →
4 →
5 →
6 →
7 →
8 →
9 →
10 →
11 →
12 →

Solarthermische Kraftwerke

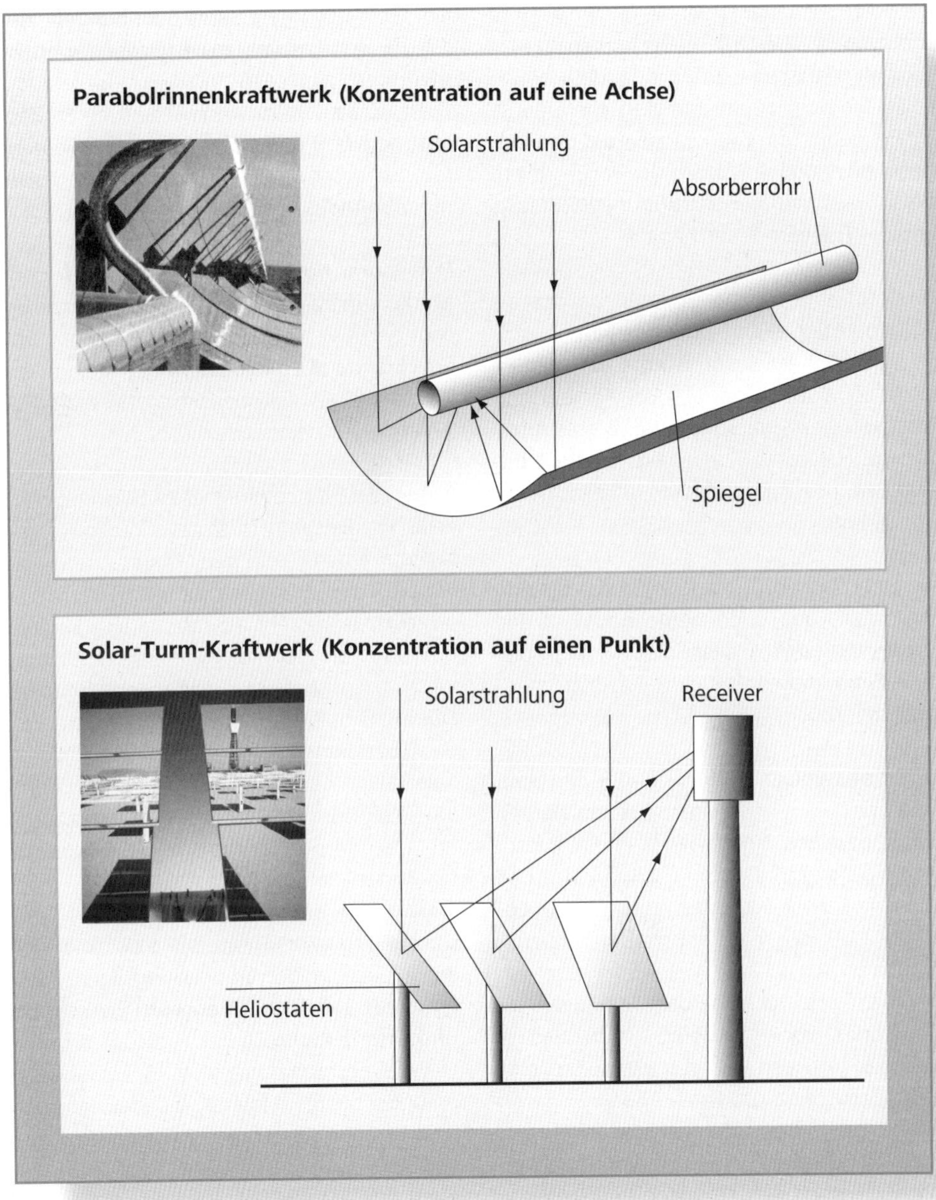

Quelle: eigene Darstellung, triolog

3 Strom von der Sonne: Photovoltaik
3.1 Das Herz der PV-Anlage: Die Solarzelle

Mit der thermischen Sonnenenergienutzung lässt sich Solarstrahlung in Wärme umwandeln (siehe Kapitel 2). Eine andere Möglichkeit, die Sonnenenergie zu nutzen ist die Photovoltaik (PV). Diese Technik baut auf dem physikalischen Effekt auf, dass einige Halbleiter Licht direkt in elektrische Energie umwandeln. Die Grundlagen, die wichtigsten Anwendungen sowie die Perspektiven, die sich aus heutiger Sicht für die PV bieten, sind die Themen dieses Kapitels.

Jede solarthermische Anlage besitzt als Grundbaustein einen oder mehrere Absorber, die Sonnenlicht in Wärme umwandeln (siehe 2.1). Das zentrale Bauelement der Photovoltaik ist die **Solarzelle.** Dieses großflächige Halbleiter-Bauelement wandelt das eingestrahlte Licht direkt in elektrische Energie um.

Die erste Solarzelle wurde 1954 aus Silizium hergestellt, und auch heute noch werden weltweit etwa 90% aller Solarzellen aus diesem Grundmaterial der Halbleitertechnologie gefertigt.

Funktionsweise: In einer ca. 0,3 mm dünnen Scheibe aus hochreinem Silizium werden durch gezieltes Einbringen von Fremdatomen (Fachbegriff: Dotieren, z.B. mit Bor und Phosphor) zwei Schichten mit unterschiedlichen elektrischen Eigenschaften erzeugt. Trifft nun Licht auf diese Solarzelle, so bewirkt die Lichtenergie, dass Ladungsträger (Elektronen) von einer Schicht in die andere wechseln. An den äußeren Kontakten entsteht damit eine elektrische Spannung von ca. 0,5 Volt. Bei Anschluss eines Verbrauchers fließt dann Strom. Während die Spannung zwischen den Klemmen der Solarzelle nahezu konstant ist, hängt die Stromstärke, die die Zelle liefert, direkt von der Größe der Zelle und insbesondere von der eingestrahlten Lichtleistung ab.

Um technisch interessante Spannungen (z.B. 12 V Gleichstrom) zu erreichen, werden mehrere Solarzellen in Reihe geschaltet. Diese Zellen werden zwischen eine Glasscheibe (vorn) und eine Kunststoff-Folie (hinten) eingeschweißt: Schon ist das Solarmodul fertig.

Der **Wirkungsgrad** der heute auf dem Markt erhältlichen kristallinen Solarzellen liegt bei etwa 15%. Dieser Wert bezieht sich auf Standardbedingungen. Bei steigenden Temperaturen sinkt der Ertrag, weshalb PV-Anlagen gut belüftet sein sollten.

Neben der hier beschriebenen Silizium-Solarzelle hat die Dünnschichtzelle in den letzten Jahren einen kleineren Marktanteil von knapp 10% erlangen können. Die Dünnschichtzelle besteht aus amorphem Silizium oder aus Kupfer-Indium-Selenid (CIS) und wird in Kapitel 3.5. näher beschrieben. Dünnschichtzellen unterscheiden sich von den traditionellen Solarzellen (kristallinen Solarzellen basierend auf Silizium-Wafern) vor allem bezüglich des Produktionsverfahrens und der Schichtdicke der eingesetzten Materialien.

Daneben gibt es weitere Zellen, die sich meist noch in der Entwicklung bzw. Pilotfertigung befinden. **Ziel von Forschung und Entwicklung** ist es dabei, durch höhere Wirkungsgrade oder durch weniger bzw. preisgünstigeres Material die derzeit noch relativ hohen Kosten des PV-Stroms zu senken.[77]

Die Silizium-Solarzelle

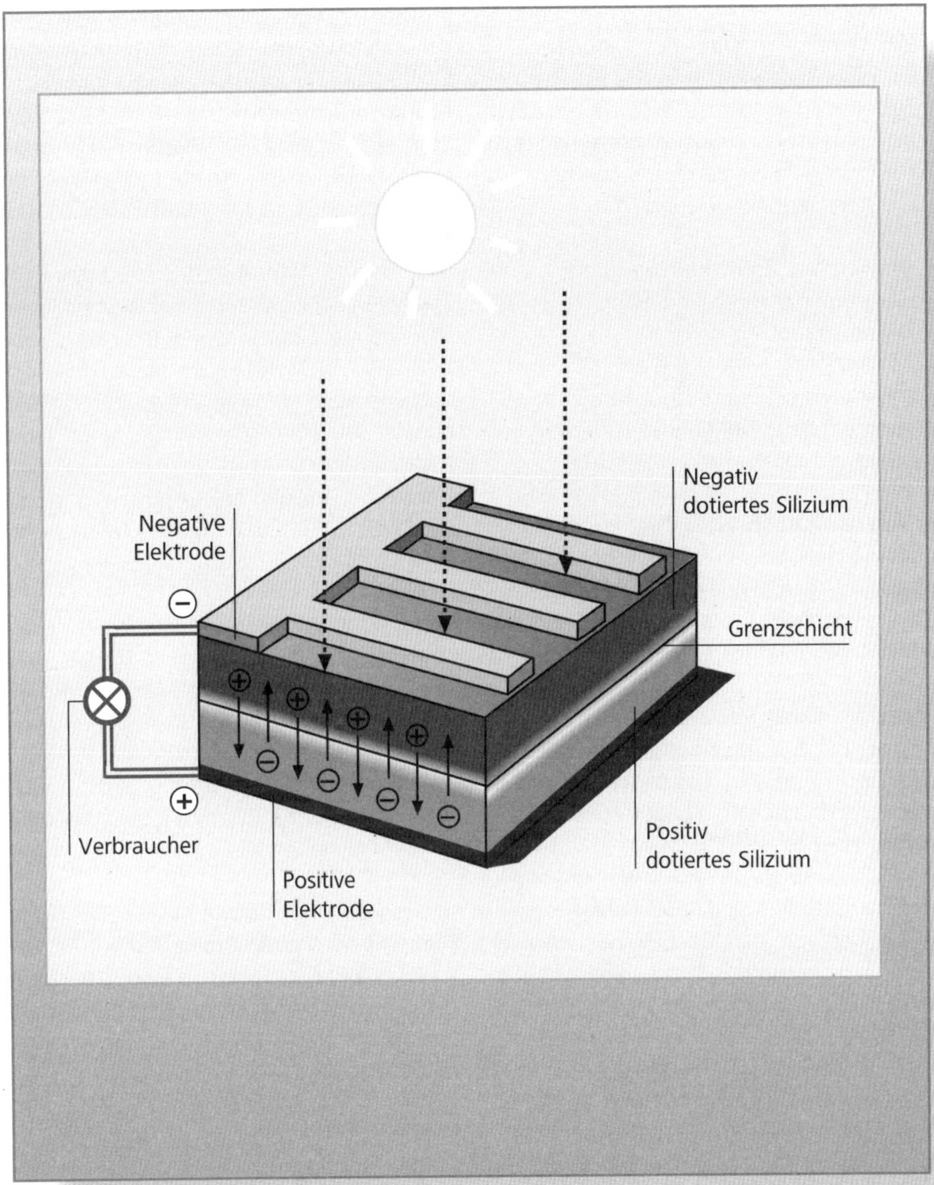

Quelle: Leuchtner, Preiser: Photovoltaik Marktübersicht, 1994

3.2 Die netzgekoppelte PV-Anlage

Die photovoltaische Stromerzeugung hat entscheidende Vorteile:

► **Emissionen:** Es entstehen beim Betrieb weder Lärm noch irgendwelche Abgase.

► **Lebensdauer:** Es gibt keine beweglichen Teile, daher ist die Lebensdauer sehr hoch. Für Solarmodule werden Garantiezeiten von 20 Jahren und mehr gewährt.

► **Umweltverträglichkeit:** Der Betrieb und die Entsorgung von Silizium-Solarzellen ist vollkommen problemlos.[78]

► **Ressourcen:** Silizium ist das zweithäufigste Element der Erdrinde und nahezu unbeschränkt verfügbar.

► **Anwendungsbreite:** Die Photovoltaik kann in einem breiten Leistungsbereich eingesetzt werden, von Kleinstanwendungen (Taschenrechner, Armbanduhr) bis hin zu Großanlagen mit mehreren Megawatt.

Angesichts dieser Vorteile und des EEG findet die PV zunehmend Verbreitung, und zwar nicht nur für Taschenrechner und Wochenendhäuschen, sondern auch zum Aufbau einer solaren Stromversorgung.

Häufig anzutreffen sind dabei netzgekoppelte Anlagen auf den Dächern von Wohnhäusern (vgl. Grafik). Diese haben in der Regel eine Leistung von ein bis zehn kWp[79]. Die Solarmodule produzieren Gleichstrom, der über einen Wechselrichter in Wechselstrom umgewandelt und direkt ins Stromnetz eingespeist wird, da er dann aufgrund des EEG günstig vergütet wird (vgl. 11.10).

Eine PV-Anlage mit einer elektrischen Spitzenleistung von ca. 2 kWp benötigt auf dem Dach knapp 20 m² Fläche. Sie erzeugt im Jahr je nach Sonnenangebot und Ausrichtung zwischen 1.700 kWh und 2.000 kWh. Diese elektrische Energie entspricht etwa dem Jahresverbrauch eines 4-köpfigen Stromsparhaushalts. Die Kosten für eine solche Anlage liegen heute (2007) bei ca. 11.000 € mit fallender Tendenz (vgl. 3.5).

Mit der Einführung des EEG stießen Solarstromanlagen auch bei gewerblichen Betreibern auf zunehmendes Interesse. Diese errichten auf Mehrfamilienhäusern, Hallendächern oder auf landwirtschaftlichen Gebäuden deutlich größere Anlagen mit spezifisch günstigeren Kosten. Im Jahr 2006 hatten solche Anlagen mit einer Leistung zwischen 10 kWp und 1 MWp in Deutschland einen Anteil von ca. 50%[80].

Die größten PV-Anlagen haben heute schon Leistungen von mehreren Megawatt. Die PV-Anlage auf der Neuen Messe München erreicht bei einer Fläche von 63.000 m² eine Leistung von 2,1 MWp. Im April 2003 ging in Hemau bei Regensburg das damals weltweit größte PV-Kraftwerk mit einer Leistung von 4 MWp in Betrieb.

Insgesamt sind derzeit (Ende 2006) in Deutschland Photovoltaikanlagen mit ca. 2.000 MW Leistung installiert.[81] Der damit gewonnene Solarstrom entspricht etwa dem Verbrauch von 600.000 Durchschnittshaushalten.

Netzgekoppelte Photovoltaik-Anlage

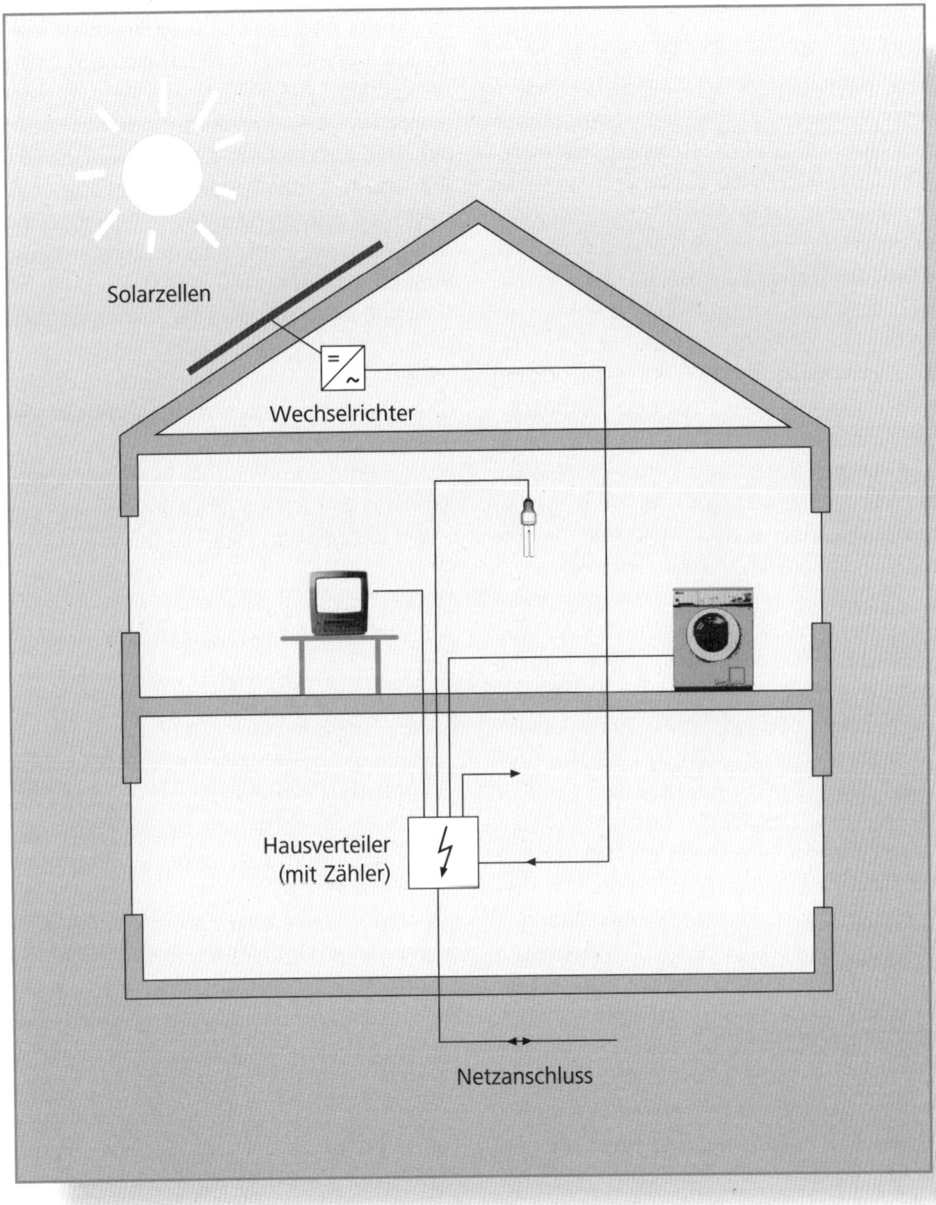

Quelle: eigene Darstellung

3
4
5
6
7
8
9
10
11
12

Weltweit müssen derzeit etwa zwei Milliarden Menschen, also etwa ein Drittel der Weltbevölkerung, ohne Anschluss an ein Stromnetz auskommen. Eine dezentrale Basisversorgung mit Elektrizität kann für diese Menschen entscheidende Verbesserungen bringen: Licht in den Abendstunden ermöglicht z.B. längere Arbeitszeiten auf dem landwirtschaftlichen Hof oder im Einzelhandel, aber auch die erweiterte Nutzung von Schulen und Gemeindezentren. Radio, Telefon und Fernsehen eröffnen die Möglichkeit zu Information und Kommunikation mit entfernten Regionen. Der für diese Zwecke benötigte Strom lässt sich mit netzfernen (also vom Stromnetz unabhängigen) PV-Anlagen günstiger und vor allem schneller bereitstellen als durch den Ausbau des Stromnetzes.[82] Auch im Vergleich zu kleinen Dieselgeneratoren bietet die Photovoltaik in vielen Fällen Kostenvorteile.

Für eine elektrische Basisversorgung von Haushalten werden daher **Solar Home Systems** angeboten (siehe Grafik), die aus einem Solarmodul von etwa einem halben Quadratmeter (ca. 50 Wp), einer Batterie, einem Laderegler und drei Energiesparlampen (für 12/24 Volt) bestehen. Bei fünf vollen Sonnenstunden pro Tag können damit ein Radio, die Energiesparlampen, ggf. der Fernseher und andere Kleinanwendungen einige Stunden betrieben werden. Gemessen am deutschen Energiehunger ist das marginal, aber in vielen ländlichen Regionen in den Ländern des Südens ist dies ein wichtiger Schritt hin zu mehr Lebensqualität. – Solar Home Systems für die Grundversorgung mit Strom sind ab etwa 500 US-$ erhältlich. Dies ist für die anvisierten Käuferschichten viel Geld. Daher sind hier **angepasste Finanzierungsmodelle gefragt**.

Die Firma Shell nutzt dabei folgende Strategie: „Man kann von einem Schafhirten in der Inneren Mongolei nicht erwarten, dass er 500 Euro oder 1.000 Euro in eine Solaranlage investiert. Deswegen haben wir eine Art Leasing-System entwickelt. Wir finanzieren das vor und bauen die Solaranlage dort hin. Der Kunde zahlt jeden Monat für die Benutzung, indem er eine Chipkarte reinsteckt. Die kostet 7 Euro für 30 Tage. Dann muss sie wieder aufgeladen werden, zum Beispiel bei der Shell-Tankstelle oder im Gemeindezentrum. Und so bekommen wir die Investitionskosten zurück."

Insgesamt sind die Vorteile dieser PV-Systeme so deutlich, dass sich dieser Markt auch ohne Förderung kräftig entwickelt. Weltweit wurden im Jahr 2005 bereits über zwei Millionen Haushalte in den so genannten Entwicklungsländern mit Solar-Home-Systems versorgt. Allein in China kamen 2005 pro Monat ca. 10.000 neue Anlagen hinzu.[83]

Auch in **Industrieländern** gibt es Bereiche, in denen **netzunabhängige PV-Systeme** schon heute Vorteile bieten. So sind z.B. PV-betriebene Parkscheinautomaten günstiger als batterie- oder netzversorgte Geräte. Die Beleuchtung von abgelegenen Bushaltestellen (mit Bewegungsmeldern zum Stromsparen) wird durch PV-Module möglich und schafft so Komfort und Sicherheit beim Nahverkehr im ländlichen Raum. Auch in der Landwirtschaft ermöglichen PV-Anlagen in vielen Bereichen die wirtschaftlichere Stromversorgung. Das Spektrum reicht dabei von der Fischteichbelüftung über den Betrieb des elektrischen Weidezauns bis hin zu Pumpen für die Bewässerung.[84]

Netzferne PV-Anlage

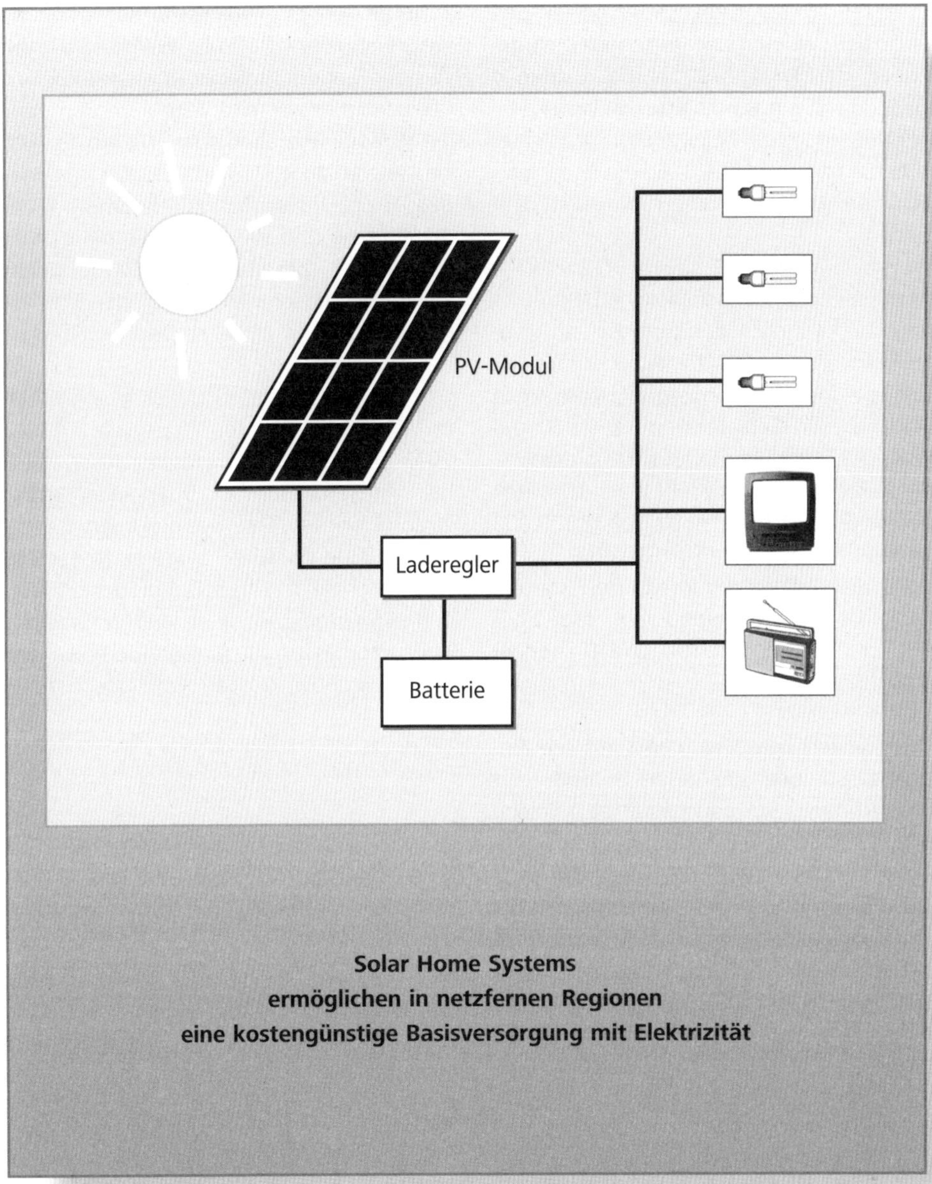

Quelle: eigene Darstellung

3
4 →
5 →
6 →
7 →
8 →
9 →
10 →
11 →
12 →

Die Bereitstellung von Solarenergie ist sicherlich nicht die einzige Voraussetzung für eine nachhaltige Entwicklung. Aber für eine Verbesserung der Lebenssituation in den ländlichen Gebieten der Dritten Welt ist der Ausbau der Energieversorgung zwingend notwendig. Ein **interessantes Beispiel,** wie die Nutzung von Solarenergie zu einer Verbesserung der Lebensbedingungen ganzer Dörfer beiträgt, kann in **Kuba** studiert werden.

Durch eine umfassende ländliche Elektrifizierung, die kurz nach der kubanischen Revolution im Jahre 1959 begann, konnte der Anteil der mit Strom versorgten Haushalte in den ländlichen Gebieten von 4% (1960) auf 79% (1992) gesteigert werden. Da der weitere Ausbau des Netzes sehr teuer ist, waren in den 90er Jahren noch rund 500.000 Haushalte in abgelegenen Gebieten und in den Bergen nicht elektrifiziert. 1987 startete die kubanische Regierung ein ehrgeiziges Programm, um auch **entlegene Dörfer zu elektrifizieren.**

In der ersten Phase wurden sämtliche Gesundheitsstationen in diesen Gebieten mit Solarstromanlagen ausgestattet. Solche Gesundheitsstationen, die mit einem Arzt und einer Schwester besetzt sind, gibt es in jedem kleinen Dorf. Dieses System spielt bei der Gesundheitsvorsorge eine wichtige Rolle und ist einer der Gründe, warum Kubas Gesundheitswesen für lateinamerikanische Verhältnisse als vorbildlich gilt. Die Solaranlage mit 400 Watt Leistung versorgt einen Kühlschrank für Medikamente sowie einen kleinen Fernseher. Sie sorgt für genügend Licht in der Gesundheitsstation, die häufig gleichzeitig das soziale Zentrum des Dorfes darstellt. Bis zum Sommer 2002 konnten so **320 Gesundheitsstationen** elektrifiziert werden.

In einer zweiten Phase wurden die Schulen in den entlegenen Dörfern mit Solarenergie ausgestattet. Auf den Dächern von **1.900 Schulen** ließ die kubanische Regierung jeweils ein 165 Watt-Modul installieren. Diese Leistung genügt, um das Klassenzimmer zu beleuchten sowie einen Farbfernseher und ein Videogerät zu betreiben. Die Kosten pro Schule werden mit 1.480 US-Dollar angegeben. Für die Instandhaltung der Solaranlage, der Batterie und der Geräte wurden Leute vor Ort ausgebildet. Das solare Elektrifizierungsprogramm für die Schulen konnte im Jahr 2002 abgeschlossen werden.[85]

Im Rahmen der dritten Phase, die im Jahr 2003 begann, sollen nun alle Häuser innerhalb eines Zeitraums von 5 Jahren mit Strom versorgt werden. Dazu werden überwiegend Solar Home Systems eingesetzt werden, deren Module in Kuba selbst produziert werden. An Orten, wo Wind- und Wasserkraft oder Biomasse günstig genutzt werden kann, wird der Ausbau von Inselnetzen[86] geprüft.

Kubanische Dorfschule mit Solarversorgung

Alle Schulen in den ländlichen Regionen Kubas nutzen Solarstrom.

Quelle: BMU, Sustainable Energy Policy Concepts (SEPCo), Photo: Dorothee Reinmüller

3.5 Perspektiven der PV: Kostensenkung durch neue Technologien und Massenproduktion

Bei der Photovoltaik auf Siliziumbasis handelt es sich um eine entwickelte Technologie, die zuverlässig und umweltverträglich Solarstrom produziert. Derzeit ist jedoch der in netzgekoppelten Anlagen erzeugte Solarstrom mit ca. 40 bis 50 Cent pro kWh (je nach Anlagengröße) etwa sechs bis acht mal so teuer wie der Strom aus Kohlekraftwerken. Forschungs- und Entwicklungsarbeiten zur PV zielen daher im Wesentlichen auf eine Kostensenkung ab. Diese soll durch zwei sich gegenseitig bedingende Entwicklungen erreicht werden: Neue Technologien und Einstieg in die Massenproduktion.

Bei der **Technologieentwicklung** geht es um höhere Wirkungsgrade sowie um weniger bzw. preisgünstigere Materialien. Dazu werden derzeit verschiedene Ansätze verfolgt:[87]

Dünnere Zellen: Bisher benötigten PV-Zellen mit 0,3 mm Dicke relativ viel von dem teuren hochreinen Silizium. In den letzten Jahren konnte diese Dicke der Siliziumzellen um 20 bis 40% reduziert werden. Dünnschichtzellen (z.B. Kupfer-Indium-Selenid CIS, Cadmium-Tellurid CdTe) kommen mit noch deutlich dünneren Schichten aus (z.B. 0,005 mm bei der CIS-Zelle), was eine Materialersparnis von 90% und mehr bewirkt. Da diese Schichten auf ein Basismaterial aufgedampft werden, verringern sich auch die Herstellungskosten. Experten rechnen jedoch damit, dass die Siliziumzelle das "Arbeitspferd" der Photovoltaik bleiben wird.

Fortgeschrittenes Design: Hier kann z.B. durch eine optimierte Oberflächenstruktur das Licht besser eingefangen und durch Vielfachreflexion besser genutzt werden; damit kann der Wirkungsgrad erhöht werden.

Konzentrierende Systeme: Werden in den Halbleiterkristall übereinander drei Grenzschichten eingebaut, die jeweils unterschiedliche Anteile des Lichts nutzen, so ergibt sich ein deutlich höherer Wirkungsgrad. Derartige Zellen sind deutlich teurer. Wird das Licht aber mit einfachen optischen Systemen (Spiegel, Linsen) auf kleine derartige Zellen gelenkt, so ergeben sich insgesamt bei geringeren Materialkosten höhere Erträge.

Auch die **Marktentwicklung** ist in puncto Kostensenkung von entscheidender Bedeutung: Nur wenn genügend große Märkte vorhanden sind, wird die Industrie große Fertigungskapazitäten aufbauen, die dann aufgrund der hohen Stückzahlen Rationalisierungseffekte ermöglichen. Das letzte Jahrzehnt zeigt, dass ein Anstieg der Solarmodul-Produktion mit einem sinkenden Preis für die Module einherging (siehe Grafik). Auslöser dieser Entwicklung war das 100.000-Dächer-Programm (1999 bis 2003) und das erneuerbare Energien-Gesetz (vgl. 11.9), womit eine kräftige Anschubfinanzierung der Photovoltaik geleistet wurde. Allerdings hat die stark gestiegene Nachfrage nach Solarmodulen in 2005 zu einer Verknappung des Siliziums und in dessen Folge zu höheren Modulpreisen geführt.[88] Nach Ansicht der Fachleute werden sich jedoch weitere Preissenkungen durchsetzen, so dass ab 2010 Photovoltaikstrom in Südeuropa konkurrenzfähig zu konventionell hergestelltem Spitzenlaststrom sein wird, der an heißen Sonnentagen für die weit verbreiteten Klimaanlagen gebraucht wird. Ab 2020 könnte Solarstrom auch in Mitteleuropa kostenmäßig mit Spitzenlaststrom gleichziehen.[89] Voraussetzung dafür ist die Beibehaltung des EEG. In Mitteleuropa könnte der PV-Strom durch eine gezielte Ökosteuer (vgl. 11.4) längerfristig auch im Vergleich zu Mittellaststrom in den Bereich der Wirtschaftlichkeit gelangen.

3
4
5
6
7
8
9
10
11
12

Kostensenkung durch neue Technologien und Massenproduktion

Marktentwicklung und mittlere Stromkosten der Photovoltaik in Deutschland

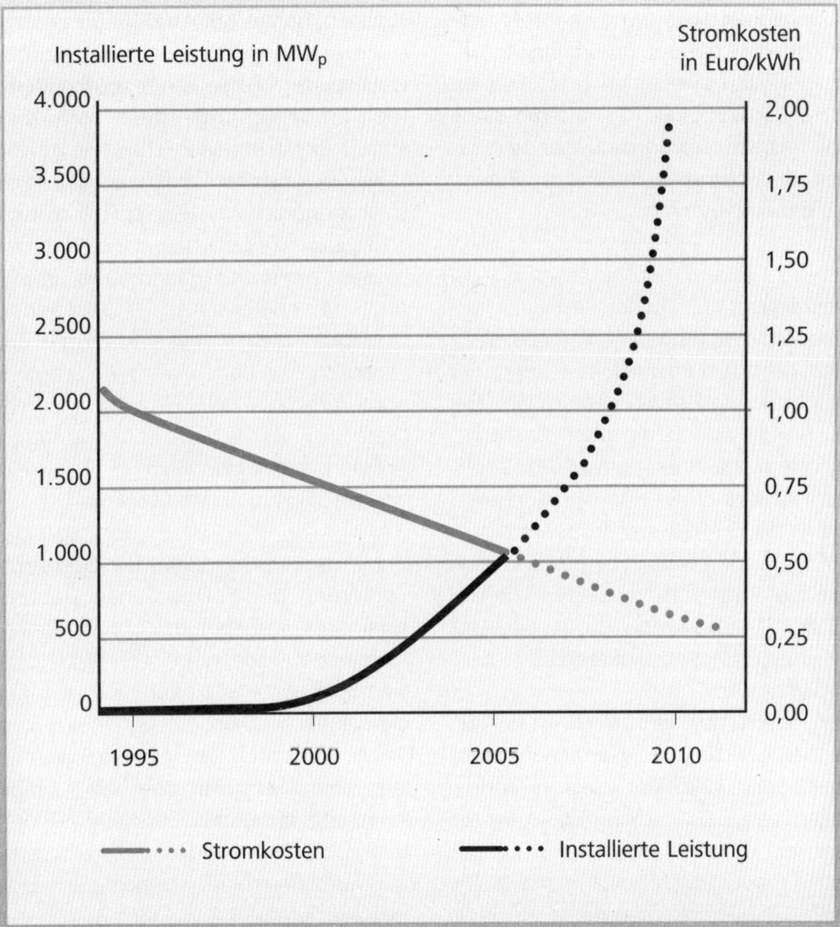

Durch den Einstieg in die Massenproduktion ist eine deutliche Kostensenkung bei der Photovoltaik zu erwarten.

Quelle: BMU: Erneuerbare Energien, 2006

4 Solares Bauen

4.1 Ein Drittel vom Ganzen: Raumwärme

1
2
3
4

Dem Bereich Bauen und Wohnen kommt im Rahmen der Solarstrategie eine besondere Bedeutung zu, denn sogar im Industrieland Bundesrepublik Deutschland entfällt vom gesamten Endenergieverbrauch etwa ein Drittel auf den Bereich der Raumwärme. Fürs Beheizen von Wohnungen, Büros, öffentlichen Gebäuden u. ä. wird mehr Energie verbraucht als im gesamten Verkehrsbereich. Gleichzeitig gibt es vielfältige Techniken, die dafür benötigte Energie (Niedertemperaturwärme) solar zu erzeugen. Daher widmen wir den Solaroptionen in diesem Bereich einen **eigenen** Abschnitt.

Im Gebäudebestand der BRD beträgt der Heizenergieverbrauch im statistischen Mittel pro Quadratmeter und Jahr ca. 220 kWh. Das entspricht dem Energieinhalt von ca. 22 Litern Öl bzw. von 22 Kubikmetern Gas. Der größte Teil dieser Energie lässt sich durch bessere Wärmedämmung einsparen. In den letzten Jahren wurden dabei schon erste Schritte getan: Die Wärmeschutzverordnung (WSchVo) von 1995 begrenzte den Heizenergiebedarf für Neubauten auf ca. 100 kWh/m^2*a (das entspricht 10 Litern Öl pro m^2 und Jahr), wobei dieser Wert nach Haustypen gestaffelt ist[90].
Deutlich sparsamer sind **Niedrigenergiehäuser**. Durch bessere Wärmedämmung, dichtere Fugen und kontrollierte Lüftung benötigen sie (in Deutschland) zum Heizen pro Jahr und Quadratmeter nur fünf bis sieben Liter Öl, was etwa 50 bis 70 kWh/m^2*a entspricht und verbrauchen daher nur etwa ein Viertel dessen, was im statistischen Mittel für ein entsprechend großes Haus in Deutschland benötigt wird. In Schweden wurde schon Anfang der 90er Jahre der Niedrigenergiestandard für alle Neubauten verbindlich eingeführt. In der Bundesrepublik schreibt seit 2002 die Energieeinsparverordnung (EnEV) für Neubauten einen verringerten Standard vor, der in etwa dem Niedrigenergiestandard entspricht.[91]

Eine weitere Absenkung des Heizenergieverbrauchs allein durch Dämmmaßnahmen führt zu einem hohen Aufwand für die zusätzliche Dämmung, dem nur eine geringe zusätzlich eingesparte Energiemenge gegenübersteht. Die **Einbeziehung der Solarenergie** schafft hier neue Möglichkeiten, indem die klassische Heizung durch ein weitgehend solar gestütztes System ersetzt wird: Das energieautarke Solarhaus (4.7), Nullenergiehäuser, zahlreiche Passivhäuser (4.6) und sogar Plusenergiehäuser (4.8) demonstrieren, dass so in mitteleuropäischen Breiten behagliches Wohnen auch in einem Haus ohne konventionelle Heizung möglich ist. Diese Häuser finden heute zunehmend Anklang; beim Übergang ins Solarzeitalter müssen sie zum Standard werden.

Unabhängig davon bleibt die **energetische Sanierung der vorhandenen Bauten** die wichtigste Aufgabe, da hier die höchsten Einsparpotenziale bestehen. Deshalb greift eine Solarstrategie zu kurz, die sich nur auf die Neubauten konzentriert. Vielmehr muss daran gearbeitet werden, die Erkenntnisse zur Solarenergienutzung auch für die Sanierung im Gebäudebestand zu nutzen; thermische Solaranlagen und die transparente Wärmedämmung können hier wichtige Beiträge liefern (4.4 und 4.5).

Energiekennzahlen verschiedener Baustandards im Vergleich

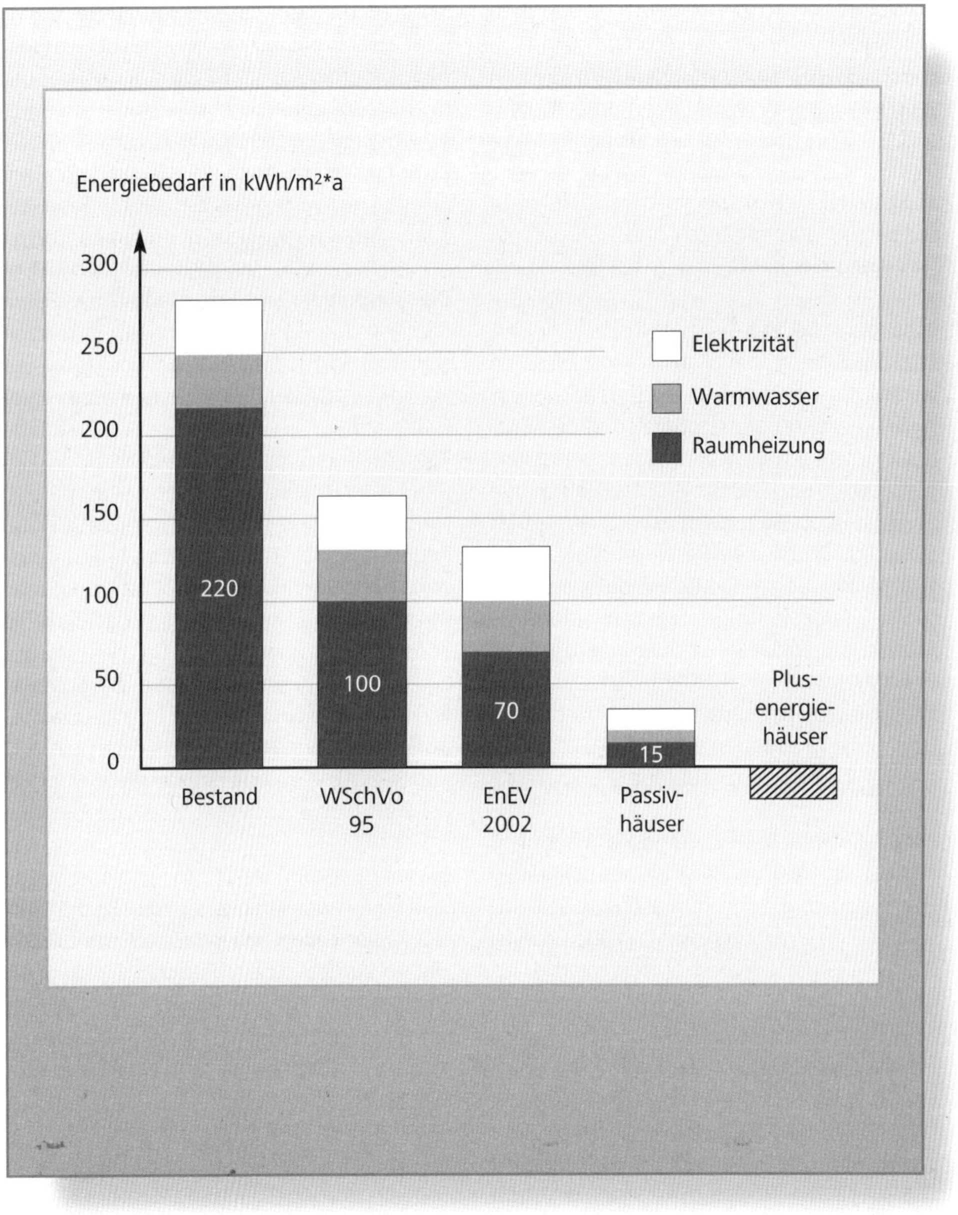

Quelle: eigene Darstellung

Unter „passiv" verstehen wir hier eine Solarnutzung zur Unterstützung der Heizung eines Gebäudes im Winter, die ohne aufwändige Technik wie Pumpen, Wärmekreisläufe u. ä. auskommt. Eine solche passive Solarenergienutzung kann grundsätzlich auf zwei Weisen erreicht werden:[92]

1. **Spezielle Komponenten,** wie z.B. Fenster, Glasvorbauten und transparente Wärmedämmung

Besondere Bedeutung hat hierbei die Art und Gestaltung der Fenster, da diese in jedem Haus vorhanden sind. Die Technologie hat sich in diesem Bereich in den letzten Jahrzehnten in großen Schritten weiterentwickelt: Bis Ende der 70er Jahre galt Zweischeiben-Isolierverglasung als guter Standard. Durch eine Beschichtung, die die Wärmestrahlung reflektiert, kombiniert mit einer Edelgasfüllung erreichen moderne Wärmeschutzgläser eine Verringerung des Wärmeverlusts um ca. 60% (U_g=1,2 statt 2,8 bei Isolierverglasung[93]); entsprechende Dreifachverglasungen (U_g=0,7) kommen sogar auf eine Reduzierung um 75 Prozent.

Für die Solarenergienutzung ist es aber nicht nur von Bedeutung, dass im Winter wenig Energie durch die Fenster nach draußen entweicht. Genauso interessant ist es, wie viel Sonnenenergie durch das Fenster ins Haus gelangt. Diese solaren Gewinne verringern sich mit zunehmender Isolierwirkung des Fensters. Allerdings sinken die Wärmeverluste (nach außen) deutlich stärker. Bei heutiger Wärmeschutzverglasung ergibt sich daher auf der Südseite eine positive Energiebilanz: **Diese Fenster bringen übers Jahr mehr Wärme ins Haus als durch sie nach außen abgestrahlt wird.**

Die Solararchitektur nutzt dies, indem sie durch großflächige Südfenster den Energiebedarf der Häuser senkt. Bei Nordfenstern kann dies aufgrund der geringen Solarstrahlung nicht erreicht werden. Daher werden diese Fenster bei solar optimierten Bauten möglichst klein gehalten.

2. **Solararchitektur,** wie z.B. Standortwahl und Orientierung des Gebäudes, Gebäudeform, Dachüberstand und Bepflanzung

Das Beispiel des Dachüberstands über einem Südfenster soll hier näher erläutert werden (vgl. Grafik): In vielen Gebäuden führt die Sonneneinstrahlung im Sommer zu einer Überhitzung, die durch energieaufwändige Klimatisierung beseitigt werden muss. Um dies zu vermeiden, erfordert die passive Nutzung der Solarenergie im Normalfall eine entsprechende Regelung. Dass dies auch ohne viel Technik möglich ist, zeigt der Dachüberstand: Im Winter gelangt die volle Sonne durch das Fenster in den Wohnbereich und heizt diesen auf. Im Sommer wirkt der **Dachüberstand als einfache, aber effektive Regelung:** Er sorgt dafür, dass die steile Sommersonne nicht ins Haus gelangt und verhindert so eine Überhitzung.

Dieses Beispiel zeigt, wie traditionelle Bauformen der Architektur die Sonne nutzen. Vieles davon geriet in Zeiten des billigen Öls in Vergessenheit. Für den Einstieg ins Solarzeitalter ist es notwendig, diese Kenntnisse zu reaktivieren und im Zusammenhang mit neuen Materialien und Techniken zu nutzen.[94]

Passive Solarenergienutzung

Südfenster und Dachüberstand als Klimaregler

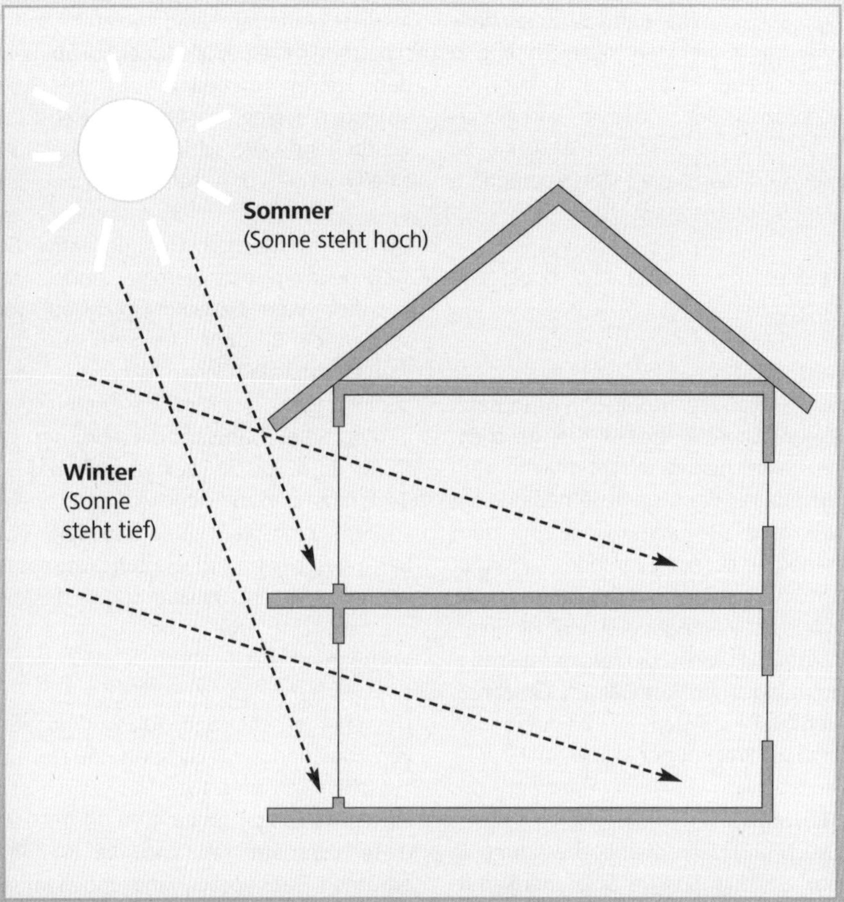

Winter: Südfenster wirken als Sonnenkollektoren
Sommer: Dachüberstand schützt Räume vor Überhitzung

Quelle: eigene Darstellung

4
5 →
6 →
7 →
8 →
9 →
10 →
11 →
12 →

Fußnoten ↓ Glossar ↓ Infos ↓

4.3 Solare Optimierung von Bebauungsplänen

1
2
3
4

Ein Bebauungsplan legt u. a. fest, welche Gebäudetypen gebaut werden dürfen (freistehende Einzelhäuser, Reihenhäuser, Geschosswohnungsbau,...), welche Abstände sie voneinander haben müssen und wie sie ausgerichtet sein sollen (z. B. über Firstrichtung). Energetische Betrachtungen fanden bisher nur in wenigen Fällen Eingang in diese Pläne. Heute ist es möglich, schon im Planungsprozess den späteren Energieverbrauch und die passiv-solaren Gewinne zu simulieren und damit die Pläne energetisch und solar zu optimieren.

Insbesondere drei Punkte sind dabei von Bedeutung:

Kompaktheit:
Kompakte Gebäude verbrauchen grundsätzlich weniger Energie, weil sie bei gleichem Volumen eine geringere Oberfläche und damit geringere Wärmeverluste haben. Legt man z.B. eine Reihenhauszeile mit fünf Niedrigenergiehäusern zugrunde, so ergibt sich bei fünf freistehenden Einzelhäusern bei sonst gleichen Bedingungen ein Mehrverbrauch von 20 Prozent. Bei fünf vergleichbaren Wohnungen im kompakten Geschosswohnungsbau dagegen ein Minderbedarf von bis zu 20 Prozent der Heizwärme.

Orientierung:
Die Ausrichtung der Gebäude bestimmt, in welchem Umfang passive Solarenergienutzung möglich ist. So kann z.B. bei einem Niedrigenergiehaus der Heizwärmebedarf um bis zu 15 Prozent ansteigen, wenn eine sehr ungünstige Orientierung vorgeschrieben wird. Bei Passivhäusern (vgl. 4.6) ist die optimale Südausrichtung noch bedeutender.

Verschattung:
In den Wintermonaten besteht der größte Heizwärmebedarf. Gleichzeitig steht in dieser Zeit die Sonne tief, wodurch die gegenseitige Verschattung der Gebäude ansteigt, was wiederum die passive Solarnutzung vermindert. Aufs Jahr umgerechnet kann Verschattung bei einer Niedrigenergiebebauung den Heizenergiebedarf um 10 Prozent ansteigen lassen; für Passivhäuser ist eine weitgehende Verschattungsfreiheit sogar eine wichtige Voraussetzung.

Ob und in welchem Umfang aktive Solarsysteme eingesetzt werden können, hängt ebenfalls vom Bebauungsplan ab. Insbesondere die Bestimmungen zur Ausrichtung von Dachflächen legen wichtige Rahmenbedingungen fest. Auch die Option für eine ökologische Nahwärmeversorgung (z.B.: KWK, Holzhackschnitzelheizung) wird durch Bestimmungen zu Einzel- vs. Sammelheizung im Bebauungsplan vorentschieden. Vorgaben über einen verbesserten Wärmeschutz können nicht im Bebauungsplan festgelegt werden, sind aber über privatrechtliche Verträge möglich.[95]

Die energetische und solare Optimierung von Bebauungsplänen spart im Normalfall zwischen 5% und 15% Heizwärme ein, in Einzelfällen sogar bis zu 40%. In Anbetracht dieser Einsparungen sind die Kosten für erhöhten Planungsaufwand unbedeutend.[96] Eine Gemeinde, die auf die energetische und solare Optimierung ihrer Bebauungspläne verzichtet, handelt daher nicht nur unökonomisch, sondern verbaut auch eine wichtige Option fürs Solarzeitalter.

Solare Optimierung von Bebauungsplänen

Vergleich zweier Wettbewerbsentwürfe

Entwurf A

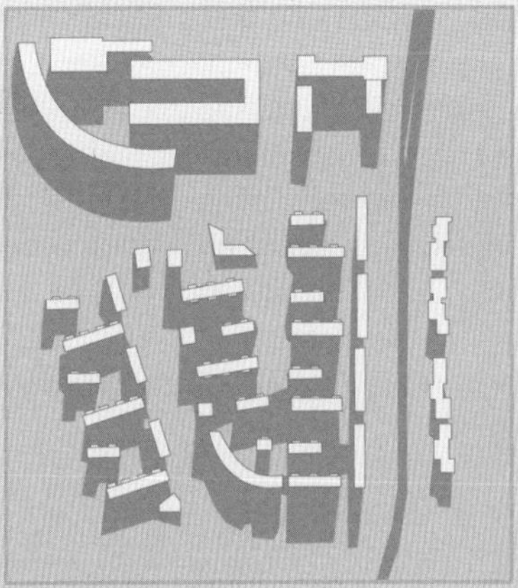

Energetische Betrachtung

Verschattung **23,0%**

Spezifischer Heizenergiebedarf in kWh/m²*a **22,4**

Entwurf B

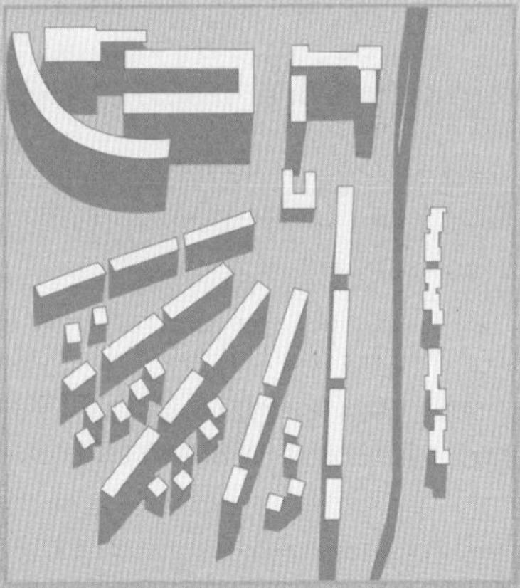

Energetische Betrachtung

Verschattung **11,1%**

Spezifischer Heizenergiebedarf in kWh/m²*a **20,8**
d. h. 7% geringer

Die geringere Verschattung bei Entwurf B führt zu einem günstigeren Energieverbrauch.

Quelle: Deutsches Ingenieurblatt, Sept. 1996

4
5 →
6 →
7 →
8 →
9 →
10 →
11 →
12 →

Fußnoten ↓ Glossar ↓ Infos ↓

Altbauten, aber auch Bauten der 1960er und 1970er Jahre, benötigen erheblich mehr Energie zum Heizen als heutige Neubauten. Deshalb kommt der energetischen Modernisierung des vorhandenen Gebäudebestands im Rahmen der Solarstrategie eine entscheidende Bedeutung zu, denn hier liegen die größten Einsparpotenziale: Etwa 20% des deutschen Energieverbrauchs könnte so eingespart werden.

Natürlich muss bei jedem Gebäude speziell geprüft werden, welche Maßnahmen die größte Energieeinsparung erbringen und welche Kosten dafür anfallen. Aber unabhängig vom Detail des einzelnen Objekts gibt es einige Erfahrungswerte der Altbaumodernisierung. Die größte Energieeinsparung bei Wohngebäuden (bis mindestens Baujahr 1980) ergibt sich in der Regel durch eine zusätzliche Dämmung der Außenwände. Hier spricht man von „Vollwärmeschutz". Die Erneuerung von Fenstern und Türen mit speziellem Wärmeschutzglas und eine Verbesserung der Wärmedämmung des Daches erbringen weitere beachtliche Einsparungen. Die nachträgliche Dämmung der untersten und der obersten Geschossdecke sind kleinere Maßnahmen, die aber in vielen Fällen sehr profitabel sind. Eine neue Heizung hat in der Regel einen deutlich höheren Wirkungsgrad als die alte und senkt damit den Primärenergiebedarf. Durch diese genannten Maßnahmen lässt sich bei einem typischen Wohngebäude aus dem Bestand ohne Probleme der Energieverbrauch um 50% bis über 70% verringern.

Weitergehende Einsparmaßnahmen werden dann oft sehr teuer. Die Nutzung der Solarenergie hilft hier weiter: Eine thermische Solaranlage kann den Energieverbrauch des Hauses noch einmal deutlich reduzieren.

Beispiel:
Bei der Sanierung und Erweiterung eines Reihen-Endhauses aus den 20er Jahren[97] des letzten Jahrhunderts konnte der Energiebedarf von vorher ca. 320 kWh/m²*a durch Einsparmaßnahmen auf ein Viertel (ca. 80 kWh/m²*a) des anfänglichen Verbrauchs reduziert werden und dies trotz einer deutlich vergrößerten Wohnfläche. Der Einbau einer größeren Solaranlage mit 23 m² brachte dann noch eine weitere Halbierung auf ca. 40 kWh/m²*a, vgl. Grafik. Der Energiegewinn durch die Solaranlage ist also bezogen auf den Ausgangszustand mit ca. 12% bescheiden. Nach der umfangreichen Sanierung wird aber die Hälfte des verbleibenden Energiebedarfs solar erzeugt.

Zur Finanzierung derartiger Einsparmaßnahmen vergibt die staatliche Kreditanstalt für Wiederaufbau (KfW) zinsvergünstigte Kredite. Wird bei der energetischen Sanierung von Altbauten der Neubaustandard erreicht, also die Anforderungen der Energieeinsparverordnung (EnEV) erfüllt, so gewährt die KfW eine besondere Vergünstigung: 5% des Darlehens werden erlassen (sog. Tilgungszuschuss). Bei Unterschreitung des EnEV-Standards um mindestens 30% gibt die KfW einen Tilgungszuschuss von 12,5% der Darlehenssumme[98]. Falls mit den oben genannten Einsparmaßnahmen nicht die geforderten Standards erreicht werden können, so kann eine thermische Solaranlage unter Umständen den entscheidenden Beitrag leisten, um die erforderlichen Werte und damit die besondere Förderung zu erreichen.[99]

Senkung des Energieverbrauchs durch Altbausanierung ohne und mit Solaranlage

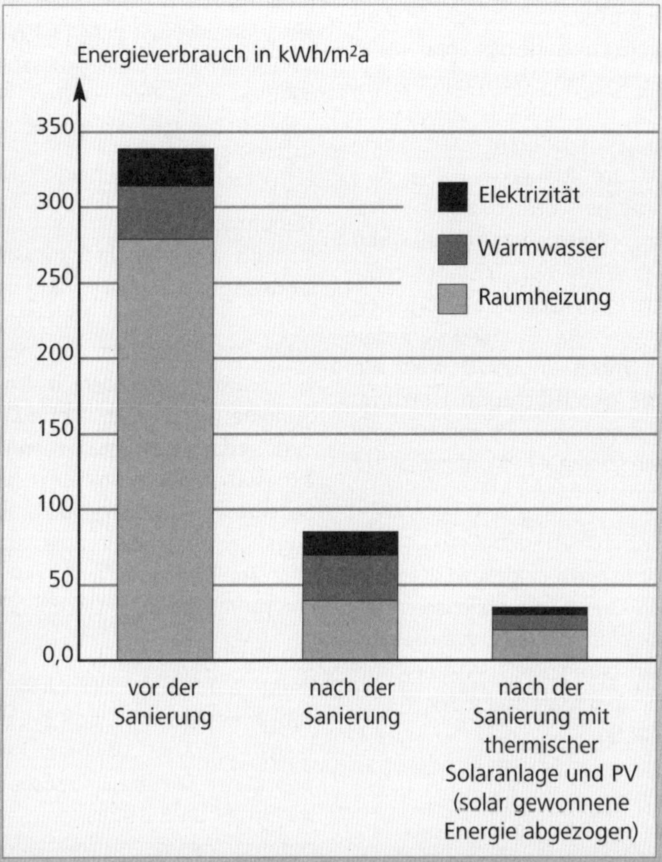

Bei der Altbausanierung lässt sich durch Nutzung der Solarenergie die Einsparung im Strom- und Wärmebereich deutlich erhöhen.

Quelle: Ranft/Haas-Arndt: Energieeffizente Altbauten, 2004

4
5 →
6 →
7 →
8 →
9 →
10 →
11 →
12 →

Fußnoten ↓ Glossar ↓ Infos ↓

4.5 Die Wand als Heizung: Transparente Wärmedämmung (TWD)

Das Prinzip:
Fällt bei der konventionellen (opaken) Wärmedämmung Solarstrahlung auf die Wand, so entsteht an der Außenhaut Wärme. Die Wärmedämmung sorgt dafür, dass diese nur zu einem geringen Teil ins Gebäude gelangt. Im Gegensatz dazu gelangt das Sonnenlicht bei der transparenten Wärmedämmung (TWD) nahezu ungehindert durch die Wärmedämmung hindurch auf eine Absorberschicht am Mauerkern. Die dort entstehende Wärme wird von der TWD zurückgehalten (Wärmedämmung!) und heizt daher die Wand auf. Diese gibt die Wärme mit einer gewissen Zeitverzögerung (in der Regel mehrere Stunden) an den Innenraum ab: **Durch die TWD wird die Wand zu einer großflächigen Heizung**. Die warmen Wände haben als angenehmen Nebeneffekt ein besseres Wohnklima zur Folge.[100]

Als Material für die TWD wird Aerogel oder transparenter Kunststoff eingesetzt. Kapillar- oder Wabenstrukturen ermöglichen dabei eine gute Kombination aus Wärmedämmung und Transparenz. Als Wetterschutz wird bei den meisten Materialien außen eine Glasscheibe benötigt.

Ertrag der TWD:
Pro Quadratmeter TWD können pro Jahr durch Solarenergie zwischen 5 und 40 l Öl (Richtwert 15 l) eingespart werden. Bei energieeffizienten Neubauten erreicht man mit geringen Flächen (Südseite) eine Senkung des Heizenergieverbrauchs um ca. 20%. Bei der Sanierung vorhandener Bauten kommt die Einsparung aufgrund der zusätzlichen Dämmung hinzu. Das verdeutlicht z.B. die energetische Sanierung der Paul-Robeson-Schule (Plattenbau) in Leipzig: Hier wurden 300 m² TWD installiert. Die Messungen zeigen:

Obwohl die Sonne in den Wintermonaten nur geringe Intensität besitzt, werden auch in dieser Zeit solare Gewinne erzielt.

Bei Flächen mit konventioneller Wärmedämmung ergab sich nach der Sanierung noch ein Wärmeverlust von 43 kWh/m²; bei den TWD-Flächen konnte dieser Verlust vollständig vermieden werden. Es ergab sich sogar übers Jahr ein kleiner Wärmegewinn von 2,3 kWh/m². [101]

Regelung:
Um im Sommer bei starker Sonneneinstrahlung eine Überhitzung zu vermeiden, sind automatische Abschattungssysteme oder bauliche Verschattungsmaßnahmen (z.B. Balkone) erforderlich. Da mechanische Systeme (Rollos o. ä.) störanfällig sind, werden einfachere Systeme empfohlen: Wird z.B. statt einer normalen Glasscheibe eine Scheibe mit Prismenstruktur vor der TWD angebracht, so bewirkt dies auf der Südseite eine ähnliche gute saisonale Regelung wie ein 1m ausragender Dachüberstand.[102]

Die **Kosten** für die TWD-Kollektoren liegen heute auf Grund der kleinen Fertigungszahlen deutlich höher als bei der konventionellen (opaken) Wärmedämmung. Relativ preisgünstig sind z.B. transparente Wärmedämmverbundsysteme, bei denen die transparente Dämmplatte mit einem lichtdurchlässigen Putz versehen wird.[103]

Die TWD wird seit Beginn der 80er Jahre entwickelt. Mittlerweile sind in Deutschland an mehreren hundert Gebäuden TWD-Fassaden mit rund 50.000 m² realisiert. In Zukunft wird die TWD vorrangig bei der energetischen Sanierung von bestehenden Gebäuden zur Anwendung kommen.[104] Ein wichtiges neues Anwendungsgebiet ist die Verwendung der TWD als lichtstreuendes Tageslichtelement z.B. in Turnhallen, Museen oder Werkhallen.

Transparente Wärmedämmung

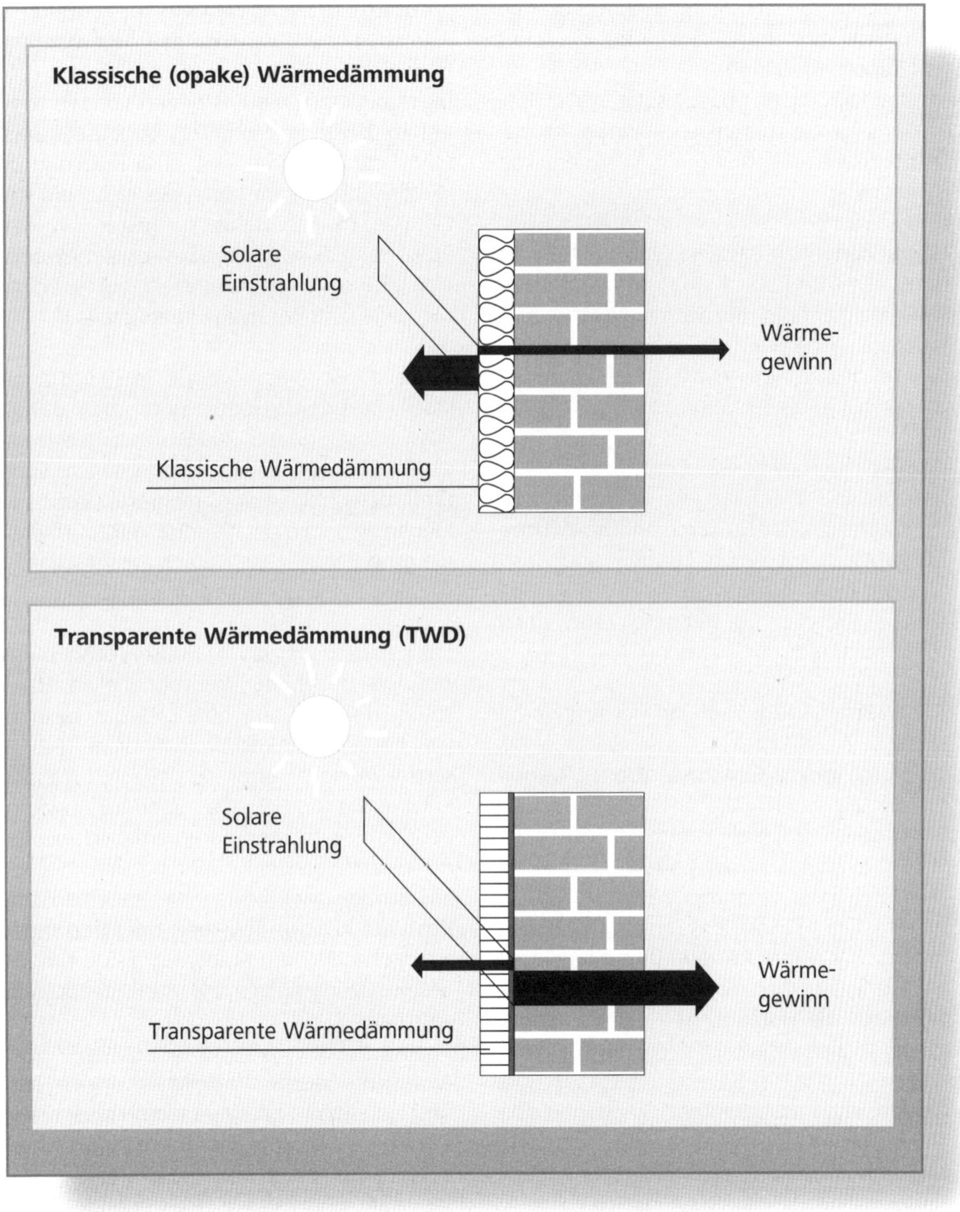

Quelle: BINE: Transparente Wärmedämmung zur Gebäudeheizung, Bonn 1996

4.6 Haus ohne Heizung: Das Passivhaus

Das Passivhaus ist die Weiterentwicklung des Niedrigenergiehauses, und zwar durch folgende Elemente:

- Außenhülle mit hervorragender Wärmedämmeigenschaft, auch bei Fenstern (‚Superverglasung')
- Optimierung der passiv-solaren Gewinne durch große Südfenster
- Kontrollierte Lüftung mit Wärmerückgewinnung

Damit benötigen Passivhäuser in mitteleuropäischen Breiten keine konventionelle Heizung mehr. Ihr Heizwärmebedarf liegt bei maximal 15 kWh/m²*a, also etwa einem Viertel dessen, was ein Niedrigenergiehaus benötigt (50 bis 70 kWh/m²*a, vgl. 4.1).

Für eine ausgewogene Energiebilanz eines Hauses sind Wärmeabgabe und Wärmezufuhr aufeinander abzustimmen. Die **Wärmeabgabe** erfolgt durch Lüftung und durch Transmission (Wärmeverluste durch Wände, Fenster, Decken,...), letztere kann durch Dämmung reduziert werden.

Die **Wärmezufuhr** kann auf vier Arten erfolgen:

- Durch **innere Gewinne,** also die Wärme, die Menschen, Tiere und Geräte im Haus abgeben. „Sieben Leute ersetzen einen Ofen„ sagt dazu der Volksmund.
- Durch **passiv-solare Gewinne,** die an Fenstern bei Solareinstrahlung entstehen.
- Durch **Wärmerückgewinnung** über einen Wärmetauscher in der Lüftungsanlage.
- Durch die **Heizung**, die den Restbedarf an Wärme liefert.

In Altbauten (insbesondere aus den 1960er Jahren) sind die Wärmeverluste an der Außenhaut so hoch, dass demgegenüber die inneren und die passiv-solaren Gewinne zu vernachlässigen sind. Die Wärmezufuhr muss daher fast vollständig durch die Heizung erfolgen. Im Passivhaus werden dagegen die passiv-solaren Gewinne durch große Südfenster optimiert, die Wärmeverluste durch eine kompakte Bauform und hervorragende Wärmedämmung drastisch reduziert. Zudem werden die Lüftungswärmeverluste durch Wärmerückgewinnung in großem Umfang kompensiert. Damit verbleibt nur noch ein Restbedarf von weniger als 15 kWh/m²*a [105]. Das bedeutet, dass schon die Abwärme einer zusätzlichen 100-Watt-Glühlampe im Mittel ausreicht, um ein Zimmer im Passivhaus zu heizen. In der Praxis kann diese geringe Zusatzwärme durch eine kleine Wärmepumpe erzeugt werden, die in die Lüftungsanlage integriert ist.

Das erste Passivhaus wurde 1991 in Darmstadt bezogen. Heute sind über 6.000 Passivhäuser (Stand 2006) in Deutschland, Österreich, der Schweiz und in Italien (Südtirol) bewohnt, davon mehrere Großsiedlungen, in denen der niedrige Verbrauch und die gute Behaglichkeit durch wissenschaftliche Begleitstudien bestätigt wurde.[106]

Passivhäuser werden teilweise schon ohne Aufpreis gegenüber konventionellen Häusern am Markt angeboten.[107] Das gelingt, weil Passivhäuser keine aufwändigen technischen Anlagen erfordern. Dach, Wände, Kellerdecke und Fenster werden sowieso benötigt, sie müssen nur in erheblich besserer Qualität erstellt werden. Den hierbei anfallenden Mehrkosten stehen erhebliche Kostenreduzierungen bei der Heizungsanlage gegenüber, da sowohl die konventionelle Heizungsanlage als auch der Kamin entfallen.

Angesichts dieser Vorteile wird sich der Anteil dieser energiesparenden Häuser rasch erhöhen.[108] Europaweit gibt es inzwischen Passivhäuser in unterschiedlichster Bauweise, zum Beispiel als freistehendes Einfamilienhaus, als Reihenhaus oder Geschosswohnungsbauten. Passivbauten gibt es auch als Kindergärten, Schulen, Turnhallen oder Bürogebäude.[109]

Haus ohne Heizung: Das Passivhaus

Große, sehr gut isolierende Südfenster ► erhöhen solare Gewinne	Hervorragende allgemeine Wärmedämmung ► verringert Wärmeverluste (Transmission)	Kontrollierte Lüftung mit Wärmerückgewinnung ► sorgt für Frischluft und recycelt die Wärme der Abluft

Fazit: Fast kein Heizwärmebedarf

Quelle: Phasea, Fraunhofer ISE, Ralf Killian

4.7 Das energieautarke Solarhaus: Ein Modell fürs Solarzeitalter?

Das energieautarke Solarhaus Freiburg wurde 1992 vom Fraunhofer Institut für Solare Energiesysteme als Forschungs- und Demonstrationsprojekt errichtet.[110] Auf 145 m² Wohnfläche und zwei Geschossen bietet es fünf Zimmer, Küche und Nebenräume. Dieses Haus zeigt, dass auch unter mitteleuropäischen Klimabedingungen ein Einfamilienhaus ganzjährig allein mit der auf Dach und Wände auftreffenden Sonnenenergie versorgt werden kann. Die angestrebte Autarkie bezieht sich also nicht nur auf die Raumwärme, sondern umfasst auch die Bereiche Warmwasser, Kochgas und Strom. Die mehrjährige Praxis zeigte, dass dies ohne Komfortverzicht für die Bewohner möglich ist.[111] Ähnlich wie ein Passivhaus besitzt dieses Haus

- eine extrem gute Wärmedämmung,
- große Südfenster zur passiv-solaren Nutzung,
- eine kontrollierte Lüftung mit Wärmerückgewinnung.

Zusätzlich kommen noch folgende Techniken zum Einsatz:

- Hocheffiziente **Sonnenkollektoren** (14 m² mit 1.000 - Liter - Vorratstank) sorgen fast ganzjährig für das benötigte Warmwasser.
- Große Flächen **transparenter Wärmedämmung** (ca. 70 m²) verringern den Heizwärmebedarf auf 0,5 kWh/m²*a, das ist nur ca. 1% (!) von dem, was ein Niedrigenergiehaus und ca. 4% von dem, was ein Passivhaus benötigt.
- Eine **PV-Anlage** (4,2 kWp) erzeugt im Jahr ca. 3.200 kWh Strom; das ist mehr, als der mit effizienten Geräten (Einsparung: 60% gegenüber durchschnittlichen Geräten!) ausgestattete Haushalt benötigt. Der Stromüberschuss erzeugt aus Wasser per Elektrolyse Sauerstoff und Wasserstoff, der in Tanks gespeichert wird. Der Wasserstoff dient zum Kochen sowie an wenigen Tagen im Jahr zum Nachheizen. In sonnenarmen Perioden wird daraus zusätzlich mit Hilfe einer Brennstoffzelle Strom erzeugt. Die dabei anfallende Abwärme unterstützt die Warmwasserversorgung.

Ist das energieautarke Solarhaus ein Modell fürs Solarzeitalter?

Das energieautarke Solarhaus arbeitet im Inselbetrieb. Es verzichtet sowohl auf einen Anschluss ans Stromnetz als auch auf die Einbindung in ein Nah- oder Fernwärmenetz. Durch diese Beschränkung bleiben wichtige solare Optionen wie z.B. Nahwärme aus Sonne oder Biomasse und auch die Nutzung anderer regenerativer Energiequellen außer Betracht. Als Folge ergab sich bei diesem Haus ein hoher Aufwand für die saisonale Speicherung, der bei einem Wärme- oder Stromverbund reduziert werden könnte. Daher zeigt das energieautarke Solarhaus nicht, wie ein Haus im Solarzeitalter aussehen wird. Es demonstriert vielmehr, dass eine reine Solarversorgung ohne den Einsatz fossiler Energiequellen möglich ist.

Das energieautarke Solarhaus verdeutlicht zudem, dass es sich beim solaren Bauen nicht um eine Technik handelt, sondern dass eine Vielzahl von Techniken aufeinander abgestimmt werden müssen, um optimale Ergebnisse zu erzielen.

Das energieautarke Solarhaus Freiburg

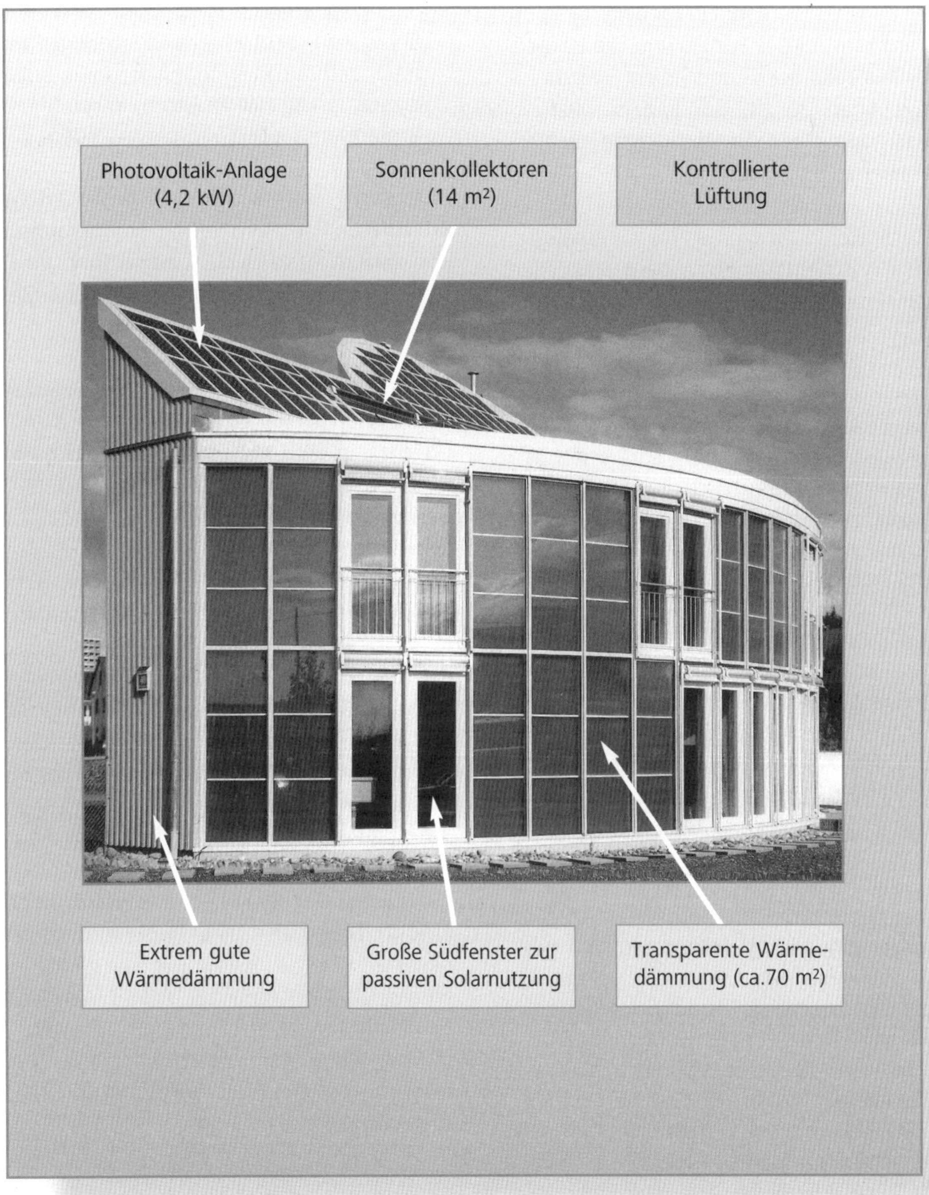

Quelle: Fraunhofer-Institut für Solare Energiesysteme, Freiburg

4.8 Plusenergiehäuser

Traditionell ist jedes Haus ein Energieverbraucher: Wärme zum Heizen und Strom für vielfältige Anwendungen müssen von außen geliefert werden. Ein Modellprojekt in Freiburg kehrt dieses Prinzip um. Die Häuser der Solarsiedlung erzeugen nicht nur ihren Energiebedarf selbst, sondern sie liefern zudem noch einen Überschuss an elektrischer Energie ins Stromnetz.[112]

Die Techniken dazu wurden in den vorangehenden Abschnitten bereits dargestellt. Bei diesem Projekt wurden sie nur neu kombiniert.

- Wie bei einem Passivhaus sorgen eine hervorragende Wärmedämmung (Außenwände, Fenster, Dach), ein Lüftungssystem mit Wärmerückgewinnung und große Südfester zur passiven Solarnutzung für einen jährliche Rest-Energiebedarf, der mit 6 bis 12 kWh/m²*a noch unter dem Passivhaus-Standard (15 kWh/m²*a) liegt.

- Sonnenkollektoren erzeugen bis zu 60 Prozent der Wärme fürs Brauchwasser. Um die Dachfläche für die Stromerzeugung freizuhalten, werden hierzu die effizienten Röhrenkollektoren an der Balkonbrüstung eingesetzt.[113]

- Der geringe Restenergiebedarf fürs Heizen und das Warmwasser kann auf verschiedene Weise gedeckt werden: In der Solarsiedlung Freiburg werden die Häuser z.B. an ein Nahwärmenetz angeschlossen, das seine Wärme aus einem Blockheizkraftwerk (BHKW) bezieht. Ein ähnlich konzipiertes Projekt in Ulm sah einen automatisch beschickten Ofen mit dem regenerativen Energieträger Holz (Holz-Pelletofen, siehe 5.4) vor.

- Auf der großen, nach Süden geneigten Dachfläche arbeitet eine Photovoltaikanlage mit einer Leistung zwischen 4 kWp und 7 kWp (je nach Haustyp). Sie liefert übers Jahr deutlich mehr Strom als im Haus verbraucht wird, daher kann solar erzeugter Überschuss-Strom in größerem Umfang ins Netz eingespeist werden.

Insgesamt liefern diese Häuser mehr Energie (in Form von Solarstrom) **als ihnen von außen** (zum Heizen) **zugeführt wird.** Daher kommt die Bezeichnung Plusenergiehäuser.

Die Grafik stellt die einzelnen Komponenten dieser Häuser in einen Zusammenhang. Gleichzeitig lässt sich daran auch noch ein weiterer wichtiger Aspekt verdeutlichen: Der **asymmetrische Querschnitt** des Hauses ist kein Zufall, sondern die Folge der konsequenten Solarnutzung. Gegenüber dem üblichen symmetrischen Hausquerschnitt, bei dem der First in der Mitte ist, wurde hier der First von der Mitte aus nach Norden verschoben. So konnte die südliche Dachfläche und damit die PV-Anlage vergrößert werden. Eine vollständige Verschiebung des Firsts bis zur Nordwand brächte zwar eine weitere Vergrößerung der solar nutzbaren Fläche, aber damit würde bei der für die PV-Anlage günstigen Dachneigung das Haus auch erhöht. Dies hätte eine Verschattung der nächsten Hauszeile und somit eine geringere passive Solarnutzung zur Folge. Der jetzt gewählte Hausquerschnitt stellt also einen guten Kompromiss zwischen großer PV-Fläche und geringer Verschattung des Nachbarhauses dar.

Plusenergiehäuser

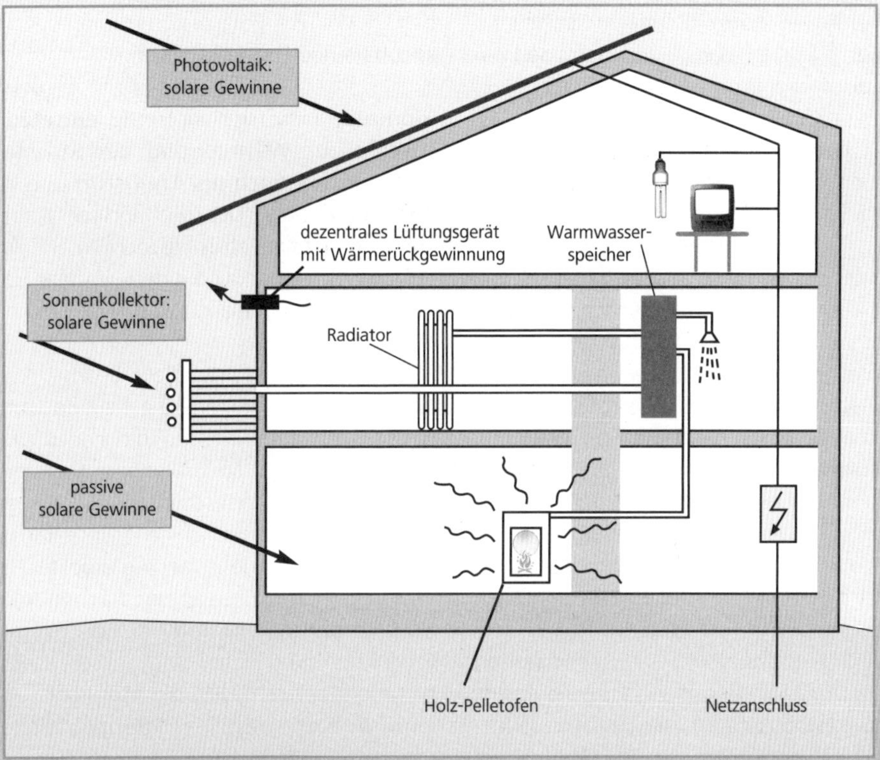

Plusenergie-Haus:

- Die Photovoltaikanlage auf dem Dach erzeugt mehr Energie, als die Bewohner für Raumheizung, Warmwasser und Elektrogeräte benötigen.

Quelle: nach Disch (Foto: Eckmann)

5 Biomasse

5.1 Acker und Wald als Sonnenkollektoren

In der Land- und Forstwirtschaft wird seit jeher Sonnenenergie im großen Umfang genutzt. So werden auf großen Flächen Pflanzen angebaut, die die Energie des Sonnenlichts aufnehmen und sie letztendlich in chemischer Form (Biomasse) speichern. Werden Pflanzen von Tieren gefressen, so fällt als Nebenprodukt auch Biomasse in Form von Gülle und Dung an. Insgesamt lassen sich unter dem Aspekt der energetischen Nutzung drei Formen von Biomasse unterscheiden:

1. Nasse Biomasse (insbesondere Dung und Gülle, aber auch Grünschnitt) kann durch Vergärung unter Luftabschluss Biogas erzeugen, das dann zur Strom- und/oder Wärmeproduktion dient. Zusätzliche Potenziale liegen in der Nutzung von Klär- und Deponiegas, sowie der Vergärung von organischen Abfällen. (vgl. 5.2 und 5.3)

2. Trockene Biomasse (Holz und Stroh) eignet sich zum Verbrennen und damit zur Wärme- und Stromerzeugung. Neben dem Stroh sind hier insbesondere Schwachhölzer, die bei Durchforstungsmaßnahmen anfallen, sowie Resthölzer aus der Industrie (Sägereste, u. ä) zu nennen. (vgl. 5.4 und 5.5)

3. Spezielle Energiepflanzen (Raps, Mais, Pappeln, Chinaschilf,...) können zusätzliche Biomasse liefern, die sich auf vielfältige Weise zur Erzeugung von Wärme, Strom und Treibstoff einsetzen lässt (vgl. 5.6 bis 5.9).

Bei der nassen und trockenen Biomasse handelt es sich meist um Stoffe, die bei der heutigen Wirtschaftsweise als Nebenprodukte bzw. Reststoffe anfallen und teilweise aufwändig entsorgt werden müssen. Eine energetische Nutzung hat daher den zusätzlichen Vorteil, dass Stoffkreisläufe geschlossen und damit Entsorgungsprobleme reduziert werden. Mit dem anfallenden (Rest-)Holz und Stroh, sowie dem Biogas aus der Landwirtschaft könnten in der Bundesrepublik ca. 5% des Primärenergiebedarfs gedeckt werden.[114] Weitere Potenziale eröffnen speziell anzubauende Energiepflanzen.[115]

Biomasse lässt sich vielseitig einsetzen, sowohl zur Wärme- und zur Stromerzeugung als auch als Treibstoff. Sie hat hohe Potenziale. Der großflächige Anbau von Energiepflanzen ist jedoch im Hinblick auf eine Vereinbarkeit mit den Prinzipien des ökologischen Landbaus zu prüfen.

Zudem sind einige prinzipielle Beschränkungen zu berücksichtigen: Die heutige Landwirtschaft bedarf einer grundlegenden Ökologisierung. Nitrat im Grundwasser, Hormone im Fleisch, Artenschwund und Bodenverseuchung sind nur einige Gründe für die notwendige Wende in der Agrarpolitik. Ein wichtiger Beitrag dazu ist eine **flächendeckende Extensivierung.**[116] Bei gleicher Produktion wird dabei eine größere Fläche benötigt. Dies **schränkt die Möglichkeiten zum Anbau spezieller Energiepflanzen ein.**
Für den Anbau und die Ernte von Energiepflanzen wird zunächst Energie in Form von Traktoren oder Bewässerung benötigt. Erst danach liefern sie die gewünschte Energie. Dieser notwendige Input ist in der Bilanz (= Ertrag minus Einsatz) zu berücksichtigen.

Viele Konzepte mit Energiepflanzen tragen sich finanziell nur deshalb, weil hohe Agrarsubventionen genutzt werden. Bei einer neu orientierten, ökoloischen Agrarpolitik stünden diese nur bedingt zur Verfügung.

Biomasse lässt sich vielfältig nutzen

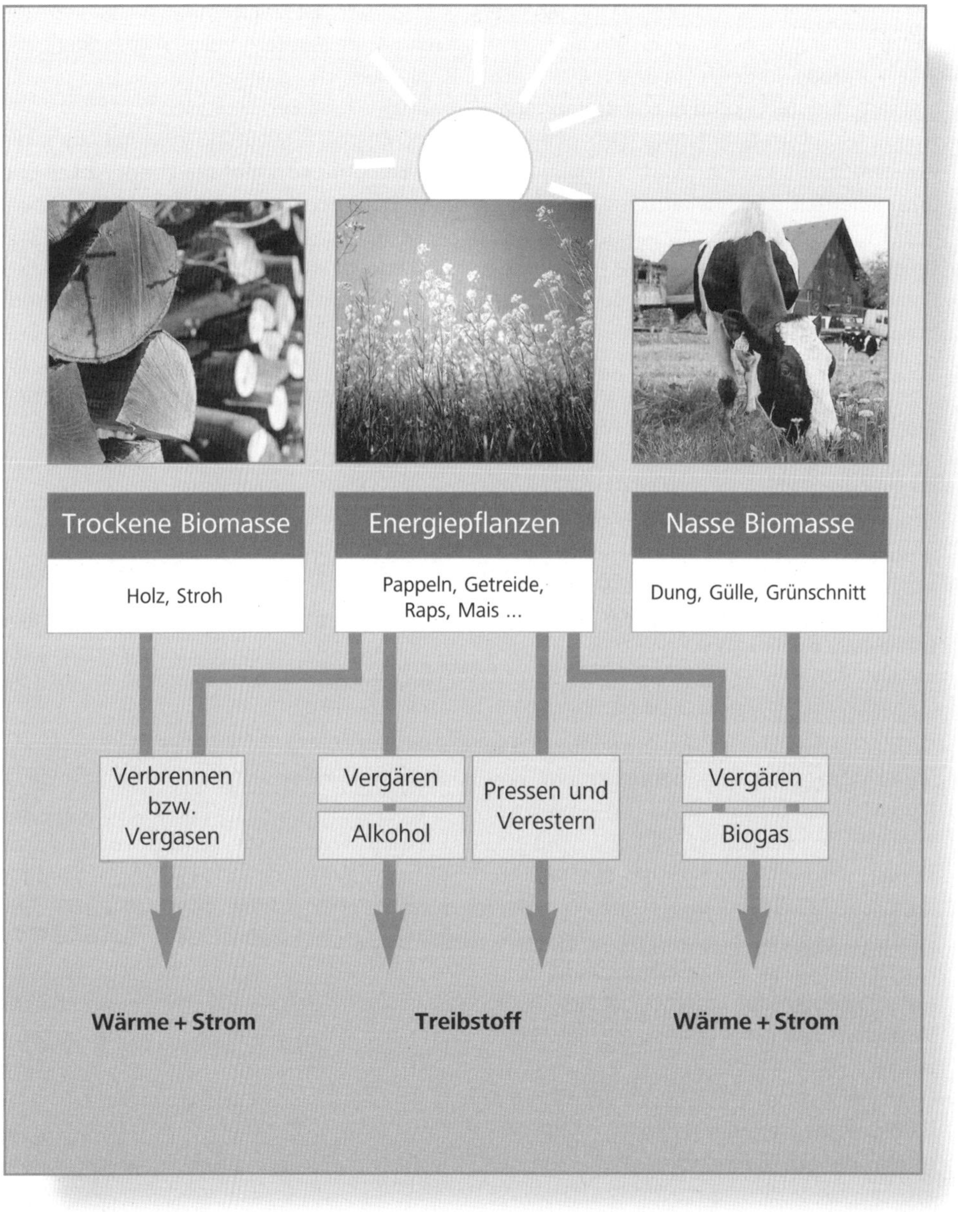

Quelle: eigene Darstellung

5.2 Biogas

Biogasanlagen werden in Deutschland vorwiegend in landwirtschaftlichen Betrieben genutzt: Gülle und Fäkalien der Nutztiere, aber zunehmend auch speziell angebaute Nutzpflanzen, wandern dabei zunächst in eine Vorgrube, in der feste Bestandteile zerkleinert werden, damit ein homogenes Gemisch (Substrat) entsteht. Dies wird im zweiten Schritt in einen wärmegedämmten und beheizten Gärbehälter, den Fermenter, gepumpt. Darin zersetzen anaerobe Bakterien unter Luftabschluss die organische Substanz und erzeugen so Biogas. Das vergorene Substrat wird anschließend in ein Güllelager gepumpt.

Biogas enthält zu etwa 65% Methan und gut 30% Kohlendioxid. Es hat einen Energieinhalt von 6,0 bis 6,5 kWh/m³ (zum Vergleich: Erdgas 9,8 kWh/m³). Die Biogasausbeute hängt stark von der Zusammensetzung des Substrats und dessen Aufenthaltsdauer im Fermenter ab. So liefert z.B. eine Tonne Rindermist ca. 45 m³ Biogas, eine Tonne Maissilage ca. 180 m³. Dieses Biogas wird heute fast ausschließlich verstromt (vgl. 5.3). Dabei wird etwa ein Drittel der dabei anfallenden Abwärme benötigt, um den Fermenter auf die für die Bakterien optimale Temperatur aufzuheizen. Ein Betrieb mit 120 Kühen kann ca. 100 m³ Biogas pro Tag produzieren. Das entspricht pro Jahr etwa dem Heizwert von 23.000 Litern Öl.[117] Die Rentabilität einer Biogasanlage hängt von vielen Faktoren ab. In der Regel nimmt die Wirtschaftlichkeit der Anlage mit der Größe zu.

Biogasanlagen werden aber nicht nur aufgrund des Energiegewinns betrieben. Es ergeben sich auch **spezielle Vorteile für die Landwirtschaft.** So verbessert sich durch die Vergärung der Düngewert der Gülle und die Gülle wird für Pflanzen verträglicher. Das Substrat wird zudem homogener und lässt sich daher besser pumpen. Vorteilhaft ist weiterhin, dass sich die Geruchsemissionen beim Ausbringen der Gülle deutlich verringern.

Zunehmende Bedeutung gewinnt auch die **Verwertung von biologischem Abfall** und von häuslichen Abwässern. Insbesondere fett- und ölhaltige organische Abfälle, wie Frittierfett, sind hier von Bedeutung. Das Einbringen in die Biogasanlage löst nicht nur ein Entsorgungsproblem, sondern die Biogasproduktion steigt dadurch auch deutlich an. - Organische Abfälle wie Grünschnitt und Küchenabfälle können aufgrund ihres hohen Feuchtigkeitsgehaltes nicht wie Stroh und Holz verfeuert werden. Entsprechend zerkleinert können sie in einer Biogasanlage aber problemlos energetisch genutzt werden.

Bundesweit gab es Ende 2006 ca. 3.500 Biogasanlagen.[118] Selbst in Städten besteht für Biogasanlagen eine Perspektive. So werden in einem Lübecker Neubaugebiet generell Vakuumtoiletten, wie sie z.B. in Zügen verwendet werden, eingebaut. Das spart zum einen Wasser, zum anderen können so die Fäkalien direkt, ohne den Umweg über die Kanalisation einer Biogasanlage zugeführt werden.[119]

Schema einer Biogasanlage

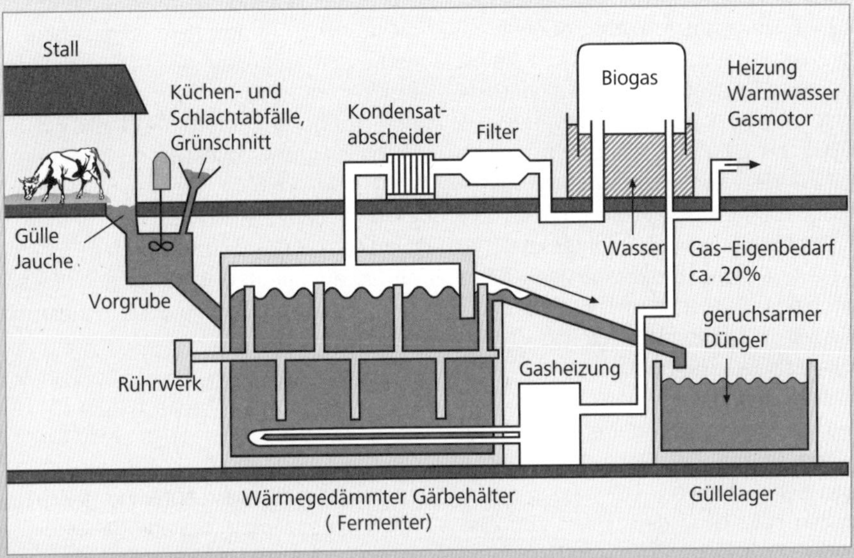

Vorteile:

- Energetische Verwertung von biologischen Reststoffen
- Verbesserung des Düngewertes von Gülle
- Verringerung von Geruchsemissionen
- Nebeneinkünfte für Landwirte

Quelle: Energie für helle Köpfe

Strom aus Biogasanlagen wird gemäß dem Erneuerbare-Energien-Gesetz (EEG) vergütet. Damit eröffnet sich für die Betreiber von Biogasanlagen eine interessante Perspektive: Wird mit dem Biogas ein Blockheizkraftwerk (BHKW, also ein Motor mit angeschlossenem Generator) betrieben, so wird die Abwärme des Motors zum Beheizen des Fermenters sowie zusätzlich als Raumwärme genutzt. Der erzeugte Strom kann selbst genutzt oder ins Netz eingespeist werden. Im letzteren Fall wird die Kilowattstunde nach EEG mit ca. 10 Cent vergütet (vgl. auch 11.10). Werden zur Gaserzeugung neben Gülle und Festmist ausschließlich nachwachsende Rohstoffe (NawaRo) eingesetzt, so kommt seit 2004 noch der Biomasse-Bonus (6 Cent) hinzu. Das ist finanziell so attraktiv, dass derzeit in Deutschland Biogas nahezu ausschließlich verstromt wird.

Das im Jahr 2000 in Kraft getretene EEG hat beim Biogasausbau in Deutschland einen kräftigen Schub bewirkt. Die Zahl der Biogasanlagen hat sich in den Jahren 2000 bis 2006 auf 3.500 mehr als verdreifacht, und die durchschnittliche Leistung von Neuanlagen ist in den Jahren 2000 bis 2003 von 75 kW auf 350 kW gestiegen.[120] Die Einführung des Biomasse-Bonus hat diesen Trend noch verstärkt.[121] Als Energiepflanze wird dabei vorwiegend Mais genutzt. Pro kW installierter Leistung benötigt man dabei etwa 0,5 ha Anbaufläche[122] (vgl. dazu auch 5.6 und 5.10).

Biogasbetriebene BHKWs sind darüber hinaus in zweifacher Hinsicht bemerkenswert:

Zum einen weisen sie **eine hervorragende CO_2-Bilanz** auf: Biogas selbst ist CO_2-neutral, da beim Vergären des Substrats und beim Verbrennen des Gases nur so viel CO_2 freigesetzt wird, wie vorher von den Pflanzen beim Wachstum aus der Atmosphäre entnommen wurde. Wird mit diesem Gas ein BHKW betrieben, so muss der darin erzeugte Strom an anderer Stelle (z.B. in einem Kohlekraftwerk) weniger produziert werden, was dort zu einer CO_2-Minderung führt. Im Gegensatz zur Kompostierung von Biomasse wird bei der Vergärung zu Biogas das Klimagas Methan genutzt und daher nicht in die Atmosphäre abgegeben. Dies verbessert die Klimabilanz des Biogas-BHKWs zusätzlich. Im Endeffekt werden so pro Tonne Bioabfall die Emissionen im Vergleich zur Kompostierung insgesamt um ca. 100 kg Treibhausgas gesenkt.[123] Ein biogasbetriebenes BHKW ist im Betrieb also nicht nur CO_2-neutral, sondern bei einer umfassenden Betrachtung senkt es die Emissionen von Treibhausgasen sogar (CO_2- und Methan-Senke!).

Zum zweiten kommt dem Biogas-BHKW im Rahmen einer solaren Energiewirtschaft besondere Bedeutung zu. Bekanntlich lässt sich Strom nur mit hohem Aufwand speichern. In solaren Konzepten besteht daher ein Problem: Weil Sonnen- und Windstrom naturgemäß deutlichen Schwankungen unterliegen, besteht an trüben, windstillen Tagen Bedarf an zusätzlicher Stromerzeugungskapazität. Hier kann als ein Baustein des solaren Energiemixes das biogasbetriebene BHKW einspringen. Da sich Biogas gut speichern lässt, **kann der Betrieb eines Biogas-BHKWs an den aktuellen Strombedarf gekoppelt werden** und damit die Schwankungen von Solar- und Windstrom in gewissem Umfang kompensieren.

Langfristig werden weitere Speicher- und Regeltechniken benötigt, um im solaren Energiemix Angebot und Nachfrage in Einklang zu bringen; Biogas-BHKWs können hierbei einen Beitrag leisten (vgl. 10.1).

Biogas-Blockheizkraftwerk senkt CO_2-Emissionen

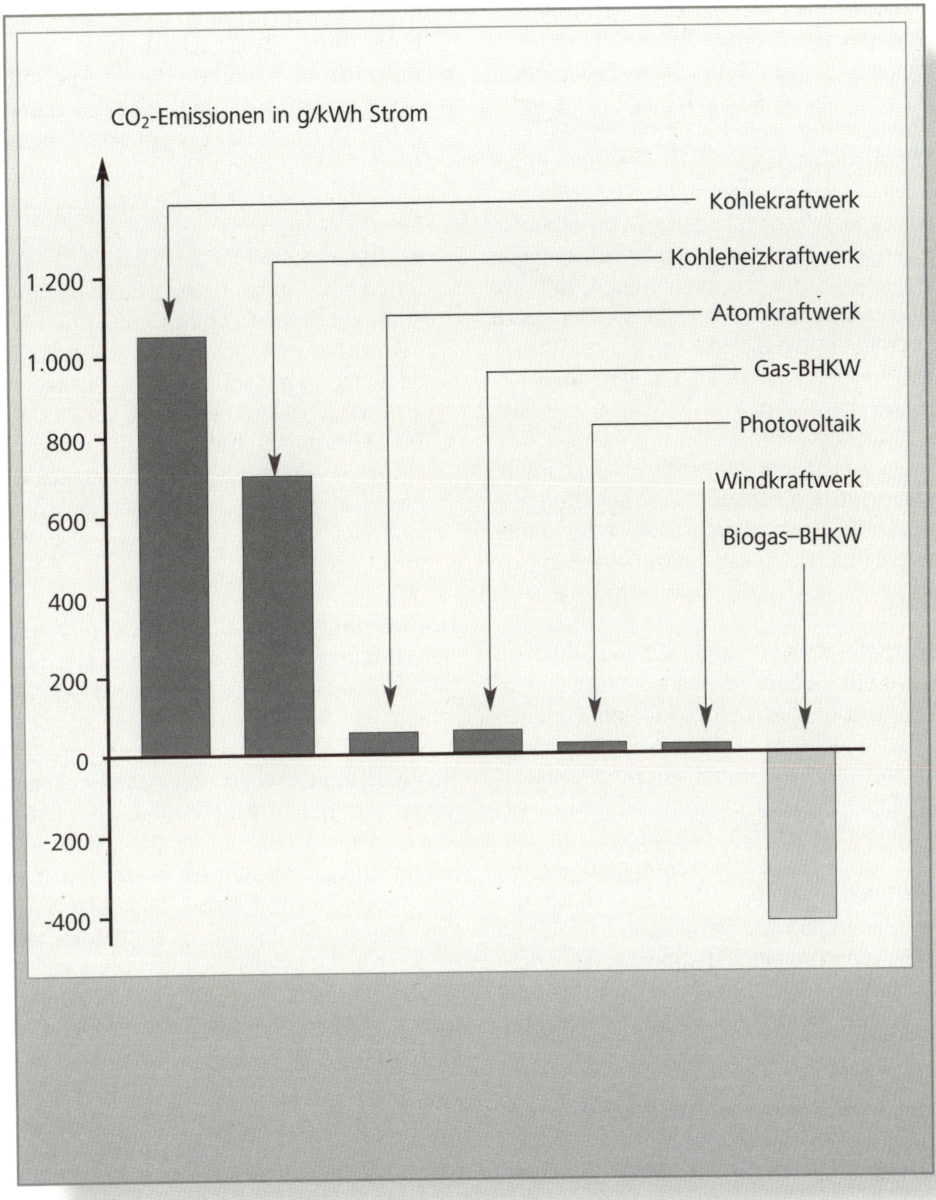

Quelle: eigene Darstellung nach GEMIS, Öko-Institut e.V., vgl dazu auch Abschnitt 10.3

5 6 7 8 9 10 11 12

Die energetische Nutzung von Holz hat in den letzten Jahren erhebliche Fortschritte gemacht, sowohl in der Qualität (die Schadstoffemissionen wurden durch eine bessere Feuerungstechnik deutlich verringert) als auch in der Quantität (rascher Zubau neuer Holz-Heizanlagen). Länder wie Österreich, Schweden und die Schweiz haben dabei eine Pionierrolle eingenommen. – Heute werden Holzfeuerungsanlagen für einzelne Wohnungen, aber auch für ganze Wohngebiete angeboten. Das Angebot reicht von wenigen Kilowatt bis hin zu mehreren 1.000 kW Feuerungsleistung. Daneben werden auch Blockheizkraftwerke, die mit Holzgas arbeiten, weiterentwickelt und bereits als Pilotanlagen betrieben.

Die besten Marktchancen bei der energetischen Nutzung von Holz besitzen Öfen und Kessel für Holzpellets sowie Nahwärmesysteme mit Holzhackschnitzelfeuerung (vgl. 5.5).

Holzpellets sind zu kleinen Stäbchen gepresste Späne, die automatisch dem Brenner zugeführt werden können, wodurch ein umständliches Nachlegen von Holzscheiten entfällt. Nicht zuletzt aufgrund gestiegener Ölpreise steigt die Zahl der Holzpelletheizungen rapide an. So hat sich im Jahr 2005 der Pelletabsatz verdoppelt und im Jahr 2006 stieg die Zahl der Anlagen um weitere 26.000 auf insgesamt ca. 70.000 an[124]. Pilotprojekte demonstrieren, dass Holzpellets auch zur Strom- und Wärmeproduktion (KWK) eingesetzt werden können.[125]

Holzenergie weist wesentliche Vorteile auf:

- Holz ist ein **CO_2-neutraler Brennstoff.** Wird nur so viel Holz aus dem Wald entnommen wie nachwächst (Prinzip der nachhaltigen Nutzung), so setzt die energetische Nutzung dieses Holzes nicht mehr CO_2 frei als die Bäume des Waldes aufnehmen.
- Der Wald wird bei nachhaltiger Nutzung nicht erschöpft. Daher bietet Holz eine **hohe Versorgungssicherheit.**
- Holznutzung stärkt die **regionale Wertschöpfung** und sichert damit Arbeitsplätze. Holz ist regional verfügbar. Damit verbunden sind kurze Transportwege, reduzierte Devisenausgaben für Öl-/Gasimporte und eine erhöhte Wertschöpfung in der Region. Eine Schweizer Studie belegt, dass bei der energetischen Nutzung von Holz im Vergleich zu Öl sechsmal so viel Geld in der Region verbleibt. Zusätzlich entstehen achtmal so viele Arbeitsplätze vor Ort.[126]
- Die **Forstwirtschaft erhält** für ihre Produkte einen weiteren Absatzmarkt. Die zusätzlichen Einnahmen ermöglichen z.B. eine bessere Waldpflege (Durchforstung).

Holzheizungen ergänzen sich gut mit der Nutzung der thermischen Solarenergie: Holzkessel besitzen nur einen eingeschränkten Regelbereich und eignen sich daher weniger für den Sommer und die Übergangszeit, wenn der Wärmebedarf gering ist. Bisher wird deshalb in diesen Monaten meist auf Holz als Brennstoff verzichtet und stattdessen ein besser regelbarer, fossil befeuerter Kessel eingesetzt. Dies kann durch den Einsatz einer thermischen Solaranlage vermieden werden. Diese liefert im Sommer die Wärme, das Holz im Winter. Insgesamt also eine vollständig regenerative Versorgung!

In Österreich und zunehmend auch in Deutschland finden derartige Anlagen großen Anklang. Sowohl bei Einzelheizungen als auch bei Nahwärmenetzen werden Holzfeuerungen zunehmend mit Solaranlagen zur Heizungsunterstützung kombiniert.[127]

Energetische Nutzung von Holz

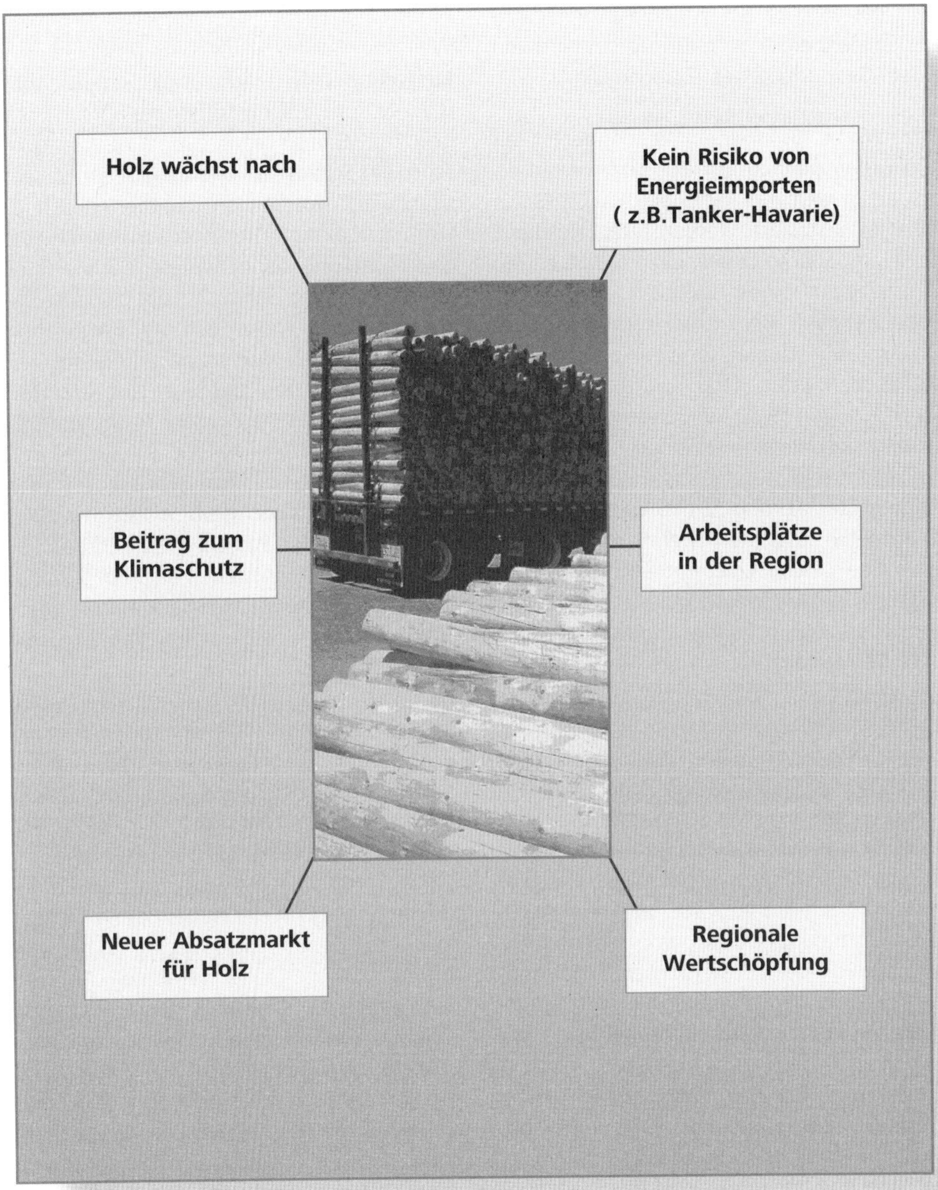

Quelle: eigene Darstellung

Große Chancen für eine rasche Ausweitung von Holz im Wärmemarkt bieten Nahwärmesysteme mit einem Holz-Heizkessel. Dabei wird das Holz in der Grundlast eingesetzt. Der Spitzenbedarf an kalten Tagen wird von einem Gas- oder Ölkessel abgedeckt.[128]

Dazu wird z. B. in einem Neubaugebiet mit 100 Einfamilienhäusern ein Heizzentrum errichtet, in dem der Holzheizkessel und ein Ölkessel installiert werden. Der Holzheizkessel ist dabei so dimensioniert, dass er den Wärmebedarf eines normalen Wintertages abdecken kann. Bei extremer Kälte wird der Ölkessel zugeschaltet, um den Spitzenbedarf zu decken. Das Holz wird in kleinen Schnitzen von 5-10 cm angeliefert. Diese **Holzhackschnitzel** können über eine Förderschnecke automatisch in den Brenner eingebracht werden. Ein Silo von ca. 50 Kubikmeter fasst den Brennstoffvorrat für etwa eine Woche. Über gut isolierte Rohrleitungen (Nahwärmenetz) gelangt die Wärme vom Heizzentrum zu den Häusern, wo sie über Wärmetauscher an die Heizung oder die Brauchwasseranlage abgegeben wird.

Eine solche Wärmeversorgung hat auch ökonomische Vorteile. So war schon bei den Energiepreisen der 90er Jahre die Versorgung eines Neubaugebiets mittels Nahwärme-Holzheizung mit Öl/Gas-Spitzenkessel im Vergleich zur Gas-Einzelheizung bei Berücksichtigung aller Kosten preisgünstiger oder zum gleichen Preis möglich.[129] Steigende Ölpreise verschieben die Wirtschaftlichkeit in Richtung Holzheizungen.

Emissionen: Bei einem Vergleich der Heizsysteme müssen auch die Emissionen berücksichtigt werden, die bei der Förderung, der Aufbereitung und dem Transport zum Einsatzort entstehen. Legt man eine holzgestützte Nahwärmeversorgung (mit Öl- bzw. Gas-Spitzenkessel) zugrunde, ergeben sich bei einer solch umfassenden Betrachtung die Werte der Grafik.[130]

Weil die Schädlichkeit der verschiedenen **Luftschadstoffe** nicht exakt vergleichbar ist, wurde dazu folgendes Verfahren gewählt: Gemäß dem Grundsatz „Je toxischer ein Schadstoff, desto niedriger ist sein Grenzwert" wurden die emittierten Schadstoffe nach den Grenzwerten der TA-Luft gewichtet und dann addiert. Damit ist es näherungsweise möglich, die Schadstoffe verschiedener Heizungen zu vergleichen (siehe Grafik). Danach schneidet die Holzheizungsanlage bei den Luftschadstoffen schlechter ab als die Öl- oder Gasheizung.

Bei den CO_2 - Emissionen ist die Holzheizung aber beiden Alternativen deutlich überlegen. (Die CO_2 - Emissionen der Holzheizung entstehen dabei u. a. durch den Öl-Spitzenkessel.) Ein Blick auf die absoluten Mengen zeigt dabei deutlich die Vorteile des Holzes. Zwar emittiert die Gas-Variante in der zitierten Beispielrechnung 2,5 Tonnen Schadstoffe weniger, dafür sind es aber beim Kohlendioxid 202 Tonnen mehr!

Im Rahmen der **Feinstaub-**Diskussion sind auch Holzheizungen in die Kritik geraten. Ohne Zweifel emittieren Holzheizungen Stäube und auch Feinstäube. Häufig werden aber in der Debatte die schlechten Daten von offenen Kaminen oder veralteten Anlagen dazu benutzt, Stimmung gegen moderne emissionsarme Holzheizungen zu machen. Letztere erzeugen jedoch bei Volllast und genormtem Brennstoff geringere Feinstaubemissionen als normale Ölheizungen. Höhere Emissionen im Teillastbetrieb können durch Einbau eines Pufferspeichers vermieden werden.[131] Zusätzlich können bei Holzhackschnitzelanlagen Feinstäube durch Elektrofilter vermindert werden.

Emissionen von Holzhackschnitzel-Heizungen

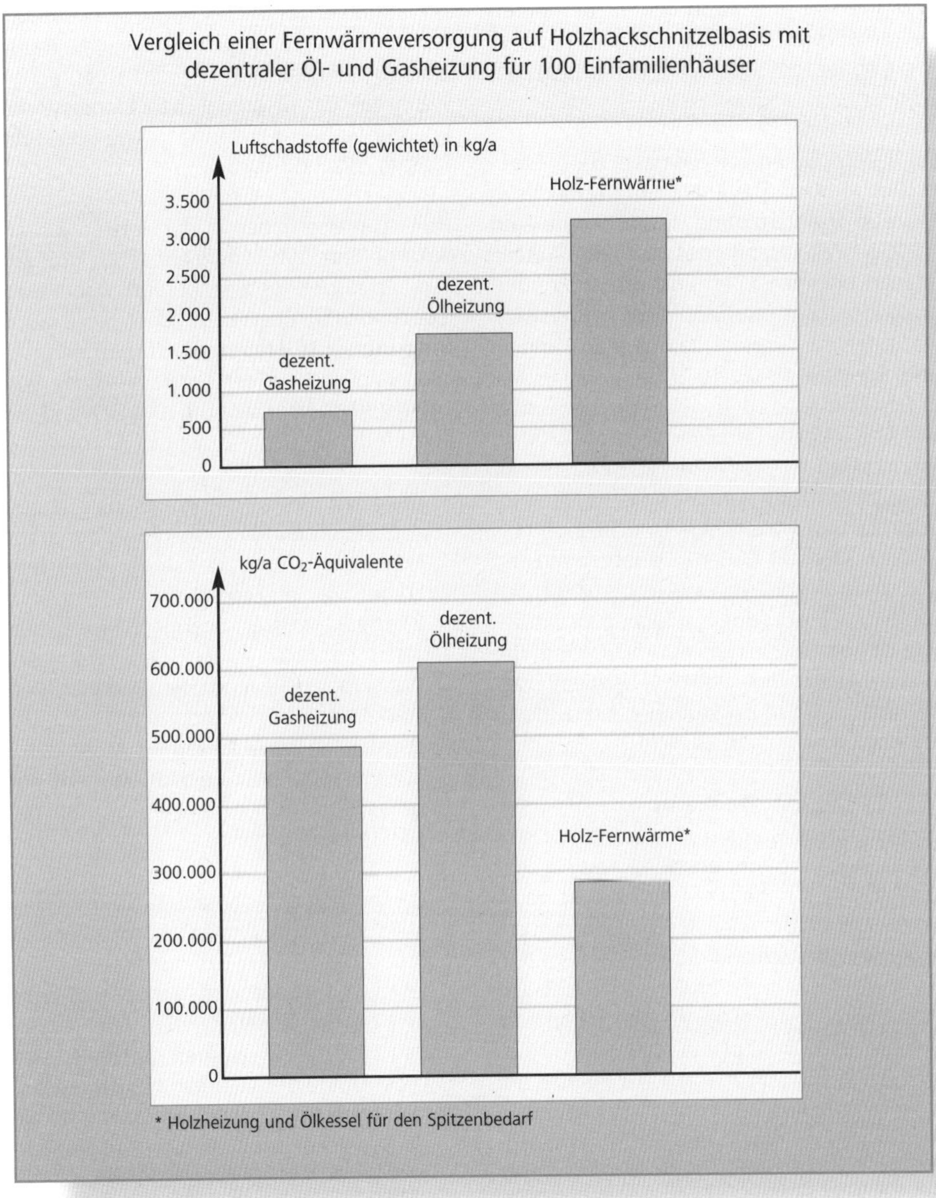

Quelle: Forstabsatzfonds, Holzenergie für Kommunen, Bonn 2003

5
6 →
7 →
8 →
9 →
10 →
11 →
12 →

5.6 Energiepflanzen

In den vorangehenden Abschnitten lag der Schwerpunkt auf der Biomasse, die in der Land- und Forstwirtschaft als Nebenprodukt bzw. Reststoff anfällt. In den letzten Jahren hat ergänzend dazu der Anbau spezieller Energiepflanzen rapide an Bedeutung gewonnen.

Für die Erzeugung von Biomasse zur energetischen Nutzung stehen unterschiedliche Pflanzen zur Verfügung. Insbesondere sind das Lignocellulosepflanzen, die hohe Anteile an den energiereichen chemischen Verbindungen Lignin und Cellulose aufweisen. Dazu gehören sowohl Bäume (z.B. Pappeln und Weiden) als auch Gräser (z.B. Futtergräser, Getreide und subtropische Gräser wie Chinaschilf). Der Energieertrag kann in Deutschland je nach Pflanze, Boden und Standort pro Jahr und Hektar zwischen 85 und 425 GigaJoule (das entspricht 2.400 bis 12.000 Liter Öl) liegen. Daneben müssen jedoch auch andere Aspekte berücksichtigt werden, wie z.B. Arbeitsaufwand, Insektizid- und Fungizideinsatz beim Anbau und der Wasserbedarf. Eine ideale Energiepflanze, die unter hiesigen Bedingungen eindeutig zu präferieren wäre, gibt es nicht.[132]

Mit **Chinaschilf (Miscantus),** einer dem Zuckerrohr verwandten Pflanze, lassen sich hohe Hektarerträge erzielen, was in der Öffentlichkeit hohe Erwartungen geweckt hat.[133] Die Erfahrungen sind jedoch ernüchternd. In Deutschland können auf gutem Boden Jahreserträge von 20 - 25 t Trockenmasse pro ha erzielt werden; aber die Anlage einer Schilfplantage ist arbeitsaufwändig. Außerdem reagiert die Pflanze anfällig auf ungünstige Witterungsverhältnisse. So fristet Chinaschilf derzeit ein Nischendasein. Die Forschung nach neuen Energiepflanzen konzentriert sich auf Getreide, Mais und schnell wachsende Gehölze.[134]

Eine generelle Einschränkung für Energiepflanzen ergibt sich aus der geringen Energiedichte: Niedrige **Transportkosten** der Biomasse sind eine Voraussetzung dafür, dass diese in den Bereich der Konkurrenzfähigkeit gelangt. Daher müssen in der Regel Anbaugebiet und Heiz(kraft)werk relativ nahe beieinander liegen. Ein weiter Transport von Biomasse ist nur dann vertretbar, wenn aus der ursprünglichen Biomasse ein energiereiches Konzentrat, wie Öl oder Biosprit, erzeugt wurde.

Hohe Ölpreise haben in den letzten Jahren dazu geführt, dass Energiepflanzen größere Aufmerksamkeit geschenkt wird. Dabei wird jedoch häufig übersehen, dass diese auch **unerwünschte Nebenwirkungen** verursachen und deshalb der sinnvolle Anbau von Energiepflanzen sowohl in Deutschland als auch in der EU begrenzt ist (vgl. 5.10):

- Die Umweltbelastung durch den Anbau von Energiepflanzen kann durchaus höher sein als die Belastung durch herkömmliche landwirtschaftliche Nutzung. Wird z.B. Mais als Energiepflanze eingesetzt, so belastet das den regionalen Wasserhaushalt und die Bodenerosion stärker als der Anbau von Getreide. Werden Energiepflanzen in Monokultur auf Brachflächen angebaut, so geht das zu Lasten der Artenvielfalt und der Naturerholungsräume.
- Energiepflanzen stehen in Deutschland und der EU in direkter Konkurrenz zur Produktion von Lebensmitteln. Was jeweils angebaut wird, richtet sich nach den ökonomischen Kräften. Bei steigenden Ölpreisen werden anstelle von Lebensmitteln zunehmend Energiepflanzen angebaut. Damit verbunden ist ein höherer Lebensmittelimport. So konkurriert letztlich unser Energiehunger mit der Nahrungsmittelnachfrage armer Bevölkerungsschichten in Schwellen- oder Entwicklungsländern. Es ist müßig zu hinterfragen, ob die zahlungskräftige Nachfrage eines Mercedesfahrers oder des bolivianischen Bergarbeiters obsiegt.[135]

Potenzielle Erträge verschiedener Energiepflanzen in Deutschland

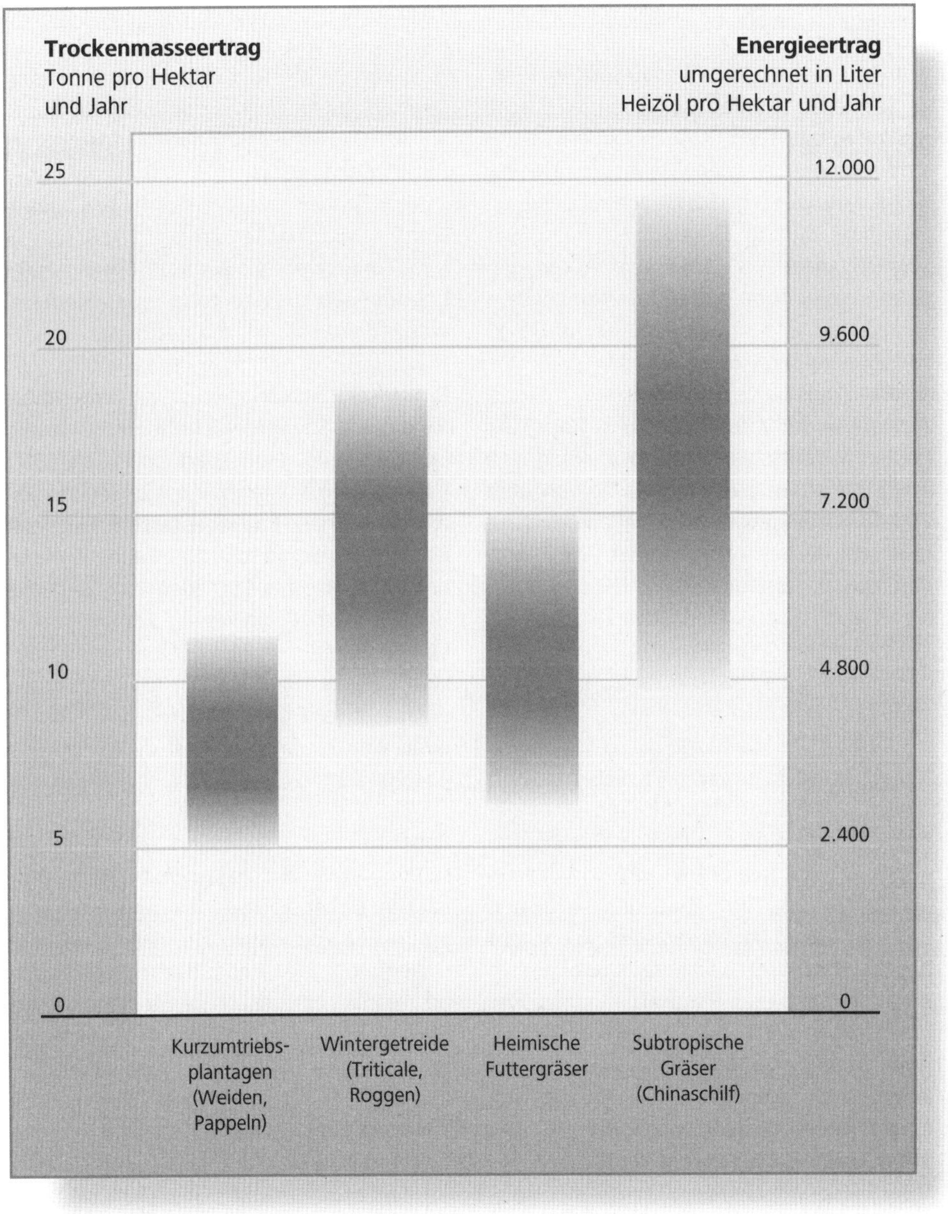

Quelle: Lewandowski/Kaltschmitt, 1998

Auf den Bereich Verkehr entfällt in Deutschland gut ein Viertel des gesamten Energieverbrauchs. Im Rahmen eines solaren Energiekonzepts gibt es hier verschiedene Möglichkeiten. Biogas kann aufbereitet und wie Erdgas als Treibstoff eingesetzt werden. In Schweden werden so schon städtische Busflotten betrieben.[136] Auch solarer Wasserstoff eignet sich per Brennstoffzelle für mobile Antriebe (vgl. 8.5). Gegenüber diesen Optionen wird in Deutschland heute vor allem Biodiesel als "Sprit vom Acker" genutzt, weil er ohne große Umrüstungen von Fahrzeugen und Infrastruktur (z. B. Tankstellen) eingesetzt werden kann.[137]

Ausgangsprodukt für Biodiesel ist **Raps,** der heute in Deutschland zur Produktion von Treibstoff schon auf einer Fläche von über 700.000 ha angebaut wird[138]. Raps wird auf unterschiedliche Weise genutzt: Die Frucht wird ausgepresst und liefert Öl. Der Rückstand, auch Rapskuchen genannt, dient als Futtermittel. Das Rapsstroh wird zur Verbesserung der Bodenfruchtbarkeit untergepflügt.

Rapsöl lässt sich auf zwei Arten als Treibstoff nutzen: Als **reines Rapsöl** kann es umgebaute Dieselmotoren antreiben. Das Einsatzgebiet von Rapsölmotoren liegt vorwiegend im LKW- und im landwirtschaftlichen Bereich.[139] Wird Rapsöl verestert, so entsteht der als **Biodiesel** bekannte Rapsölmethylester (RME). Dieser kann als regenerativer Treibstoff in fast allen Dieselmotoren genutzt werden. Prominentestes Beispiel dafür ist das Reichstagsgebäude in Berlin, das von einem Biodiesel-Blockheizkraftwerk mit Strom und Wärme versorgt wird.

Kraftstoff aus Biomasse. war bis 2006 von der **Mineralölsteuer** befreit. Damit gab die Politik einen Anreiz für regenerativ erzeugte Treibstoffe.[140] Zusammen mit gestiegenen Ölpreisen sowie der zunehmenden Besteuerung von Benzin und Dieselöl führte das in Deutschland zu einem Boom beim Biodieselabsatz: Die Raps-Anbauflächen stiegen, die Raffineriekapazität stieg 2006 auf über 2 Mio. Tonnen und der Absatz explodierte von 0,1 Mio. Tonnen im Jahr 1998 auf 1,8 Mio. Tonnen im Jahr 2005. [141] Mit der 2006 begonnenen Besteuerung von Biodiesel wurde diese Entwicklung gestoppt.

Biodiesel hat einige positive Umweltauswirkungen. So werden erschöpfliche, fossile Energieträger eingespart und bei der Verbrennung entstehen weniger Schwefeldioxidemissionen. Im Gegensatz zu Mineralöl ist Biodiesel biologisch schnell abbaubar und beugt damit Umweltschäden vor. Deutliche Vorteile besitzt Biodiesel auch in puncto CO_2-Emissionen: Im Vergleich zu Dieselkraftstoff sind bei Biodiesel die CO_2-Emissionen um ca. zwei Drittel geringer, bei Verwendung von reinem Rapsöl ist die Einsparung noch höher.[142]

Raps für die Herstellung von Biodiesel stammt etwa zur Hälfte von Stilllegungsflächen. Daher bietet er den Landwirten eine produktive Alternative zur reinen Flächenstilllegung. Die Anbaufläche ist jedoch beschränkt, eine deutliche Steigerung wird also nicht mehr möglich sein. Experten schätzen, dass Biodiesel aus hiesiger Produktion bis 2015 nur ca. 7% des Dieselmarktes abdecken kann (2005: 5,5%)[143].

Vergleich alternativer Kraftstoffe/Antriebe mit konventionellem Antrieb

	Elektro-fahrzeuge	Wasserstoff	Biodiesel	Erdgas
Fahrzeugtechnik	– – –	– – –	✓	–
Vertrieb/ Handhabung	–	– – –	–	– –
Sicherheit	✓	– –	✓	✓
Tankzeit	– – –	– –	✓	✓
Aktionsradius	– – –	– –	✓	– –
Schmierung	✓	–	✓	✓
Verfügbarkeit	–	– – –	– –	–
Kosten (Fahrzeug + Kraftstoff)	– – –	– – –	– –	–

✓ keine Einschränkungen gegenüber konventionellem Antrieb

– geringe Einschränkungen

– – Einschränkungen

– – – erhebliche Einschränkungen

Quelle: eigene Darstellung angelehnt an Shell PKW-Szenarien (1999)

In Deutschland entfällt vom gesamten Kraftstoffverbrauch 51% auf Diesel und 45% auf Ottokraftstoff (Benzin). Auch für Benzin gibt es eine regenerative Alternative. Aus Zuckerrüben oder Weizen (Stärke) lässt sich durch Vergärung Bioethanol (Industriealkohol) gewinnen, das als Kraftstoff für Benzinmotoren geeignet ist. In Deutschland spielte dieser Biokraftstoff bisher kaum eine Rolle (0,3% des Kraftstoffverbrauchs, aber deutlich ansteigend[144]), in Brasilien und den USA gibt es dagegen schon langjährige Erfahrungen mit Alkohol als Kraftstoff.

Nach der ersten Ölpreissteigerung hat Brasilien im Jahr 1975 das **PROÁLCOOL-Programm** gestartet.[145] Aufgrund hoher Öl- und niedriger Zuckerpreise wurde Zuckerrohr in großem Stil zur Ethanolproduktion für den Verkehrsbereich eingesetzt. Seit Ende der 80er-Jahre produziert das Land jährlich zwischen 11 und 13 Mrd. Liter Bioethanol. 2005 stieg die Produktion sogar auf 16,5 Mrd. Liter, was 45% der weltweiten Ethanolproduktion entsprach. **Brasilien deckt damit 12 bis 15 Prozent des nationalen Kraftstoffverbrauchs** und exportiert zudem noch erhebliche Mengen nach China, Japan und in die USA.

Zunächst wurde in Brasilien das Ethanol dem Benzin bis zu einem Anteil von 25% beigemischt. Dazu waren keine Änderungen an den Motoren notwendig. Ab 1979 kamen dann auch PKWs mit Nur-Alkohol-Motoren auf den Markt, die zeitweise einen Anteil von 90% der Neuzulassungen erreichten. Seit 2003 werden in Brasilien Flex-Fuel-Vehicles (FFV) produziert, die mit jeder beliebigen Mischung von Benzin und Ethanol fahren können.[146]

Brasilianisches Bioethanol aus Zuckerrohr besitzt eine eindeutig positive Energie- und Klimabilanz. Der gewonnene Treibstoff enthält mehr als das Achtfache der im Prozess eingesetzten Energie, und pro Tonne Zuckerrohr werden 150 bis 220 kg CO_2-Äquivalente eingespart.[147] Diese Werte sind deutlich günstiger als bei Bioethanol, das in Deutschland aus Getreide oder Zuckerrüben gewonnen wird (vgl. Grafik). Deshalb wird auch über Exporte von Bioethanol aus Brasilien nach Europa nachgedacht. Bisher wird das durch EU-Einfuhrzölle be- bzw. verhindert.

Zur Förderung des Bioethanols ist dieser Kraftstoff in Brasilien von der Mineralölsteuer vollständig und von der Mehrwertsteuer teilweise befreit. Diese Subventionierung in Höhe von ca. 2 Mrd. US$ pro Jahr kommt vorwiegend der automobilen Mittelschicht zugute. Bei heutigen Rohölpreisen (2007) ist das brasilianische Bioethanol im Vergleich zu Benzin wettbewerbsfähig.

Das Zuckerrohr für die Ethanol-Produktion wird auf ca. 2 Mio. ha angebaut. Das entspricht **3,5% der landwirtschaftlichen Ackerfläche** Brasiliens. Diskutiert wird eine deutliche Ausweitung der Bioethanol-Produktion bis auf 10% der Ackerfläche. Dabei spricht wenig dagegen, Zuckerrohr auf bisher schlecht genutzten Weideflächen anzubauen; aber auch der Zuckerrohranbau in sensiblen Ökosystemen wie dem Sumpf- und Überschwemmungsgebiet des Pantanal wird diskutiert. Hier zeigt sich ein generelles Problem von Biotreibstoffen. Wenn nennenswerte Anteile des Kraftstoffbedarfs aus Biomasse gewonnen werden sollen, werden dafür große Flächen benötigt[148]. Diese gehen entweder zu Lasten der Nahrungsmittelproduktion, was insbesondere in Ländern mit Unterernährung Probleme aufwirft, oder diese Flächen müssen neu gewonnen werden, dann entstehen aber häufig Konflikte mit dem Natur-, Arten- und Umweltschutz (Monokultur). Nur über eine Senkung des Kraftstoffverbrauchs (Verkehrsvermeidung, höhere Effizienz) werden sich diese Konflikte lösen lassen.

Energiebilanz verschiedener Biokraftstoffe

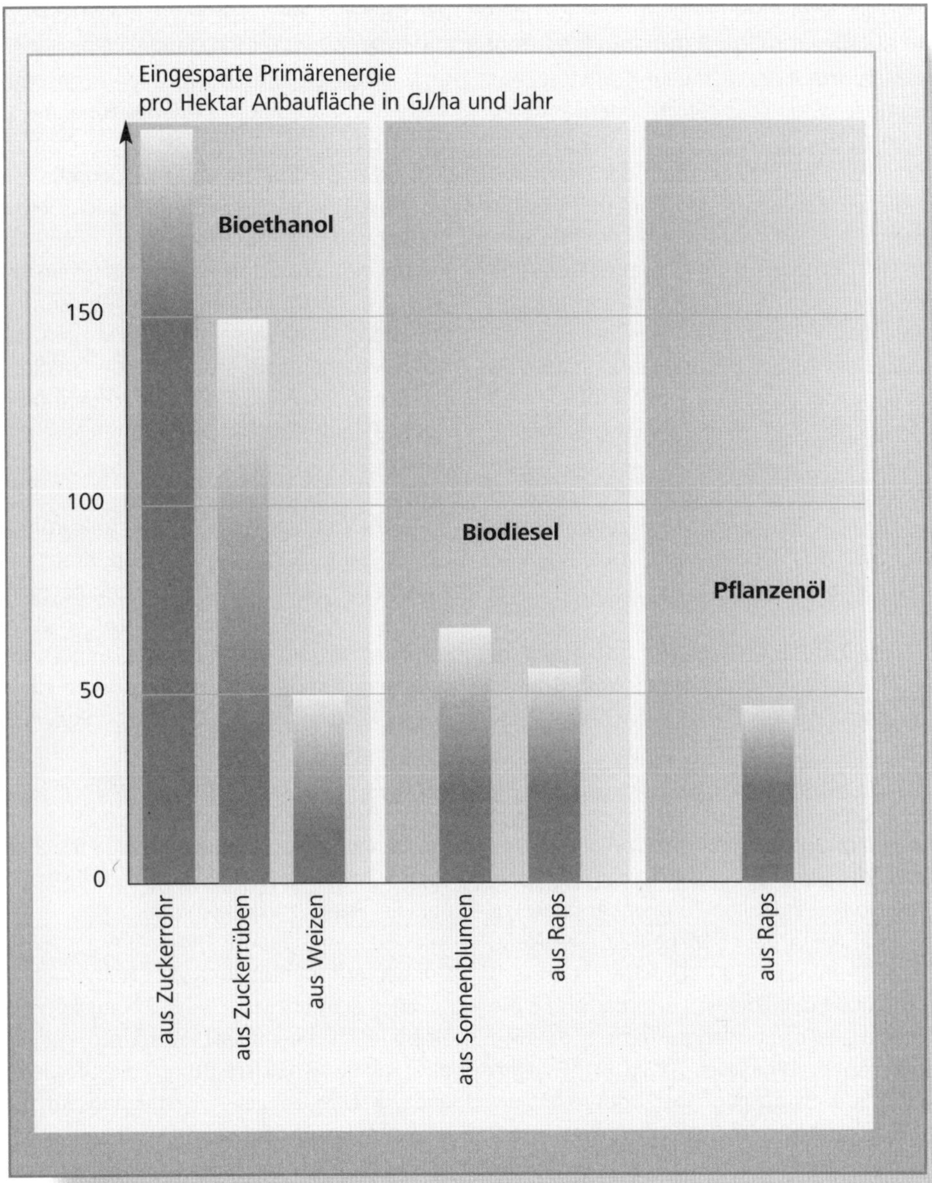

Quelle: Eigene Darstellung nach: Ifeu, 2005

5.9 Synthetische Biokraftstoffe (BtL)

1

2

3

4

5

Synthetische Kraftstoffe aus Biomasse sind eine neue Entwicklung. Bisher gibt es nur Forschungs- und Pilotanlagen. Trotzdem bestehen schon hohe Erwartungen an diesen **Biomass-to-Liquid (BtL, auch Synfuel oder Sunfuel)** bezeichneten Kraftstoff. Aus Biomasse wie Holz, Stroh oder anderen Energiepflanzen wird ein Synthesegas und daraus wiederum Methanol oder ein dieselähnlicher Treibstoff gewonnen.[149] Dabei kommt ein Verfahren wie die Fischer-Tropsch-Synthese zum Einsatz. Derartige Verfahren sind in der Chemieindustrie bekannt und erprobt. Das Neue bei der BtL-Herstellung ist der Einsatz von Biomasse als Ausgangsstoff, weshalb noch Probleme zu lösen sind: Zum einen, weil pflanzliche Rohstoffe im Gegensatz zu Öl oder Erdgas heterogen sind und zum anderen, weil sie bei geringer Energiedichte dezentral anfallen, was eine Optimierung von Lagerung und Transport erfordert (vgl. 5.6).

Die größte **Pilotanlage** für BtL-Kraftstoff („Sundiesel") betreibt die Firma Choren Industries GmbH in Freiberg (Sachsen); Diese Anlage liefert jährlich 60 Tonnen Treibstoff. Daimler Chrysler und Volkswagen fördern das Choren-Projekt. Für 2008 ist eine Anlage mit einem Output von 200.000 Tonnen BtL-Treibstoff geplant. Dafür wird ein Biomasse-Input von einer Million Tonnen benötigt. Für die Produktion dieser Menge ist eine Nutzfläche von ca. 700 Quadratkilometern (≈100.000 Fußballfelder!) erforderlich.[150] Die Produktionskosten liegen derzeit deutlich höher als bei Biodiesel (ca. 50%). Es wird jedoch davon ausgegangen, dass sich die Produktionskosten in Zukunft senken lassen.

Zwei spezielle **Vorteile** werden vom BtL-Kraftstoff erwartet:[151]

An Automotoren werden heute steigende Anforderungen nach weniger Emissionen und besserer Kraftstoffnutzung gestellt. Diese Motoren brauchen daher zunehmend Kraftstoffe, die bestimmte Eigenschaften sehr präzise einhalten. Da die Eigenschaften von Rapsöl je nach Ausgangsprodukt leicht schwanken, ist absehbar, dass sich bei Rapsöl die Euro-5-Norm nicht mehr einhalten lässt. Synthetische Kraftstoffe, so die Erwartung, können dagegen genau auf die Anforderungen der Motorenbauer maßgeschneidert werden und damit geringere Abgase und effizientere Motoren ermöglichen.

Im Gegensatz zu anderen Biotreibstoffen (vgl. 5.7 und 5.8) kann beim BtL-Kraftstoff eine breite Palette von Pflanzen genutzt werden[152], und zwar nicht nur einzelne Früchte, sondern die gesamte Pflanze. Damit ergibt sich eine höhere Energieausbeute. Pro Hektar können fast 4.000 Liter Sprit gewonnen werden. Das ist im Vergleich zu Biodiesel mehr als das Doppelte (vgl. Grafik).

Die Nutzung der ganzen Pflanze hat aber auch **Schattenseiten**. Weil keine Nährstoffe auf die Felder zurückkommen, ist bei jeder Aussaat energieaufwändig hergestellter Dünger erforderlich, und der Humusgehalt sowie die Fruchtbarkeit der Böden können empfindlich beeinflusst werden. Hier ist nachhaltige Bewirtschaftung einzufordern, und vor einer schnellen Festlegung auf BtL als Biotreibstoff der Zukunft wird gewarnt.

Reichweiten mit Biokraftstoff aus dem Jahresertrag eines Hektars Anbaufläche

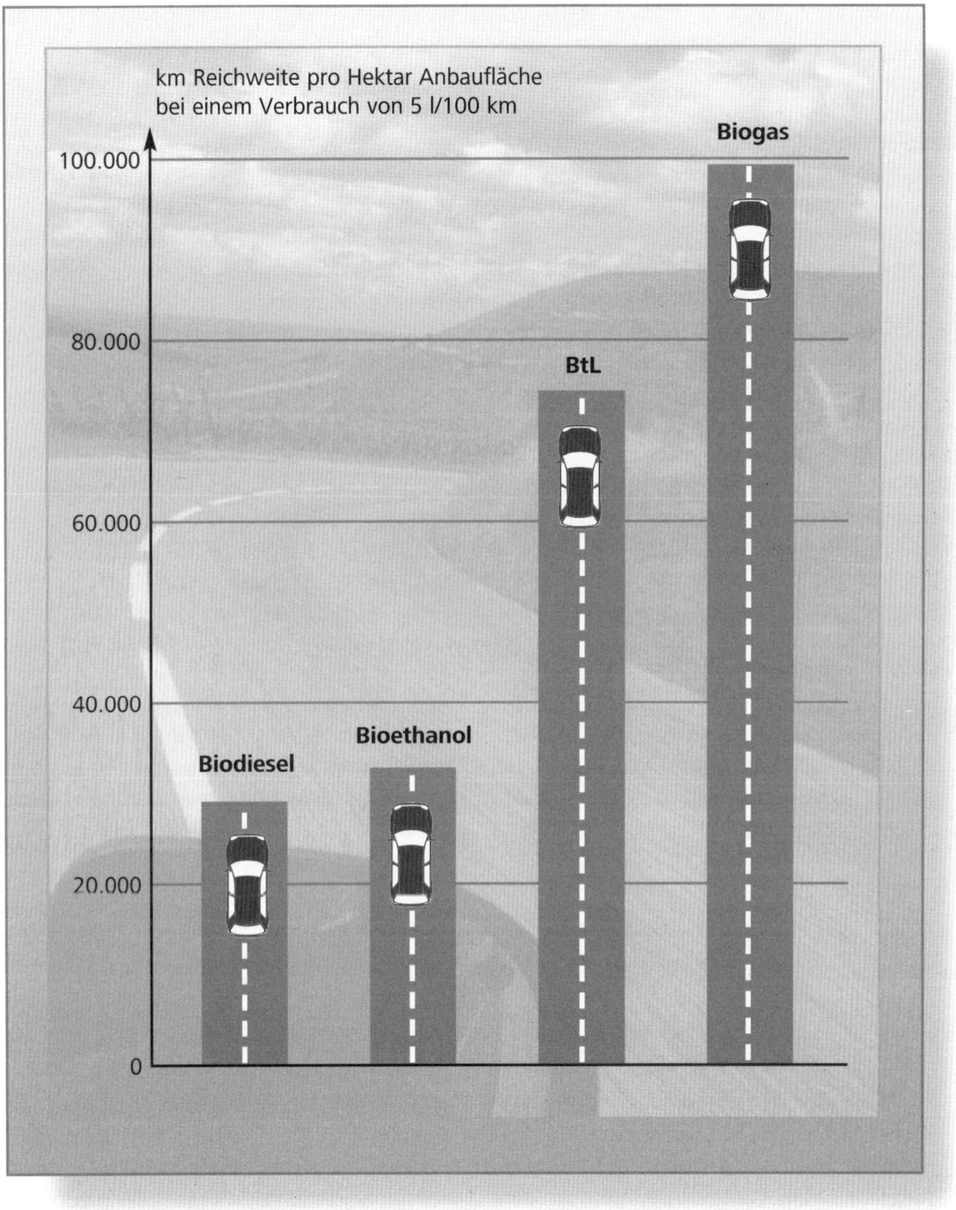

Quelle: Spiegel Special 5/2006, eigene Darstellung

5
6
7
8
9
10
11
12

Fußnoten Glossar Infos

5.10 Gibt es genügend Flächen für Biosprit?

1
2
3
4
5

Eine deutliche Ausweitung der Produktion von Biomasse und insbesondere Biosprit benötigt riesige Anbauflächen. Diese Flächen stehen aber weder in Deutschland, noch weltweit in beliebigem Umfang zur Verfügung. Gleichzeitig werden sie zur Produktion von Nahrungsmitteln benötigt. Damit zeichnen sich beim weiteren Ausbau energetischer Biomassenutzung Konflikte ab. Einige Zahlen sollen das verdeutlichen:

Weltweit standen im Jahr 2000 ca. 50 Mio. km² für landwirtschaftliche Nutzung zur Verfügung. Das entspricht 8.200 m² pro Person. Beim größten Teil dieser Fläche handelt es sich jedoch um eine extensive Nutzung, wie z.B. das Grasland in den Pampas von Argentinien. Nur ca. 15 Mio. km², also 2.500 m² pro Kopf, werden intensiver genutzt. Dieser Wert wird in den nächsten Jahren noch zurückgehen: Zusätzliche Landnutzung wird durch steigende Bevölkerung überkompensiert, so dass im Jahr 2030 nur noch 1.900 m² Ackerland pro Person zur Verfügung stehen werden.[153] **Die Bewohner der EU-15 nutzen schon jetzt die Landreserven überdurchschnittlich**, zumal sie über Nahrungs- und Futtermittelimporte auch große Flächen Afrikas und Lateinamerikas belegen[154]. Ein Import von Biotreibstoffen, die zur Erfüllung des 20%-Ziels der EU bis 2020 notwendig sind, würde den Flächenbedarf um 17% bis 38% steigen lassen, also bis auf etwa das Dreifache dessen, was weltweit als verfügbare Fläche für Ackerland pro Person zur Verfügung steht (vgl. Grafik).[155]

Es ist unmittelbar einsichtig, dass diese Flächen innerhalb der EU nicht bereitgestellt werden können, sondern dass dafür Flächen außerhalb von Europa benötigt werden. Damit besteht die Gefahr, dass der Anbau von Energiepflanzen über die Ausweitung intensiv genutzter landwirtschaftlicher Flächen z.B. zur massiven Rodung von Regenwäldern führt, was unter anderem in Brasilien und Malaysia zu beobachten ist[156]. Daneben besteht die Gefahr, dass in diesen Ländern für den einheimischen Bedarf bewirtschaftetes Land zur Biomasseproduktion für den Export umgewidmet wird, was die Lebensgrundlage der ländlichen Bevölkerung zerstört. In diesem Spannungsfeld muss auch vermieden werden, dass durch höheren Pestizid- und Mineraldüngereinsatz oder durch Ausweitung von Monokulturen ein höherer Biomasseertrag angestrebt wird. Damit wäre die ökologische Gesamtbilanz negativ. Für einen internationalen Handel mit Biomasse ist daher eine **Zertifizierung** nach ökologischen und sozialen Aspekten erforderlich, um den angesprochenen Risiken zu begegnen.

Chancen zur Versorgung mit Biomasse bieten neue Fruchtfolgen- bzw. Kombinationen, die Artenvielfalt und höhere Erträge kombinieren.[157] Auch neue Nutzpflanzen, die Ökosysteme nur wenig verändern, können hier Beiträge leisten. So lässt sich z. B. aus der in Afrika gedeihenden Purgiernuss, die bisher vorwiegend als Schutzhecke angepflanzt wird, ein als Dieselersatz verwendbares Öl gewinnen. In diesem Sinne laufen in Indien Versuche mit der Jatropha-Pflanze, die auf extrem armen Böden wächst und einen hohen Ölgehalt hat.

Neben unserem heutigen Mobilitätsverhalten sind auch unsere heutigen **Verzehrgewohnheiten** zu hinterfragen. Der hohe Fleischkonsum und die dafür benötigten Futtermittel sind die wesentliche Ursache für den hohen Flächenbedarf der EU-Bürger/-innen. Eine Änderung der Ernährungsgewohnheiten kann daher das Flächenproblem entschärfen. Anderenfalls heißt die Alternative: „Steak auf den Teller oder Bio in den Tank".[158]

Treibstoffe aus Biomasse lässt Flächenbedarf stark ansteigen

1
2
3
4
5
6
7
8
9
10
11
12

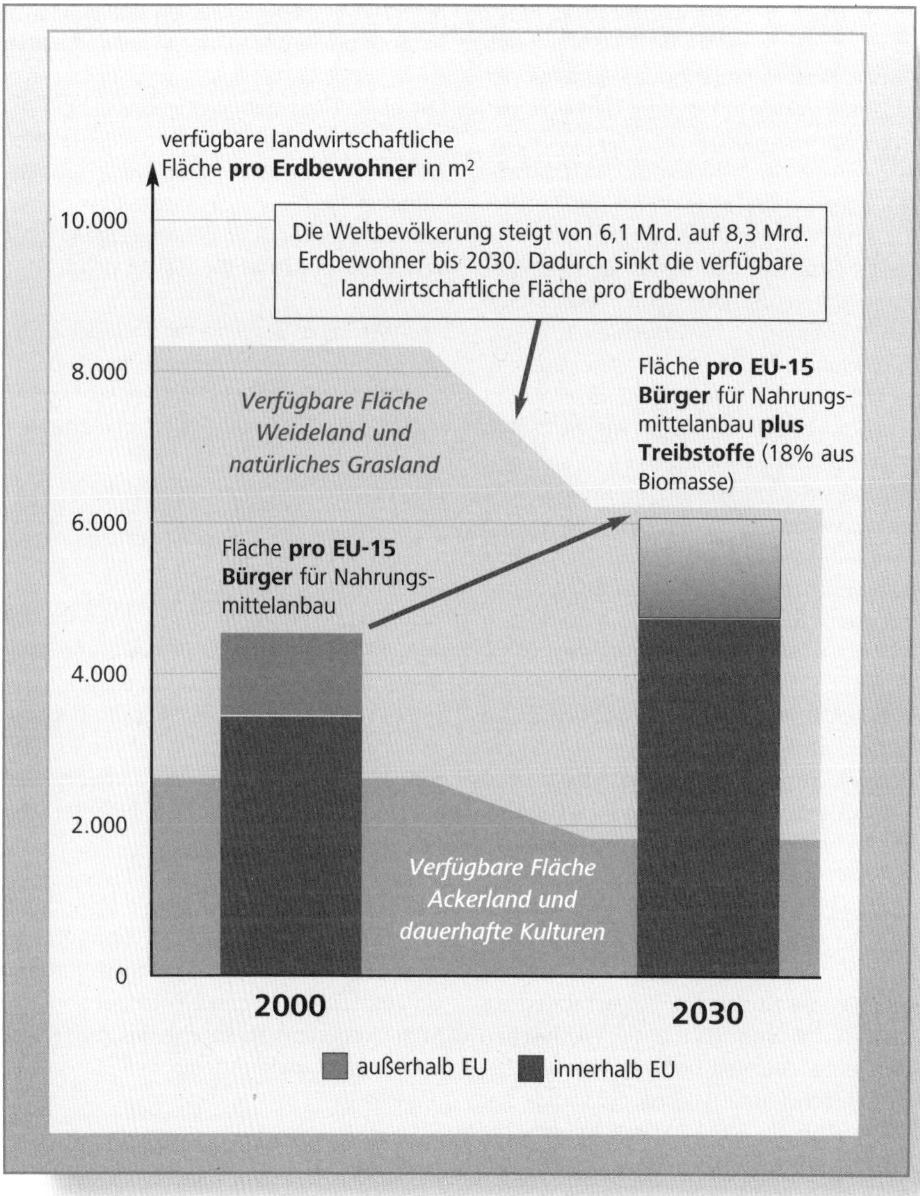

Quelle: eigene Darstellung nach: Bringezu/Steyer 2005

6 Windkraft
6.1 Windkraft im Aufschwung

Noch um 1900 arbeiteten in Deutschland ca. 18.000 traditionelle Windmühlen. Das Mahlen von Mehl war eine ihrer Hauptaufgaben. Diese Mühlen wurden bald durch Elektroantriebe verdrängt. Erst in den 1980er Jahren begann das Kapitel der modernen Windkraftnutzung: Dabei ging es nicht mehr um mechanische Antriebe, sondern um die Stromerzeugung. In Deutschland begann das neue Windkraft-Zeitalter mit einem großen Misserfolg: Mit dem Projekt Growian wollte das Bundesministerium für Forschung und Technologie (BMFT) Anfang der 1980er Jahre alle Rekorde brechen. Die Windkraftanlage Growian war mit einer Nennleistung von 3 MW rund 55 mal so groß dimensioniert wie die damals größten Serien-Windkraftwerke und gut sechsmal so groß wie die größte dänische Versuchsmühle, obwohl die deutschen Konstrukteure zu diesem Zeitpunkt nur über einen Bruchteil der dänischen Erfahrungen verfügten. Growian wurde schnell wegen technischer Schwierigkeiten stillgelegt.

Nachdem **Dänemark** in den 1980er Jahren als **Vorreiter** in Sachen Windkraft erfolgreich war, begann Anfang der 1990er Jahre auch in **Deutschland** der **Windkraft-Boom**. Ursache war zum einen das Förderprogramm „250 MW Wind" (seit 1989), zum anderen – in seiner Bedeutung sicher höher einzustufen – das Stromeinspeisungsgesetz vom Dezember 1990 (vgl. 11.9). Es entstand eine Dynamik, die zweistellige Zuwachsraten zur Folge hatte und damit zu technischen Weiterentwicklungen und zu immer größeren Anlagen führte: Während bis Ende der 1980er Jahre die 50-kW-Klasse vorherrschte und Anfang der 1990er Jahre Anlagen mit 250 bis 300 kW Stand der Technik waren, wurde inzwischen die MW-Grenze längst überschritten. Neu installierte Anlagen haben heute in der Regel eine Leistung von ca. 2 MW. Doch das ist keineswegs das Ende der Fahnenstange: 5 MW-Anlagen wurden bereits in Betrieb genommen und an Plänen für noch größere Maschinen wird gearbeitet.

Mit der technischen Weiterentwicklung der Anlagen und dem Übergang zu größeren Einheiten hat sich die wirtschaftliche Situation für die Windkraft deutlich verbessert. Der Strom aus Windkraftanlagen wurde **seit 1990 um rund die Hälfte billiger.**[159]

Auch wenn die Großanlagen von über 2 MW Leistung derzeit noch keine weiteren spezifischen Kostenvorteile erbringen, so liegt ihr Vorteil darin, dass gute Windstandorte besser ausgenutzt werden und somit der Eingriff in die Kulturlandschaft reduziert werden kann.

Zwei weitere Entwicklungen werden den Windenergie-Boom in Zukunft wesentlich prägen: Der zunehmende **Ersatz von kleineren Windkraftanlagen** durch große, leistungsfähigere Windräder (Repowering) sowie die Umsetzung von **Offshore-Projekten**, also Windkraftparks, die an geeigneten Stellen vor der Küste im Meer errichtet werden (siehe 6.7).

Das Potenzial für die Windkraftnutzung (auf dem Land) wird auf 45 bis 65 TWh pro Jahr geschätzt. In deutschen Küstengebieten liegt ein zusätzliches Offshore-Potenzial von 110 TWh, insgesamt entspricht das gut einem Viertel des bundesdeutschen Stromverbrauchs.[160]

Die Leistungsfähigkeit der Windkraftanlagen wächst

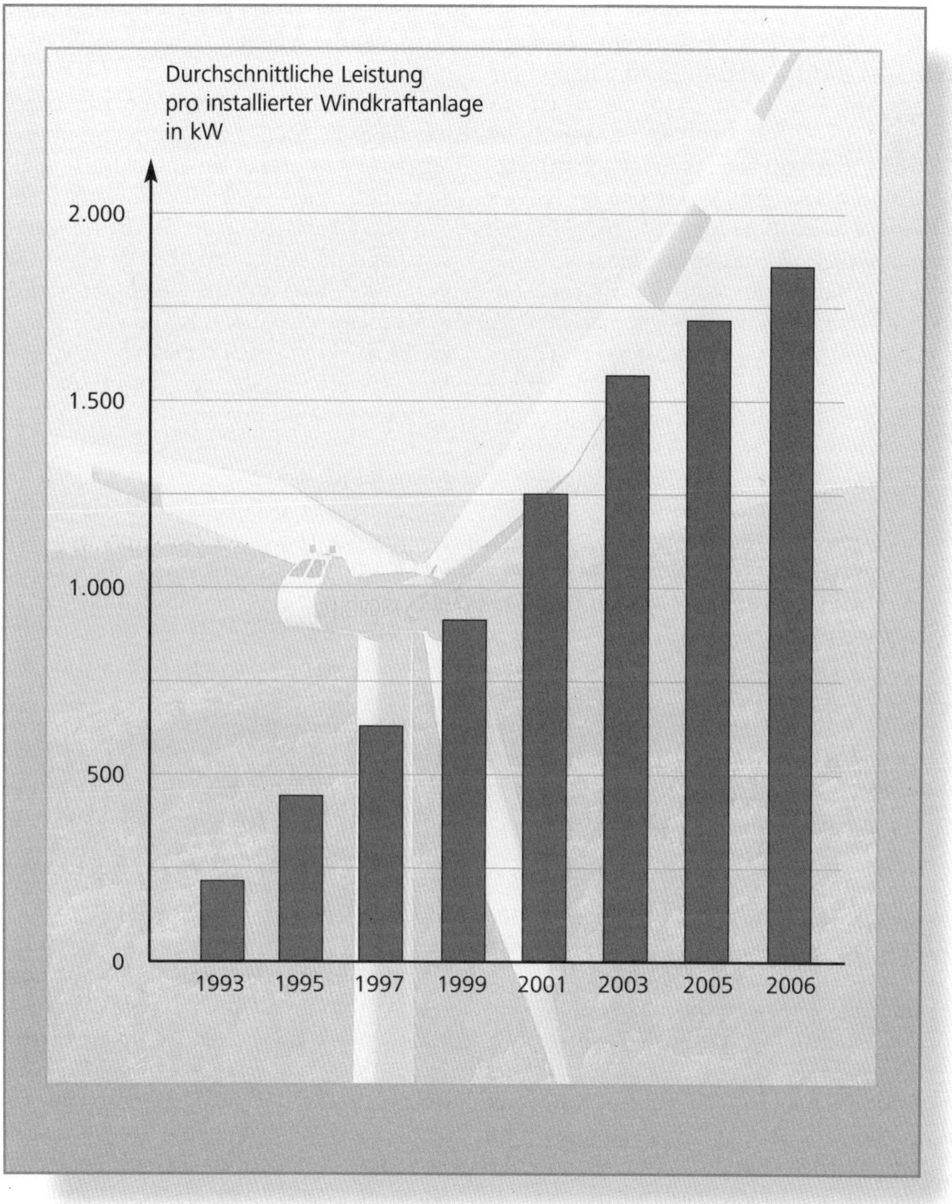

Quelle: eigene Darstellung

6
7
8
9
10
11
12

H.C. Binswanger, ehemaliger Direktor des Instituts für Wirtschaft und Ökologie an der Hochschule St. Gallen in der Schweiz, hat in einem viel beachteten Artikel die Windenergie als "die falsche Alternative" bezeichnet. Als entscheidenden Grund führte er die „visuellen Emissionen" und die negativen Folgen der Erschließung an, „...wenn eine ganze Landschaft von Windkraftanlagen verstellt oder, wie es im Volksmund heißt, ´verspargelt´ wird." Dabei geht es ihm "... um die grundsätzliche Erhaltung der durch die Landwirtschaft und insbesondere die Weidelandschaft geprägten Kulturlandschaft in ihrer vielfältigen, langsam gewachsenen und daher unverwechselbaren Form."[161]. Binswanger sieht die Gefahr, dass diese Kulturlandschaften großflächig in „Technoparks" verwandelt werden.

Doch nicht nur Binswanger, auch andere machen Stimmung gegen die Windenergie.[162] So z.B. der Bundesverband für Landschaftsschutz (BLS) mit Sitz in Schleswig-Holstein. Dieser Verein tritt überall dort auf, wo es eine Windkraftanlage zu verhindern gilt. Ähnlich wie bei Binswanger wird hier argumentiert, dass zu Lasten des Landschaftsschutzes eine Alternative gefördert wird, die keinen nennenswerten Beitrag zur Energieversorgung leistet.

Ohne Zweifel stellen Windkraftanlagen einen Eingriff in das Landschaftsbild dar. Durch eine sachgerechte Planung und die Ausweisung geeigneter Flächen können die Auswirkungen jedoch in Grenzen gehalten werden. **Der Flächenverbrauch** ist zudem **relativ gering**[163]. Bis auf die Fundamente (und gegebenenfalls neue Zufahrtswege und Trafostationen) bleibt der Boden unverändert und landwirtschaftlich nutzbar.

Über das ästhetische Empfinden beim Anblick einzelner Windkraftanlagen oder ganzer Windkraftparks lässt sich trefflich streiten. Was des einen Augen aufleuchten lässt, ist dem anderen ein Dorn im Auge. Die Gegner der Windenergie müssen sich jedoch fragen lassen, ob sie ihre Energie nicht besser gegen bestehende konventionelle Energieanlagen richten sollten, die heute das Landschaftsbild verunzieren. So z.B. gegen die rund 200.000 Hochspannungsmasten, die bei einer dezentralen Energieversorgung zumindest teilweise überflüssig wären, oder den Braunkohletagebau, der ganze Landschaften und Dörfer verschwinden lässt. **So vermeidet eine durchschnittliche Windkraftanlage** mit einer Leistung von 1,5 MW im Laufe ihrer Lebensdauer von etwa 20 Jahren den Einsatz von **rund 80.000 Tonnen Braunkohle.**[164]

Nachweislich falsch liegen die Gegner bei der Einschätzung des Potenzials der Windenergie. So hielt Binswanger für die Windenergie in Deutschland einen Maximalausbau von 5.000 MW für möglich. Bereits im Jahr 2002 wurde jedoch die 10.000 MW-Marke überschritten, und bis zum Ende des Jahres 2006 waren in Deutschland über 20.000 MW installiert. Viel spricht dafür, dass die Windenergie in Deutschland in 20 Jahren rund 20 bis 30 Prozent des Strombedarfs abdecken wird. Dieses Ziel könnte noch schneller erreicht werden, wenn der Stromverbrauch durch gezielte Maßnahmen reduziert würde.

Gerade wenn das Ziel ein langfristiger Naturschutz ist und die Biosphäre durch eine nachhaltige Energieversorgung entlastet werden soll, sollten begrenzte Eingriffe in die Kulturlandschaft hingenommen werden.
Vor diesem Hintergrund ist es auch nicht verwunderlich, dass die großen deutschen **Umwelt- und Naturschutzverbände** BUND, NABU, Greenpeace, WWF, BBU sowie Robin Wood sich **für den umweltgerechten Ausbau der Windenergie** einsetzen.

Windkraft und Landschaftsschutz

An einem guten Windstandort erzeugt eine 1,5 MW–Windkraftanlage (67 m Nabenhöhe) in 20 Betriebsjahren rund 76 Mio. kWh Strom. Um diesen Strom in einem modernen Braunkohlekraftwerk zu produzieren, müssten ca. 84.000 Tonnen Braunkohle verbrannt werden. Das entspricht einer 50 m hohen Halde mit einer Grundfläche von 80 m Durchmesser.

Quelle: eigene Darstellung

6.3 Auf die Windgeschwindigkeit kommt es an!

Bei Windkraftanlagen lassen sich vier Betriebsphasen unterscheiden: Weht der Wind sehr schwach, so reicht dieser nicht aus, die Reibungsenergie der Anlage zu überwinden, und die Anlage steht still. Ab einer Windgeschwindigkeit von ca. 3 m/sec (rund 10 km/Stunde) beginnt die Anlage zu arbeiten und Strom zu produzieren. Mit steigender Windgeschwindigkeit steigt die Leistung der Windkraftanlage bis zur Nennleistung des Generators an. Damit ist die maximal aufnehmbare Leistung erreicht. Bei weiter wachsender Windgeschwindigkeit muss der Leistungsüberschuss weggeregelt werden. Dies kann entweder durch die spezielle Form der Flügel geschehen oder durch eine mechanische Verstellung der Rotorblätter (pitch-geregelte Anlagen). Bei starkem Sturm (ab 20-25 m/sec), schalten sich die Anlagen automatisch ab, da ansonsten Zerstörungsgefahr bestehen würde.

Der **durchschnittliche Jahresertrag** der in Deutschland installierten Windkraftanlagen beträgt rund 1.800 Kilowattstunden pro kW installierte Leistung.[165] Dabei gibt es Unterschiede der Erträge je nach Region zu verzeichnen. Während im Küstenland Schleswig-Holstein die Erträge pro installierte Leistung etwa 13 Prozent höher sind als im Bundesdurchschnitt, liegt Rheinland-Pfalz rund 10 Prozent unter dem Durchschnittswert. Windkraftanlagen in den Höhenlagen der Mittelgebirge können allerdings mit dem Küstengebiet vergleichbare Werte erreichen.

Ursache für die unterschiedlichen Jahreserträge ist hauptsächlich die unterschiedliche Windgeschwindigkeit und Windhäufigkeit in den Regionen. Die **durchschnittliche Windgeschwindigkeit** an einem Standort ist der ausschlaggebende Faktor für den Ertrag einer Windkraftanlage. Von besonderer Bedeutung ist dabei die physikalische Beziehung, dass die **nutzbare Leistung** des Windes **mit der dritten Potenz der Windgeschwindigkeit ansteigt.**

Anders ausgedrückt: Wenn die Leistung einer Windkraftanlage bei einer Windgeschwindigkeit von 10 m/sec gleich hundert Prozent gesetzt wird, so kann die Windkraftanlage bei einer Windgeschwindigkeit von 11 m/sec nicht um 10 Prozent mehr Leistung erbringen, sondern die Leistung liegt bei $(1,1)^3 = 1,331$, also um 33 Prozent höher. **10 Prozent mehr Windgeschwindigkeit bedeuten demnach ein Drittel mehr Leistungsabgabe.**

Dies hat für die konkrete Standortsuche für Windkraftanlagen in Mittelgebirgen praktische Bedeutung: Häufig wird hier von Vertretern des Landschaftsschutzes gefordert, eine Windkraftanlage auf der Kuppe sei ein zu großer Eingriff ins Landschaftsbild und man solle daher einen tiefer liegenden Standort wählen. Dieser weist dann aber in aller Regel auch eine geringere Windgeschwindigkeit auf. Die obige Beziehung zeigt, dass dies gravierende Folgen für die Windkraftnutzung hätte. Weist z.B. der Gipfel eine durchschnittliche Windgeschwindigkeit von 6,5 m/sec im Jahresmittel auf und der tiefer liegende Standort mit 4,5 m/sec einen um ca. 30% geringeren Wert, so mag dies der Laie für wenig gravierend halten. Tatsächlich sinkt damit der Ertrag der Anlage aber um über 65%. Damit würde die Windkraftnutzung am neuen Standort unrentabel. Falls sie trotzdem gebaut würde, müsste man am neuen Standort (30% weniger Windgeschwindigkeit) die dreifache Anzahl an Anlagen bauen, um den gleichen Ertrag zu erzielen. Das führt einerseits zu einem ineffizienten Ressourceneinsatz, und andererseits müssen sich die Vertreter des Landschaftsschutzes fragen lassen, ob sie statt einer Anlage an einem guten Standort lieber drei Anlagen an dem schlechteren Standort bevorzugen würden.

Entscheidend ist die Windgeschwindigkeit!

Eine Windkraftanlage erzeugt

bei einer Windgeschwindigkeit von **6,5 m/s**

die **gleiche elektrische Leistung** wie

drei Windkraftanlagen

bei einer Windgeschwindigkeit von **4,5 m/s**

Quelle: eigene Darstellung

6.4 Erfolgsstory Windkraft: Die Entwicklung seit den 1990er Jahren

Welche Chancen sich durch den Weg in das Solarzeitalter für Industrie und Handwerk ergeben, lässt sich am Beispiel der Entwicklung der Windenergie in Dänemark zeigen. Während sich die Situation der Windenergie in Deutschland bis Ende der 80er Jahre am besten mit „absoluter Flaute" beschreiben lässt, wurde die Förderung der Windenergie in Dänemark mit klaren Zielen[166] und einem Bündel von Instrumenten vorangetrieben. Über ein gezieltes Forschungs- und Entwicklungsprogramm sowie durch klare Einspeisungsrichtlinien und ein Förderprogramm zur Markteinführung wurde der Markt erschlossen. Dies führte dazu, dass in Dänemark binnen weniger Jahre eine florierende Windindustrie aufgebaut wurde. Die dänische Industrie entwickelte sich zum weltweit bedeutendsten Hersteller und Exporteur von Windkraftanlagen.

Nach einer verspäteten, aber enormen Entwicklung der Windkraft in den vergangenen Jahren ist **Deutschland zu dem Land mit der höchsten installierten Leistung bei Windanlagen** geworden. Allein im Rekordjahr 2002 wurden rund 3.200 MW neu installiert. Ende 2006 sind in Deutschland über 18.000 Windräder mit einer Gesamtleistung von rund 20.000 MW installiert. Seit dem Jahr 2004 hat die Windenergie die Wasserkraft als bislang ergiebigste regenerative Energiequelle in Deutschland abgelöst.

Hersteller von Windkraftanlagen, Zulieferer und Windkraftprojektierer haben in den letzten Jahren **rund 70.000 Arbeitsplätze**[167] geschaffen, viele davon in kleineren und mittelständischen Unternehmen. Nach der Automobilbranche ist die Windindustrie mittlerweile der zweitgrößte Kunde der deutschen Stahlwerke.[168]

Die positiven Erfahrungen aus der Förderpolitik im Windenergiebereich lassen sich auch auf andere regenerative Technologien übertragen. Allerdings nicht in dem Sinne, dass man dieselben Förderinstrumente in derselben Intensität anwenden müsste. Vielmehr gilt es daraus zu lernen, dass für jeden Technologie- und Anwendungsbereich ein Mix von gezielten Fördermaßnahmen zu entwickeln ist, um die bestehenden Hindernisse zur Einführung effizienter und umweltschonender Technologien zu überwinden (vgl.11.18).

Installierte Gesamtleistung aller Windkraftanlagen in Deutschland

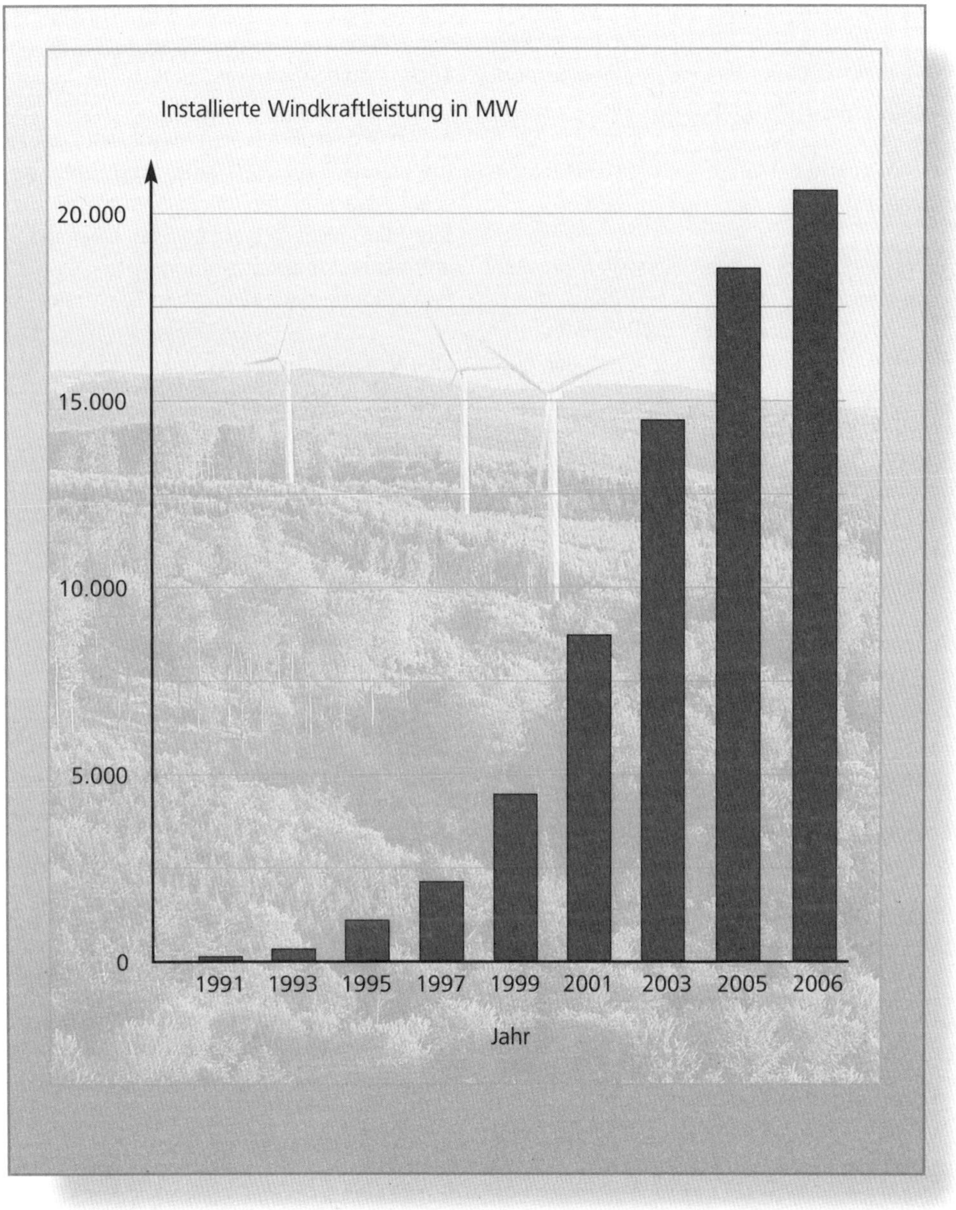

Quelle: eigene Darstellung

6.5 Erfolgsstory Windkraft: Der Vorteil des Vorreiters

1
2
3
4
5
6

Auch international gesehen kann die Windenergie in den letzten Jahren auf einen starken Aufschwung zurückschauen. Allein im Jahr 2004 wurden weltweit Windkraftanlagen mit einer Leistung von 8.154 MW errichtet.[169] Dies entspricht einer **Steigerung von 20%** gegenüber dem Vorjahr. Neben den europäischen weisen vor allem die asiatischen Märkte und die USA starke Zuwächse auf.

Während die deutschen Hersteller auf dem einheimischen Markt, der Anfang dieses Jahrzehntes weltweit den größten Markt für Windkraftanlagen darstellte, eine sehr gute Position hatten und im Jahr 2001 rund 2100 MW absetzen konnten, waren sie vor einigen Jahren **im Ausland noch wenig vertreten.** Lediglich 14 Prozent des Weltmarktes außerhalb Deutschlands (3.805 MW) wurden von der deutschen Windenergieindustrie bedient. Bezogen auf die neu installierte Leistung im Inland betrug die Exportquote der deutschen Hersteller im Jahr 2001 16,4 Prozent.[170] Hingegen exportierten die vier wichtigsten dänischen Hersteller im Jahr 2001 Windkraftanlagen mit einer Leistung von ca. 3.000 MW und damit mehr als das Fünffache des deutschen Exports.[171] (vgl. Grafik)

Inzwischen hat sich die Situation deutlich geändert: Die deutschen Windanlagenbauer haben weltweit eine Vorreiterrolle bei der Windenergie übernommen. Dabei bildet der Export einen Schwerpunkt. **Im Jahr 2005 gingen über 60% der nationalen Fertigung ins Ausland.**[172] Damit werden ca. 30 - 40.000 Arbeitsplätze in Deutschland gesichert.

Das im Zeitablauf unterschiedliche Engagement im internationalen Markt lässt sich u.a. dadurch erklären, dass die dänischen Anlagenbauer aufgrund ihres Vorsprungs, den sie bis Mitte der 90er Jahre in der Technologieentwicklung hatten, die ausländischen Märkte entwickelt haben und dort besser eingeführt waren. Anderseits waren die deutschen Hersteller aufgrund des schnell wachsenden Inlandsmarktes bis zum Jahr 2003 nicht so stark an Auslandsmärkten interessiert und konzentrierten sich auf die Befriedigung der inländischen Nachfrage.

Eine **Vorreiterrolle** bei der Entwicklung und Markteinführung von Technologien kann entscheidende **ökonomische Vorteile** für Industrie und Handwerk bringen: Der technologische Vorsprung stärkt die Position auf internationalen Märkten und erhöht die Exportmöglichkeiten. Zudem ist eine solche Entwicklung geeignet, die einseitige Abhängigkeit vom Inlandsmarkt zu reduzieren.

Voraussetzung für die Erschließung der Exportmärkte, das zeigt das dänische Beispiel sehr deutlich, ist jedoch eine **Marktentwicklung im eigenen Land.**

Der Erfolg des Vorreiters

Exportanteile an der Gesamtproduktion bei dänischen und deutschen Herstellern im Jahr 2001

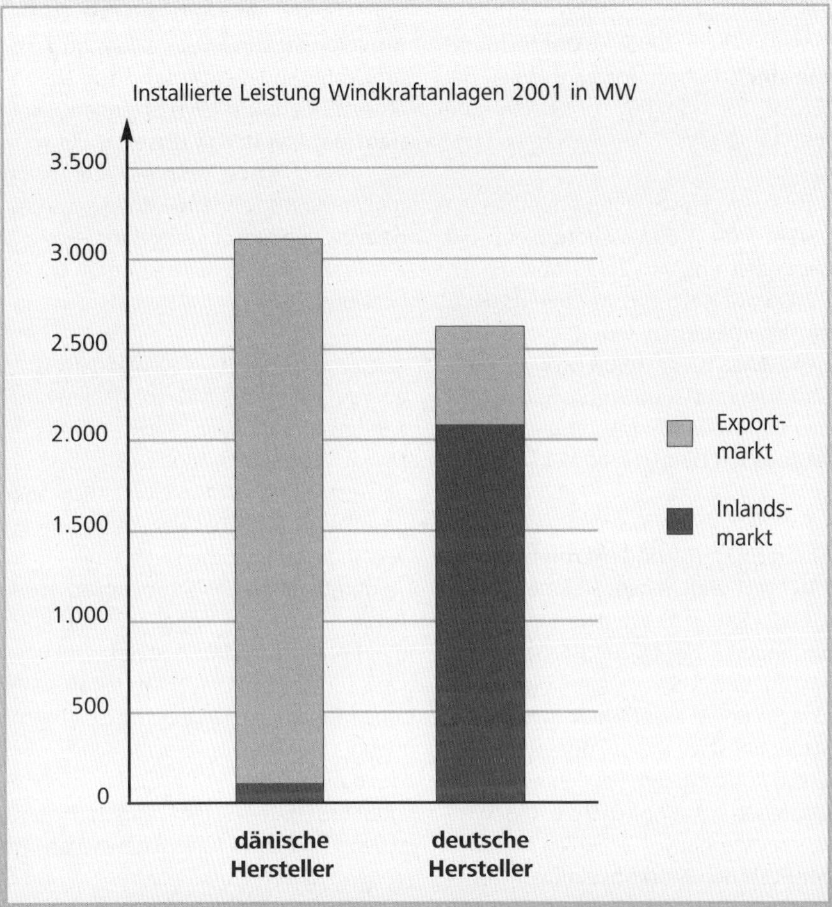

Der Vorreiter Dänemark beherrschte 2001 die Exportmärkte für Windkraftanlagen. Inzwischen haben deutsche Hersteller nachgezogen.

Quelle: eigene Darstellung nach DEWI

6
7 →
8 →
9 →
10 →
11 →
12 →

6.6 Windkraft-Nutzung weltweit

Weltweit hat sich die installierte Leistung bei Windkraftanlagen zwischen Anfang 2001 und Ende 2005 von knapp 20.000 MW auf 60.000 MW erhöht. Innerhalb von 5 Jahren hat sich die installierte Leistung somit verdreifacht.

Mit einer installierten Leistung von über 18.000 MW (im Jahr 2005) ist **Deutschland „Weltmeister".** Danach folgen Spanien mit 10.027 MW, die USA mit 9.149 MW und Indien mit 4.430 MW.[173]

Die dynamischste Entwicklung findet derzeit in den USA statt: 1.654 Windturbinen mit einer Gesamtleistung von 2.431 MW gingen im Jahr 2005 ans Netz. Das war bereits deutlich mehr als in Deutschland, das in diesem Jahr einen Zuwachs von 1.808 MW verzeichnen konnte. Im Jahr 2006 wurde in den USA ein Zubau von ca. 2.800 MW erreicht, während der Zubau in Deutschland bei ca. 2.300 MW lag.[174]

Hintergrund für den **Windenergieboom in den USA** sind zum einen Steuererleichterungen beim Bau von Windkraftanlagen[175] und zum anderen die Öl- und Gaspreisentwicklung. In den USA müssen die Windkraftanlagen im Wesentlichen gegen die Stromerzeugungskosten von modernen Gaskraftwerken konkurrieren. Bei den hohen Öl- und Gaspreisen ist Windenergie die wirtschaftlichere Alternative. Sicherlich hat auch Präsident Bush den Markt beeinflusst, als er öffentlich für die USA eine Zielmarke nannte: „Wir können bis zu 20% unserer Elektrizität mit Windturbinen herstellen".[176]

Bei den derzeitigen Ölpreisen kann die Windenergie in manchen Ländern auch ohne gesetzliche Förderung (wie z.B. einem „Erneuerbaren-Energien-Gesetz") mit der konventionellen Stromerzeugung konkurrieren. Unterstellt man zum Beispiel einen Ölpreis von 60 US$/Barrel, was einem Literpreis von 38 US-Cent entspricht, und unterstellt einen Wirkungsgrad bei der Stromerzeugung in Höhe von 35%, so ergibt sich alleine für die variablen Stromerzeugungskosten ein Wert von über 10 US-Cent pro Kilowattstunde. An einem guten Standort kann Windenergie den Strom zu weniger als 7 US-Cent pro kWh erzeugen. Natürlich trägt der Investor in diesem Falle nicht nur das Risiko, dass seine Anlage nicht wie geplant läuft, sondern – anders als bei einer gesetzlichen Einspeiseregelung – auch noch das Preisrisiko für die zukünftige Ölpreisentwicklung.

Auch in einigen Schwellenländern ist Windenergie zum großen Geschäft geworden, so z.B. in **Indien:** Von einem bereits hohen Niveau ausgehend, ist alleine im letzten Jahr die installierte Leistung um 48% angestiegen. Der größte Teil der Nachfrage kommt von Industriebetrieben, die eine Alternative zu den traditionellen Stromanbietern suchen. Auch hier ist der Windenergieboom durch die hohen Ölpreise bedingt. Solange der Preis für ein Fass Öl nicht unter 40 US-$ fällt, arbeiten die Windräder wirtschaftlich, bemerkt der Direktor des indischen Windanlagenbauers Suzlon.[178] Suzlon ist ein rein indisches Unternehmen, das mit dem indischen Windmarkt schnell gewachsen ist und in den letzten Jahren in den USA und China Produktionsstätten aufgebaut hat. Heute (2007) nimmt Suzlon weltweit Platz 5 unter den größten Windanlagenherstellern ein.[179]

Installierte Leistung von Windkraftanlagen weltweit

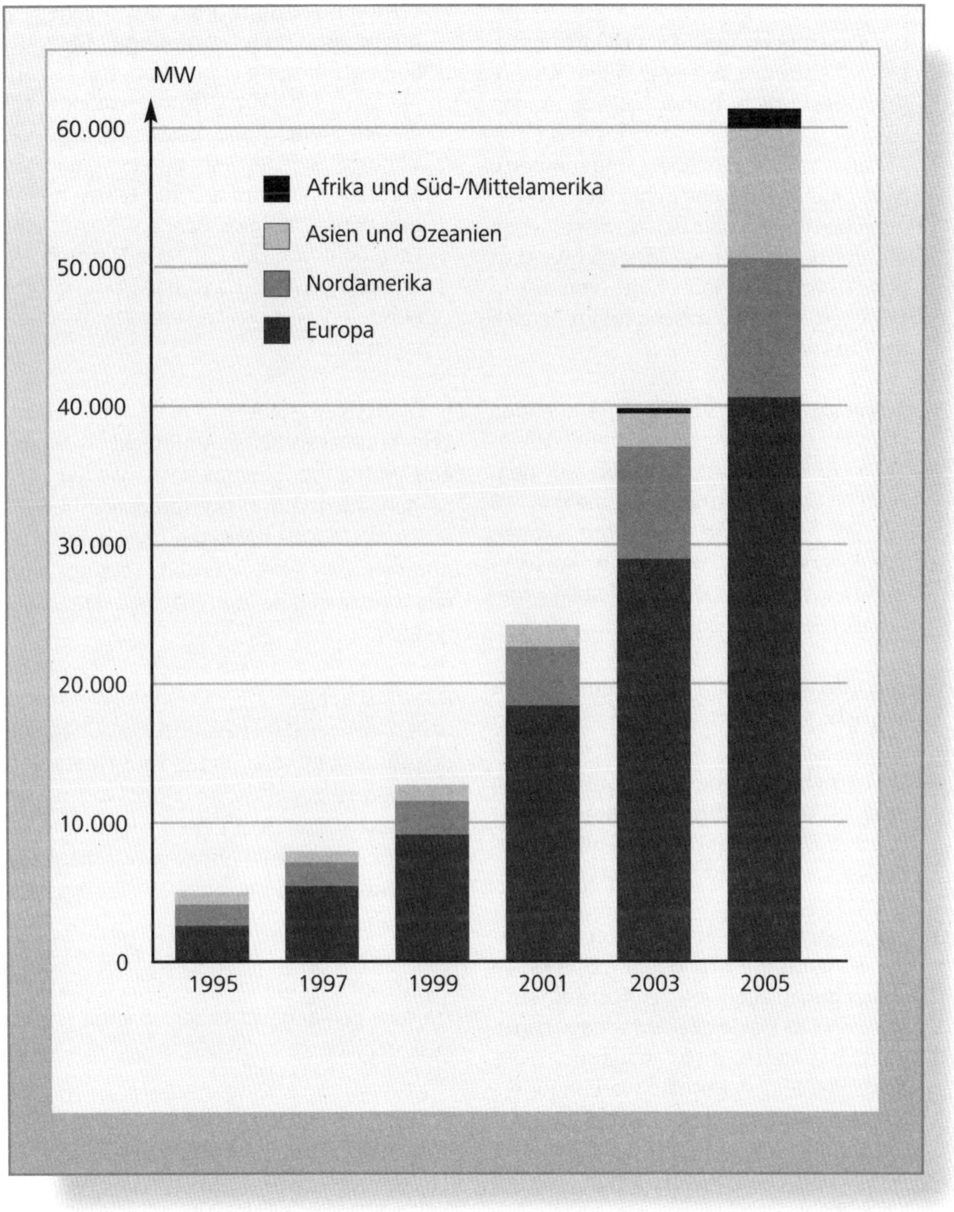

Quelle: World Wind Energy Association

Die Errichtung von Windparks auf dem Meer hat gegenüber der "Onshore-Technologie" (= auf dem Lande) zwei wesentliche **Vorteile:**

- Die **Energieerträge**, die sich pro installierte Leistungseinheit erzielen lassen, sind **wesentlich höher.** Hierzu tragen sowohl die hohen Windgeschwindigkeiten als auch die ungehinderte Anströmung aufgrund fehlender Hindernisse bei. Im Bereich der Nordsee liegen die mittleren Jahreswindgeschwindigkeiten bei einer Nabenhöhe von 60 m zwischen 7 und 10 m/sec und im Bereich der Ostsee bei 8 m/sec.

- Aufgrund der zur Verfügung stehenden Flächen ist die Errichtung großer Windparks unproblematischer als auf dem Land. In einer Entfernung von mehr als 10 km vor der Küste sind von solchen Windparks **keine negativen Auswirkungen** auf das Landschaftsbild oder Schallimmissionen zu erwarten.

Diesen Vorteilen stehen jedoch auch **Nachteile** gegenüber:

- Die Errichtung von Offshore-Anlagen erfordert **aufwändige Fundamente,** die je nach Wassertiefe (bis zu 40 Meter) erhebliche Mehrkosten verursachen.

- Ein zweiter wesentlicher Kostenfaktor ist die **Netzanbindung** der Windparks. Je weiter die Anlagen von der Küste entfernt sind, und je kleiner der Windpark konzipiert ist, desto mehr schlagen diese Kosten zu Buche. Deshalb werden für die Offshore-Nutzung in der Regel Anlagen mit hoher Anlagenleistung (größer 2 MW) und Parks mit einer großen Anlagenzahl geplant.

- Eine Unbekannte in der Rechnung sind die zu erwartenden **höheren Wartungs- und Instandhaltungskosten.** Die Leistungsbeanspruchung der Anlagen ist höher und die salzhaltige Meerluft bedingt erhöhte Korrosionsschutzmaßnahmen. Ob sich Offshore-Projekte vor diesem Hintergrund besser rechnen als Windkraftanlagen auf guten Standorten an der Küste, wird erst die Praxis in einigen Jahren zeigen können[180]. Auf alle Fälle geht von der Offshore-Nutzung ein erheblicher Anreiz zur Entwicklung größerer und leistungsstärkerer Windkraftanlagen aus.

In Deutschland gibt es derzeit (2006) noch kein realisiertes Offshore-Projekt.[181] Hingegen wurden in Dänemark, Schweden, den Niederlanden und in Großbritannien jeweils mehrere Offshore-Anlagen in Betrieb genommen.[182] Dabei wurden vorzugsweise relativ küstennahe und flachere Gewässer genutzt.

Die Ausbaupläne für Offshore-Windparks haben sich in Deutschland gegenüber den ursprünglichen Planungen aus mehreren Gründen verzögert: Zum einen zogen sich die Genehmigungsverfahren länger als erwartet hin, und zum anderen war die Frage der Netzanbindung bzw. die Kostenübernahme des Netzausbaus lange Zeit ungeklärt. Darüber hinaus gibt es Zweifel, ob die Einspeisevergütung für Offshore-Windkraftanlagen angesichts der höheren Kosten auskömmlich ist.

Für den geplanten weiteren Ausbau der Windenergie insbesondere der Offshore-Windenergie sind Netzverstärkungs- und Netzausbaumaßnahmen in erheblichem Umfang notwendig. Die Deutsche Energieagentur (dena) hat den Ausbaubedarf im Rahmen der so genannten Netzstudie dargestellt.[183]

Offshore-Windkraft hat große Potenziale

Windkraftnutzung im Flachmeer:

Hohe Aufwendungen, aber auch gute Erträge

Quelle: Vestas

6
7 →
8 →
9 →
10 →
11 →
12 →

Fußnoten ↓ Glossar ↓ Infos ↓

6.8 Windkraft-Perspektiven: Repowering - weniger ist mehr

Unter Repowering versteht man das Ersetzen oder Aufrüsten von bestehenden Windmühlen durch neue, leistungsfähigere bzw. effizientere Anlagen.

Windkraftanlagen sind auf eine Lebensdauer von 20 Jahren ausgelegt. Nun hat sich jedoch in den letzten 10 Jahren die Technik der Windkraftnutzung so stark entwickelt, dass die Windkraftanlagen von damals nicht mehr mit den heutigen vergleichbar sind. Während die durchschnittliche Leistung einer Windturbine im Jahr 1995 unter 500 kW betrug, lag sie bei 2005 neu installierten Windkraftanlagen bei 1,7 MW. Mit einer neuen größeren Anlage könnte also an einem Standort, an dem eine „alte" Windmühle steht, mit einer neuen, größeren und effizienteren Anlage wesentlich mehr Strom erzeugt werden. **„Doppelter Energieertrag bei halber Anlagenzahl"** lautet dabei die grobe Faustregel.

Der höhere Energieertrag wird zum einen über die höhere Leistung der Anlage (längere und effizientere Flügel, größere Nabenhöhe) als auch über eine bessere Verfügbarkeit erreicht.

Das „Repowering" ist **politisch erwünscht.** Deshalb gibt es seit der Novelle des Erneuerbare-Energien-Gesetzes (vgl. 11.10) spezielle finanzielle Anreize für den vorzeitigen Ersatz von ineffizienten Windkraftanlagen.

Allerdings wird das Repowering durch eine Reihe von **Hindernissen** erschwert bzw. verhindert: Das Land Niedersachsen empfiehlt z.B. seinen Gemeinden und Landkreisen, dass ein neues Windrad mindestens 1.000 Meter vom nächsten Wohngebäude zu stehen hat.[184] Ähnliche Regelungen gibt es auch in anderen Bundesländern. Zudem wird über eine Höhenbegrenzung von 100 Metern, die von manchen Gemeinden gefordert wird, der Bau von Anlagen mit einer Leistung von 2 MW und mehr verhindert.

Durch die Höhen- und Abstandlimits wird der Ausbau der Windenergie wesentlich gebremst. Damit wird jedoch auch eine Entlastung des Landschaftsbilds verhindert. Durch ein Repowering könnten nach dem Motto „weniger ist mehr"[185] viele Altanlagen durch wenige Neuanlagen ersetzt werden. So könnten z.B. entsprechend der nebenstehenden Tabelle in einem bestehenden Windpark in Schleswig-Holstein elf 500 kW-Maschinen durch drei 5-Megawatt-Maschinen ersetzt werden.[186] Gleichzeitig würde durch dieses Repowering der Jahresenergieertrag mehr als verdreifacht.

Im Jahr 2005 gingen jedoch nur sechs neue Windkraftanlagen als Ersatz für Altanlagen ans Netz. Der Präsident des Bundesverbandes WindEnergie (BWE) kommentiert diese Entwicklung wie folgt: „Das Repowering scheitert in Deutschland nicht an mangelnden Standorten, sondern an administrativen Blockaden."[187]

Repowering: Weniger ist mehr

Vorher

Nachher

Windpark Simonsberg (S.-H.)	Vorher	Nachher	Multiplikator
Anzahl der WEA	11	3	0,27
Nabenhöhe	42 Meter	120 Meter	2,86
Nennleistung der einzelnen Anlagen	500 kW	5.000 kW	10,0
Installierte Gesamtleistung	5,5 MW	15 MW	2,72
Volllaststunden	2.545 h/a	3.200 h/a	1,26
Jahresenergieertrag	14 Mio. kWh	48 Mio. kWh	3,43

Quelle: Bundesverband WindEnergie, 2005

6
7 →
8 →
9 →
10 →
11 →
12 →

7 Wasserkraft, Geothermie und weitere Perspektiven

7.1 Wasserkraft: Größte regenerative Energiequelle

Der Wasserkreislauf der Erde wird durch Sonneneinstrahlung aufrechterhalten. Weltweit verdunsten pro Stunde mehr als 50 Mrd. Kubikmeter Wasser, hauptsächlich über den Ozeanen. Wenn dieses Wasser als Niederschlag auf Festland fällt, so ergibt sich durch den Höhenunterschied zwischen der Landfläche und dem Meeresspiegel ein nutzbares Energiepotenzial. Je größer diese Höhendifferenz und je größer die Niederschlagsmenge, desto höher ist das Wasserkraftpotenzial der Region.

Die Wasserkraft ist eine der ältesten vom Menschen genutzten Energiequellen. Schon in Mesopotamien dienten um 3500 v. Chr. Wasserräder zum Heben von Wasser und damit zur Landbewässerung. Im Römischen Reich wurden z.B. um ca. 100 v. Chr. Wasserräder zum Antrieb von Getreide- und Sägemühlen eingesetzt. Heute dient die Wasserkraft vorrangig zur Stromerzeugung. Das Prinzip dafür ist so einfach wie effizient: Wasser strömt von einer höheren in eine tiefere Lage und treibt dabei ein Wasserrad oder eine Turbine an, die über einen Generator Strom erzeugt. Je nach Wassermenge und Höhendifferenz kommen unterschiedliche Turbinentypen zum Einsatz[188]; mit durchschnittlich 90% wird dabei ein hoher Wirkungsgrad erreicht. Gegenüber der Windkraft und der Photovoltaik hat die Wasserkraft den Vorteil, dass sie relativ stetig anfällt und zudem relativ leicht gespeichert werden kann. Viele Wasserkraftwerke können somit im Grundlastbereich Strom liefern. In Stauseen gespeichertes Wasser kann aber auch in Sekundenschnelle auf Turbinen geleitet werden und so Spitzenlaststrom erzeugen. **Die Wasserkraft** ist innerhalb der solaren Energiewirtschaft **also sehr vielseitig einsetzbar**.

Weltweit liefert die Wasserkraft die mit Abstand größte regenerative Strommenge: Im Jahr 2005 wurden ca. 2.950 TWh Strom aus Wasserkraft erzeugt, das entspricht etwa 90% des Stroms aus erneuerbaren Energien und ca. 16% der gesamten weltweiten Stromerzeugung. Die regenerative Wasserkraft leistet damit einen etwas größeren Beitrag zur Stromversorgung als die Atomkraft (2005: 2.771 TWh). In einzelnen Ländern liefert die Wasserkraft den größten Beitrag zur nationalen Stromversorgung, so z.B. in Kanada (60%), Brasilien (84%), der Schweiz (ca. 55%), Island (ca. 80%) und Norwegen (ca. 98%).[189] In Island und Norwegen gibt es zudem Überlegungen für einen weiteren Ausbau der Wasserkraft, um dann mit Überschussstrom regenerativen Wasserstoff zu erzeugen, der zum Beispiel als Kraftstoff im Verkehr (vgl. 8.5) eingesetzt werden könnte.[190]

Das Potenzial der Wasserkraft ist aber keineswegs ausgeschöpft. Weltweit wird das technische Potenzial der Wasserkraft auf 15.000 TWh pro Jahr (das entspricht etwa dem heutigen Weltstromverbrauch) geschätzt, etwa die Hälfte davon wird als wirtschaftliches Potenzial angesehen. Die Wasserkraftpotenziale sind jedoch sehr unterschiedlich verteilt (siehe Grafik). In Europa und den USA wird davon schon heute ein großer Anteil genutzt, in Afrika, Asien und Südamerika gibt es dagegen noch riesige Ausbaumöglichkeiten.[191]

Weltweite technische Potenziale der Wasserkraft und Nutzung der technischen Potenziale zur Stromerzeugung

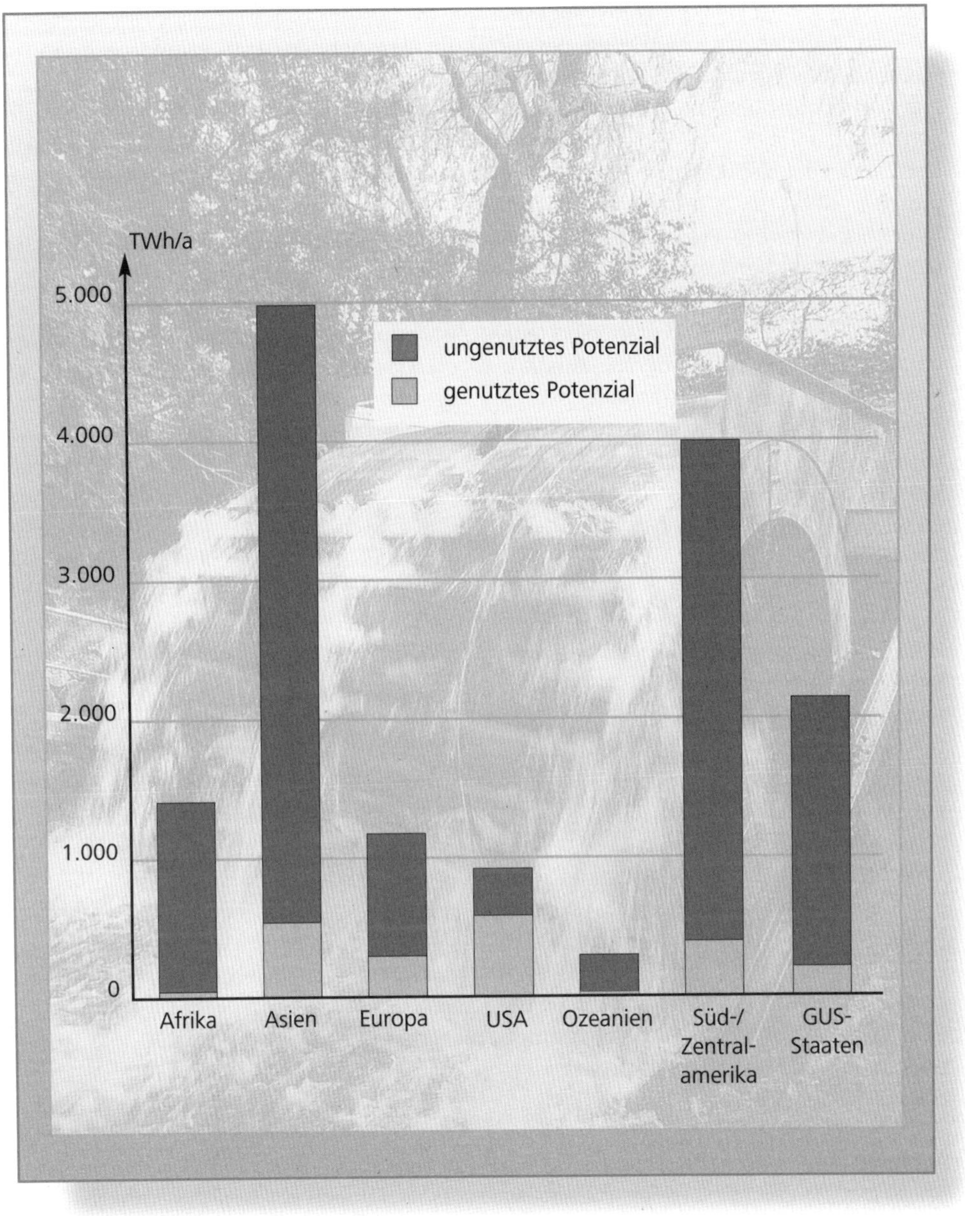

Quelle: Landesinitiative Zukunftsenergien NRW: Wasserkraftnutzung

7.2 Wasserkraftpotenziale in Deutschland

Auch in Deutschland wird die Wasserkraft seit Jahrhunderten genutzt. Wasserkraftnutzung bildete dabei häufig den Grund zur Ansiedlung von Gewerbe und Kleinindustrie (Mühlen, Pumpen u.a.). Ab Mitte des 19. Jahrhunderts begann die Stromerzeugung aus Wasserkraft, und bis 2003 war sie der bedeutendste regenerative Stromlieferant in der Bundesrepublik. Mit gut 20 Mrd. kWh pro Jahr deckt die Wasserkraft heute in Deutschland etwa 4 Prozent des Strombedarfs im öffentlichen Netz ab.

Wasserkraft ist jedoch auch diejenige regenerative Energiequelle, deren **Ausbaupotenzial** in der Bundesrepublik mit ca. 75% **schon am weitesten ausgeschöpft** wird. Die Potenziale für neue **große Wasserkraftwerke** sind bereits vollständig erschlossen. Allerdings kann bei den bestehenden Anlagen durch eine Modernisierung in der Regel noch eine deutliche Leistungssteigerung erzielt werden.[193] Beim geplanten Neubau des Kraftwerks Rheinfelden soll die Stromproduktion sogar auf mehr als das Dreifache erhöht werden. Durch eine Leistungserhöhung von 26 MW auf 100 MW soll die jährliche Stromerzeugung von 185 GWh auf 600 GWh steigen.[193]

Ein echtes Ausbaupotenzial gibt es noch bei den **Kleinwasserkraftwerken**. Der Bundesverband der Deutschen Wasserkraftwerke e.V. (BDW), München, schätzt, dass durch den Ausbau der Kleinwasserkraftanlagen mit einer Leistung von bis zu 5 MW die Stromerzeugung aus Kleinwasserkraftwerken um etwa 50% gesteigert werden kann.

Aufgrund der Topographie sind die Möglichkeiten zur Wasserkraftnutzung in Deutschland sehr ungleich verteilt: Im Norden besteht dazu kaum die Möglichkeit; auf Bayern und Baden-Württemberg entfallen dagegen über 75% des nutzbaren Wasserkraftpotenzials (siehe Grafik).

In den letzten 100 Jahren wurden in Deutschland rund 50.000 Kleinwasserkraftwerke stillgelegt (1850 gab es noch 70.000 Anlagen). Ihre Nutzung scheiterte häufig an einer ungenügenden Vergütung des Stroms, an wasserrechtlichen Fragen sowie an finanziellen Schwierigkeiten bei der anstehenden Sanierung. Mit der Einführung des Stromeinspeisungsgesetzes im Jahr 1991 ist jedoch eine Umkehrung des Trends zu erkennen: Nach Angaben der VDEW[194] ist im Zeitraum von 1990 bis 1999 die Zahl der Kleinwasserkraftwerke zur Stromerzeugung von rund 4.400 auf 5.600 Anlagen angestiegen.[195] Diese neu errichteten Anlagen speisen jährlich rund 800 Mio. kWh umweltschonenden Strom ins öffentliche Netz ein. Das entspricht dem Stromverbrauch von mehr als 200.000 bundesdeutschen Haushalten.

Doch nicht nur durch die Wiederinbetriebnahme alter Anlagen lässt sich die Energiegewinnung aus Wasserkraft steigern. Technische Verbesserungen sind auch bei alten Wasserrädern und Turbinen möglich.[196] Der Ausbau sowie die Effizienzsteigerung bei Wasserkraftwerken erfordern aber in der Regel hohe Investitionen, die sich häufig erst nach einer langen Amortisationszeit bezahlt machen.

Für den weiteren Ausbau der Wasserkraft wird es notwendig sein, die heute langen und aufwändigen Genehmigungsverfahren zu vereinfachen, sowie die Bewilligungszeiträume für die Wasserrechte großzügig zu bemessen.

Wasserkraftpotenziale in den Bundesländern

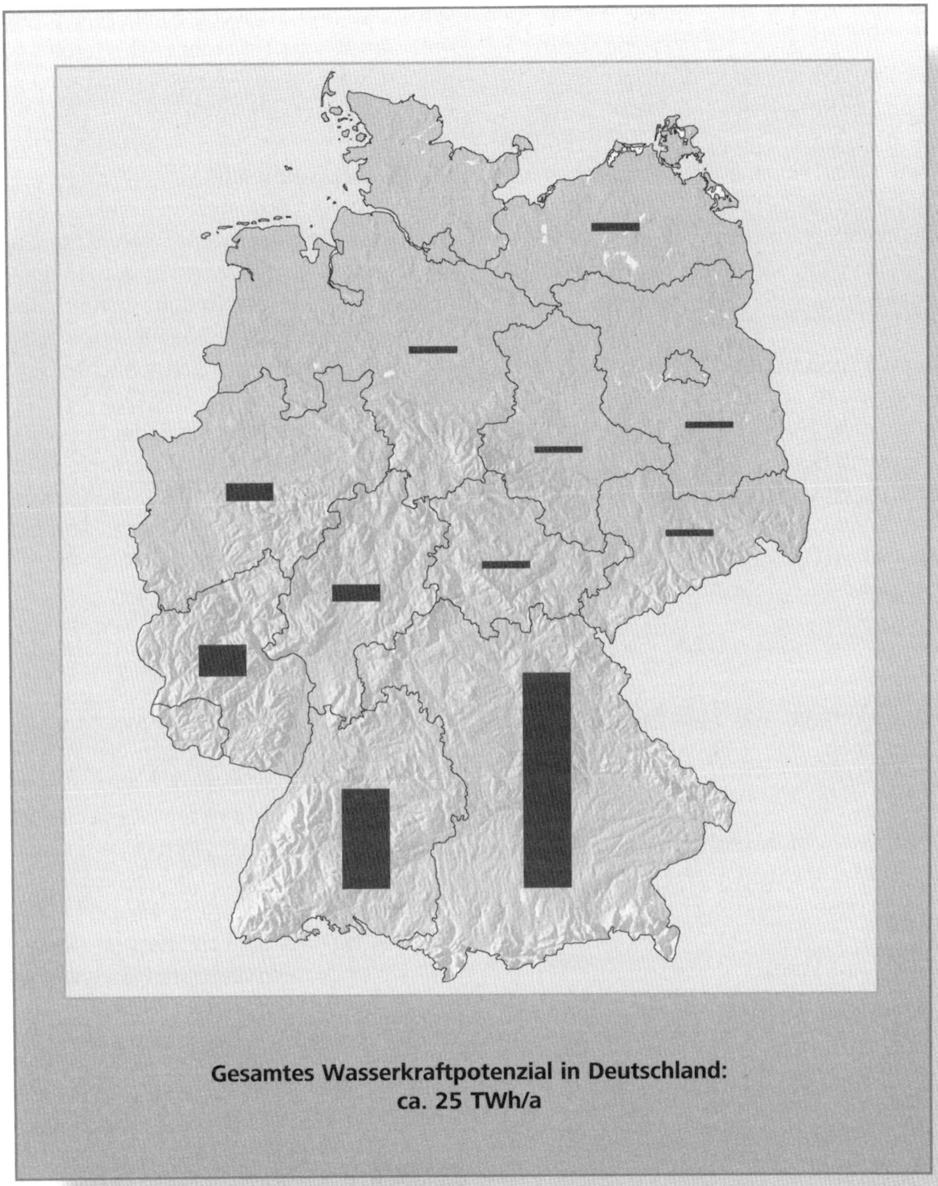

Quelle: Kaltschmitt/Wiese 1997 (Grafik: triolog)

7
8 →
9 →
10 →
11 →
12 →

7.3 Wasserkraft und Naturschutz

1
2
3
4
5
6
7

Dem Ausbau der Wasserkraftnutzung sind ökologische Grenzen gesetzt: Es ist ein Ziel des Naturschutzes, natürliche und naturnahe Gewässerstrecken zu erhalten. Dieses Ziel kann in Konkurrenz zur Wasserkraftnutzung stehen, denn Wasserkraftanlagen bedeuten einen Eingriff in den Lebensraum Gewässer. Bei der Genehmigung von Wasserkraftanlagen bedarf es daher jeweils einer genauen Beurteilung des Einzelfalls. Dabei sind insbesondere folgende Auswirkungen zu berüksichtigen und gegenüber dęn Vorteilen der regenerativen Stromerzeugung abzuwägen:

Auswirkungen auf den Lebensraum Fließgewässer; insbesondere auf Erhalt und Entwicklung der gewässertypischen Fauna und Flora und auf die Lebensgemeinschaften im Uferbereich

Wasserwirtschaftliche Auswirkungen, insbesondere auf die Abflussmöglichkeit bei Hochwasser, auf die Fließgeschwindigkeit und auf das Grundwasser

Auswirkungen auf sonstige Gewässerfunktionen, wie z.B. den Erholungswert (Kanufahrer)

Es ist hier nicht möglich, diese Aspekte umfassend zu diskutieren. Hier sollen nur zwei Auswirkungen angesprochen werden:

Barrierewirkung:
Laufwasserkraftwerke besitzen in der Regel eine Staumauer oder ein Wehr, das die Fischwanderung stromaufwärts be- oder verhindert. Die natürliche Ausbreitung der Fischarten sowie typische Wanderungen (z.B. zu Laichplätzen) werden so gestört. Dieses Problem lässt sich technisch z.B. durch den Bau einer Fischtreppe oder eines Umgehungsgerinnes beheben. In beiden Fällen wird ein kleiner Wasserlauf aus dem Staubecken abgezweigt, der über Stufen oder ein grobes Schotterbett so geführt wird, dass Fische darin stromaufwärts gelangen können.

Mindestwassermenge:
Bei einem häufig genutzten Kraftwerkstyp, dem Ausleitungskraftwerk, wird dem Gewässer ein Teil des Wassers entnommen, über einen Kanal zur Turbine geführt und anschließend wieder ins Gewässer eingeleitet. Dadurch reduziert sich zwischen Entnahme- und Einleitungsstelle die Wassermenge im Gewässer. Wenn in der trockenen Jahreszeit der Wasserstand deutlich sinkt, können sich damit Probleme für das Überleben von Fauna und Flora ergeben. Die Wassermenge, die mindestens im Fluss verbleiben muss, ist häufig ein strittiger Punkt im Genehmigungsverfahren: Die Naturschutzbehörde fordert aus gewässerökologischen Gründen eher eine hohe Mindestwassermenge. Für den Kraftwerksbetreiber ist es dagegen vorteilhaft, dem Bach viel Wasser zu entnehmen und so die (klimaschonende) Stromerzeugung zu steigern. Zur Orientierung wird z.B. in Baden-Württemberg in diesem Konflikt Folgendes vorgeschlagen: Im Jahresmittel soll mindestens ein Drittel des mittleren Niedrigwasserabflusses im Gewässer verbleiben, also ein Drittel der Wassermenge, die das Gewässer im Mittel mehrerer Jahre bei niedrigstem Pegelstand führt.[197]

Aufstiegshilfen für Fische

Fischtreppe

und

Umgehungsgerinne

Quelle: Das Wassertriebwerk, 1/2000

In Deutschland werden Wasserkraftwerke wie z. B. Neu-Rheinfelden (bisher 26 MW Leistung) als Große Wasserkraft bezeichnet. Bei einem weltweiten Vergleich nehmen sie sich bescheiden aus, denn es gibt weltweit zahlreiche gigantische Wasserkraftwerke[198]:

Das **Itaipú-Kraftwerk** staut an der Grenze zwischen Brasilien und Paraguay den Fluss Iguaçu bzw. Paraná. Hinter dem 196 Meter hohen und 7,8 km langen Damm erstreckt sich ein 170 km langer Stausee, zweieinhalb mal so groß wie der Bodensee. Das Kraftwerk (12.600 MW) erzeugt pro Jahr ca. 95.000 GWh, das entspricht etwa einem Viertel des brasilianischen bzw. etwa einem Sechstel des bundesdeutschen Stromverbrauchs.

Lange Zeit war das 1983 in Betrieb gegangene Itaipú-Kraftwerk das weltweit größte Wasserkraftwerk. Dieser Titel geht jetzt nach China. Dort wurde im Mai 2006 der **Drei-Schluchten-Staudamm** am Jangtsekiang in Betrieb genommen. Der Damm (bis zu 185 Meter hoch; 2,3 km lang) wird auch als Chinas neue Große Mauer bezeichnet. Nach Inbetriebnahme aller Turbinen (voraussichtlich 2008) soll das Kraftwerk eine Leistung von 18.200 MW erreichen, also so viel wie 16 große Atomkraftwerke.

Diese und andere gigantische Wasserkraft-Projekte haben trotz der positiven Aspekte der regenerativen Energiegewinnung und der Hochwasserregulierung **heftige Kritik** erfahren:[199] Millionen von Menschen wurden durch den Bau von Staudämmen von ihrem Land vertrieben bzw. umgesiedelt; allein dem Drei-Schluchten-Staudamm mussten zwischen 1,2 und 2 Mio. Menschen weichen.[200] In der Regel erhielten sie für ihren Verlust keinen angemessenen Ersatz. Viele Menschen (z.B. Fischer) verloren durch den Dammbau ihre Existenzgrundlage. Kritisiert werden aber auch ökologische Folgen großer Staudämme: Durch die Flutung ganzer Täler werden Ökosysteme zerstört; die Flutung dicht bewaldeter Gebiete führt zur Freisetzung toxischer Gase[201]; der damit einher gehende Sauerstoffabbau im Wasser beeinträchtigt die Fischereiwirtschaft, und die neue große Wasserfläche hat Auswirkungen auf das Klima. Die Sedimentfracht des Jangtsekiang, jährlich ca. 680 Millionen Tonnen Sand und Schlamm, füllt das Staubecken (was bei flacheren Stauseen bald zur Verlandung führen kann) und fehlt im Unterlauf des Flusses als Nährstofffracht. In den Tropen sind stehende Stausee-Gewässer zudem ein Gesundheitsrisiko, denn z.B. die Malaria übertragende Anopheles-Mücke findet hier optimale Lebensbedingungen.[202]

Beim Bau des Drei-Schluchten-Staudammes wird von massiver Korruption berichtet und im Zusammenhang damit von Rissen und Löchern in der Staumauer. Da der Damm in einer tektonisch instabilen Region liegt, könnte deshalb der Damm bei einem Erdbeben brechen; Millionen Menschen wären durch die Flutwelle bedroht.[203]

Die meisten großen Wasserkraftwerke haben also neben dem positiven Aspekt der regenerativen Stromerzeugung auch erhebliche negative Folgen im sozialen und ökologischen Bereich. Für eine nachhaltige Energieversorgung sind diese Aspekte beim Ausbau der Wasserkraftnutzung in Zukunft stärker zu berücksichtigen, z.B. indem alternativ (mehrere) kleinere Projekte in die Planung einbezogen werden.

Mega-Wasserkraftwerke mit negativen ökologischen Folgen

Dreischluchten-Kraftwerk in China

Quelle: dpa

7.5 Geothermie: Weltweite Nutzung

Im Erdinnern sind unvorstellbare Energiemengen gespeichert: Über 99% des Erdvolumens sind heißer als 1000° C. Daher strömt ständig Wärme aus dem Erdinnern in die relativ dünne Erdkruste. Dieser Wärmestrom entspricht weltweit etwa dem 2,5-fachen Welt-Energieverbrauch. Bislang wird er weitgehend ungenutzt in den Weltraum abgestrahlt. Im Rahmen der nachhaltigen Energiewirtschaft kann diese Erdwärme (Geothermie) einen wichtigen Beitrag liefern. Sie hat im Gegensatz zur fluktuierenden Sonnen- und Windenergie den eindeutigen Vorteil, dass sie **unabhängig von Tages- und Jahreszeit** zur Verfügung steht; sie kann daher Grundlaststrom erzeugen und stellt damit auch eine wichtige Option für den Ersatz der Atomkraftwerke dar.

Heute gibt es weltweit schon in 76 Ländern Anlagen zur energetischen Nutzung der Erdwärme. Diese liegen vorwiegend in Regionen mit aktivem Vulkanismus, wo schon in geringer Tiefe hohe Temperaturen zu finden sind. Erdwärme lässt sich direkt nutzen zum Beheizen von Gebäuden, Gewächshäusern, Schwimmbädern u.a., sowie als Prozesswärme zum Trocknen von Früchten oder Fisch, zur Salzgewinnung und anderen Zwecken. **Etwa die Hälfte der geothermischen Wärmenutzung erfolgt über Wärmepumpen**, die jedoch in der Regel mit elektrischem Strom betrieben werden (vgl. 7.6); weltweit sind heute ca. 2 Mio. Wärmepumpen zum Heizen und Kühlen von Gebäuden im Einsatz.[204]

Mit geothermischer Wärme lässt sich auch Strom erzeugen. Das erste geothermische Kraftwerk mit einer Leistung von 250 kW ging im Jahr 1913 in Larderello (Toskana/Italien) in Betrieb.[205] Heute haben **geothermische Kraftwerke** weltweit eine Leistung von ca. 8.900 MW, was etwa 20 großen Kohlekraftwerken entspricht. Der größte Anteil davon steht in den USA, vorwiegend in Kalifornien (ca. 2.200 MW). Im größten Feld „The Geyser" (1.421 MW Kraftwerkskapazität) wird in mehreren Kraftwerken etwa so viel Strom wie in einem großen Atomkraftwerk produziert.[206] Große Zuwächse hatte die geothermische Stromerzeugung in den letzten Jahren auf den Philippinen, in Indonesien und in Japan, wo die Leistung der Erdwärme-Kraftwerke zwischen 1990 und 2000 mehr als verdoppelt wurde. Auf der indonesischen Insel Sumatra soll bei Sarulla das weltweit größte Geothermiekraftwerk mit 340 MW Leistung entstehen.[207] – Weltweit lieferte die Geothermie im Jahr 2003 etwa 1,8% des regenerativ erzeugten Stroms.[208]

In Europa sind Italien und Island bei der Nutzung der Erdwärme führend. So deckt **Island** bereits 55% seines Primärenergiebedarfs mit Geothermie ab; 87% der Häuser werden mit Erdwärme versorgt, und geothermisch beheizte Gewächshäuser und Fischfarmen liefern wichtige Beiträge zur Nahrungsversorgung[209]. Bei der Stromversorgung ist in Island neben der Wasserkraft die Geothermie das zweite wichtige Standbein: Im Jahr 2004 waren Kraftwerke mit ca. 200 MW installiert und lieferten einen Beitrag von ca. 15% zur nationalen Stromversorgung; zwei weitere geothermische Projekte mit 180 MW waren im Bau.[210]

Nutzung der Erdwärme in ausgewählten Ländern

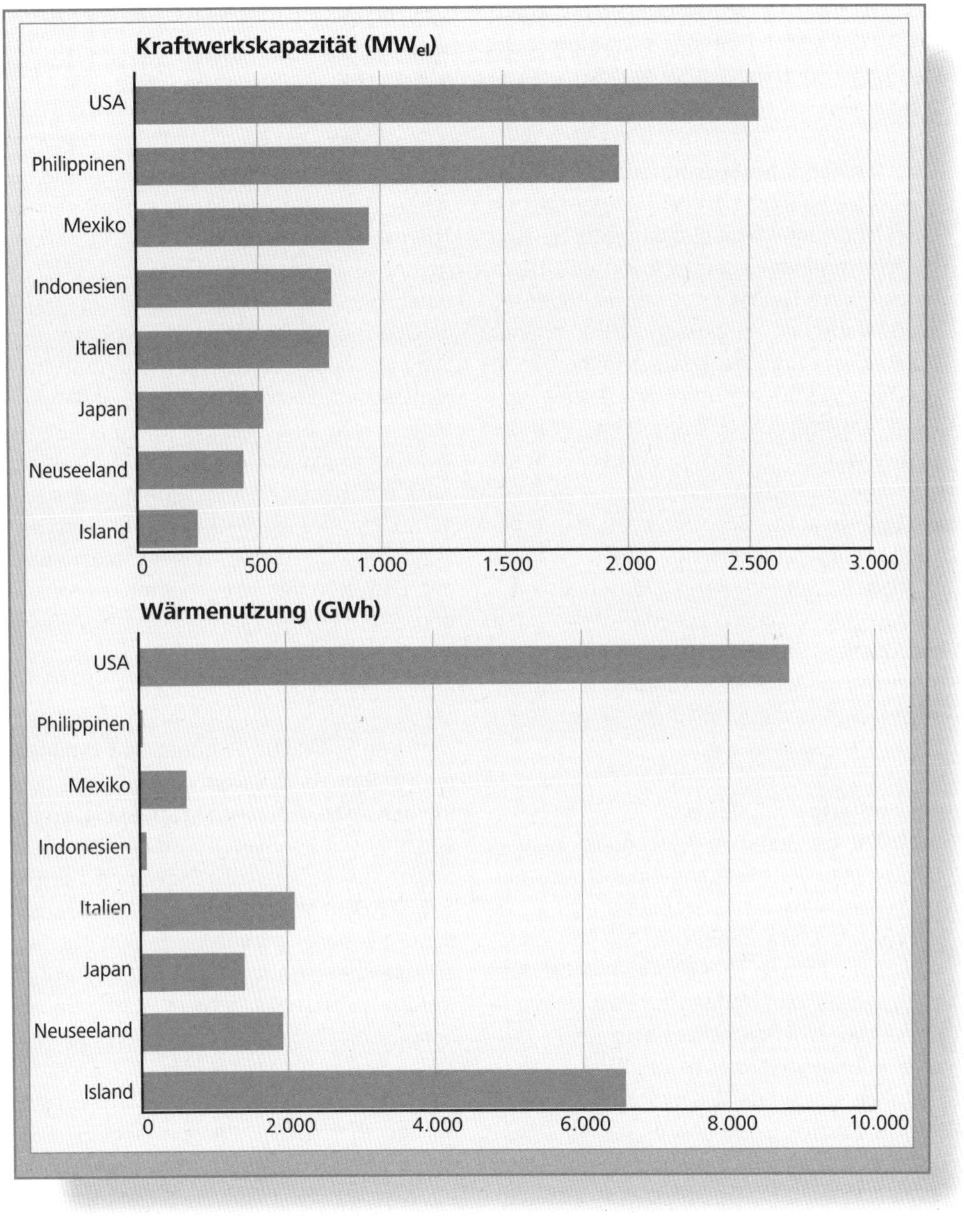

Quelle: Eigene Darstellung nach: Internationale Geothermal Association (IGA), Stand 12/2004

7.6 Wärme aus der Erde

In Deutschland gibt es keinen aktiven Vulkanismus, doch auch hier lässt sich die Erdwärme nutzen, denn die Temperatur in der Erde nimmt in Mitteleuropa bei steigender Tiefe im Mittel um ca. 3 Grad pro hundert Meter zu. Dabei gibt es unterschiedliche Nutzungen:

Oberflächennahe Erdsonden:
Die derzeit häufigste Art der geothermischen Energienutzung ist die Erdwärmesonde zum Heizen einzelner Gebäude. In ein ca. 100 m tiefes Bohrloch wird ein Doppel-U-Rohr als Wärmetauscher eingebaut. Wird Wasser durch dieses Rohr gepresst, so nimmt es in der Tiefe Wärme auf und kommt um einige Grad erwärmt nach oben. Eine Wärmepumpe (vgl. 8.1) hebt dann die dem Erdreich entnommene Energie auf ein höheres Temperaturniveau (ca. 35° C), so dass damit die Niedertemperaturheizung eines Hauses betrieben werden kann. Außerhalb der Heizperiode erneuert sich die dem Boden entzogene Wärme wieder durch Sonneneinstrahlung, durch Wärmetransport im Grundwasser sowie durch Wärme, die aus dem Erdinneren aufsteigt.

Hydrothermale Anlagen:
In 1.000 bis 2.500 m Tiefe findet sich in Deutschland in günstigen Regionen warmes bis heißes Wasser mit Temperaturen von bis zu 100° C. Diese natürlichen Warmwasservorkommen lassen eine geothermische Nutzung in größerem Umfang zu. Dazu wird aus dem Aquifer (Thermalwasserschicht) über eine Bohrung warmes/heißes Wasser entnommen, das an der Oberfläche über einen Wärmetauscher seine Wärme an das Heizungswasser abgibt. Das abgekühlte Wasser enthält immer noch genügend Wärme um diese mittels einer Wärmepumpe (vgl. 8.1) zu nutzen. Dabei wird das Wasser noch stärker abgekühlt, während die Wärmepumpe die dem Wasser entzogene Wärme auf ein höheres Temperaturniveau anhebt. Anschließend wird das Wasser wieder in die unterirdische Schicht zurückverpresst. Die gewonnene Wärme wird in Nah- oder Fernwärmenetze eingespeist.

Voraussetzung für den Betrieb geothermischer Heizzentralen sind entsprechende Thermalwasservorkommen. Solche finden sich in Deutschland vor allem im norddeutschen Becken (nördlich der Mittelgebirge), im Oberrheingraben (zwischen Vogesen und Schwarzwald) sowie im süddeutschen Molassebecken (zwischen Donau und Alpenrand). Nach Angaben der geothermischen Vereinigung (www.geothermie.de) reichen allein die Thermalwasservorkommen des süddeutschen Molassebeckens aus, um drei Städte von der Größe Münchens dauerhaft mit umweltfreundlicher Wärme zu versorgen.

In der ehemaligen DDR gingen schon Mitte der Achtziger Jahre drei geothermische Heizzentralen in Waren, Prenzlau und Brandenburg in Betrieb. In Bayern wurden erste geothermische Heizzentralen in Straubing, Erding und Simbach-Braunau gebaut. In dem Straubinger Projekt liefert die Erdwärme z.B. pro Jahr 21.600 MWh Wärme, das entspricht dem Wärmebedarf von ca. 4.000 Niedrigenergiehäusern mit je 100 m^2.[211] Auch in Nordrhein-Westfalen gibt es starke Bestrebungen die Erdwärme zu nutzen. So wird z.B. in Dortmund das Technorama, ein Bürogebäude mit über 6.000 qm Geschossfläche mit geothermischer Energie beheizt bzw. gekühlt.[212]

Funktionsprinzip einer hydrogeothermischen Heizzentrale

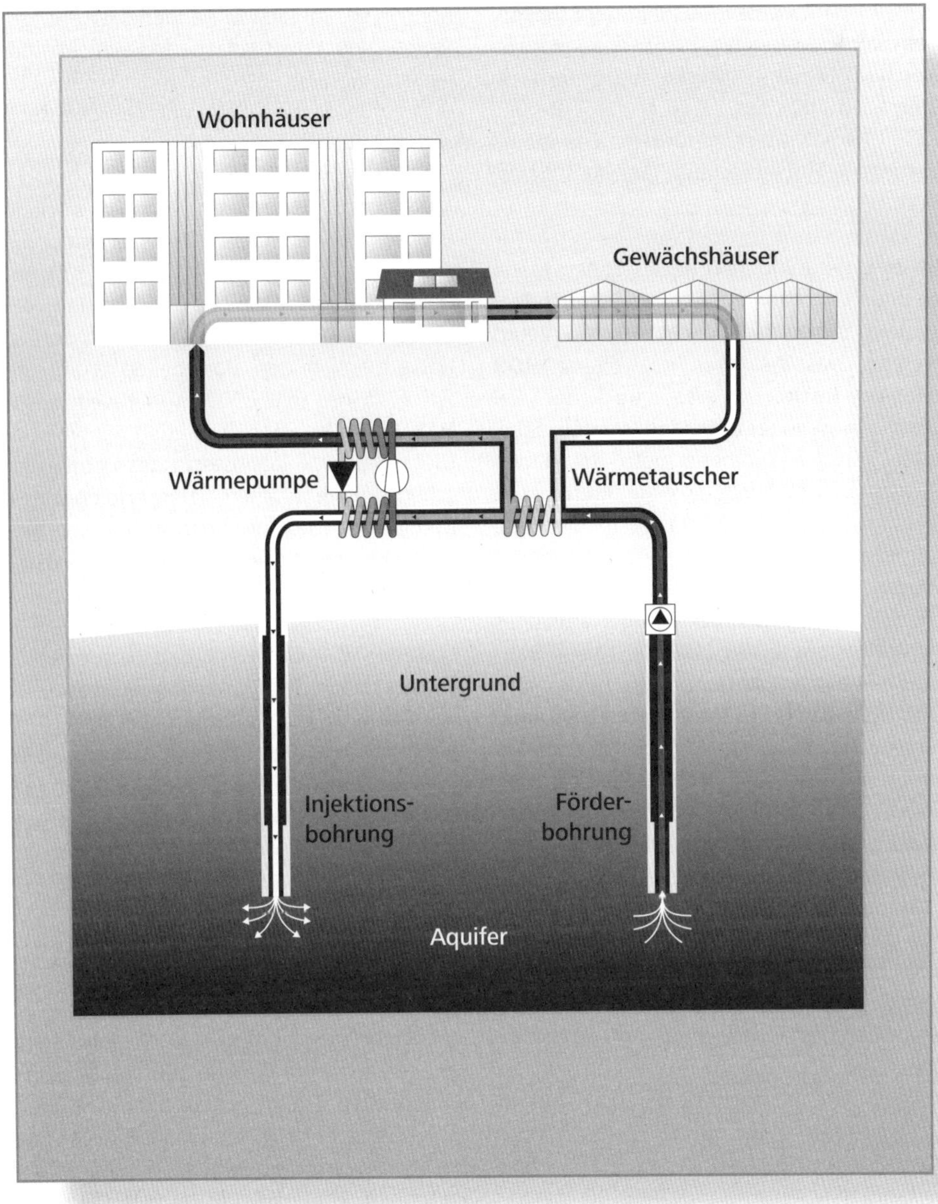

Quelle: triolog

7.7 Hot-Dry-Rock: Strom aus heißem Gestein

1
2
3
4
5
6
7

In Deutschland gibt es mehrere Projekte zur geothermischen Stromerzeugung. Günstige Möglichkeiten dafür bestehen dort, wo heißes Thermalwasser aus der Tiefe gewonnen werden kann (vgl. 7.6).[213] So wird in Neustadt-Glewe (Mecklenburg-Vorpommern) seit 2003 aus 2.200 Meter Tiefe heißes Thermalwasser gefördert. Die damit betriebene Turbine erzeugt jährlich 1,2 Mio. kWh.[214]

Ist im Untergrund kein heißes Tiefenwasser zu finden, so kann auch aus heißem Tiefengestein umweltfreundlich Strom erzeugt werden. Das Verfahren dazu heißt **HDR (Hot-Dry-Rock** = „heißes, trockenes Gestein"): In geringem Abstand werden dabei zwei 5 bis 7 Kilometer tiefe Bohrungen niedergebracht. Durch die erste Bohrung (Injektionsbohrung) wird Wasser in die Tiefe gepresst. Durch Risse im Gestein wird das Wasser in Richtung der zweiten Bohrung (Förderbohrung) gedrückt. Dabei erhitzt es sich sehr stark, bis es über die zweite Bohrung wieder an die Erdoberfläche kommt. Dort wird das heiße Wasser zunächst gefiltert (Gesteinsreste). Danach wird der erzeugte Dampf auf eine Turbine geleitet, die Strom erzeugt. Das dadurch abgekühlte Wasser wird über die Injektionsbohrung wieder in den Untergrund geschickt.

Für das HDR-Verfahren müssen zwei entscheidende **Voraussetzungen** gegeben sein: Zum einen sollten (aus Kostengründen) die heißen Gesteinsschichten nicht zu tief liegen. Diese Voraussetzung ist in Deutschland insbesondere im Oberrheingraben und in Oberschwaben gegeben. Zum zweiten muss das Gestein so beschaffen sein, dass es mit vertretbarem Aufwand gelingt, im Untergrund ausreichend große Klüfte zu schaffen und offen zu halten. Um ein solches Kluftsystem **(geothermischer Wärmetauscher)** künstlich zu erzeugen, wird Wasser mit großem Druck in die Bohrlöcher gepresst. Bei günstigen geologischen Voraussetzungen können so natürlich vorhandene Risse aufgeweitet und die Rissflächen gegeneinander versetzt werden. Letzteres ist die Voraussetzung dafür, dass die Risse auch anschließend offen bleiben.

Mit dem HDR-Verfahren läßt sich auch in Ländern ohne heißes Tiefenwasser die Erdwärme zur Stromerzeugung nutzen. Dazu läuft seit 1987 ein Forschungsvorhaben im elsässischen Soultz-sous-Forêts. Nach mehrjährigen Vorarbeiten wurde im Juli 2005 das mit 5.000 m weltweit tiefste Hot-Dry-Rock-System in Betrieb genommen. Die ersten Zirkulationstests des geothermischen Wärmetauschers liefen erfolgreich.[215] Damit haben sich die Chancen für eine baldige kommerzielle Nutzung des HDR-Verfahrens in Mitteleuropa verbessert.

Das erste HDR-Kraftwerk Deutschlands sollte in **Bad Urach** (bei Reutlingen) entstehen. In 4,5 Kilometer Tiefe trifft man dort auf 170° C heißes Gestein. Für den Endausbau war eine Leistung von 3 MW Strom und 20 MW Wärme geplant.[216] Bei den Bohrungen tauchten jedoch Schwierigkeiten auf, so dass die Fertigstellung derzeit nicht absehbar ist.

Im **Oberrheingraben** sind weitere Projekte zur geothermischen Stromerzeugung geplant, weil auch dort die geologischen Voraussetzungen sehr günstig sind.[217] Dabei geht es aber meist um die energetische Nutzung von heißem Thermalwasser. Da eine Tiefbohrung mehrere Millionen Euro kostet und nicht sicher ist, ob genügend heißes Wasser gefunden wird, ist die Absicherung des Fündigkeitsrisikos entscheidend für den Fortschritt der Projekte.

Prinzip des Hot-Dry-Rock Verfahrens

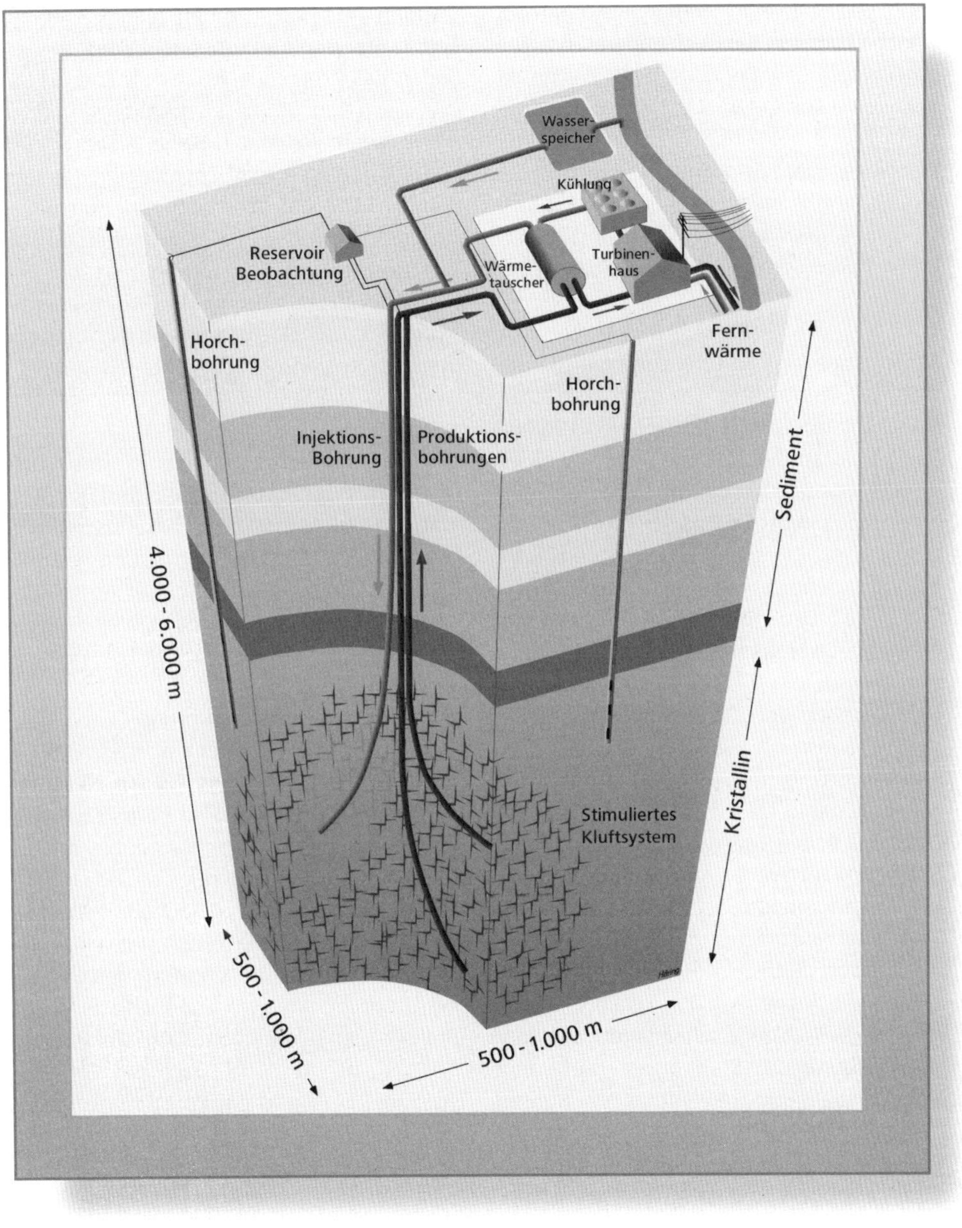

Quelle: Markus O. Häring, Geothermal Explorer Ltd.

7.8 Weitere Perspektiven für Erneuerbare Energiequellen

Die bisherigen Kapitel haben die erneuerbaren Energien vorgestellt, die ihre Praxistauglichkeit bewiesen haben bzw. deren Zukunftsperspektive allgemein anerkannt ist. Daneben gibt es aber auch andere Versuche, erneuerbare Energien zu nutzen. Einige davon werden in diesem Abschnitt kurz vorgestellt. Damit soll ohne Anspruch auf Vollständigkeit gezeigt werden, dass auch bei regenerativen Energien neuartige Entwicklungen möglich sind. Ob diese letztendlich Erfolg haben werden, wird die Zukunft zeigen.

Schon lange gibt es Überlegungen, die gewaltigen Kräfte des Meeres zu nutzen. Daher entstand zwischen 1960 und 1967 bei Saint-Malo an der Mündung der Rance ein 240-MW-Gezeitenkraftwerk, das mit Hilfe eines Staudamms und klassischer Turbinen den dort extrem hohen Tidenhub ausnutzt. Es gibt jedoch weltweit nur wenige Standorte, die vergleichbare Voraussetzungen für ein solches Kraftwerk haben.

Eine neue Art von **Gezeitenkraftwerk** erproben britische Ingenieure bei Devon im Südwesten Englands: Zur Nutzung der Gezeitenströmung stellen sie eine Art „Windmühle" auf den Meeresboden. Ein solches **Seaflow-Kraftwerk** von 300 kW wurde bereits erfolgreich getestet.[218] Auch die Wellen der Ozeane besitzen Energie. Der derzeit aussichtsreichste Ansatz, diese Wellenenergie zu nutzen, ist das Pelamis-Projekt: Wie eine Seeschlange schwimmen miteinander verbundene Stahlröhren auf dem Wasser. Seegang bewegt diese Röhren gegeneinander und betreibt damit eine Hydraulik im Innern der Röhren, die dann Strom erzeugt. Von diesem **Wellenenergiekraftwerk** wurden bereits drei 750 kW-Anlagen verkauft.[219]

Gegenüber der Windkraft hat die Nutzung der Meeresenergie zwei deutliche Vorteile: Zum einen ist die Gezeitenströmung vorhersagbar und kann damit einen stabilen Versorgungsbeitrag erbringen. Zum zweiten liefert das strömende Wasser die Energie (im Vergleich zum Wind) in hochkonzentrierter Form, weshalb relativ kleine Anlagen eine vergleichsweise große Energiemenge liefern können. Das hat aber auch eine Kehrseite: Die großen Kräfte, die genutzt werden sollen, können auch zerstörerisch wirken. Für die zukünftige Nutzung der Meeresenergie wird es entscheidend sein, ob ein befriedigendes Kosten-Nutzen-Verhältnis erreicht werden kann.

Ein ganz anderes Projekt ist das **Aufwindkraftwerk:** Unter einem riesigen Glasdach wird Luft durch Solarstrahlung erwärmt, sie steigt auf und strömt mit großer Geschwindigkeit durch einen in der Mitte montierten Turm nach oben. Dieser solar erzeugte Aufwind treibt Turbinen an. Ein Pilotprojekt dieses Kraftwerkstyps mit einem 194 m hohen Turm und 50 kW Leistung hat in Spanien in den achtziger Jahren den Praxistest bestanden. Für ein 200 MW-Aufwindkraftwerk bei Mildura im Südosten Australiens wurde eine Machbarkeitsstudie durchgeführt. Die Dimensionen des entworfenen Projektes sind gigantisch. Über 30 Quadratkilometer Glasfläche und ein 1000 Meter (!) hoher Turm sind erforderlich.[220] – Als Utopisten kann man den Initiator dieses Projekts, den renommierten Architekten Jörg Schlaich, der auch das Dach des Olympiastadions in München konstruierte, nicht abtun; aber angesichts der Dimensionen dieses Projektes sind Zweifel erlaubt.

Neue Kraftwerkstechnologien

Aufwindkraftwerk

Seaflow-Kraftwerk

Quelle: Aufwindkraftwerk: Schlaich Bergermann und Partner, Seaflow: ISET Kassel

8 Neue Energietechnologien
8.1 Wärmepumpe

Wärmepumpen können dem Erdreich, dem Grundwasser oder der Luft Wärmeenergie entziehen und für Heizzwecke nutzen. Sie werden daher insbesondere von der Stromwirtschaft als umweltverträgliche Heizungen gepriesen. Was ist da dran?

Funktionsweise:
Eine Wärmepumpe arbeitet wie ein umgekehrter Kühlschrank: Der Nutzen des Kühlschranks liegt darin, dass dem Kühlgut im Innern des Kühlschranks Wärme entzogen wird, die dann bei höherer Temperatur auf der Rückseite an die Umgebung abgegeben wird. Bei einer Wärmepumpe zu Heizzwecken strömt dagegen das Arbeitsmedium z. B. durch einen im Erdreich großflächig verlegten Wärmetauscher und nimmt bei niedriger Temperatur (ca. 10° C) Wärme auf. Die Wärmepumpe bringt diese auf ein höheres Temperaturniveau (z.B. 35° C) und speist sie in ein Heizsystem ein. Im Gegensatz zum Kühlschrank liegt hier der Nutzen nicht in der Abkühlung, sondern in der bei höherer Temperatur abgegebenen Wärme.

Die Wärme kann auf verschiedene Weise gewonnen werden: Über einen Erdwärmekollektor, also eine im Erdreich in ca. ein bis zwei Meter Tiefe verlegte Rohrleitung, mittels einer Erdwärmesonde (siehe Graphik), die in ein ca. 100 Meter tiefes Bohrloch eingeführt wird; aus dem Grundwasser oder aus der Luft. Weil kalte Winterluft nur wenig Wärme liefern kann und Grundwasser nicht überall verfügbar ist, arbeitet die Mehrzahl aller Wärmepumpen im privaten Wohnungsbau mit Erdwärmetauschern.[221]

Der Energiebedarf einer Wärmepumpe ist umso größer, je höher der Temperaturunterschied zwischen Eingang (Temperatur der Wärmequelle, z.B. des Erdreichs) und Ausgang (Temperatur, die die Wärmepumpe für das Heizsystem oder die Warmwasserbereitung liefert) ist. Daher sind für Wärmepumpensysteme besonders große Heizflächen (z.B. Fußbodenheizung) erforderlich, damit mit niedrigen Vorlauftemperaturen gearbeitet werden kann.

Ökobilanz:
Um das Temperaturniveau anzuheben, benötigt die Wärmepumpe eine Antriebsenergie (W), die deutlich geringer ist als die von der Anlage gelieferte Heizenergie (Q). Das Verhältnis Q/W wird als **Arbeitszahl** bezeichnet. Eine Jahresarbeitszahl von 3 bedeutet also, dass die Wärmepumpe im Jahr dreimal so viel Heizwärme liefert wie sie an Antriebsenergie verbraucht. Eine solche auf den ersten Blick positive Bilanz relativiert sich, wenn die Wärmepumpe mit Strom angetrieben wird. Weil nur ca. ein Drittel der bei der Stromerzeugung eingesetzten Primärenergie zum Endverbraucher gelangt (vgl. 1.9), wird der Einsatz einer Wärmepumpe bei einer Arbeitszahl zwischen 3 und 4 zum Nullsummenspiel: Der Verlust im Prozess der Stromerzeugung entspricht etwa dem Gewinn beim Einsatz der Wärmepumpe.

Um bei einem Ökovergleich besser abzuschneiden als ein Gas-Brennwertkessel müsste die Arbeitszahl der Elektro-Wärmepumpe über 4 liegen, ein Wert, der in der Praxis in der Regel nicht erreicht wird.[222] Ein Heizsystem mit Wärmepumpe liegt daher bei den CO_2-Emissionen schlechter als eine gute Gasheizung, aber ggf. besser als eine Ölheizung.[223]
Wärmepumpen benötigen also ideale Rahmenbedingungen (beispielsweise die Beheizung von Objekten mit sehr niedrigem Energieverbrauch über eine Flächenheizung bei gleichzeitigem Vorhandensein einer Wärmequelle mit konstant hohen Temperaturen) damit sie akzeptable Emissionswerte aufweisen.

Wärmepumpe

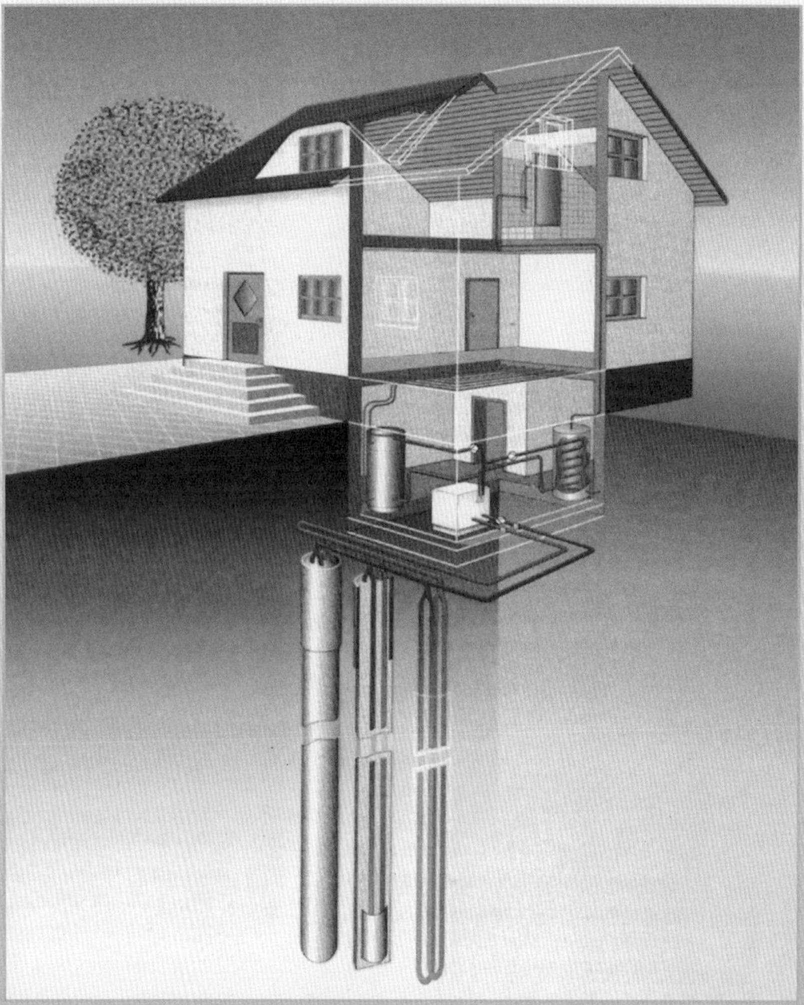

Elektrische Wärmepumpe mit Erdwärmesonden:
Sie erbringt keine CO_2-Einsparung gegenüber einer Erdgasheizung.

Abbildung: Energieagentur NRW

8.2 Solarer Wasserstoff

Wasserstoff stellt keine Primärenergiequelle dar, die das Spektrum der erneuerbaren Energien ergänzen könnte; vielmehr handelt es sich bei Wasserstoff um einen Sekundärenergieträger, der zunächst aus einer anderen Energiequelle gewonnen werden muss. Wird Wasser mittels Strom (Elektrolyse) in Wasserstoff und Sauerstoff zerlegt, so muss zunächst mehr **Energie aufgewandt** werden, als bei der Verbrennung des Wasserstoffs gewonnen werden kann.[224]

Der Wasserstoff kann gespeichert und ggf. über große Strecken transportiert werden. Danach kann er bei Bedarf seine Energie in vielfältiger Weise wieder abgeben: In Brennstoffzellen lässt sich damit Strom und Wärme mit hohem Wirkungsgrad erzeugen; die (katalytische) Verbrennung[225] liefert direkt Wärme; insbesondere wird Wasserstoff als umweltfreundlicher Treibstoff für Fahrzeuge diskutiert. Zwei Vorteile des Wasserstoffs sind evident: Am Ausgangsmaterial Wasser besteht kein Mangel, und beim Verbrennen entsteht wieder Wasser(dampf). Die technischen Risiken (Explosionsgefahr) sind vorhanden, aber ähnlich wie bei Erdgas beherrschbar.[226] Angesichts dieser Vorteile wurden in den 80er Jahren **Szenarien für die großtechnische Nutzung** solaren Wasserstoffs entwickelt (siehe Grafik): Große Solarfarmen (PV oder solarthermisch) produzieren in sonnenreichen Gebieten Strom, mit dem per Elektrolyse Wasserstoff erzeugt wird. Dieser lässt sich dann in Mitteleuropa als umweltfreundlicher Ersatz für fossile Energieträger nutzen. Formulierungen wie „Solarer Wasserstoff – Energieträger der Zukunft„[227] zeugen von der großen Hoffnung, die damals von verschiedenen Seiten in diese Technologie gesetzt wurde.

Zwischenzeitlich wird dies differenzierter beurteilt:[228] Bei Umwandlung des Solarstroms in Wasserstoff und dem Transport von Nordafrika nach Mitteleuropa ist mit einem Energieverlust von ca. 35% (Transport per Pipeline) bis zu 50% (Verflüssigung des Wasserstoffs und Schiffstransport) zu rechnen; die Kosten für Solarstrom würden dadurch um den Faktor 2 bis 3 steigen. Die Chancen, dass solarer Wasserstoff nicht nur Nischenmärkte erobert, sondern zum vorherrschenden Energieträger wird, sind daher vorerst sehr gering.

Auch für den Transport von Solar-, Wind- oder Wasserkraftstrom über große Entfernungen wird Wasserstoff nicht benötigt: moderne Hochspannungsleitungen sind kostengünstiger.

Heute und im kommenden Jahrzehnt besteht auch kein Bedarf für den Einsatz von Wasserstoff als Energiespeicher, um solaren Überschussstrom zu speichern und so sonnen- und windarme Zeiten zu überbrücken. Denn trotz aller Anstrengungen und positiven Entwicklungen der Solarenergie sind wir noch weit von einer solaren Überschuss-Produktion entfernt. Langfristig ist alternativ zum solaren Wasserstoff zu prüfen, ob durch Maßnahmen zur Anpassung der Stromnachfrage an das Angebot (z.B. durch zeit- bzw. lastabhängige Stromtarife[229]) der bei einer hohen solaren Abdeckung notwendige Speicherbedarf deutlich verringert werden kann.

Insgesamt schätzen daher Nitsch u.a., dass auch bei einer forcierten Klimaschutzpolitik **bis 2020 kein nennenswerter Bedarf an Wasserstoff als Energiespeicher entsteht**. Bis zum Jahr 2050 könnte dann, wenn der Weg in die Solarwirtschaft konsequent gegangen würde, ein Bedarf entstehen, der (je nach den konkreten Rahmenbedingungen) zwischen 5% und 38% der gesamten Endenergie betragen würde.[230]

Solare Wasserstofferzeugung

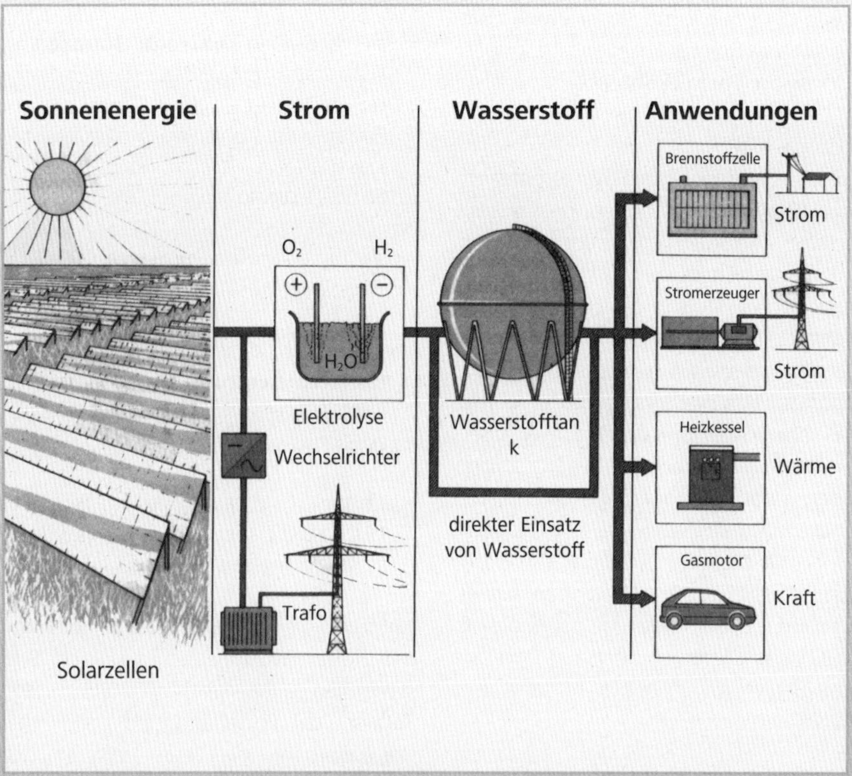

Für die großtechnische Erzeugung solaren Wasserstoffs besteht vorerst wenig Bedarf.

Quelle: Weber, R.: Wasserstoff – Wie aus Ideen Chancen werden. IZE-Reportagen 1988

In Diskussionen über die Nutzung erneuerbarer Energien taucht häufig der Begriff Brennstoffzelle auf. Die Brennstoffzelle selbst ist keine erneuerbare Energie, sondern eine **effiziente, schadstoffarme Technik zur Erzeugung von Strom** (und Wärme). Aufgrund der Vielfalt möglicher Brennstoffe eignet sich die Brennstoffzelle insbesondere auch für solare Energiekonzepte.

Funktionsweise:
Es gibt verschiedene Typen von Brennstoffzellen.[231] Gemeinsam ist ihnen, dass sie aus Wasserstoff und Sauerstoff Strom herstellen. Die aus dem Chemieunterricht bekannte Knallgasreaktion läuft in der Brennstoffzelle kontrolliert ab: Von der einen Seite wird Wasserstoff (oder ein wasserstoffhaltiges Gas wie Erdgas, Methanol,...) zugeführt, von der anderen Sauerstoff bzw. Luft. Der Wasserstoff wird an der Anode per Katalysator in Protonen und Elektronen gespalten. Die Protonen wandern durch den Elektrolyten, eine spezielle Membran, die nur für Protonen durchlässig ist. Die Elektronen fließen außerhalb der Brennstoffzelle über den elektrischen Verbraucher zur Kathode, wo sie sich mit den Protonen und dem Sauerstoff zu Wasser verbinden.

So entsteht in der Brennstoffzelle direkt und ohne Umwege elektrischer Strom und Wärme, sowie als Abfallprodukt Wasser. Der bei heutigen Großkraftwerken übliche Umweg (Verbrennung-Dampf-Turbine-Generator) entfällt. Man kann die Brennstoffzelle daher am besten mit einer Batterie vergleichen, die aber ständig "Nachschub" in Form von Wasser- und Sauerstoff erhält. – Da die einzelne Brennstoffzelle nur eine Spannung von ca. 0,7 Volt erzeugt, werden in der Praxis mehrere Zellen zu einem Stapel (engl.: stack) zusammengeschaltet.

Brennstoffzellen haben entscheidende **Vorteile,** denn

- sie erreichen s**ehr hohe elektrische Wirkungsgrade,** und zwar auch im Teillastbereich.
- sie **arbeiten extrem sauber.** Wird Wasserstoff eingesetzt, so wird lediglich reines Wasser emittiert, aber auch beim Einsatz von Kohlenwasserstoffen spielen klassische Luftschadstoffe (wie z.B. Schwefeldioxid) keine Rolle,
- sie haben **keine bewegten Teile** und sind daher **geräuscharm,**
- sie können (je nach Typ) eine Vielzahl von **Brennstoffen nutzen,** vom reinen Wasserstoff über Erdgas und Methanol bis hin zu Biogas und Gas aus Kohle,
- sie lassen sich aufgrund des **modularen Aufbaus** genau an die gewünschte Leistung anpassen.

Aufgrund einiger technischer Probleme und der hohen Kosten befinden sich Brennstoffzellen auch im Jahr 2006 noch im Stadium der Forschung und der Feldtests. Der Übergang zur Serienfertigung wurde von Jahr zu Jahr weiter in die Zukunft geschoben. So ist nicht damit zu rechnen, dass diese Technologie in diesem Jahrzehnt noch eine Rolle spielen wird.

Die **Einsatzmöglichkeiten** von Brennstoffzellen sind vielfältig. Erprobt werden derzeit vorrangig Anwendungen in der stationären Energieversorgung (KWK-Anlagen), für mobile Anwendungen im Verkehrssektor („Wasserstoff-Auto“) und als Mini-Brennstoffzellen für tragbare Anwendungen (Stromversorgung von Notebooks u.ä.). Für den letztgenannten Bereich kommen bereits erste Angebote auf den Markt.[232]

Funktionsschema einer Brennstoffzelle

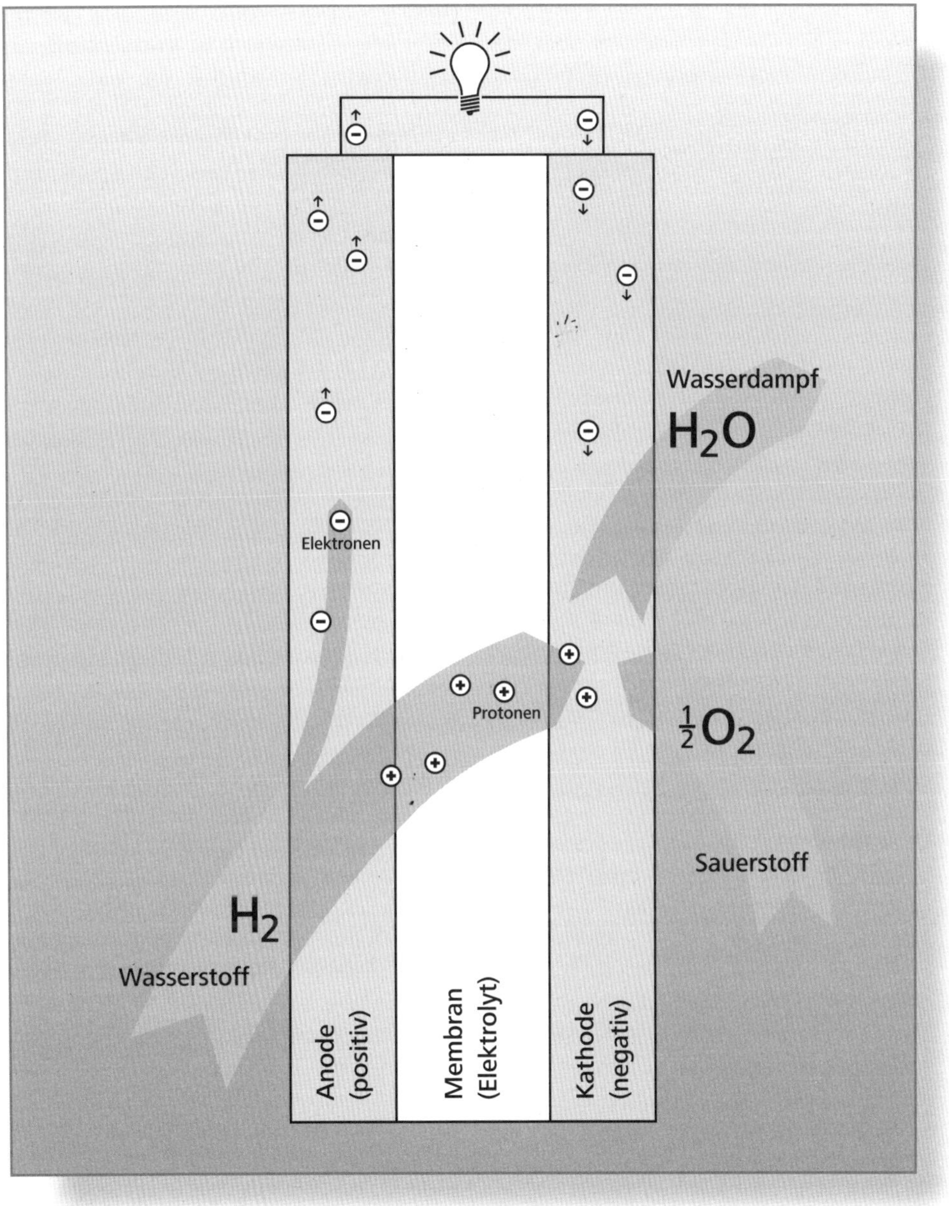

Quelle: eigene Darstellung

8
9
10
11
12

Brennstoffzellen als spezielle Form der Kraft-Wärme-Kopplung (vgl. 1.9) können zur Strom- und Wärmeversorgung einzelner Häuser dienen, aber auch der Einsatz als KWK-Anlagen in der Industrie oder der öffentlichen Stromversorgung ist möglich. Beispielhaft soll hier nur der Einsatz der Brennstoffzelle bei der Versorgung von Haushalten und Siedlungen diskutiert werden:

Die Perspektive ist zunächst verlockend: Die klassische Heizung wird durch eine Brennstoffzelle ersetzt. Das Haus lässt sich dann mit der Abwärme heizen, der effizient erzeugte Strom wird im Haushalt genutzt, der Überschuss ins Netz eingespeist.

Daher arbeiten verschiedene Heizungsfirmen und EVUs[233] mit Nachdruck an dieser Technik. Prototypen werden derzeit in der Praxis erprobt; mit einer Markteinführung ist jedoch nicht vor 2010 zu rechnen.[234] Vor einem Breiteneinsatz der Brennstoffzelle sind neben der Kostenfrage noch gewichtige Probleme zu lösen, insbesondere die Lebensdauer, die Brennstoffwahl und die Versorgungsstruktur.

Lebensdauer:
Derzeit erreichen Brennstoffzellen eine Lebensdauer von ca. 5.000 Betriebsstunden, eine Steigerung auf 40.000 Stunden (= ca. 5 Jahre Dauerbetrieb) wird angestrebt. Technisch ließe sich dies durch stärkere Membranen und dickere Katalysatorbeschichtungen erreichen. Letzteres steht jedoch aufgrund der teuren verwendeten Materialen (z.B. Platin) im Widerspruch zur Kostenreduktion.

Brennstoffwahl und Versorgungsstruktur:
Je nach Wahl des Brennstoffs sind noch unterschiedliche Probleme zu lösen: Bei regenerativer Erzeugung ist **Wasserstoff** aus ökologischer Sicht sicher die erste Wahl. Zudem kann er in der Brennstoffzelle direkt eingesetzt werden, aber es existiert dafür derzeit noch keine Versorgungsstruktur[235] und die Kosten wären außerordentlich hoch. **Methanol** ist toxisch, wodurch sich starke Restriktionen für die Anwendung ergeben. Modellrechnungen zeigen zudem, dass die Methanol-Brennstoffzelle bei einer umfassenden Betrachtung nicht zur CO_2-Einsparung führt.[236]

Für **Erdgas** gibt es bereits eine gute Infrastruktur, aber vor dem Einsatz in der Brennstoffzelle muss das Gas aufbereitet (reformiert) werden.[237] Die Umwandlung in ein wasserstoffreiches Brenngas ist im Industriemaßstab problemlos, für kleine Anlagen muss die Technik noch entwickelt bzw. optimiert werden.

Angesichts dieser Probleme stellt sich die Frage, warum große Energieversorger den Einsatz von Brennstoffzellen mit großem Aufwand propagieren, obwohl sie eine vergleichbare und seit Jahren ausgereifte Technologie, die Kraft-Wärme-Kopplung, durch eine Dumpingpreispolitik und politische Einflussnahme nach Möglichkeiten behinder(te)n. Wenn Sie als Leser die Möglichkeit einer entsprechenden Investition haben, so lautet unsere Empfehlung: Warten Sie nicht auf die Brennstoffzelle, sondern investieren Sie heute in ein Blockheizkraftwerk.

Wirkungsgrade eines Brennstoffzellen-Systems zur Hausenergieversorgung

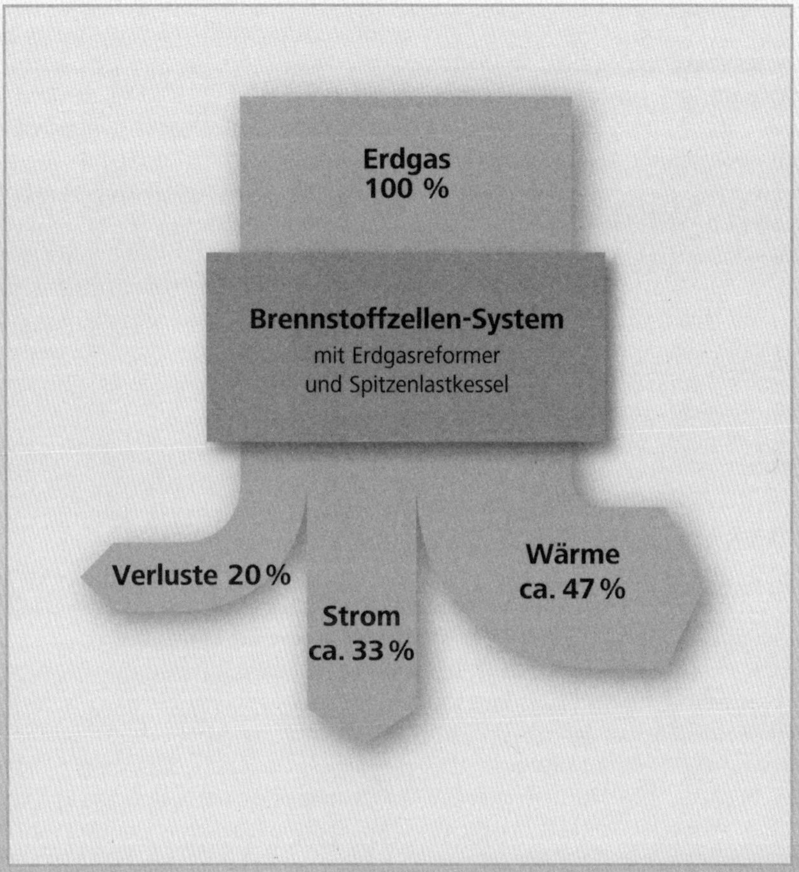

Die Wirkungsgrade eines Brennstoffzellen-Systems entsprechen etwa denen einer Kraft-Wärme-Kopplungs-Anlage (vgl. 1.9)

Quelle: Eigene Darstellung nach „Deutscher Bundestag 14/5054", S. 86

8
9 →
10 →
11 →
12 →

„... und aus dem Auspuff der Autos kommt nur noch Wasserdampf!" Angesichts von Klimaproblematik und Auto-Smog klingt diese Perspektive zunächst sehr verlockend. Daher arbeiten derzeit alle führenden Autohersteller an der Entwicklung von Brennstoffzellen-Autos;[238] also an **Autos mit Elektroantrieb, die den benötigten Strom an Bord per Brennstoffzelle erzeugen.** Dabei werden unterschiedliche Konzepte verfolgt: Die Fahrzeuge werden mit Wasserstoff, mit Methanol oder mit Erdgas betankt.

Einzelne Prototypen wurden bereits Mitte der 90er Jahre vorgestellt. Von Daimler-Chrysler ging 2002/3 eine mit Brennstoffzellen betriebene Testflotte von 30 Bussen und 60 PKWs an den Start.[239]

Mit einer echten Markteinführung ist jedoch frühestens ab 2015 zu rechnen[240]. Ein Grund dafür sind u. a. die hohen Kosten: Der Preis der Brennstoffzelle für einen PKW ist noch etwa hundertmal so hoch wie der für einen Verbrennungsmotor. Außerdem fehlt bislang die Wasserstoff-Infrastruktur: Auf etwa 80 Mrd. € werden die Kosten für ein Netz von 2000 Wasserstoff-Tankstellen geschätzt, die (lediglich) die dicht besiedelten Regionen Deutschlands abdecken würden. Angesichts solcher Zahlen bröckelt die Brennstoffzellen-Euphorie.[241]

Die auf den ersten Blick bestechenden **Umweltvorteile** relativieren sich bei genauerer Betrachtung: Brennstoffzellenautos haben eine hohe Energieeffizienz, insbesondere im Teillastbetrieb; dafür ist aber für die Bereitstellung des Treibstoffs ein höherer Energieaufwand notwendig. Bei einer umfassenden Bilanzierung weisen daher PKWs mit Brennstoffzellenantrieb bei verschiedenen Kraftstoffen und bei Berücksichtigung unterschiedlicher Umweltauswirkungen nur geringe Vorteile gegenüber konventionellen PKWs auf, zumal auch bei letzteren in den nächsten Jahren noch technische Fortschritte zu erwarten sind.[242]

Ein zentraler Aspekt wird bei der Beurteilung der Wasserstoff-gespeisten Brennstoffzelle häufig übersehen: Wird mit einer regenerativ erzeugten Kilowattstunde Wasserstoff erzeugt und dieser in einer PKW-Brennstoffzelle eingesetzt, so wird weniger konventioneller Kraftstoff benötigt, was zu einer Emissionsminderung von 190 g Klimagasen[243] führt. Weil diese Kilowattstunde aber nicht ins Stromnetz eingespeist wird, müssen andererseits Kraftwerke mehr arbeiten, wodurch dort die Emissionen um 590 g Klimagase ansteigen (vgl. Grafik). Bei einer **ganzheitlichen Bilanzierung** führt also der Einsatz von regenerativ erzeugtem Wasserstoff bei unserem heutigen Versorgungssystem nicht zu Minder-, sondern zu **Mehremissionen an Klimagasen**.[244]

Das mit regenerativ erzeugtem Wasserstoff betriebene Brennstoffzellenauto ist daher – wenn überhaupt – eine sehr langfristige Option fürs Solarzeitalter. Die mit großem Aufwand publizierten Berichte über Forschung und Erprobung des emissionsfreien Brennstoffzellenautos[245] dürfen daher den Blick dafür nicht verstellen, dass die akuten Probleme unseres Verkehrssystems auf andere Weise angegangen werden müssen: Verkehrsvermeidung, effizientere und abgasärmere Autos mit herkömmlichem Antrieb, Verlagerung auf öffentlichen Verkehr und vor allem Entschleunigung.

Klimaentlastung durch wasserstoffbetriebene Brennstoffzelle?

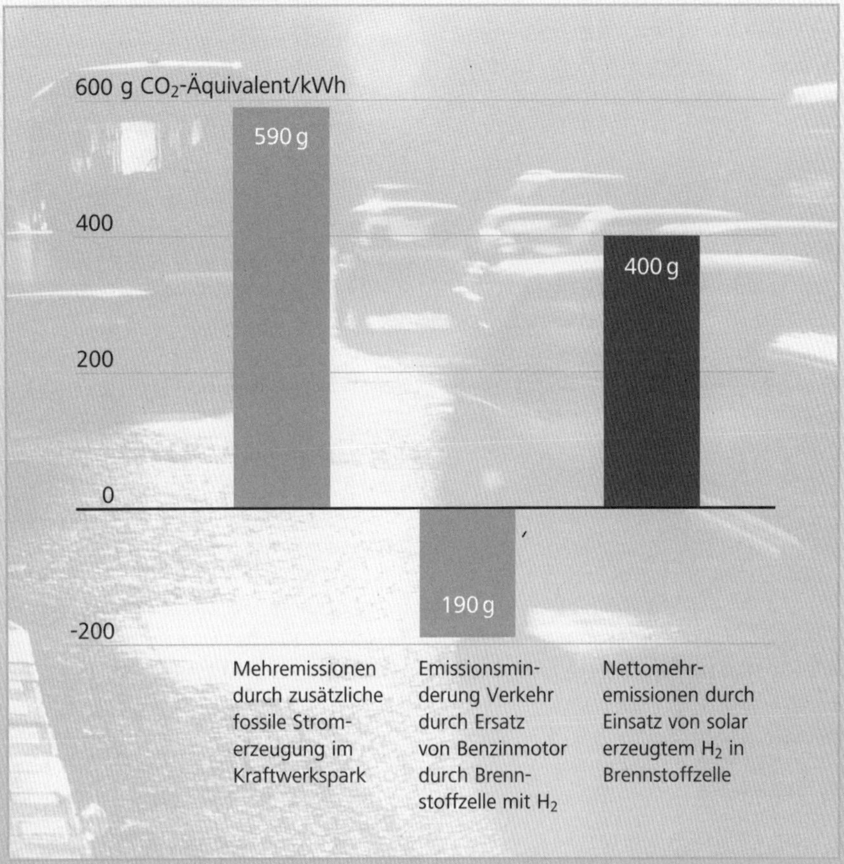

Auch wenn regenerativ erzeugter Strom zur Wasserstoffgewinnung für den Betrieb von Brennstoffzellen im PKW verwendet wird, ergibt sich eine negative Bilanz

Quelle: eigene Darstellung (nach Wuppertal Institut für Klima, Umwelt, Energie GmbH)

8
9 →
10 →
11 →
12 →

9 Nutzung und Ausbauperspektiven

9.1 Die Potenziale in Deutschland

Nachdem in den vorangegangenen Kapiteln die unterschiedlichen Formen der Solarenergienutzung und damit die einzelnen Komponenten einer solaren Energieversorgung vorgestellt wurden, geht es in diesem Kapitel um eine Zusammenschau: Welche Beiträge können die einzelnen regenerativen Energien erbringen, und wie groß ist die derzeitige Nutzung?

Das solare Angebot ist riesig (vgl. 1.6). Dieses theoretische Potenzial kann jedoch nie vollständig ausgeschöpft werden, da im konkreten Fall die Verfügbarkeit von Standorten, die zeitliche und räumliche Verteilung des solaren Angebots, die Wirkungsgrade der genutzten Techniken und noch vieles weitere berücksichtigt werden muss. Das technische Potenzial, das diese Einschränkungen (unabhängig von der Wirtschaftlichkeit) berücksichtigt, liegt daher deutlich unter dem theoretischen.
Über das **technische Potenzial** der erneuerbaren Energien in Deutschland liegen zahlreiche, teils divergierende Studien vor. Eine umfangreiche Studie namhafter Forschungsinstitute kam 2004 zu folgenden Abschätzungen[246] (Angaben pro Jahr; in Klammern die Potenziale bei erhöhten Naturschutzanforderungen):

Stromerzeugung (in TWh)		
Wasserkraft	25	(24)
Windkraft an Land	65	(45 - 55)
Windkraft Offshore	110	(110)
Photovoltaik	105	(105)
Biomasse	85	(70)
Geothermie[247]	66 - 290	(66 - 290)
Wärmeerzeugung (in PJ)		
Biomasse	525	(425)
Solarthermie	1.040	(1.040)
Geothermie	1.175	(1.175)
Kraftstoffe (in PJ)		
Biomasse	490	(320)

Diese Potenziale werden bisher nur in geringem Umfang ausgeschöpft, lediglich bei Wasserkraft (21 TWh von 25 TWh), bei Biomasse zur Wärmeerzeugung (204 PJ von 525 PJ) und neuerdings auch bei der Windkraft an Land (18,5 TWh von 65 TWh) werden nennenswerte Anteile genutzt.

Die Potenziale der regenerativen **Stromerzeugung** belaufen sich in der Summe auf 350 bis 719 TWh, was einem Anteil zwischen 62 und 127% der bundesdeutschen Stromerzeugung (2003: 585 TWh) entspricht. Eine regenerative Stromversorgung der Bundesrepublik ist daher keineswegs eine Utopie, die Potenziale sind vorhanden, es gilt, sie richtig zu nutzen.
Im Bereich der **Wärmeerzeugung** liegt das regenerative Potenzial je nach Art der vorhandenen Biomasse zwischen 42% und ca. 60% des Brennstoffbedarfs von 2003 (ca. 5300 PJ). Werden die hohen Einsparpotenziale im Bereich der Raumheizung genutzt, so steigt dieser Prozentsatz.
Im Bereich **Kraftstoffe** liegen die Potenziale, gemessen am heutigen Verbrauch, am niedrigsten: Selbst wenn das gesamte Biomassepotenzial für Kraftstoffe genutzt wird, so lässt sich damit bestenfalls ein Drittel des heutigen Verbrauchs abdecken. Der Import von Biosprit ist zwar möglich, aber ohne eine Reduzierung unserer Mobilitätsansprüche und eine höhere Effizienz der Fahrzeuge ist eine regenerative Treibstoffversorgung unrealistisch (vgl. auch 5.10).

Insgesamt verdeutlicht die Betrachtung der Potenziale, dass eine Solarstrategie nur dann erfolgreich sein kann, wenn sie mit einer deutlichen Erhöhung der Energieeffizienz („Energiesparen") gekoppelt wird (siehe 1.8).

Technische Potenziale erneuerbarer Energien in Deutschland nach ökologisch optimiertem Szenario

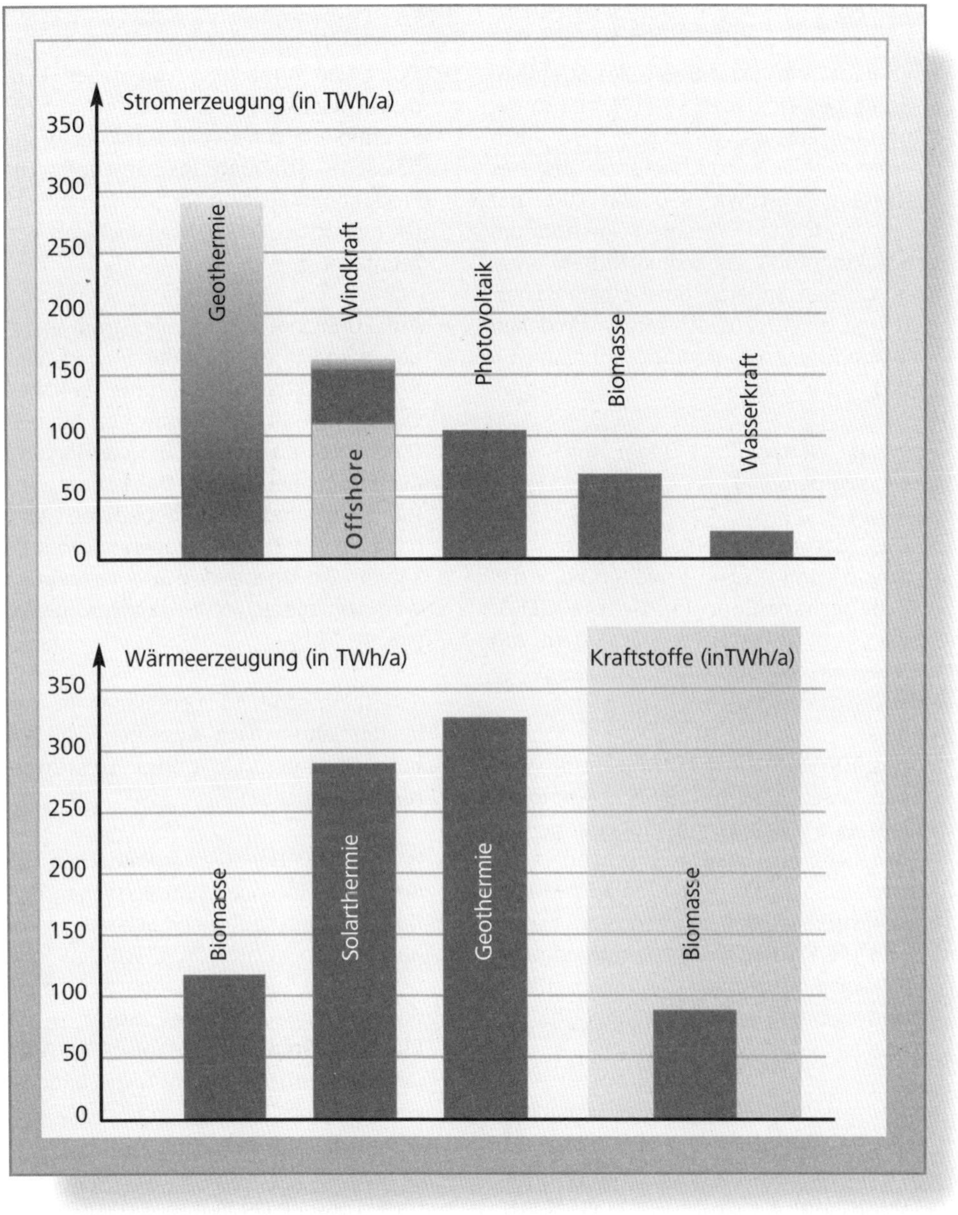

Quelle: DLR, ifeu, Wuppertal-Institut, 2004

9
10 →
11 →
12 →

9.2 Deutschland: Der Ausbau hat begonnen

Seit Anfang der 1990er Jahre konnte die Nutzung der erneuerbaren Energien in Deutschland kräftig gesteigert werden. Besonders eindrucksvoll ist das im Bereich der Windkraft, wo im Jahr 2005, also 14 Jahre nach dem Inkrafttreten des Stromeinspeisungsgesetzes, mehr als 100 mal so viel Windstrom erzeugt wurde wie 1992. Auch die Photovoltaik verzeichnete ein rasantes Wachstum: Zwischen 1990 und 2005 hat der in Deutschland erzeugte Solarstrom um den Faktor 1000 zugenommen(!).[248] Aber auch bei den anderen erneuerbaren Energien ergaben sich Zuwachsraten, von denen viele Branchen nur träumen können (vgl. Grafik).

Ausgelöst wurde dieser Boom durch eine gezielte Förderpolitik:

- Das **Stromeinspeisungsgesetz** von 1991 und als Erweiterung das **Erneuerbare-Energien-Gesetz** (EEG, vgl. 11.9) sicherten den Erzeugern von regenerativem Strom faire Einspeisepreise zu.
- Das **100.000-Dächer-Programm** hat in den Jahren 1999 bis 2003 der Photovoltaik eine wichtige Anschubfinanzierung gegeben. Jetzt gibt es flächendeckend Firmen, die das Know-how besitzen, Solarstromanlagen zu installieren. Zudem sind die Kosten für die Herstellung von PV-Anlagen deutlich gesunken. Damit sind wichtige Voraussetzungen für ein weiteres Wachstum gegeben.
- Gespeist aus einem Teil der Einnahmen aus der ökologischen Steuerreform, hat die Bundesregierung das **Marktanreizprogramm** mit einem jährlichen Fördervolumen von ca. 200 Mio. € (2005) aufgelegt. Gefördert wird neben der thermischen Solarenergie auch die Energiegewinnung aus Biomasse.

Viele Gründe sprechen dafür, dass die Branche der erneuerbaren Energien in den nächsten Jahren weiterhin deutlich zulegen wird:

- Durch die Ansiedlung von neuen **Produktionsstätten** für Solarzellen bzw. Solarmodule kommt auch auf der Angebotsseite Schwung ins Geschäft: Die Produktionskapazität für Solarstromtechnik hat sich seit 1999 weit mehr als verzehnfacht.[249]
- Auf EU-Ebene wurden alle Stromversorger verpflichtet, gegenüber den Verbrauchern darzulegen, aus welchen Quellen sie ihren Strom beziehen.[250] Damit wird die Debatte um die Herkunft des Stroms neu belebt. Das könnte viele Haushalte und Gewerbebetriebe dazu bewegen, in Zukunft sauberen Strom zu kaufen. Die regenerative Stromerzeugung wird von dieser Entwicklung profitieren (vgl. 12.2).
- Solarthermische Anlagen haben in den letzten Jahren nach Aussagen der Stiftung Warentest ein **hohes Leistungsniveau** erreicht.[251]
- Immer mehr Handwerker entdecken das Geschäftsfeld Sonne und versuchen ihre Kunden vom Kauf einer Solaranlage zu überzeugen. Unterstützt wurden und werden sie auf der nationalen Ebene durch Kampagnen wie **„Solar – na klar!"**, **„Solarwärme plus"**[252] und **„Wärme von der Sonne"**, die bundesweit über die Nutzung von Solarwärme informieren und werben.
- Die EU-Kommission hat sich das Ziel gesetzt, von 1997 bis 2010 die installierte Sonnenkollektorfläche zu verzehnfachen.[253]

Strom- und Wärmeerzeugung aus erneuerbaren Energien

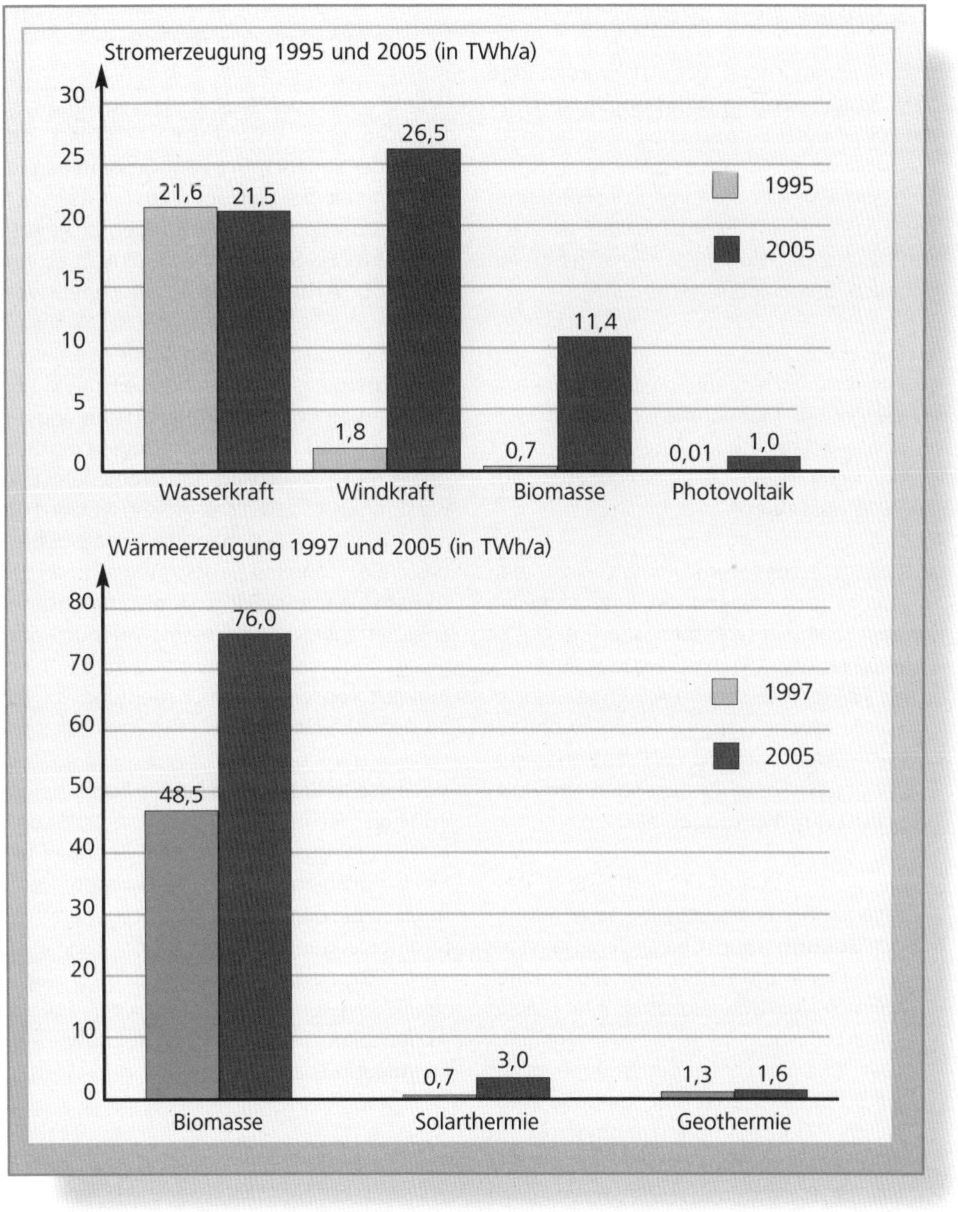

Quelle: BMU: Erneuerbare Energien in Zahlen, Bonn 2006

9.3 EU votiert für erneuerbare Energien

Die Kommission der Europäischen Gemeinschaft stellt in ihrem „Weißbuch für eine Gemeinschaftsstrategie und Aktionsplan"[254] fest, dass die erneuerbaren Energiequellen innerhalb der Europäischen Union gegenwärtig unzureichend genutzt werden und sieht deshalb **akuten Handlungsbedarf** für die Politik in der Europäischen Gemeinschaft.

Eine umfassende Strategie zur Förderung der regenerativen Energiequellen ist nach Auffassung der Kommission aus mehreren Gründen unabdingbar geworden:

- Die EU ist derzeit zu 50 Prozent von Energieimporten abhängig. Wenn keine geeigneten Maßnahmen getroffen werden, wird der Importanteil nach Ansicht der Kommission bis zum Jahr 2020 **auf 70% ansteigen.**

- Gelingt es der Gemeinschaft nicht, den Anteil der regenerativen Energiequellen am Energieaufkommen wesentlich zu erhöhen (von derzeit 6 Prozent auf mehr als 12 Prozent), so wird es für die Gemeinschaft schwer werden, ihren sowohl auf der europäischen als auch auf der internationalen Ebene bestehenden **Umweltschutzverpflichtungen** nachzukommen.

- Die Kommission ist der Auffassung, dass regenerative Energiequellen einen wichtigen **Zukunftsmarkt** darstellen. Da andere Länder wie die USA oder Japan Maßnahmen zur Unterstützung ihrer heimischen Industrien im Bereich der regenerativen Energiequellen durchführen, sieht die EU die **akute Gefahr,** dass die europäische Industrie ihre Führungsrolle in diesem Sektor verlieren könnte. "Ohne eine deutliche, umfassende Strategie, die von gesetzgeberischen Maßnahmen begleitet wird, kommt es bei der Entwicklung von erneuerbaren Energieträgern zu Verzögerungen."[255] Für die Unternehmen stellt nach Auffassung der Kommission ein „langfristig ausgerichteter, zuverlässiger Rahmen für die Entwicklung erneuerbarer Energieträger..." ein wichtiges Investitionskriterium dar.

Würde die EU den Ausbau der regenerativen Energiequellen unterstützen, so dass der Anteil der Regenerativen am Gesamtenergieaufkommen bis zum Jahr 2010 tatsächlich von 6 auf 12 Prozent anstiege, so könnte nach einer EU-Studie mit einer Zunahme von **500.000 Arbeitsplätzen** gerechnet werden.[256]
„Angesichts aller wichtigen Vorteile erneuerbarer Energieträger für den Arbeitsmarkt, die Reduzierung der Brennstoffeinfuhren und die Verbesserung der Versorgungssicherheit, den Export, die lokale und regionale Entwicklung usw. sowie des großen Nutzens für die Umwelt, kann man davon ausgehen, dass die Gemeinschaftsstrategie und der Aktionsplan zur Förderung erneuerbarer Energieträger, die in diesem Weißbuch dargelegt sind, an der Schwelle zum 21. Jahrhundert von erheblicher Bedeutung für die europäische Union sind."[257]

Vor diesem Hintergrund hat die EU im Herbst 2001 die „Richtlinie zur Förderung der Stromerzeugung aus erneuerbaren Energien im Elektrizitätsbinnenmarkt" beschlossen. Demnach soll der Anteil aus regenerativer Stromerzeugung in der EU von 13,9% im Jahr 1997 auf 22% im Jahr 2010 anwachsen.[258] Weiterhin wurde von der EU ein Aktionsplan für Biokraftstoffe sowie für Energieeffizienz vorgelegt.[259]

Abhängigkeit der EU von Energieimporten wächst

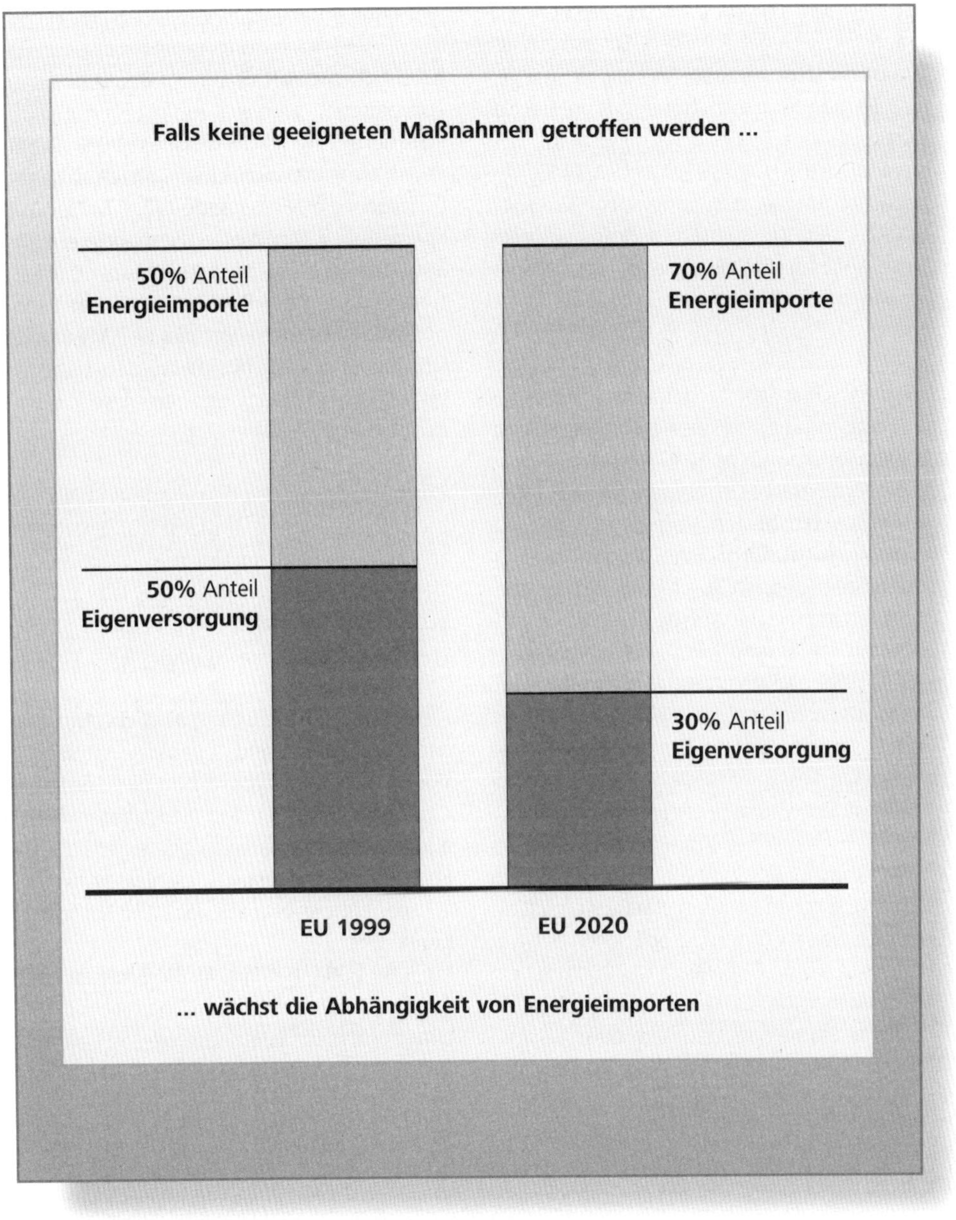

Quelle: Kommission der Europäischen Gemeinschaft: Grünbuch 2001

9.4 Ausbau der erneuerbaren Energien in der EU

Ein Blick auf die einzelnen Mitgliedsstaaten der EU zeigt deutliche Unterschiede bei der Nutzung erneuerbarer Energien auf. Diese beruhen zum Teil auf unterschiedlichen geographischen Gegebenheiten. So sind z.B. die **Wasserkraftpotenziale** in Ländern mit hohen Bergen ungleich höher als in flachen Küstenländern. Daher erstaunt es nicht, dass Österreich (65%) und Schweden (44%) erhebliche Anteile des nationalen Stromverbrauchs mit Wasserkraft decken, während diese regenerative Energie in den Niederlanden und Dänemark unbedeutend ist (jeweils 0,1%).[261]

Die unterschiedlichen regenerativen Potenziale erklären aber keineswegs allein die in Europa vorhandenen Unterschiede. So haben Frankreich, Großbritannien und Irland in Europa die besten Voraussetzungen zur **Windkraftnutzung**: Eine Windturbine in Irland kann doppelt so viel Strom produzieren wie eine gleiche Anlage an einem durchschnittlichen Standort in Deutschland. Trotzdem wurde im Jahr 2004 in Deutschland mehr als siebenmal so viel Windstrom erzeugt wie in Irland, Großbritannien und Frankreich zusammen, die installierte Windkraftleistung war sogar elfmal so hoch.[262]

Erwartungsgemäß wird die **Solarthermie** in südeuropäischen Ländern stärker genutzt als beispielsweise im nordeuropäischen Schweden. So verfügte Griechenland 2004 über ein Viertel der in der EU-15 installierten Kollektorfläche, es belegte damit im europäischen Ranking aber nur Platz zwei, denn Deutschland besitzt trotz ungünstigerer Sonneneinstrahlung eine größere Kollektorfläche (6,2 Mio. m^2, entspricht ca. 42% der in Europa installierten Kollektorfläche) und das kleinere Österreich, das fast die gleiche Kollektorfläche wie Griechenland erreichte, nahm den europäischen Spitzenplatz ein bei der installierten Kollektorfläche pro Kopf der Bevölkerung. Die sonnenreichen Länder Italien, Spanien und Portugal erreichen dagegen jeweils nur Anteile von weniger als 3%.[263]

Bei der **Photovoltaik** nimmt Deutschland im europäischen Vergleich mit einem Anteil der installierten PV-Fläche von fast 80% (2004: 794 MWp) den absoluten Spitzenplatz ein. Es folgen die Niederlande (47,7 MWp) und Spanien (38,7 MWp). Luxemburg erreicht mit 26 MWp die höchste Photovoltaikleistung pro Kopf der Bevölkerung. In den sonnenreichen Ländern Portugal (2,3 MWp) und Griechenland (4,5 MWp) wurden dagegen bisher Solarstromanlagen nur in sehr geringem Umfang installiert.[264]

Biomasse wird in den nordeuropäischen Ländern in hohem Umfang zur Energieerzeugung genutzt: In Finnland deckt sie ca. 24% des Primärenergiebedarfs ab, auch in Schweden (ca. 18%) und Lettland (33%) werden hohe Anteile erreicht.[265]

Als Gründe für die unterschiedliche Nutzung der Erneuerbaren sind neben den natürlichen Voraussetzungen vor allem die Förderbedingungen in den Mitgliedsstaaten, aber auch die Verfügbarkeit über eigene fossile Energien, die Ausstiegsbeschlüsse aus der Atomenergie sowie das kognitive Umfeld zu nennen.[266]
Im Jahr 2004 hat die EU-Kommission den Ausbau der erneuerbaren Energien im Hinblick auf das für 2010 gesetzte Ziel beurteilt. Danach sind Dänemark, Deutschland, Finnland und Spanien auf einem richtigen Kurs. Bei einer zweiten Gruppe Gruppe (Österreich, Belgien, Irland, Niederlande, Schweden, Vereinigtes Königreich, Frankreich) sieht die Kommission sowohl positive als auch negative Anzeichen. Griechenland und Portugal weichen nach Ansicht der Kommission vom Kurs ab.[267]

Stromerzeugung aus erneuerbaren Energien in Ländern der EU-15, in Prozent

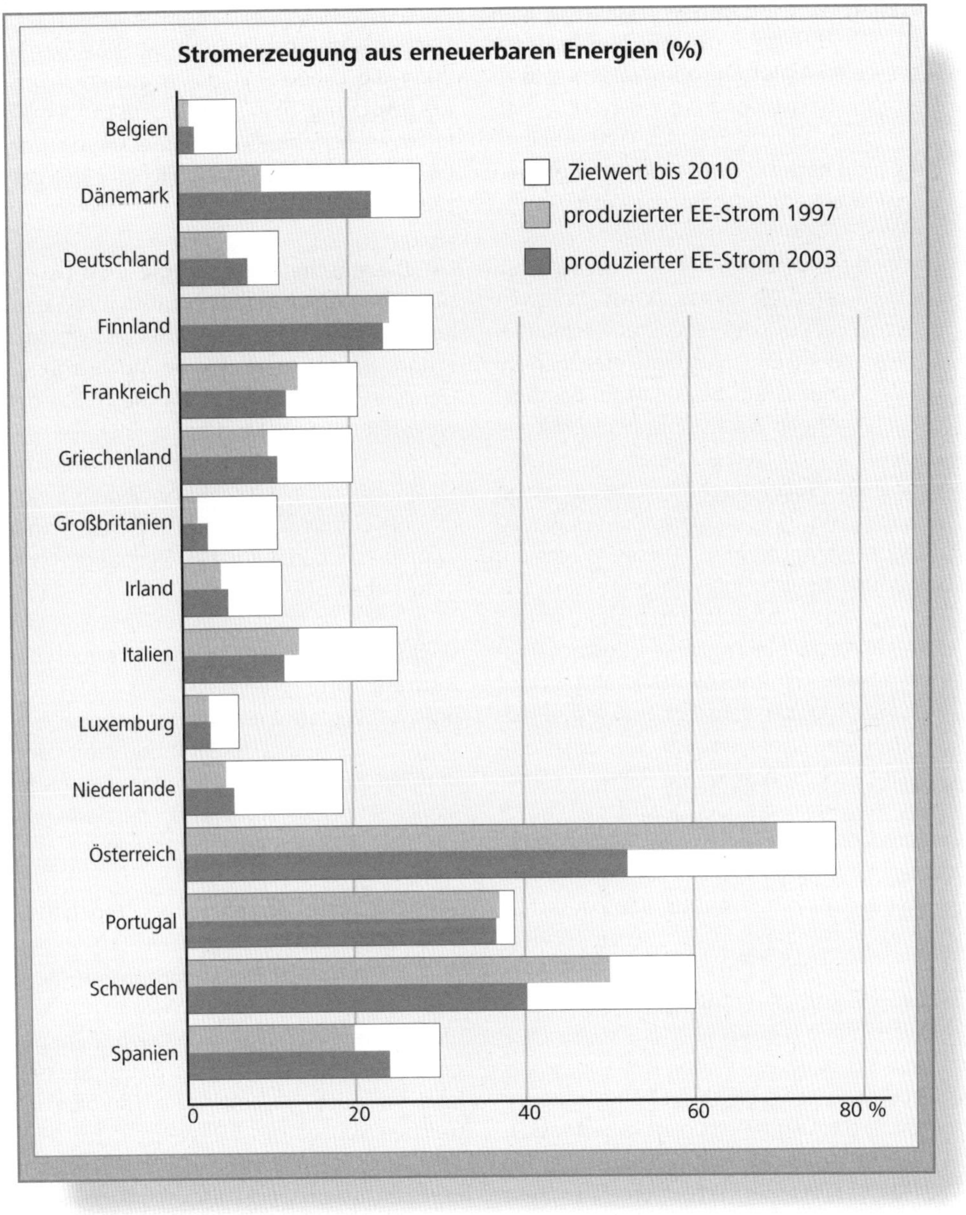

Quelle: BMU: Erneuerbare Energien in Zahlen, 2006

9
10 →
11 →
12 →

9.5 Erneuerbare Energien weltweit

Die erneuerbaren Energien liefern weltweit ca. 17% des Primärenergieverbrauchs. Den größten Anteil davon stellt die **traditionelle Nutzung von Biomasse** (Feuerholz zum Kochen und Heizen), die jedoch vielfach zur irreversiblen Abholzung von Wäldern und zu Gesundheitsschäden an offenen Feuerstellen[268] führt. Es ist daher daran zu arbeiten, diese nicht nachhaltige Energienutzung durch eine umweltverträglichere zu ersetzen.

Den zweiten großen Block der erneuerbaren Energien liefert die **Wasserkraft**. Weltweit liefert sie ca. 90% des regenerativ erzeugten Stroms. Wind- und Solarkraft erzeugen im Vergleich dazu nur bescheidene Beiträge, haben aber hohe Wachstumsraten: Zwischen 2000 und 2004 verzeichneten die netzgekoppelten Solaranlagen weltweit einen Zuwachs von 60% pro Jahr, bei Windkraftanlagen waren es 28%. Dieses Wachstum konzentrierte sich auf wenige Länder: Die Förderpolitik in Japan, Deutschland und den USA führte zu einem starken Zuwachs bei netzgekoppelten **Photovoltaik**anlagen. Auf mehr als 400.000 Hausdächern wird in diesen Ländern Strom erzeugt. Die installierte Gesamtleistung betrug 1,8 GWp[269]. Aber auch außerhalb der OECD wird die Photovoltaik genutzt: In netzfernen Regionen lieferten Ende 2004 ca. 2 Mio. Solar-Home-Systeme (vgl. 3.3) Strom für den häuslichen Bedarf, vorwiegend in asiatischen Ländern (Indien, Thailand, China, u.a.)[270]. 16 Mio. Haushalte kochen mit **Biogas** und beleuchten damit ihre Häuser.

Bedeutende, etwa gleich große Beiträge zur Stromversorgung liefern die kleine Wasserkraft, die Windkraft und die Biomasse: Bei der **kleinen Wasserkraft** ist an erster Stelle China zu nennen, wo mehr als die Hälfte der weltweiten Kapazität installiert ist, oft (ohne Anbindung an ein Stromnetz) zur Versorgung eines Dorfes. Allein im Jahr 2004 wurden hier neue Anlagen mit 4.000 MW Leistung gebaut.[271]

Deutschland, Spanien und die USA waren 2004 die Länder mit der höchsten **Windkraftnutzung**, aber auch andere Länder wie Indien, Italien und China entdecken die Vorteile dieser umweltfreundlichen Stromerzeugung. (vgl. Grafik)

Die **thermische Solarenergie** wird hauptsächlich in China genutzt: Einfache Anlagen, lokal zu günstigen Preisen hergestellt, sind schon heute ohne Förderung attraktiv. Daher ist in China mehr als die Hälfte der weltweiten Kollektorfläche installiert[272]. Auch in Israel finden thermische Solaranlagen eine breite Anwendung, da hier als einzigem Land der Welt die solare Warmwasserbereitung bei Neubauten vorgeschrieben ist.[273]

Weltweit wurden 2004 ca. 33 Mrd. Liter **Biotreibstoffe** produziert, was etwa 3% des weltweiten Treibstoffverbrauchs entspricht. Bei der Ethanol-Produktion sind Brasilien und die USA führend (vgl. 5.9), Biodiesel (weltweit ca. 2 Mrd. Liter) wird vorwiegend in Deutschland hergestellt.

Weltweit gibt es Anstrengungen, regenerative Energien stärker zu nutzen: So wurden dazu im Jahr 2004 ca. 30 Mrd. $ investiert, und zwar ohne die große Wasserkraft, auf die weitere 20-25 Mrd. $ entfielen. Dem gegenüber stehen ca. 150 Mrd. $ Investitionen im Bereich der konventionellen Energien. Im gleichen Jahr gab es weltweit ca. 1,7 Mio. Arbeitsplätze im Bereich der erneuerbaren Energien, davon ca. 0,9 Mio. bei der Produktion biogener Treibstoffe.[274]

Erneuerbare Energien weltweit

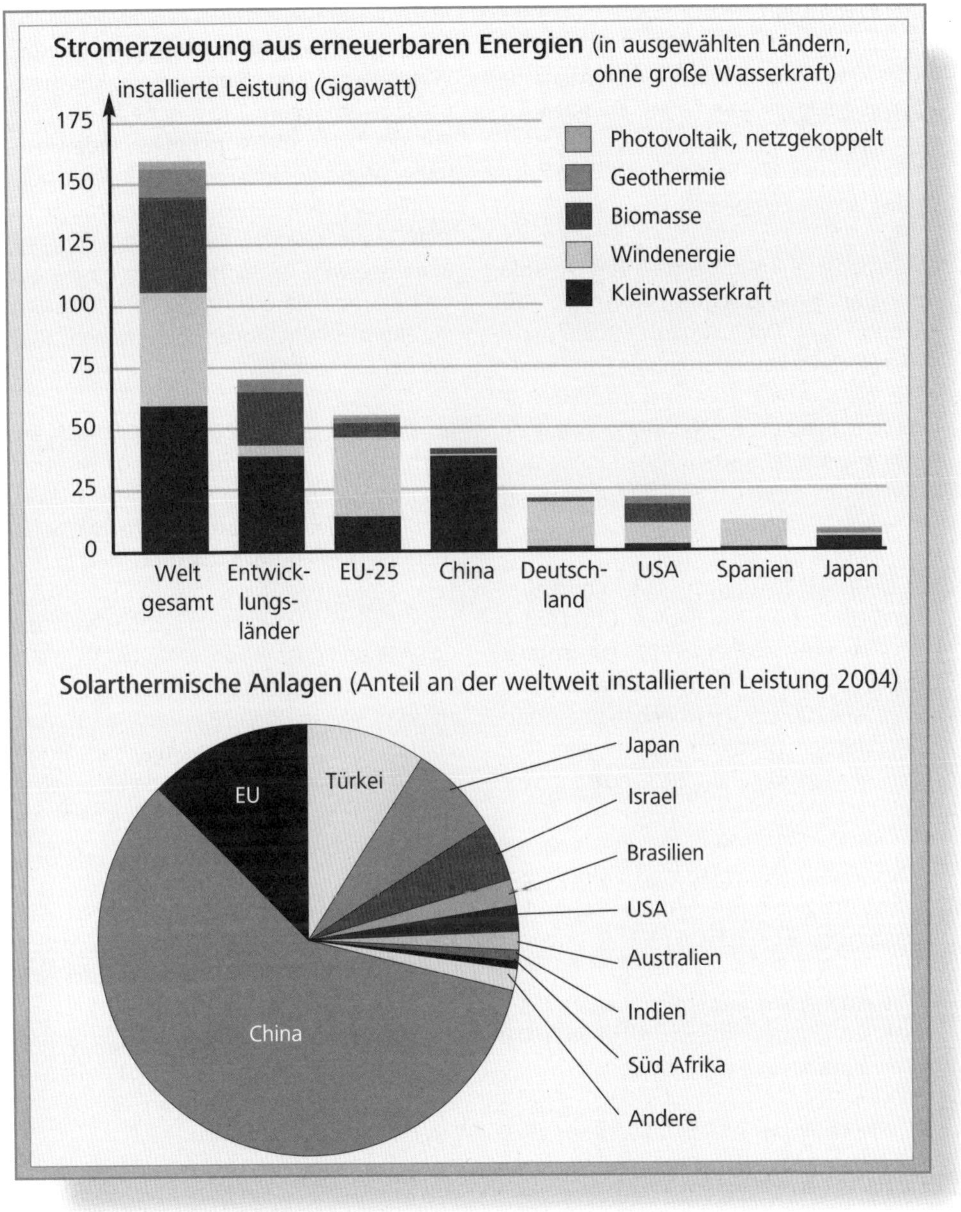

Quelle: REN21: Erneuerbare Energien 2005

9
10 →
11 →
12 →

Fußnoten ↓ Glossar ↓ Infos ↓

9.6 Ein solares Langfristszenario für Deutschland

Bereits in der Einleitung (1.7) wurde ein frühes Szenario für einen Einstieg ins Solarzeitalter skizziert (Energiewendestudie des Öko-Instituts von 1980). Heute, über 20 Jahre später, lassen sich die Stärken und Schwächen, insbesondere aber auch die Potenziale der verschiedenen erneuerbaren Energien genauer beziffern. Es liegen zudem umfassende Studien vor, die Szenarien für eine nachhaltige, solare Energiewirtschaft aufzeigen.

Das Wuppertal-Institut legte 1998 ein **solares Energieversorgungskonzept für Europa** vor.[275] Danach gibt es keine prinzipiellen technischen oder finanziellen Hindernisse, bis zum Jahr 2050 mehr als 90% der benötigten Energie regenerativ zu erzeugen. Auch eine solare, also 100%ig regenerative Vollversorgung ist danach prinzipiell möglich.

Das Deutsche Zentrum für Luft- und Raumfahrt (DLR) und das Fraunhofer Institut Solare Energiesysteme stellten 1997 ein **solares Langfristszenario für Deutschland** vor[276], das im Jahr 2004 fortgeschrieben und ökologisch optimiert wurde[277]. Bis zum Jahr 2050 sollen danach folgende Ziele erreicht werden:

- Der Gesamt-Energiebedarf wird durch Einspartechnologien schrittweise um insgesamt ca. 51% gesenkt.[278]

- Die erneuerbaren Energien werden deutlich ausgebaut und decken am Ende des Zeitraums knapp 45% des Bedarfs ab.

- Die Nutzung der Atomkraft wird vor 2030 beendet; fossile Energien werden vorrangig in Kraft-Wärme-Kopplung genutzt.

Der Ausbau der einzelnen erneuerbaren Energien erfolgt dabei in unterschiedlicher Intensität:

Im Zeitraum **bis zum Jahre 2020** werden Windenergie und Biomasse die höchsten Beiträge erbringen. Thermische Kollektoren, Photovoltaik und Geothermie werden trotz hoher Wachstumsraten vorerst keine relevanten Beiträge zur Energieversorgung leisten (siehe Grafik). Kraftstoffnutzung aus Biomasse wird relativ behutsam ausgebaut, weil die stationäre Nutzung vorerst kostengünstiger ist und zudem eine höhere CO_2-Minderung erbringt.

Im Zeitraum **von 2020 bis 2050** soll sich nach diesem Szenario der Beitrag der erneuerbaren Energien etwa verdoppeln. Die wesentlichen Beiträge dazu liefern die Solarthermie, die Photovoltaik und der Import solar erzeugten Stroms (aus PV- oder solarthermischen Kraftwerken). 2050 wird das CO_2-Minderungsziel von -80% (im Vergleich zu 1990) erreicht. Bis dahin sollen die Potenziale von Wasserkraft, Biomasse und Windkraftanlagen auf Land weitgehend ausgeschöpft sein, während die anderen erneuerbaren Energien ihre Potenzialgrenzen bei weitem noch nicht erreicht haben.

Natürlich ist ein Szenario über einen Zeitraum von 50 Jahren mit großen Unsicherheiten behaftet. Der Wert eines solchen Szenarios liegt darin, dass es aufzeigt, in welchem Umfang, zu welchen Kosten und in welchen Zeiträumen die Potenziale der einzelnen erneuerbaren Energien voraussichtlich erschlossen werden können.

Beitrag der erneuerbaren Energien zum Primärenergieverbrauch in Deutschland im ökologisch optimierten Langfristszenario

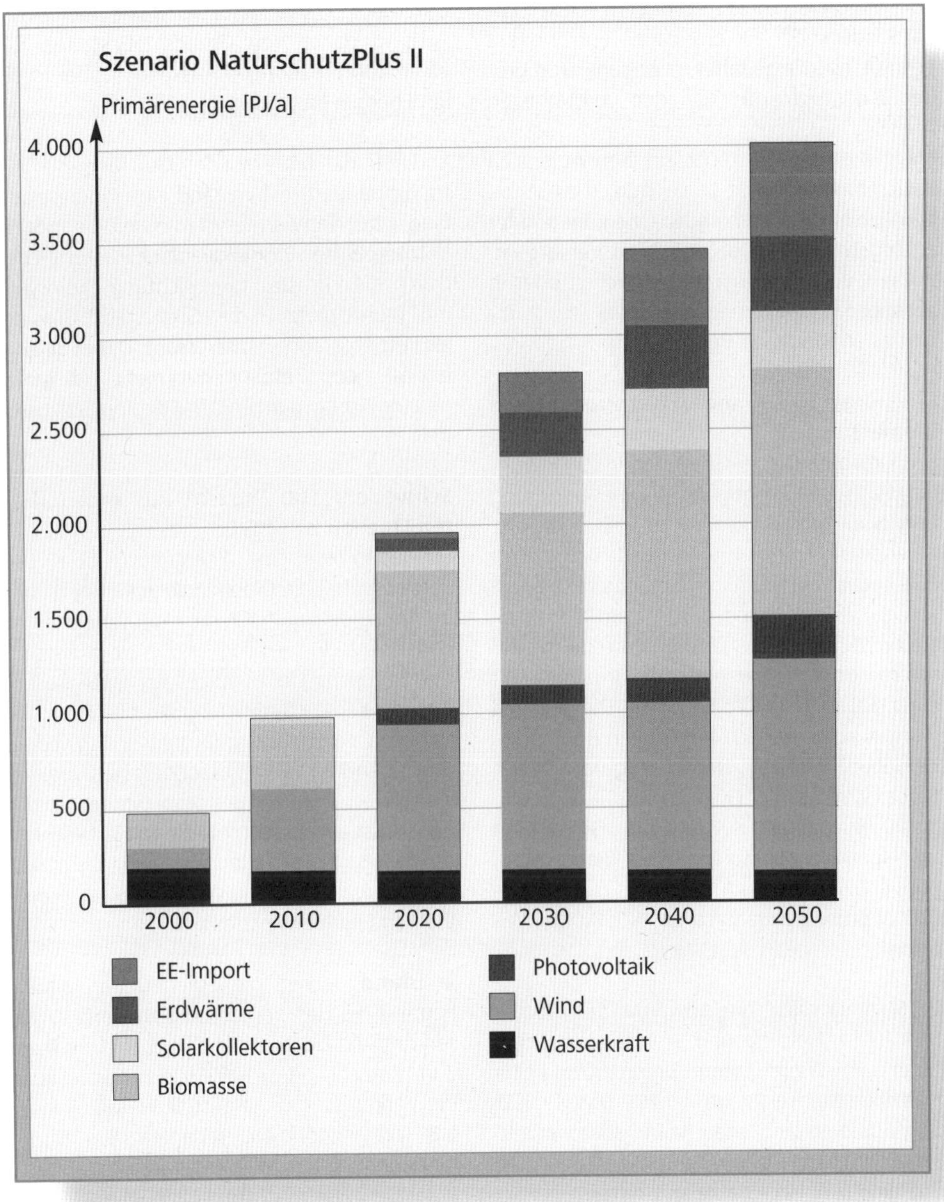

Quelle: DLR, ifeu, Wuppertal-Institut, 2004

9
10 →
11 →
12 →

Fußnoten ↓ Glossar ↓ Infos ↓

Die bisherigen Ausführungen haben gezeigt, dass eine Vollversorgung mit erneuerbaren Energien möglich ist. Gleichwohl wird es noch mehrere Jahrzehnte dauern, dieses Ziel flächendeckend zu erreichen. Für weitere Schritte ins Solarzeitalter ist es daher von großer Bedeutung, das Ziel, den vollständigen Ausstieg aus der atomaren und fossilen Energieversorgung, nicht aus den Augen zu verlieren. Deshalb ist es wichtig, dass schon heute einzelne Gemeinden, Regionen oder auch ganze Länder die 100%ige Versorgung mit erneuerbaren Energien erreichen oder in absehbarer Zeit erreichen wollen.[279] Dafür gibt es ermutigende Beispiele:

Bioenergiedorf Jühnde: 100 Prozent aus Biomasse

Das Dorf Jühnde bei Göttingen (850 Einwohner) hat seine Strom- und Wärmeversorgung bereits im Jahr 2005 nahezu vollständig auf erneuerbare Energien umgestellt. Dafür sorgt eine genossenschaftlich betriebene Biogasanlage (700 kW) und ein Holzhackschnitzel-Heizwerk (550 kW); die Verteilung der Wärme erfolgt über ein Nahwärmenetz mit einer Gesamtlänge von 5,5 km. Die Anlagen werden ausschließlich mit lokalen Rohstoffen betrieben, was der Region zugute kommt: Biogas wird aus der Gülle von 800 Kühen und 1.400 Schweinen, sowie Gras, Grünschnitt und speziellen Energiepflanzen (Raps, Mais, Sonnenblumen) produziert; das zugehörige BHKW produziert jährlich ca. 4.000.000 kWh Strom.

Im Sommer reicht die Abwärme des Biogas-BHKWs für Heizung und Warmwasseraufbereitung, im Winter kommt unterstützend eine Holzhackschnitzelanlage hinzu. Das Projekt zeigt, dass im ländlichen Raum eine energetische Vollversorgung aus erneuerbaren Energien bereits heute keine Utopie ist.[280]

Güssing: Wirtschaftsaufschwung dank erneuerbarer Energien

Die Stadt Güssing liegt im östlichen Teil Österreichs (Burgenland). Aufgrund dieser Randlage an der Grenze zu Ungarn wanderten Firmen und damit Arbeitsplätze ab. Daher war das Burgenland 1988 die ärmste Region Österreichs. 1990 fasste der Gemeinderat von Güssing daher den Grundsatzbeschluss für einen 100-prozentigen Ausstieg aus der fossilen Energieversorgung.

Im Laufe der Jahre wurden Gebäude energetisch optimiert, es entstand eine Biodieselanlage, zwei Nahwärmesysteme und die größte holzbefeuerte Biomasseanlage Österreichs. Durch die Infrastruktureinrichtung „Fernwärme" wurde plötzlich die „Grenzstadt" Güssing als Betriebsstandort interessant. Daher gelang es, 50 neue Betriebe mit mehr als 1.000 neuen Arbeitsplätzen in Güssing anzusiedeln.[281]

Schweden: 100 Prozent aus erneuerbaren Quellen bis 2020

Schweden plant eine „Energierevolution". Die Regierung hat die Ölabhängigkeit als eines der größten globalen Probleme eingestuft und will daher bis 2020 weg vom Öl, hin zu erneuerbaren Energien. Ein Komitee aus Industriellen, Akademikern, Landwirten, Autobauern u.a. soll dazu Vorschläge unterbreiten. Schweden, das in den 70er Jahren besonders hart von den steigenden Ölpreisen getroffen wurde und das den Ausstieg aus der Atomenergie beschlossen hat, ist das erste Industrieland, das mittelfristig eine vollständige Versorgung aus erneuerbaren Energien anstrebt.[282]

In **Island** decken die Erneuerbaren bereits heute 72% des Primärenergiebedarfs. Wasserkraft und Geothermie gibt es im Überfluss. Zum Erreichen des 100%-Ziels müsste auch der Verkehrssektor umgestellt werden, indem z.B. Wasserstoff aus regenerativem Strom gewonnen und in Fahrzeugen eingesetzt wird. Drei Wasserstoff-Busse in Reykjavik sind ein Anfang. Doch trotz des erfolgreichen Tests zögert die Regierung noch, diesen Weg konsequent weiterzugehen.[283]

Bioenergiedorf Jühnde: 100 Prozent aus Biomasse

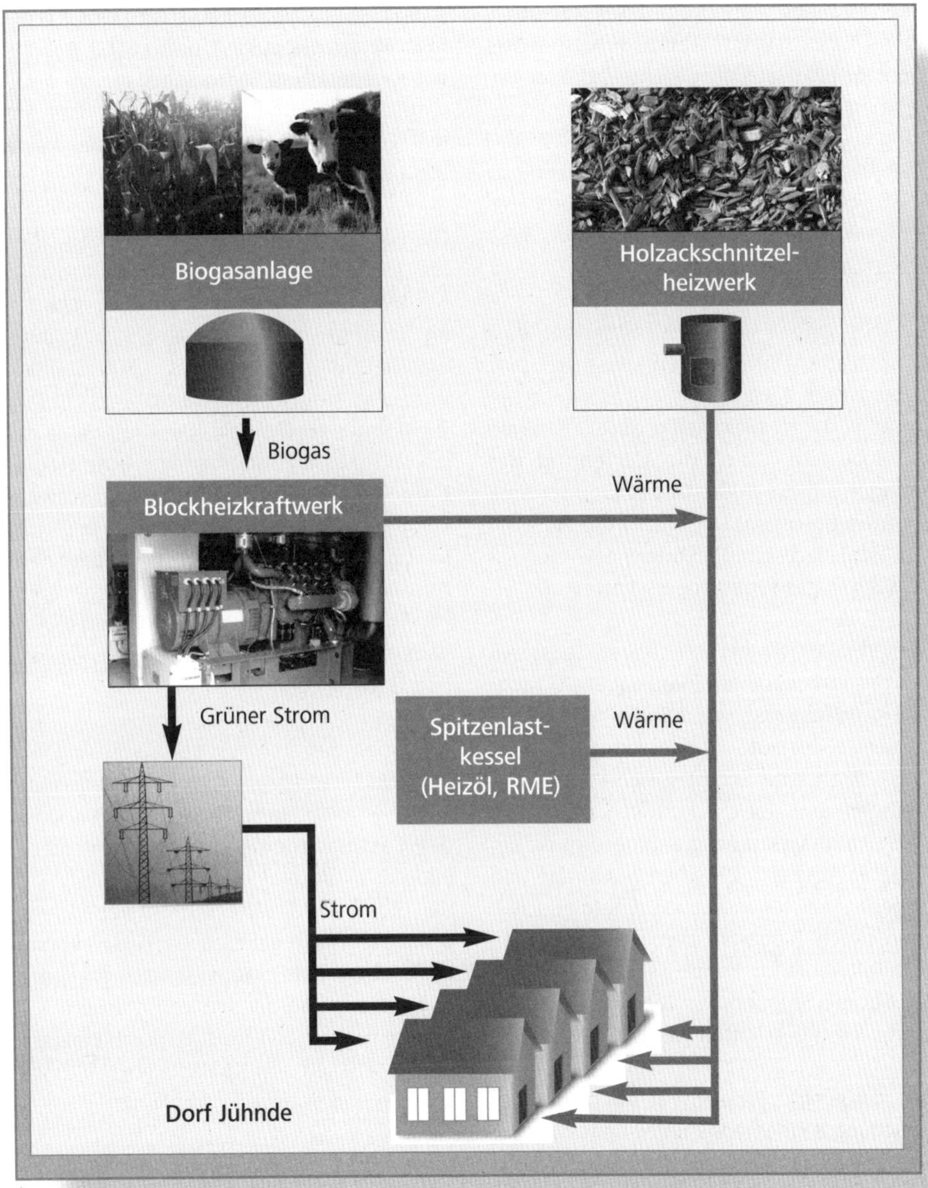

Quelle: Eigene Darstellung nach IZNE: Bioenergiedörfer, Göttingen, 2006

9
10 →
11 →
12 →

10 Antworten auf häufig gestellte Fragen

10.1 Was tun, wenn die Sonne nicht scheint?

Von Skeptikern wird häufig eine Schwachstelle der regenerativen Stromversorgung angesprochen: Mit welchem Strom sollen die Industriebetriebe produzieren, wenn die Sonne nicht scheint? Tatsächlich ist dieses Problem nicht auf die „leichte Schulter" zu nehmen. Stromnachfrage und Stromerzeugung in einem elektrischen Netz müssen stets übereinstimmen. Da insbesondere Wind und Photovoltaik täglichen, ja stündlichen Schwankungen unterliegen, müssen diese Lücken ausgefüllt werden.

Zunächst einmal sei jedoch festgestellt, dass es praktisch nicht vorkommt, dass sich ganz Deutschland plötzlich hinter einer Wolke versteckt und sich gleichzeitig auch der Wind zur Ruhe legt. Durch **die Verteilung der Anlagen** auf ein großes Gebiet (Deutschland/ Europäische Union) und durch die Nutzung unterschiedlicher regenerativer Energiequellen wird dieses Problem entschärft.

Weiterhin ist zu berücksichtigen, dass ein Teil der erneuerbaren Energiequellen **ganzjährig nutzbar** ist, wie z.B. die Wasserkraft größerer Flussläufe. Zudem ermöglicht die Wasserkraft eine Energiespeicherung durch Stauseen und Speicherkraftwerke, so dass für einen gewissen Ausgleich gesorgt ist. Ein weiterer Ausgleich zwischen Nachfrage und Angebot an regenerativen Energiequellen kann durch Biogasanlagen, die mit Blockheizkraftwerken gekoppelt sind, oder durch die Stromerzeugung aus Biomasse in Heizkraftwerken geschaffen werden.

Das dargelegte Problem ist auch von der Forschungsseite intensiv untersucht worden: So hat z.B. das Deutsche Zentrum für Luft- und Raumfahrt e.V. in Kooperation mit dem Fraunhofer Institut für Solare Energiesysteme untersucht, wie eine Abdeckung der Stromnachfrage in einem überwiegend auf regenerativen Energiequellen basierenden Stromversorgungssystem funktionieren könnte.[284] Die Forscher unterstellten, dass im Jahr 2050 der Strombedarf zu 25 Prozent aus der Kraft-Wärme-Kopplung und zu 60 Prozent aus regenerativen Energiequellen abgedeckt wird. Dabei wurde angenommen, dass sich die Versorgungsqualität gegenüber heute nicht vermindert.

Die Forscher kamen zu dem Ergebnis, dass die Auslastung der verbleibenden fossilen Kraftwerke stark abnehmen wird. Wurden im Referenzjahr 1994 noch 55 GW Kraftwerksleistung mit mehr als 4.500 Stunden pro Jahr ausgelastet, werden es im Jahr 2050 unter 15 GW sein. Die Kraftwerke der Zukunft müssen also über eine **gute Regelbarkeit** verfügen. Sie müssen die Schwankungen ausgleichen, die durch den ungleichmäßigen und nur in sehr begrenztem Ausmaß steuerbaren Anfall der regenerativen Energiequellen entstehen. Für diese Aufgabe eignen sich insbesondere Gasturbinen und GuD-Anlagen[285].

Um einen besseren Ausgleich von Angebot und Nachfrage zu erzielen, schlagen die Forscher auch anspruchsvollere Methoden des **Lastmanagements**[286] vor. Entsprechend der aktuellen Netzbelastungen und auf der Basis detaillierter Stromerzeugungsprognosen im regenerativen Sektor könnte gegenüber heute eine wesentlich effizientere Laststeuerung bei den Verbrauchern vorgenommen werden, so z. B. durch kurzzeitiges Abschalten von Kühlanlagen, Lüftungsanlagen und Warmwasserboilern.

Umfangreiche Speichermaßnahmen, z. B. mittels einer Wasserstoffherstellung, sind nach Auffassung der Autoren der Studie auf absehbare Zeit nicht erforderlich.

Jahreszeitlicher Verlauf des Wind- und Sonnenenergieangebots

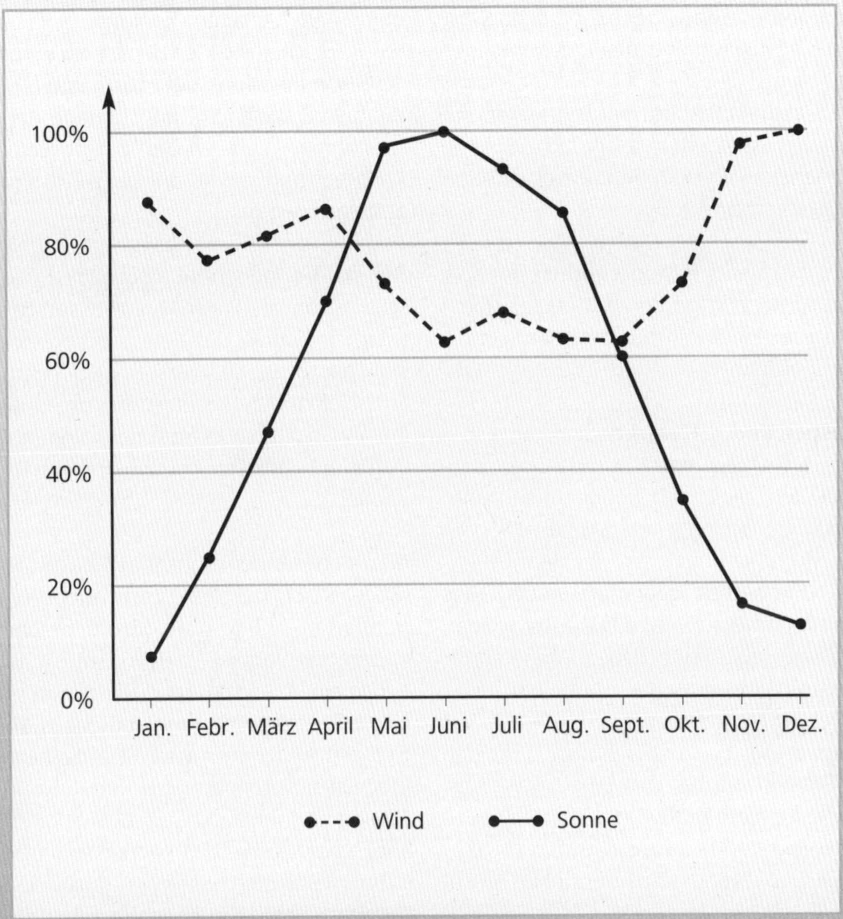

Die Schwankungen des Energieangebots von Sonne und Wind gleichen sich teilweise aus

Quelle: Kohler, Leuchtner, Müschen: Sonnenenergie-Wirtschaft 1987

10.2 Wie lassen sich große Mengen Strom speichern?

Bei einem weiterhin kräftigen Ausbau der erneuerbaren Energien werden sich Wind- und Solarstrom trotz fluktuierender Erzeugung auch auf mittlere Sicht ohne große Probleme in das vorhandene Stromnetz einspeisen und nutzen lassen. Langfristig wird jedoch die Situation entstehen, dass regenerative Anlagen zeitweise mehr Strom erzeugen, als aktuell benötigt wird. Andererseits wird zu gewissen Zeiten aufgrund zu geringer Regenerativ-Erzeugung auch eine Deckungslücke entstehen.

Es gibt verschiedene Möglichkeiten, für solche Situationen in größeren Mengen Überschussstrom für Zeiten mit geringem Angebot zu speichern[287]:

Pumpspeicherkraftwerke sind eine erprobte Technik: Sie bestehen aus Ober- und Unterbecken, die durch Rohrleitungen miteinander verbunden sind. Mit dem Überschuss-Strom kann Wasser von dem Unter- in das Oberbecken gepumpt werden. Bei hohem Strombedarf wird das Wasser wieder abgelassen und treibt dabei Wasserkraftturbinen an. In Deutschland arbeiten mehr als 30 solcher Kraftwerke mit einem Wirkungsgrad von bis zu 85 Prozent und mit einer Gesamtkapazität von 6.000 MW. Das Potenzial für diese Kraftwerke ist in Deutschland weitgehend ausgeschöpft. In der Schweiz und Skandinavien bestehen noch Ausbaumöglichkeiten.

Weniger verbreitet sind **Druckluftspeicher-Kraftwerke** (Compressed Air Energy Storage – CAES): Bei ihnen werden mit dem überschüssigen Strom Luftmassen auf bis zu 100 bar komprimiert und in unterirdische Hohlräume (Salzkavernen) gepresst. Bei Strombedarf strömt die Luft wieder aus und ersetzt dabei die Verdichterstufe einer Gasturbine; deren Gasverbrauch lässt sich so um 40 bis 60 Prozent senken (vgl. Grafik)[288]. Das erste Druckluftspeicher-Kraftwerk wurde 1978 in Huntorf bei Bremen errichtet[289]. Es erreicht einen Wirkungsgrad von lediglich 42%. Modernere Anlagen kommen auf bis zu 55%. Forscher arbeiten derzeit daran, die bei der Kompression der Luft entstehende Wärme zu speichern, um sie dann der ausströmenden Luft wieder zuzuführen. Der Wirkungsgrad soll so auf bis zu 70 Prozent gesteigert werden.

Die häufig genannte Möglichkeit, Überschussstrom in Form von **Wasserstoff** zu speichern, ist nicht effektiv: Wird Wasserstoff per Elektrolyse aus Wasser gewonnen und anschließend per Brennstoffzelle in Strom umgewandelt, so beträgt der Wirkungsgrad insgesamt lediglich ca. 25 Prozent[290] (vgl. Kapitel 8).

Diskutiert werden aber (noch zu prüfende) Modelle, die **bei den Verbrauchern vorhandenen Anlagen als Stromspeicher** zu nutzen. Ein Beispiel[291]: Hybridautos besitzen neben einem Benzin- bzw. Dieselmotor auch einen Elektromotor samt Batterie. Mit vertretbarem Aufwand lassen sich die heutigen Modelle so verändern, dass die Autos in der Garage bzw. im Parkhaus an eine Steckdose angeschlossen werden können. Überschussstrom ließe sich dann in tausende von Autobatterien einspeisen und bei Bedarf wieder abrufen. Durch Zusammenschalten vieler kleiner Speicher ergäbe sich ein großer Stromspeicher: So könnten 100.000 steckdosentaugliche Hybridautos ca. 1.000 MW Strom aufnehmen bzw. abgeben.

Energiespeicherung mit Druckluftspeicher-Kraftwerken

Das Prinzip „Compressed Air Energy Storage“ (CAES)

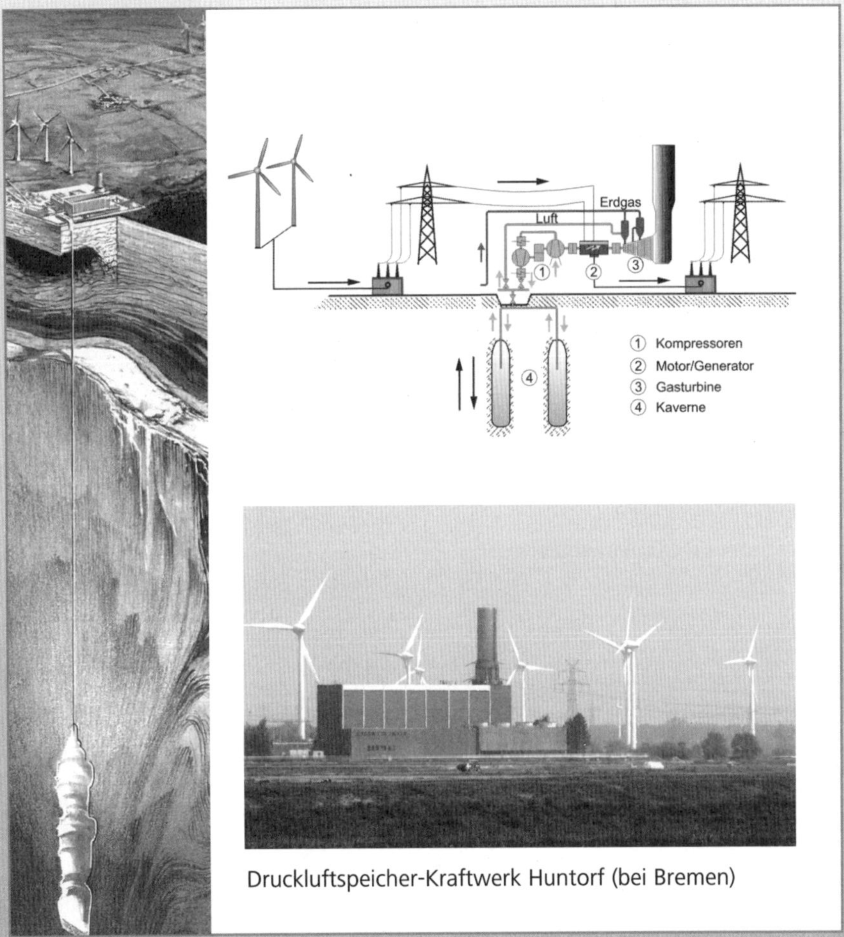

Druckluftspeicher-Kraftwerk Huntorf (bei Bremen)

Quelle: Fritz Crotogino, KBB Underground Technologies GmbH, Hannover

10
11 →
12 →

10.3 Lässt sich CO_2 anderswo kostengünstiger einsparen?

1
2
3
4
5
6
7
8
9
10

Bei jeder Verfeuerung von fossilen Energieträgern entsteht durch die Verbrennung des Kohlenstoffanteils Kohlendioxid (CO_2). Dieses Gas bewirkt (neben anderen Treibhausgasen) den so genannten Treibhauseffekt, der zu einer Klimaveränderung und zu einer Erhöhung der Durchschnittstemperatur auf der Erde führt. Um CO_2 zu vermeiden, gibt es im Prinzip **vier Ansatzpunkte**[292]:

- Reduktion der Brennstoffmenge durch Maßnahmen der rationellen Energienutzung
- Übergang zu Brennstoffen mit einem geringeren Kohlenstoffanteil (z.B. von Öl auf Gas oder von Kohle auf Öl oder Gas)
- Effizienzsteigerung bei der Energieumwandlung (z.B. Wirkungsgraderhöhung bei Kraftwerken, Kraft-Wärme-Kopplung statt Strom aus konventionellen Kondensationskraftwerken)
- Einsatz regenerativer Energiequellen

Jede dieser Handlungsmöglichkeiten ist einerseits mit **Kosten** und andererseits mit einem oder mehreren **zusätzlichen Nutzen** (neben der CO_2-Einsparung) verbunden. Für eine korrekte Ermittlung der CO_2-Vermeidungskosten müssen Kosten und Nutzen in geeigneter Weise miteinander verrechnet werden. Dies ist allerdings keine einfache Angelegenheit.

Darüber hinaus muss stets festgelegt werden, aus welchem **Blickwinkel** die Rechnung erstellt wird: Bei einer Bewertung aus volkswirtschaftlicher Sicht ergeben sich andere Ergebnisse als aus Sicht eines privaten Investors oder aus der Sicht eines Energieversorgungsunternehmens. Weiterhin sollten die **externen Kosten der Energieversorgung** (siehe 11.3) in die Kalkulation einbezogen werden. Wenngleich der Ansatz der CO_2-Vermeidungskosten Schwächen hat[293], soll hier auf diese Kennzahl eingegangen werden.

Die CO_2-Vermeidungskosten werden für die Photovoltaik deutlich höher ausgewiesen als die von Windenergie, thermischer Solarenergie oder gar der Energieeinsparung. Mit anderen Worten: Der Kostenaufwand, um eine Tonne CO_2 zu vermeiden, ist bei der Photovoltaik derzeit noch um ein Vielfaches höher als bei anderen Technologien.

Aus der Sicht eines Haushalts stellt sich die Situation anders dar: Aufgrund der Einspeisevergütung für Solarstrom und günstigen Kreditbedingungen für Investitionen in Solaranlagen sind die CO_2-Vermeidungskosten für Solarstrom sehr niedrig oder sogar negativ. Doch unabhängig davon treffen die Investoren ihre Entscheidung in der Regel nicht auf der Basis der CO_2-Vermeidungskosten.

Der Nutzen einer Photovoltaikanlage besteht für die Investoren eben nicht nur aus der Einspeisevergütung für den Solarstrom, sondern speist sich aus dem Gefühl, eine sinnvolle Investition getätigt zu haben, die die Umwelt entlastet, die Zukunftstechnologie "Solar" einen Schritt voranbringt und ein Stück Unabhängigkeit von den Stromversorgern bringt.

Vielleicht hätte derselbe Haushalt dieselbe Umweltentlastung auch mit dem Einsatz von Einspartechnologien kostengünstiger erreicht. Doch die Tatsache, dass er sich für eine Solaranlage entschieden hat, zeigt, dass die subjektive Kosten-Nutzen-Abwägung eben nicht mit der theoretischen, rein ökonomischen Kostenabwägung aus volkswirtschaftlicher Sicht zusammenfällt.

Bandbreite der CO_2-Vermeidungskosten (in Euro pro Tonne vermiedenes CO_2)

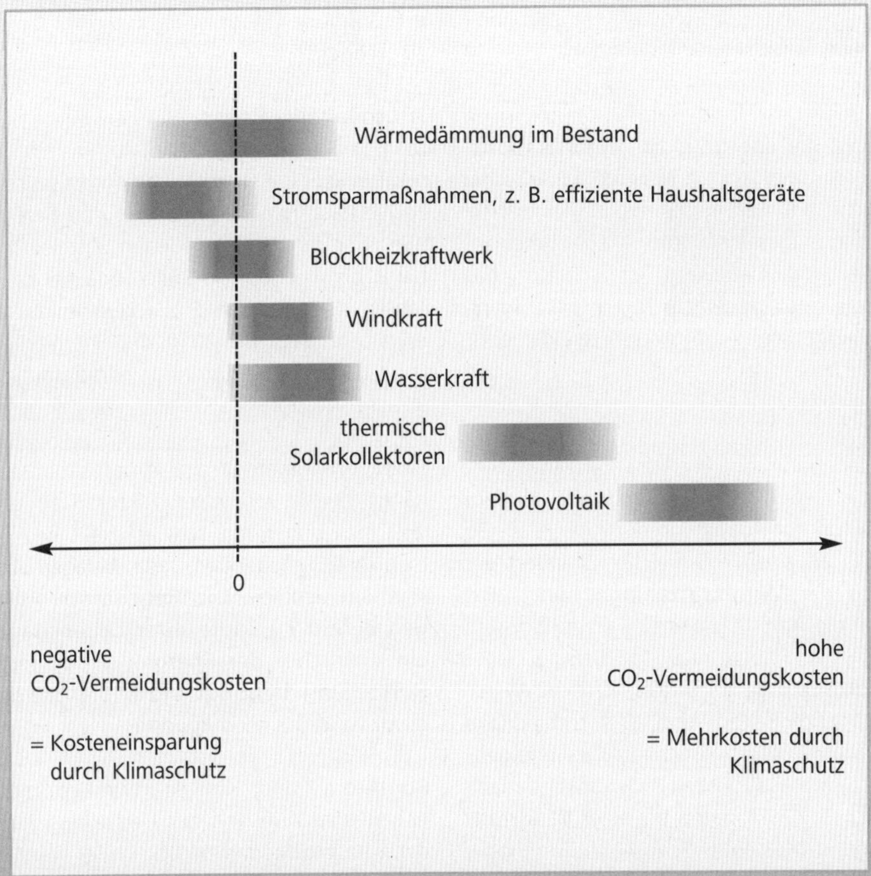

CO_2-Bilanzen sind nicht alles:
Trotz hoher CO_2-Vermeidungskosten findet Solarenergienutzung eine hohe Akzeptanz.

Quelle: eigene Darstellung

10
11 →
12 →

Fußnoten ↓ Glossar ↓ Infos ↓

10.4 Wie steht es mit der energetischen Amortisationszeit?

Angesichts der Größe von Windkraft- und Solaranlagen taucht oft die Frage auf, ob sich der hohe Materialaufwand (die graue Energie) für solch große Anlagen überhaupt lohnt, oder präziser gefragt: Wird zum Bau dieser Anlagen wirklich weniger Energie benötigt, als diese später, während ihrer Nutzungsdauer, erzeugen können?

Ein Begriff ist in diesem Zusammenhang wichtig: die **energetische Amortisationszeit.** Sie gibt an, wie lange ein System braucht, um die Energie, die zu seiner Herstellung eingesetzt wurde, wieder hereinzuspielen. Nach dieser Zeit schreibt das Energiekonto „schwarze Zahlen". Nur wenn die energetische Amortisationszeit kleiner ist als die Lebensdauer, ergibt sich eine positive Energiebilanz.

Die energetische Amortisationszeit hängt nicht nur vom Herstellungsaufwand, sondern auch von der Auslastung der Anlage ab: So ist z.B. an einem windreichen Standort der Ertrag der **Windkraftanlage** höher und damit die Amortisationszeit kürzer. Pick und Wagner[294] haben dies am Beispiel einer Windkraftanlage für unterschiedliche Windgeschwindigkeiten und unterschiedliche Turmhöhen durchgerechnet: Die energetische Amortisationszeit schwankt danach zwischen 3,3 Monaten bei einer Windkraftanlage im Küstenbereich (44 m Turmhöhe; mittlere Windgeschwindigkeit 6,87 m/s) und 6,2 Monaten für eine Anlage im Binnenland (65 m Höhe; 5,91 m/s). Zu ähnlichen Ergebnissen kommt auch das Öko-Institut.[295]

Bei einer **thermischen Solaranlage** hängt die Amortisationszeit vom gewählten Material, vom Sonnenangebot und der solaren Deckungsrate, aber auch stark von der Heizungsanlage ab, die anderenfalls die Wärme erzeugen würde: Bei einem alten, ineffektiven Heizkessel haben sich die Kollektoren bereits nach weniger als einem halben Jahr energetisch amortisiert. Wird dagegen eine Brennwertanlage substituiert, so ist die Energieeinsparung geringer und damit dauert die Amortisation länger. Je nach Material und Sonnenangebot ist mit 0,6 bis 2 Jahren zu rechnen[296].

Photovoltaikanlagen: Bei den heute vorrangig genutzten Solarzellen aus kristallinem Silizium liegt die energetische Amortisationszeit je nach Randbedingungen und Berechnungsverfahren für Anlagen in Mitteleuropa bei 3 bis 4 Jahren, in Südeuropa bei ca. 2 Jahren. Die neueren Entwicklungen lassen erwarten, dass bis 2010 die Energierücklaufzeit für Anlagen in Mitteleuropa auf ca. 2 Jahre sinkt.[297]

Fazit: Die energetische Amortisationszeit hängt jeweils von vielen Faktoren ab und lässt sich daher nur schwer exakt bestimmen. Alle vorliegenden Daten belegen aber klar und deutlich: **Die Regenerativ-Anlagen liefern im Laufe ihrer Lebensdauer ein Vielfaches der Energie, die zu ihrer Herstellung benötigt wird.** Die Energiebilanz ist also eindeutig positiv.

Bei Atom- und Kohlekraftwerken muss neben dem Aufwand zur Herstellung auch der Brennstoffbedarf berücksichtigt werden. Da bei diesen Kraftwerken hinten weniger Energie rauskommt, als vorne als Brennstoff hineingeht, kann sich der Energieaufwand nie amortisieren. Die Bilanz bleibt also immer negativ.

Energetische Amortisationszeit

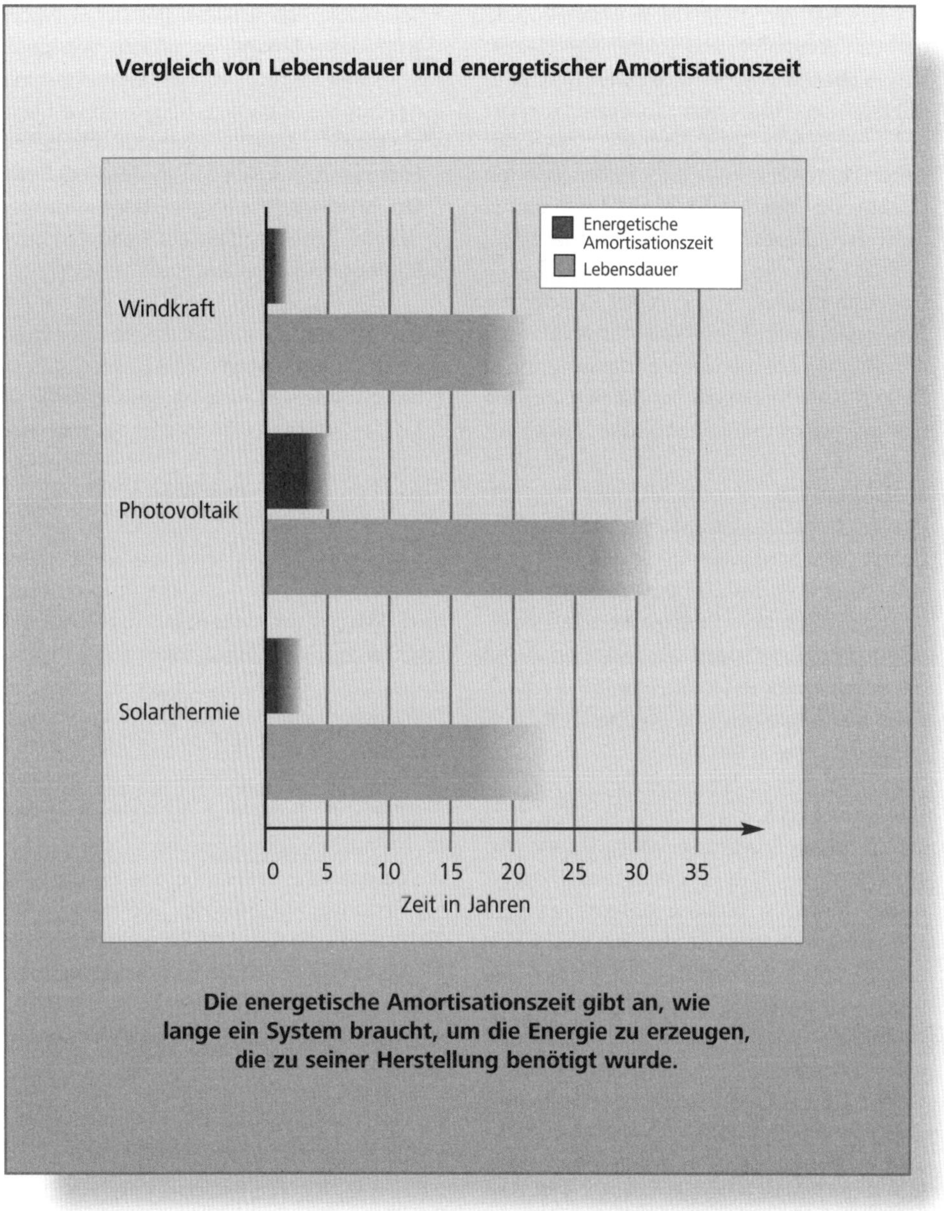

Quelle: Institut für Elektrische Energietechnik Berlin, 1996 und Photon September 2005

10
11 →
12 →

Fußnoten ↓ Glossar ↓ Infos ↓

10.5 Schaden für die Arbeitsplätze?

1 2 3 4 5 6 7 8 9 **10**

Studien über die Arbeitsplatzwirkungen von regenerativen Energiequellen sind heftig umstritten. Dies hat seine Gründe: Die direkten Beschäftigungseffekte bei der Produktion von Windkraft- und Solaranlagen lassen sich – ebenso wie die indirekten Beschäftigungseffekte bei den Zulieferern recht genau ermitteln. Was hingegen Schwierigkeiten bereitet, sind die nachgelagerten Effekte, die zwar eintreten, aber empirisch nicht nachgewiesen werden können.[298]

Das Öko-Institut hat in einer Studie die Arbeitsplatzwirkungen eines Umbaus des derzeitigen Energieversorgungssystems in Deutschland untersucht. Im Detail wurde ein Energiesystem dargestellt, das nicht nur einen Teil der fossilen Energieträger, sondern auch sämtliche Atomkraftwerke ersetzt. Demnach hätte eine nachhaltige Energiepolitik deutliche Auswirkungen auf den Arbeitsmarkt: **rund 200.000 Arbeitsplätze** würden durch eine **Energiewende** langfristig und zusätzlich geschaffen werden, wenn die bisher importierten Energiequellen durch Einspartechnologien und regenerative Energiequellen ersetzt würden.[299]

Die tatsächliche Entwicklung in Dänemark belegt diese Ergebnisse. Dort konnte die Arbeitslosen- und Sozialhilfeempfängerquote von 14% auf 6% gesenkt werden. Hauptgrund hierfür ist die Schaffung von fast 65.000 Arbeitsplätzen im Bereich der regenerativen Energieträger. Alleine in der Windkraftindustrie wurden über 20.000 neue Arbeitsplätze geschaffen.[300] Hierzu hat nicht zuletzt auch der Export von Windkraftanlagen beigetragen.[301] – In ähnlicher Weise sind in **Deutschland** in den letzten Jahren bis zum Herbst 2006 etwa **170.000 Arbeitsplätze im Bereich der Energieeffizienz und der erneuerbaren Energien entstanden**[302].

Dabei haben die geschaffenen Arbeitsplätze zwei wesentliche **Vorteile:**

- Sofern die Arbeitsplätze mit der Entwicklung des Marktes im Inland gekoppelt sind, sind sie nicht von der Globalisierung der Märkte abhängig. Regenerative Energiequellen sowie Anlagen zur rationellen Energienutzung werden in der Regel **vor Ort produziert und genutzt.** Ein großer Teil der Arbeit entfällt auf handwerkliche Betriebe und Ingenieurbüros vor Ort.
- Die geschaffenen Arbeitsplätze schaffen **keine Folgekosten** (wie z.B. der Straßenbau), sondern reduzieren gesellschaftliche Kosten durch eine Verringerung der Umweltbelastung sowie durch einen Abbau von sozialen Konflikten.

Ein weiterer, häufig nicht berücksichtigter Nutzen ergibt sich aus dem **Innovations- und Wachstumspotenzial,** das mit der Erschließung des Absatzmarktes im Inland einher geht. Das hat auch die Europäische Kommission erkannt. Sie geht davon aus, dass sich durch eine Entwicklung der Inlandsmärkte für regenerative Energiequellen und eine Verdoppelung der Bedeutung der regenerativen Energiequellen in der EU für die europäische Industrie große Export- und Wachstumsmöglichkeiten eröffnen. „Für 2010 wird eine jährliche Exportleistung von 17 Milliarden Euro pro Jahr vorausgesagt, wodurch möglicherweise bis zu 350.000 zusätzliche Arbeitsplätze geschaffen werden können[303]"

Viele Wirtschaftsbereiche profitieren von der Windkraftnutzung

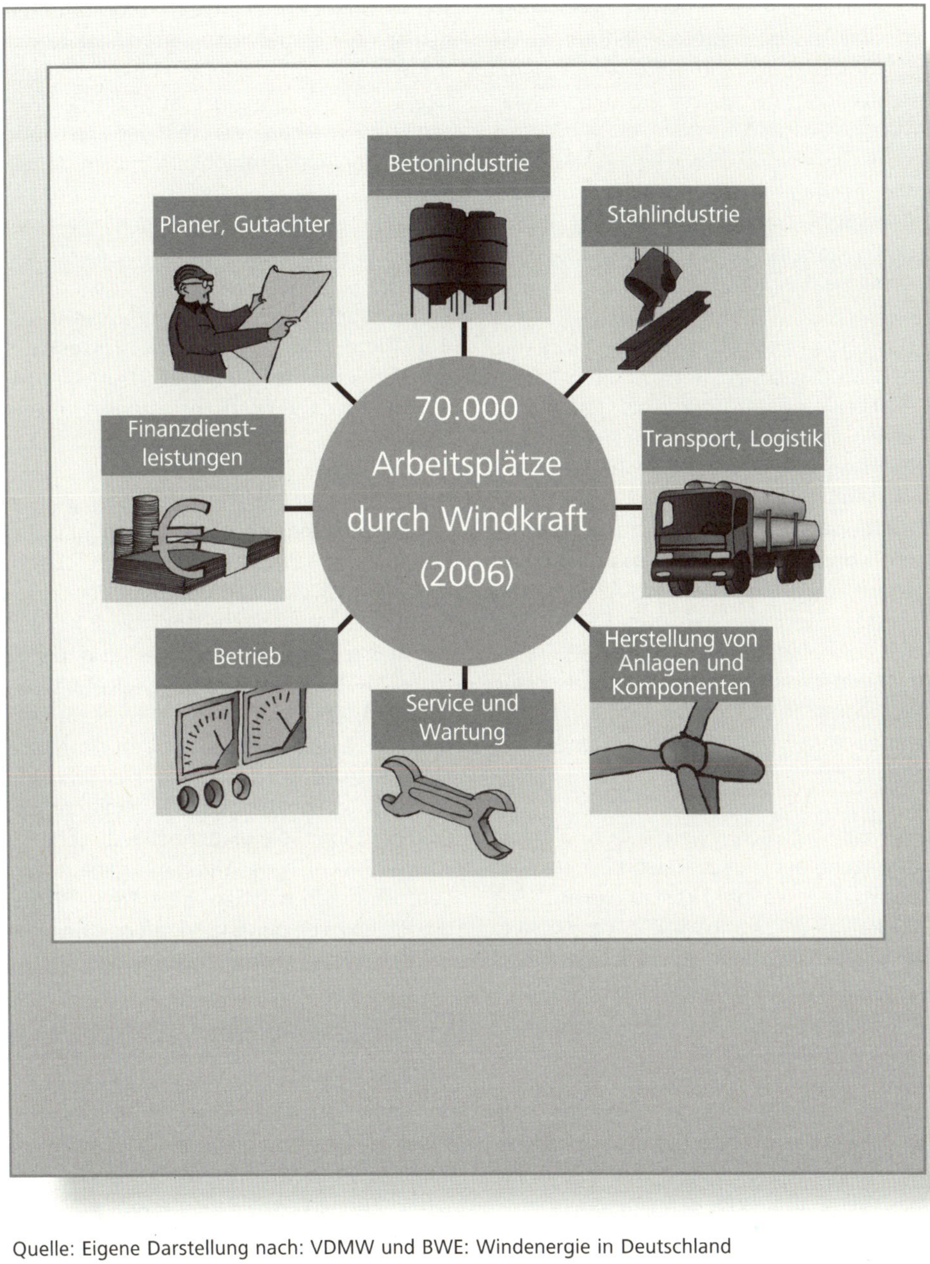

Quelle: Eigene Darstellung nach: VDMW und BWE: Windenergie in Deutschland

Der Strommarkt der BRD wurde bis zur Liberalisierung im Jahre 1998 von acht Monopolunternehmen beherrscht: RWE, Preussen Elektra, VEAG, EnBW, Bayernwerk, VEW, HEW und Bewag erzeugten 1998 über 85% des Stroms. Unliebsame Konkurrenz von Kleinerzeugern versuchten sie mit diversen Mitteln auszuschalten:

- Die hocheffiziente und damit umweltfreundliche Kraft-Wärme-Kopplung wurde durch gezielte Dumping-Angebote vom Markt gedrängt[305].
- Das Stromeinspeisungsgesetz (11.9), das der Wind- und Wasserkraft faire Marktchancen eröffnete, wurde als verfassungswidrig abgestempelt und mit verschiedenen Klagen überzogen.

Die Liberalisierung führte zu einer weiteren Konzentration bei den Energieversorgern: So fusionierten VEBA und VIAG (Preussen Elektra) 1999 zur E.ON; RWE schloss sich mit VEW zusammen.[306] Insgesamt wird der Strommarkt in Deutschland heute von nur vier großen Verbundunternehmen (RWE, E.on, EnBW und Vattenfall) beherrscht.

Eine Politik der Energiewende setzt dagegen auf Nutzung der lokalen Ressourcen und auf **dezentrale Kraftwerksstrukturen.** Das erfordert mehr Verantwortung vor Ort und damit mehr Mitbestimmung. Wie weit haben sich diese Erwartungen bisher erfüllt?

Die vorliegenden Daten lassen eine erste Zwischenbilanz zu[307]: Erfreulich ist zunächst, dass ca. 90% der Regenerativ-Kraftwerke von kleinen Firmen oder Privatpersonen betrieben werden. Dies verdeutlicht auf der einen Seite das hohe Engagement vieler Privater für den Einstieg ins Solarzeitalter und auf der anderen Seite die Blockadehaltung, die bei manchen Energieversorgungsunternehmen (EVUs) nach wie vor besteht.

Ein Blick auf die regenerativ erzeugten Strommengen verdeutlicht den **Wandel im Strommarkt:** Traditionell werden Kraftwerke von den Energieversorgungsunternehmen (Verbundunternehmen, Regionalversorger und Stadtwerke) betrieben. Zunächst hatten die EVUs, weil sie auch große Wasserkraftwerke betreiben, an der Erzeugung von Regenerativstrom einen hohen Anteil. Im Jahr 2000 lag der noch bei ca. 60%. Der starke Zuwachs bei der Windenergie (aber auch bei der Biomasse und Solarstrom) bewirkt hier einen Wandel, denn bei diesen Kraftwerken dominieren private Investoren: **Bei Wind-, Solar- und Biomassestrom wird jeweils über 70% des Stroms in privaten Kraftwerken produziert** (siehe Grafik).

Der Anteil der EVUs an der regenerativen Stromerzeugung ist deshalb kontinuierlich gesunken; im Jahr 2005 auf ca. 35%. Gleichzeitig wächst das Marktsegment der erneuerbaren Energien: Von 1999 bis 2005 hat sich die regenerativ erzeugte Strommenge mehr als verdoppelt und erreichte 2005 einen Anteil von 10% des Stromverbrauchs.[308] Beide Tendenzen bewirken, dass neue Akteure am Strommarkt zunehmend Bedeutung erlangen und sich damit der Einfluss der Monopole tendenziell reduziert. Sobald große Offshore-Windparks gebaut werden, kann sich der derzeitige Trend jedoch umdrehen, weil nur finanzkräftige Konzerne solche Projekte realisieren können.

Die neuen Marktsegmente des Solar-, Wind- und Biomassestroms spielen mengenmäßig auf dem Strommarkt zwar noch eine bescheidene, aber aufgrund der Wachstumsdynamik eine zunehmend bedeutsamere Rolle. Diese Entwicklung wird sich nur fortsetzen können, wenn die derzeit günstigen Rahmenbedingungen (Erneuerbare-Energien-Gesetz) erhalten bleiben.

Solarzeit: Ende der Strommonopole?

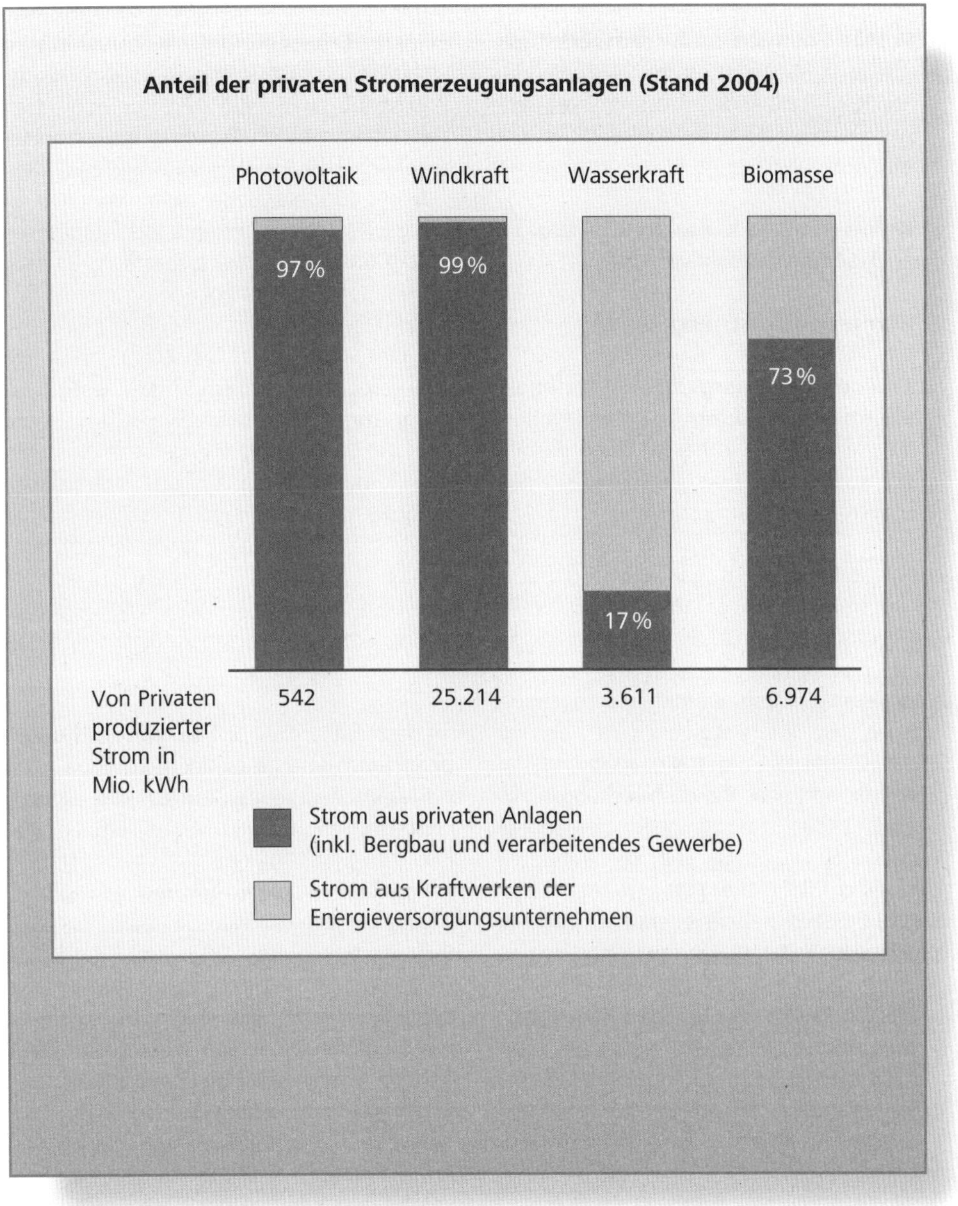

Quelle: Eigene Darstellung nach: VDEW-Projektgruppe „Strombilanzen", 2006

10
11 →
12 →

11 Förderung der erneuerbaren Energien
11.1 Forschungsförderung: Wenig Kohle für die Sonne

Für Forschungen im Energiebereich hat die Bundesregierung Fördermittel in folgenden Bereichen vergeben:[309]

1. **Fossile Energien und Kraftwerkstechnik** (u. a. Gewinnung und Aufbereitung von Kohle und anderer fossiler Energieträger, Feuerungstechnik, Kohleverflüssigung und Kohlevergasung)

2. **Kerntechnik** (u. a. Reaktorsicherheit und Endlagerung radioaktiver Abfälle)

3. **Kernfusionsforschung**

4. **Erneuerbare Energien und rationelle Energieverwendung** (u.a. Photovoltaik, Windenergie, Biomasse, Geothermie, Brennstoffzelle, Energiesparende Industrieverfahren, Wärmespeicher)

Von 1956 bis 1998 gab das Bundesforschungsministerium ca. 23 Mrd. € für die Energieforschung aus. Für den Bereich der erneuerbaren Energien und die rationelle Energieverwendung wurden erst nach der Öl(preis)krise der siebziger Jahre, also ab 1974, Gelder bereitgestellt. Bis zu diesem Zeitpunkt hatte das Bundesforschungsministerium für die Erforschung der Kernenergie bereits 2,6 Mrd. € gezahlt. Die Verteilung der Gelder für die Energieforschung ab 1974 bis 1999 ist in nebenstehendem Schaubild dargestellt.[310] Daraus wird deutlich:

- Für die **Erforschung der Kernenergienutzung** stellte der Bund mit **fast 15,3 Mrd. €** fast fünfmal so viel Geld zur Verfügung, wie für den Bereich der erneuerbaren Energien und der rationellen Energienutzung.

- Auch nach der UN-Konferenz für Umwelt und Entwicklung in Rio de Janeiro 1992, die eine nachhaltige Wirtschaftsweise forderte, lagen die Forschungsausgaben für die Kernenergie deutlich über denen für die erneuerbaren Energien.

- Für die **Erforschung der Kernfusion** wird seit Jahren **fast ebensoviel Geld bereitgestellt** wie für die erneuerbaren Energien, obwohl Experten davon ausgehen, dass ein Fusionsreaktor nicht vor dem Jahr 2050 einsetzbar sein wird. Ob er dann oder zu irgendeinem späteren Zeitpunkt auch wirtschaftlich Energie erzeugen kann, ist noch völlig offen.[311]

Für die Jahre **2001 bis 2003** stellte die Bundesregierung im **Zukunftsinvestitionsprogramm (ZIP)** zusätzlich ca. 51 Mio. € pro Jahr zur Erforschung erneuerbarer Energien und Energieeffizienz zur Verfügung. Gefördert wurden dabei Forschungsvorhaben u.a. aus den Bereichen Brennstoffzelle, Antriebstechnologien mit regenerativ erzeugten Antriebsmitteln, Geothermie, Offshore-Windenergie, Hochtemperatur Solarthermie und Energieoptimiertes Bauen.[312]

Im derzeit aktuellen **5. Energieforschungsprogramm** sind für die Jahre 2005 bis 2008 insgesamt folgende Mittel vorgesehen: Fusionsforschung: 460 Mio. €; Erneuerbare Energien (incl. Bioenergie): 421 Mio. €; Rationelle Energieumwandlung: 455 Mio. €; Atomenergie (Nukleare Sicherheits- und Endlagerforschung): 219 Mio. €.[313] Die Förderung der Atomforschung wurde also deutlich reduziert, aber es wird für die ungewisse Option Kernfusion mehr Geld bereitgestellt als für Forschung und Entwicklung der erneuerbaren Energien.

Auf **europäischer Ebene** dominiert bei der Forschungsförderung noch immer eindeutig die Atomenergie: Im **6. Forschungsrahmenprogramm** (2003-2006) gingen zwei Drittel des Etats in die Atomforschung.[314]

Förderung der Energieforschung durch den Bund

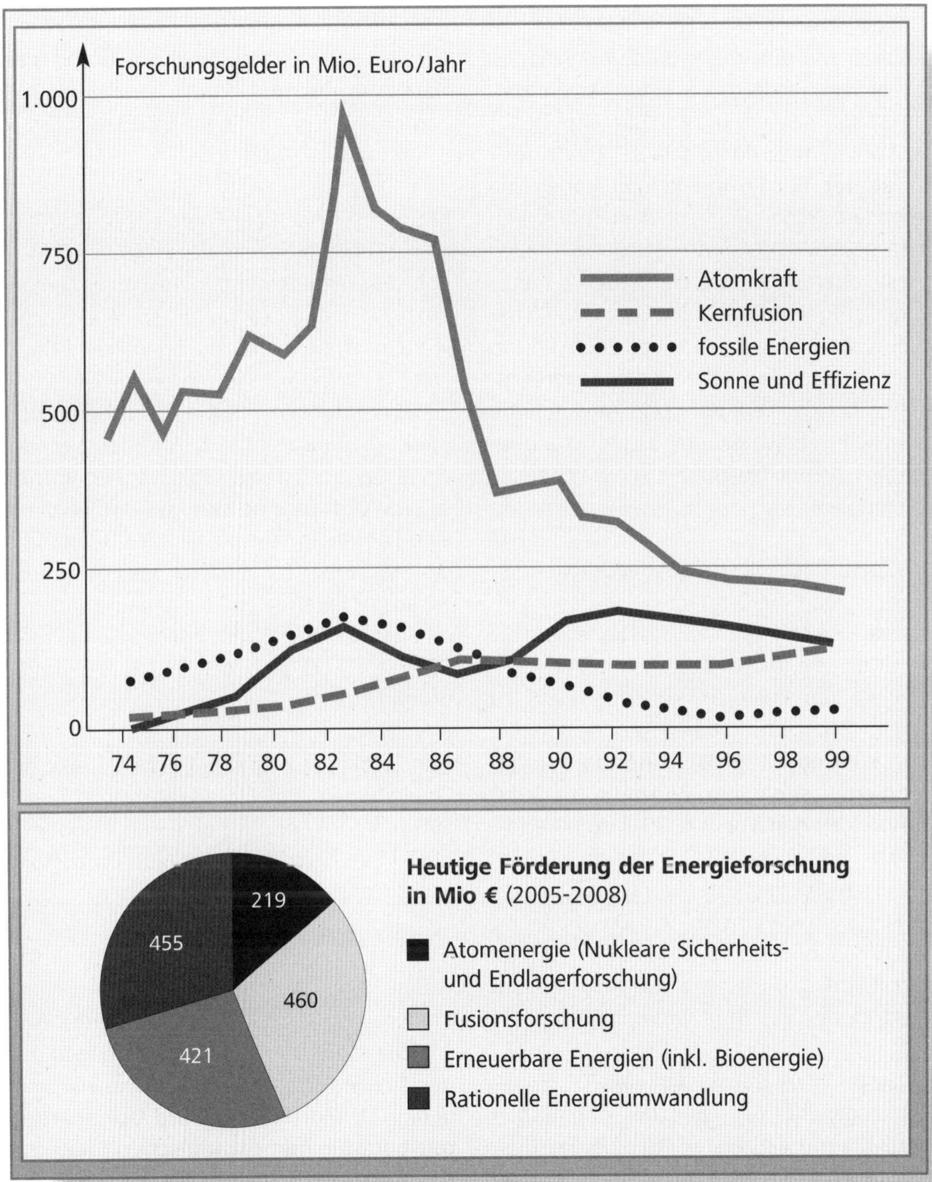

Quelle: eigene Darstellung, Energieforschungsprogramm der Bundesregierung, Berlin 2005

11

12 →

11.2 Anschubfinanzierung ist notwendig

Da viele Formen der erneuerbaren Energien bei den heutigen (subventionierten) Energiepreisen wirtschaftlich noch nicht konkurrenzfähig sind, ist für den Einstieg ins Solarzeitalter eine gezielte Förderpolitik unumgänglich. Nur durch eine breite Anwendung der neuen Techniken werden Kostensenkungspotenziale erschlossen und Impulse für die Weiterentwicklung gesetzt. Der **Kontinuität der Förderung** kommt dabei eine besondere Bedeutung zu, denn nur wenn diese gesichert ist, sind Hersteller zu neuen Investitionen bereit, werden neue Vertriebswege aufgebaut, schulen Handwerksbetriebe ihre Mitarbeiter und senken so Montagezeiten, entstehen Rationalisierungseffekte bei der Fertigung und Anwendung. Umgekehrt fließen die praktischen Erfahrungen aus breiter Nutzung in die Weiterentwicklung ein.

Eine derartige selbsttragende Entwicklung wurde in den 1990er Jahren bei der Windenergie erreicht. Es muss das Ziel einer Förderpolitik sein, dieses auch bei den anderen erneuerbaren Energien einzuleiten und zu sichern. Fachleute haben 1997 im Rahmen eines **solaren Langfristszenarios[315]** prognostiziert, dass dafür **im Zeitraum bis 2010 Aufwendungen von ca. 39 Mrd. €** erforderlich sind; denen aber Erlöse für die eingesparten Energiekosten in Höhe von ca. 29 Mrd. € gegenüberstehen. Das bedeutet eine Anschubfinanzierung von ca. 10 Mrd. €, verteilt auf die 14 Jahre des vorgestellten Szenarios also ca. 700 Mio. € pro Jahr.

Ein jährlicher Zuschussbedarf von 700 Mio. € mag angesichts der Lage der öffentlichen Haushalte auf den ersten Blick unrealistisch hoch erscheinen. Aber in anderen Sparten der Energiepolitik fließen derzeit deutlich höhere Subventionen (siehe Grafik): Im Jahr 2005 betrugen die Subventionen zur Sicherung der heimischen Steinkohle ca. 2.700 Mio. €[316] und die Steuerbefreiung von Flugbenzin kommt einer Subvention von jährlich ca. 8.000 Mio. €[317] gleich. Im Vergleich dazu kam das wichtige 100.000-Dächer-Programm des Bundes zur Förderung der Photovoltaik pro Jahr im Schnitt auf ca. 100 Mio. €.[318]

Mit dem Erneuerbare-Energien-Gesetz (EEG) von 2000 wurde ein Weg gefunden, wie hohe Fördermittel für den Ausbau der erneuerbaren Energien kontinuierlich bereitgestellt werden können, ohne die öffentlichen Haushalte zu belasten. So wurden im Jahr 2004 EEG-Vergütungen in Höhe von insgesamt ca. 3,6 Mrd. € ausgezahlt[319]. Wird der Wert des eingespeisten Stroms (38,5 Mrd. kWh) mit ca. 2,3 Mrd. € berücksichtigt[320], so verbleibt eine Förderung von ca. 1,3 Mrd. €, mit vorerst steigender Tendenz. Da das EEG degressiv ausgestaltet ist (später gebaute Anlagen erhalten geringere Vergütungen) wird ab ca. 2015 ein Rückgang der EEG-Fördersumme prognostiziert.

Angesichts der positiven Umwelteffekte der Erneuerbaren und auch angesichts der hohen Subventionen, die in Kohle und Flugbenzin fließen, lässt sich diese Anschubfinanzierung leicht rechtfertigen.

Offen ist noch, wie auch im Bereich der Solarwärme eine derartige effektive Anschubfinanzierung erreicht werden kann. (vgl. 11.15) Damit die Erneuerbaren gegenüber den fossilen Energien konkurrenzfähig werden, ist die **Fortführung und Optimierung der begonnenen ökologischen Steuerreform erforderlich** (vgl. 11.4).

Jährliche Subventionen im Energiebereich

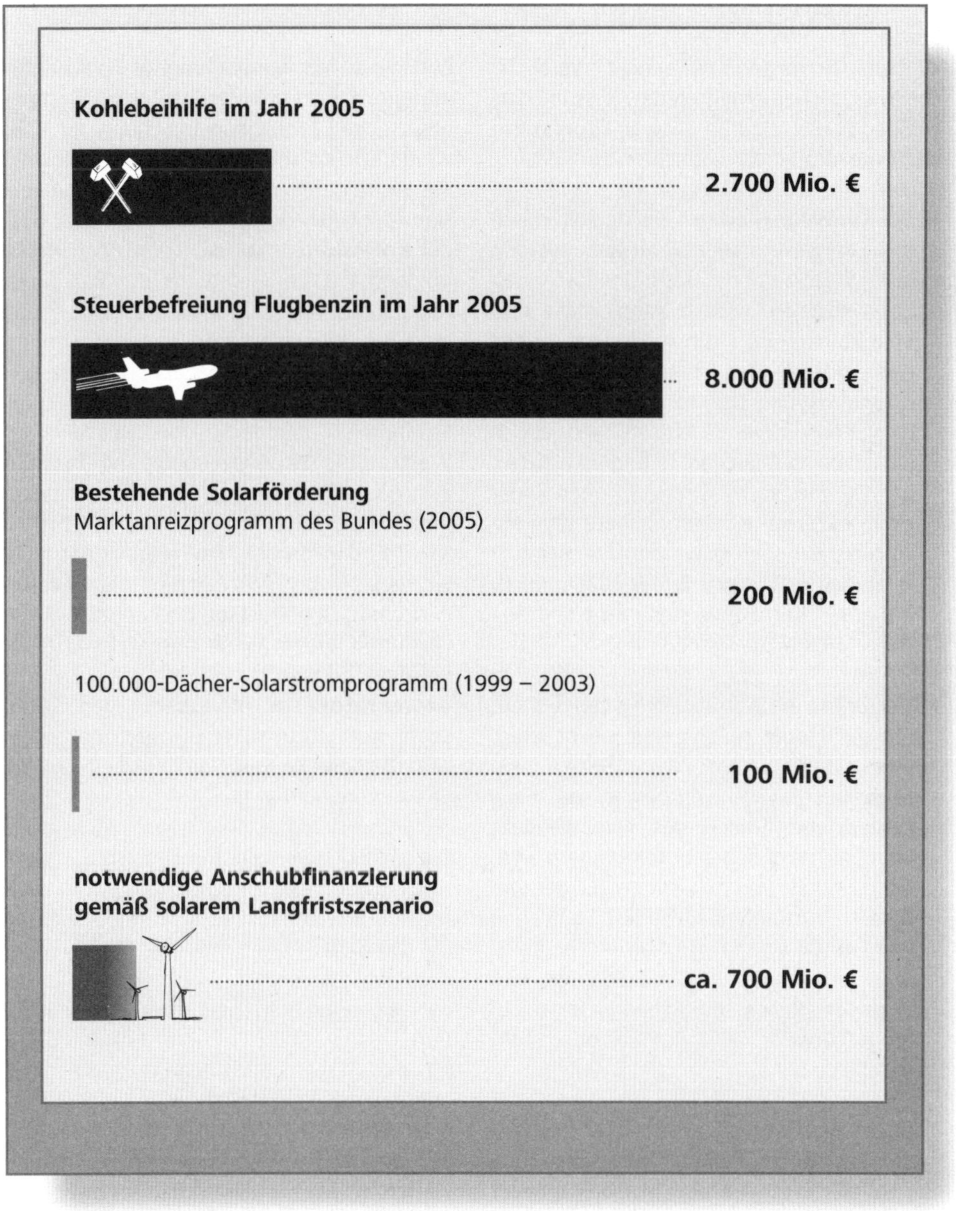

Quelle: eigene Darstellung

Energie ist für jeden Einzelnen relativ billig. Uns allen zusammen kann der Energieverbrauch jedoch sehr teuer zu stehen kommen. Zu diesem Ergebnis kam eine Prognos-Studie, die bereits 1992 im Auftrag des Wirtschaftsministeriums erstellt wurde.[321] Die Wissenschaftler legten dar, dass die derzeitigen Preisstrukturen unseren **Wohlstand verringern** oder gar vernichten können.

- Die **Umweltschäden,** die derzeit durch den Energieverbrauch verursacht werden (z.B. Waldsterben, Gesundheitsschäden bei Menschen, Ölpest, Atomunfälle und Treibhauseffekt), sind derzeit **nicht Bestandteil des Preissystems.** Die Kosten wurden bei der Produktion oder beim Konsum verursacht, müssen jedoch nicht von demjenigen getragen werden, der sie verursacht. Diese Schäden (oder auch **externe Kosten**) haben vielmehr einzelne Gruppen bzw. die Allgemeinheit zu tragen (z.B. durch Ernteausfälle, durch höhere Krankenversicherungsbeiträge oder durch höhere Steuern).

- Der britische Ökonom Sir Nicholas Stern hat im Oktober 2006 in einer viel beachteten Studie auf der Basis von Modellrechnungen dargelegt, dass die Kosten und Risiken des Klimawandels, wenn nichts dagegen unternommen wird, einer Einbuße von mindestens 5% des globalen Bruttoinlandsprodukts betragen werden. Berücksichtigt man ein breiteres Spektrum von Risiken und Folgen, so wird in diesem Bericht der Schaden sogar auf möglicherweise 20% des BIP oder mehr geschätzt.

Energieträger werden also billiger angeboten, als es bei einer echten Kostenrechnung der Fall sein dürfte. Infolgedessen wird mehr Energie verbraucht als nötig, denn es wird weniger in stromsparende Geräte sowie in regenerative Energiequellen investiert, als dies bei einer echten Kostenzurechnung der Fall wäre.

Die nicht in den Marktpreisen enthaltenen externen Kosten menschlichen Wirtschaftens können dabei sogar größer sein als die bisher berücksichtigten Produktionskosten.

Zur selben Zeit wie die Prognos-Forscher ermittelte das Fraunhofer-Institut für Systemanalyse und Innovationsforschung für konventionelle Kohlekraftwerke enorme Kosten, die nicht durch den Strompreis abgedeckt sind. Dabei wurde davon ausgegangen, dass die Kohlekraftwerke nach den noch heute gültigen Emissionsstandards mit Rauchgasreinigungsanlagen ausgestattet sind. Jede erzeugte Kilowattstunde verursacht demnach gesellschaftliche Kosten in Höhe von 1,6 bis 6,5 Cent/kWh, die nicht über die Strompreise abgedeckt sind. Mit anderen Worten: Die Stromerzeugung mit **fossilen Energieträgern** verursacht in Deutschland **jährlich Schäden in Höhe von 4,5 bis 19 Mrd. €,** die von der Allgemeinheit getragen werden.[322] Doch welchen Sinn hat es volkswirtschaftlich betrachtet, die Energie billig zu verkaufen, wenn wir sie anschließend teuer bezahlen müssen?
Atomkraftwerke produzieren den Strom sogar **noch teurer,** wenn man die gesellschaftlichen Kosten und Risiken in die Betrachtung einbezieht.[323]

Die zu niedrigen Preise führen nicht nur dazu, dass zuviel Energie nachgefragt wird. Auch falsche Investitionsentscheidungen werden auf der Basis dieser falschen Preise vorgenommen. Die heutige Versorgungsstrategie mit den vermeintlich geringsten Kosten kann durchaus erheblich höhere Gesamtkosten für die Gesellschaft bringen als z.B. eine Sonnenenergiewirtschaft, die zwar heute deutlich höhere interne Kosten aufweist, sich aber durch besonders niedrige externe Kosten auszeichnet.[324] Wird unser bisheriges Preissystem beibehalten, bedeutet das nichts anderes als die Fortsetzung einer gigantischen Misswirtschaft. Mit der Ökologischen Steuerreform und dem Erneuerbaren Energien Gesetz wurde hier ein erster, aber längst nicht ausreichender Schritt zur Korrektur getan.

Externe Kosten der Atomenergie

Warum Herr Kern von Sonne träumt.

Herr Kern ist nicht zu beneiden. Wieder einmal wurde er nach Gorleben geschickt, Castor-Transporte zu sichern. Der größte Polizeieinsatz aller Zeiten steht bevor. Geschätzte Kosten: 100 Millionen DM.

Dabei könnten ihm solche Einsätze erspart bleiben. Mit mehr Solarenergie. Solarenergie ist unerschöpflich und umweltfreundlich. Und vor allem entsteht bei ihrer Nutzung kein strahlender Müll.

Für den Preis nur eines Castor-Transports liefern wir 100.000 qm Solarmodule. Genug, um den Strombedarf von Herrn Kern und 4000 seiner Kollegen solar zu decken - über mehrere Generationen hinweg.

Die Zeit ist reif für die Sonne. Die Argumente liegen auf der Hand. Machen Sie mit.

Quelle: Solar-Fabrik AG, Freiburg

11

12 →

11.4 Ökosteuer: Ein Programm für Arbeit und Umwelt

Strom und Wärme aus regenerativen Energiequellen sind heute in den meisten Fällen noch teurer als herkömmliche Strom- oder Wärmeerzeugung /-bereitstellung. Dies hat verschiedene Gründe:

- Die Kostenrechnung für die Nutzung der fossilen Energieträger berücksichtigt nicht die externen Kosten des Energieverbrauchs (vgl. 11.3).
- Die Technologien der regenerativen Energiequellen befinden sich zum Teil noch in einer Entwicklungsphase. Eine Produktion in Großserien und damit eine kostengünstige Fertigung ist noch nicht erreicht.
- Beim Einsatz regenerativer Energiequellen werden fossile Energieträger durch neue Technologien ersetzt. Die Herstellung dieser Anlagen basiert größtenteils auf Einsatz von Arbeitskraft. Arbeitskraft ist in Deutschland wie auch in den übrigen Industrieländern sehr teuer, da sie sehr stark mit Steuern belastet ist.
- Fossile Energieträger und die Atomenergie werden bzw. wurden in hohem Maße subventioniert. (vgl. 11.1 und 11.2)

Hier setzt die ökologische Steuerreform an: Durch eine Steuer auf Energieträger und andere belastende Rohstoffe wird der **Einsatz von fossilen Energieträgern teurer,** während die Produktion von Anlagen zur rationellen Energienutzung und regenerativer Energiegewinnung kostengünstiger wird.

Damit verlagert sich die Nachfrage von den fossilen Energieträgern auf die regenerativen Energiequellen und die Effizienztechnologien. Hierdurch werden **mehrere positive Effekte** angestoßen:

1. Durch einen reduzierten Einsatz fossiler Energiequellen werden **weniger Schadstoffe** und weniger klimarelevante Gase (insbesondere Kohlendioxid) erzeugt.
2. Die **Abhängigkeit** von fossilen Energieträgern, die in Deutschland und in der gesamten EU sehr hoch ist, wird reduziert.
3. Die **Beschäftigung** steigt an, weil durch den Zubau der regenerativen Energiequellen mehr Arbeitsplätze geschaffen werden als durch den nachlassenden Handel mit Kohle, Öl und Erdgas verloren gehen (siehe 10.5).
4. Durch eine Zunahme der Beschäftigung sinken die **sozialen Kosten der Arbeitslosigkeit** (staatliche Ausgaben zur Unterstützung der Arbeitslosen, entgangene Steuern und Sozialabgaben; weniger Krankheiten, die durch Arbeitslosigkeit induziert werden).

Vielfach wird irrtümlich angenommen, dass mit einer Ökologischen Steuerreform eine Mehrbelastung der Steuerzahler verbunden sei. Dies würde dem Grundgedanken einer ökologischen Steuerreform jedoch widersprechen. Die **Grundidee** zielt darauf ab, dass die **Steuer aufkommensneutral** erfolgt und dies durch eine **Verlagerung der Steuerbelastung** von der (im Überfluss vorhandenen) Arbeitskraft auf die knappen Energieträger erreicht wird. Eine richtig durchgeführte ökologische Steuerreform schließt darüber hinaus eine Mehrbelastung von sozial schwachen Gruppen aus. Dies war bei den ersten Stufen der ökologischen Steuerreform leider nicht der Fall.

Die Funktionsweise der Ökologischen Steuerreform

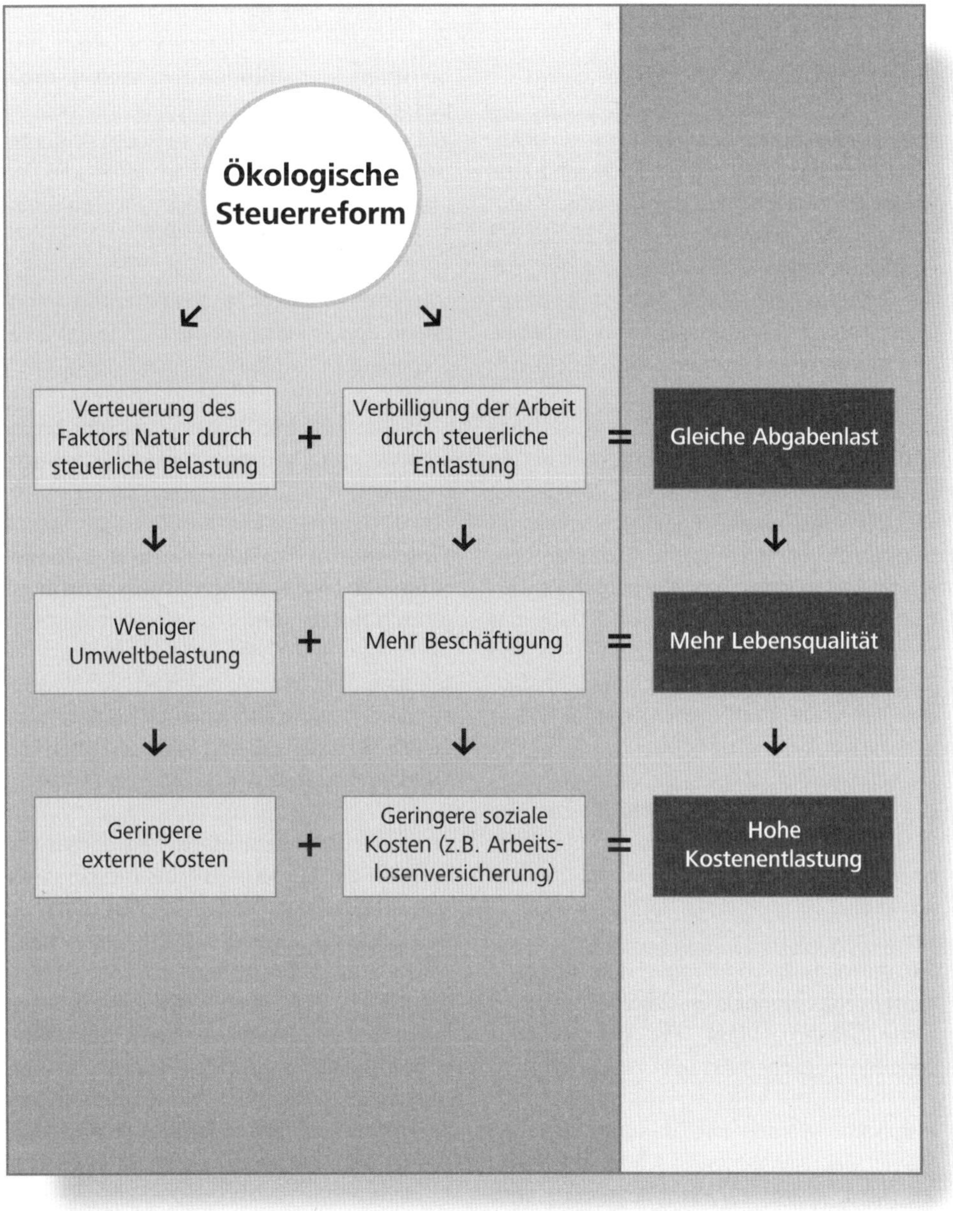

Quelle: eigene Darstellung

Am 1. April 1999 trat das Gesetz zum Einstieg in die ökologische Steuerreform in Kraft. Damit wurde eine Steuer auf Kraftstoffe, Strom, Erdgas und Heizöl eingeführt. Für Strom und Kraftstoffe wurden jährliche Steuererhöhungen in 5 Stufen festgelegt.

Die Steuersätze: Ausgehend von einem Steuersatz von 1,02 Cent pro Kilowattstunde **Strom** (April 1999) wurde die Steuer zum Anfang eines jeden Jahres um 0,26 ct/kWh erhöht. Im Januar 2003 wurde mit der vierten Erhöhung die letzte Stufe umgesetzt. Damit beträgt die Stromsteuer für Haushalte und Kleinverbraucher insgesamt 2,05 ct/kWh.

Das produzierende Gewerbe sowie land- und forstwirtschaftliche Verbraucher hatten bis Ende 2002 einen ermäßigten Steuersatz von 20% des obigen Regelsteuersatzes zu bezahlen.[325] Energieintensive Großunternehmen erhalten noch weitergehende Ermäßigungen. Seit dem 1. Januar 2003 zahlt das produzierende Gewerbe sowie das land- und forstwirtschaftliche Gewerbe einen ermäßigten Steuersatz von 60%, was einer Steuer von 1,23 ct/kWh entspricht.

Die Ökosteuer auf **Kraftstoffe** (Benzin und Dieselöl) wurde jährlich in Stufen von 3 ct/ Liter erhöht. Derzeit beträgt sie ca. 15 Cent pro Liter.

Für den Einsatz von Erdgas und Heizöl in Kraft-Wärme-Kopplungsanlagen[326] gibt es einen Steuernachlass, um die Stromerzeugung in solchen Anlagen zu fördern.

Insgesamt werden die dadurch erzielten Steuer-Mehreinnahmen in Höhe von knapp **20 Mrd. Euro** zur **Stabilisierung und Senkung der Beiträge für die gesetzliche Rentenversicherung** verwendet.

Mit der ökologischen Steuerreform wurden die **Steuern in vorher definierten Schritten angehoben.** Dadurch haben die Verbraucher und die Wirtschaftsbetriebe die Möglichkeit, sich in ihrem **Verhalten und bei ihren Investitionen rechtzeitig anzupassen.** Benzinsparende Fahrzeuge, bessere Wärmedämmung, effiziente Haushaltsgeräte und mehr Energieeffizienz in der Produktion machen sich dank der ökologischen Steuerreform schneller bezahlt.

Dass die Ökologische Steuerreform wirkt, zeigen drei Studien, die die Effekte der Öko-Steuer auf Umwelt und Beschäftigung untersucht haben. Rund 250.000 neue Arbeitsplätze und 20 Mio. Tonnen weniger klimaschädliches CO_2 können als Erfolg gebucht werden.[327]

Eine weitere Fortführung und Optimierung der ökologischen Steuerreform ist jedoch notwendig: Klimaveränderung und Verknappung fossiler Energieträger schreiten schneller voran als erwartet. Um Investoren bereits heute auf zukünftige Notwendigkeiten einzustellen, sind weitere Stufen der Ökosteuer notwendig.

In der Abbildung ist modellhaft dargestellt, wie sich der Förderbedarf bei der langfristigen Umstellung auf ein regeneratives Energiesystem entwickelt: Ohne eine ökologische Steuerreform steigt der Förderbedarf erheblich an. Mit einer Zunahme der Steuer auf fossile Energiequellen geht der Förderbedarf stark zurück. Das Ausbaukonzept für die erneuerbaren Energiequellen wird so leichter finanzierbar.

Ökosteuer verringert Anschubfinanzierung für regenerative Energiequellen

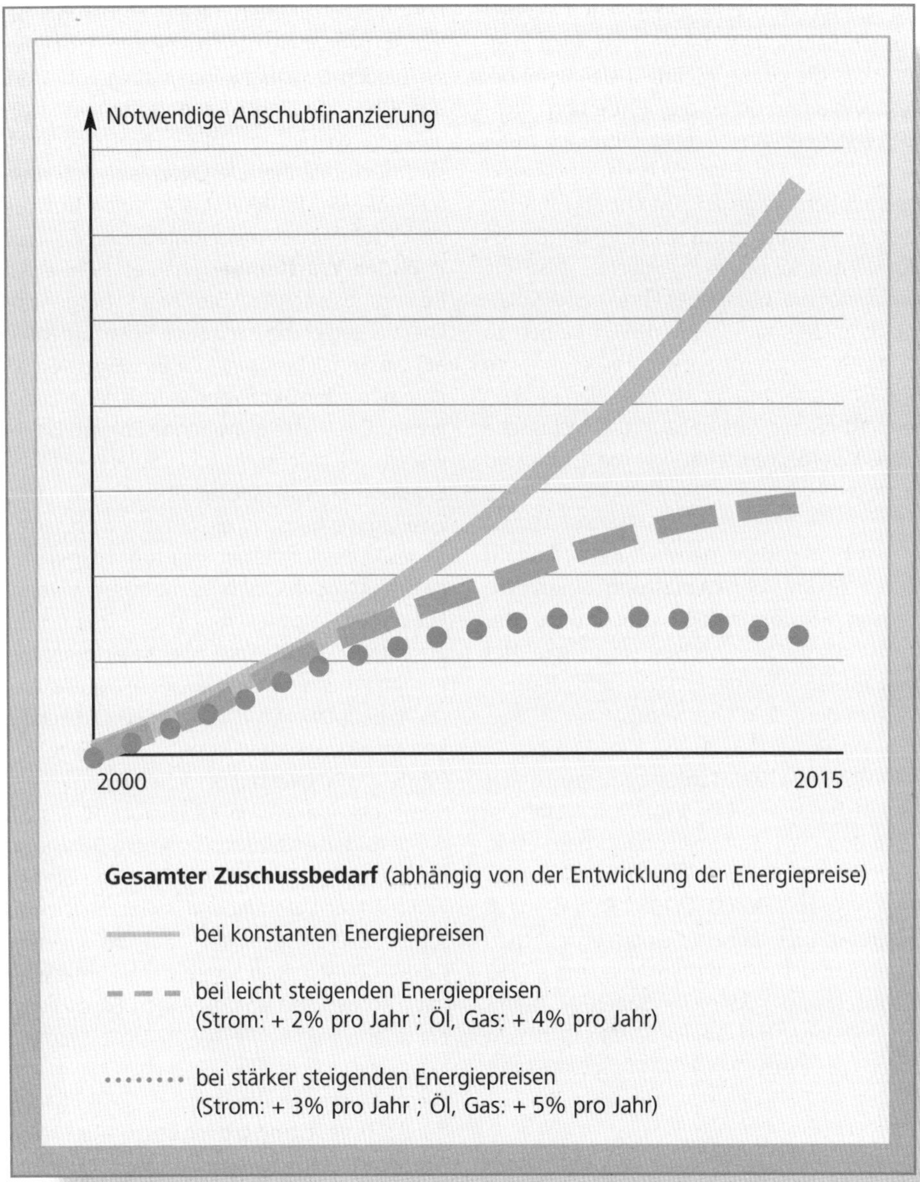

Quelle: Langniß u.a. 1997

11
12 →

Fußnoten ↓ | Glossar ↓ | Infos ↓

11.6 Investitionszuschüsse für thermische Solaranlagen

In den 1990er Jahren wurden thermische Solaranlagen auf breiter Basis gefördert: 1997 waren es insgesamt fast 200.000 qm Kollektoren, wobei die Länder mit 77% den größten Beitrag leisteten[328]. Umfragen zeigten, dass die große Mehrheit der Betreiber diese Anlagen ohne die Förderung nicht oder erst zu einem späteren Zeitpunkt installiert hätte.[329] Die Förderung hat also direkt Investitionen ausgelöst. Gleichzeitig führten diese Programme auch zu einer deutlichen Marktentwicklung: So erklärten fast die Hälfte der Solarbetriebe, ihre erste Solaranlage im Zeitraum 1992 - 1996 montiert zu haben.[330] Insgesamt hat die Förderung also ihre Ziele erreicht: Neue Solaranlagen wurden in größerer Zahl gebaut, das technische Wissen wurde verbreitet und die Preise sind gesunken.[331]

Angesichts knapper Haushaltsmittel kommt für die Zukunft der **Gestaltung einer effizienten Förderstrategie besondere Bedeutung zu.** Dies soll hier am Beispiel der zwei Bundesländer Hessen und Baden-Württemberg diskutiert werden:

Von 1992 bis 1995 förderten beide Länder thermische Solaranlagen durch Investitionszuschüsse (Pro Einfamilienhaus gab es in Baden-Württemberg 2.000 DM (1022 €), in Hessen bis zu 3.000 DM (1534 €, aber maximal 30%). Dies führte zu einem erfreulichen Wachstum der geförderten Anlagen: + 77% in Hessen und + 193% in Baden-Württemberg.[332] Damit hat die Förderung in diesen Jahren zu einem starken Marktwachstum geführt.

Das Jahr 1996 brachte eine wichtige Änderung: Solaranlagen in Neubauten erhielten über die erhöhte Eigenheimzulage (‚Ökozulage') eine zusätzliche Förderung. **Hessen** stellte daraufhin seine Förderung um: Als Folge der gesunkenen Anlagenkosten wurde der Fördersatz um ein Drittel reduziert, und die Gelder wurden auf den Wohnungsbestand konzentriert (keine Förderung bei Inanspruchnahme der Ökozulage). Trotz dieser beiden Einschränkungen stieg von 1995 auf 1997 die Zahl der geförderten Solaranlagen weiter um 14%. Hinzuzurechnen sind noch die über die Ökozulage geförderten Anlagen. Insgesamt also eine effiziente und erfolgreiche Förderstrategie.

In **Baden-Württemberg** gab es 1996 einen Regierungswechsel: Die neue bürgerlich-liberale Regierung stellte die Solarförderung auf zinsverbilligte Darlehen um. Eine Kombination mit der Ökozulage wurde dabei zugelassen. Dies hatte gravierende Folgen: Bisher waren die Mehrzahl der Solarinvestoren Eigentümer von (bestehenden) Ein- und Zweifamilienhäusern, die mit ihrem Ersparten etwas Gutes für die Umwelt tun wollten und dazu durch den Zuschuss motiviert wurden. Für diesen Personenkreis ist ein Kredit nicht attraktiv. Daher wurde die Solarförderung nur im (mengenmäßig kleinen) Neubaubereich genutzt, wo sie mit der Ökozulage kombiniert werden konnte. Im Ergebnis führte das zu einem drastischen Einbruch auf dem Solarmarkt: Von 1995 auf 1997 sank die geförderte Kollektorfläche um 54% (also etwa auf das Niveau von 1992, siehe Grafik), während gleichzeitig bundesweit die thermischen Solaranlagen um über 40% zulegten[333].– Diese politisch motivierte Umstellung hat also der Solarenergie einen Bärendienst erwiesen.

Aktuell werden thermische Solaranlagen durch **Investitionszuschüsse aus dem Marktanreizprogramm des Bundes** gefördert. Aufgrund der hohen Nachfrage droht auch hier eine Stopp-and-Go-Förderung (vgl. auch 11.14).[334]

Umstellung der Förderpolitik: Investitionskostenzuschüsse wirksamer als Darlehen

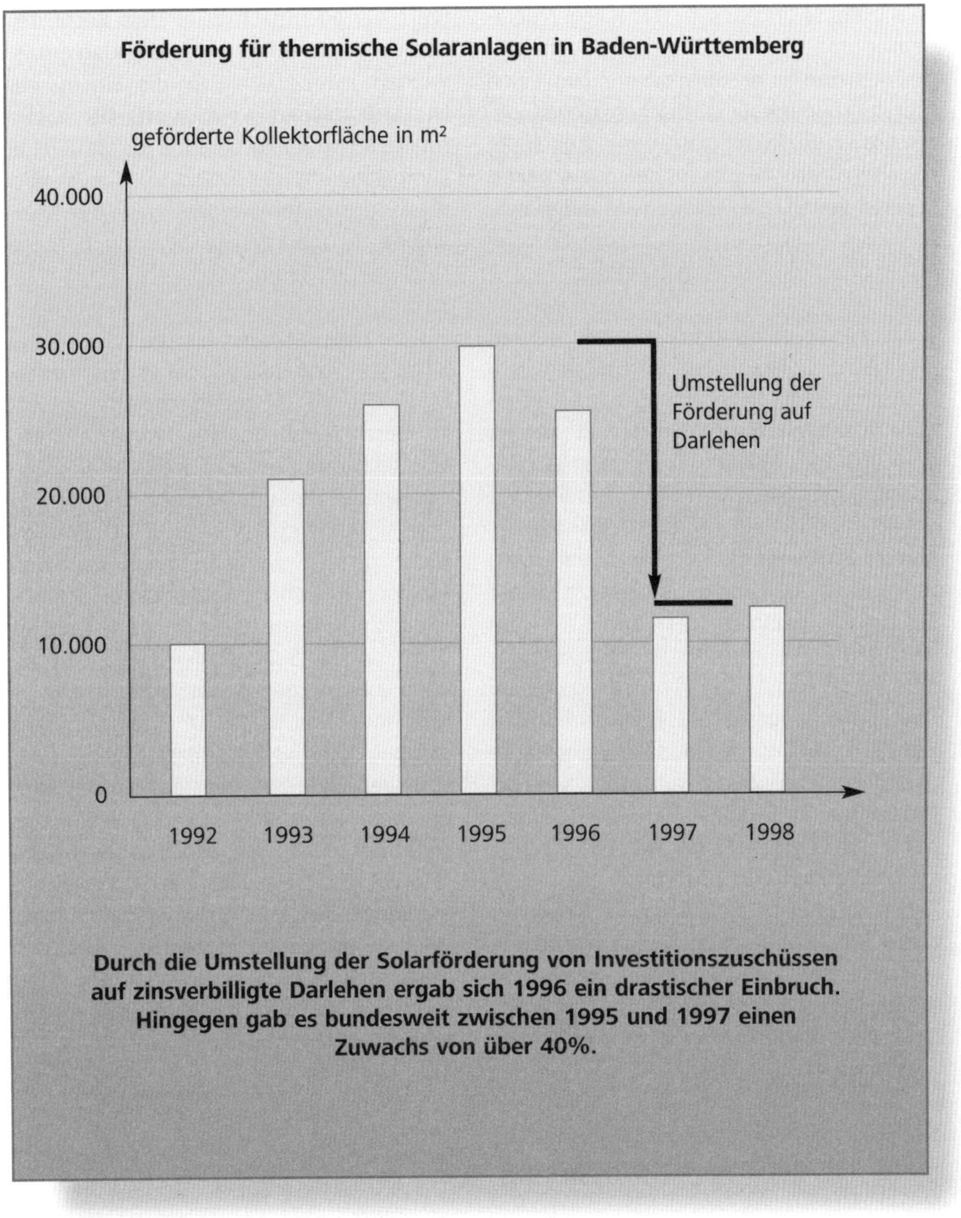

Quelle: Landtag Baden-Württemberg Drs. 12/1840, 2340, 3635

11.7 Sorgenkind: Solarenergie im Mietwohnungsbau

Eine Solarstrategie, die nur auf Eigenheimbesitzer setzt, greift zu kurz: Das große Feld der Mehrfamilienhäuser und des Mietwohnungsbaus bleibt so unbeackert. Dabei liegen gerade hier große, kostengünstig zu erschließende Potenziale für die Solarwärme: Zum einen führen größere Kollektorflächen zu geringeren Kosten pro kWh Solarenergie, zum anderen sorgen viele Nutzer für einen kontinuierlicheren Bedarf. Die Anlage wird daher besser ausgelastet und der nutzbare Energieertrag pro m^2 Kollektorfläche steigt.

Trotz dieser eindeutigen Vorteile führen thermische Solaranlagen in Mehrfamilienhäusern und im Mietwohnungsbau ein absolutes Schattendasein, denn derzeit werden über 90% der Anlagen in Ein- und Zweifamilienhäusern installiert. Ein wesentlicher Grund hierfür liegt in der **Eigentümer-Nutzer-Problematik:** Der Gebäudeeigentümer muss zunächst die Investition für die Solaranlage bezahlen; der Vorteil in Form verringerter Brennstoffkosten kommt aber dem Mieter zugute. Der Vermieter kann dem Mieter die eingesparten Brennstoffkosten nicht in Rechnung stellen, sondern er hat in diesem Fall nur die Möglichkeit, wie bei Modernisierungsmaßnahmen die (Grund-) Miete zu erhöhen. Eine spezielle Rechtssprechung hierfür ist noch nicht vorhanden, daher nutzen nur die wenigsten Vermieter diese Möglichkeit. Stattdessen verzichten Vermieter und auch Wohnbaugesellschaften auf die Nutzung der Solarenergie. Das große Solar-Potenzial in diesem Bereich bleibt ungenutzt.[335]

Eine Lösung dieser Problematik bietet die Gründung einer **Solarwärme-Service-Gesellschaft:** Der Vermieter bzw. die Wohnbaugesellschaft beauftragt diese Servicegesellschaft mit der Installation und dem Betrieb der Solar- (plus Heizungs-) anlage. Die Gesellschaft errechnet aus den Investitions- und Betriebskosten einen Wärmepreis, der auch nach geltendem Recht dem Mieter als Nebenkosten in Rechnung gestellt werden kann. Damit ist die Eigentümer-Nutzer-Problematik entschärft. Ein solches solares Contracting bietet z. B. die Berliner Energieagentur an.[336] Zusätzlich muss noch daran gearbeitet werden, dass die Solarwärme zu marktfähigen Preisen bereitgestellt werden kann.

Für die Übergangszeit bis zur vollen Rentabilität von Solaranlagen gibt es verschiedene Möglichkeiten, die thermische Solarnutzung im Geschoßwohnungsbau voranzubringen: Einerseits kann versucht werden, dies über eine spezielle finanzielle Förderung zu erreichen.[337] Andererseits kann das **Ordnungsrecht** genutzt werden, indem Bauherren Auflagen in puncto Solarnutzung gemacht werden: Die erste Initiative dazu kam aus Berlin. In der Solaranlagenverordnung von 1995 wurde der Senat ermächtigt, bei Neubauten mit zentraler Warmwasserversorgung thermische Solaranlagen vorzuschreiben, die 60 Prozent des Jahres-Warmwasserbedarfs abdecken.[338] Die Wohnungswirtschaft sperrte sich jedoch gegen die Umsetzung, und die Landesregierung verzichtete darauf, die Möglichkeiten der Solaranlagenverordnung zu nutzen.[339] Erfolg hatte diese Idee jedoch in Spanien: Die Stadt Barcelona hat sich für eine Solaranlagen-Verordnung entschieden.[340] (vgl. 11.14)

Solarenergie im Mietwohnungsbau

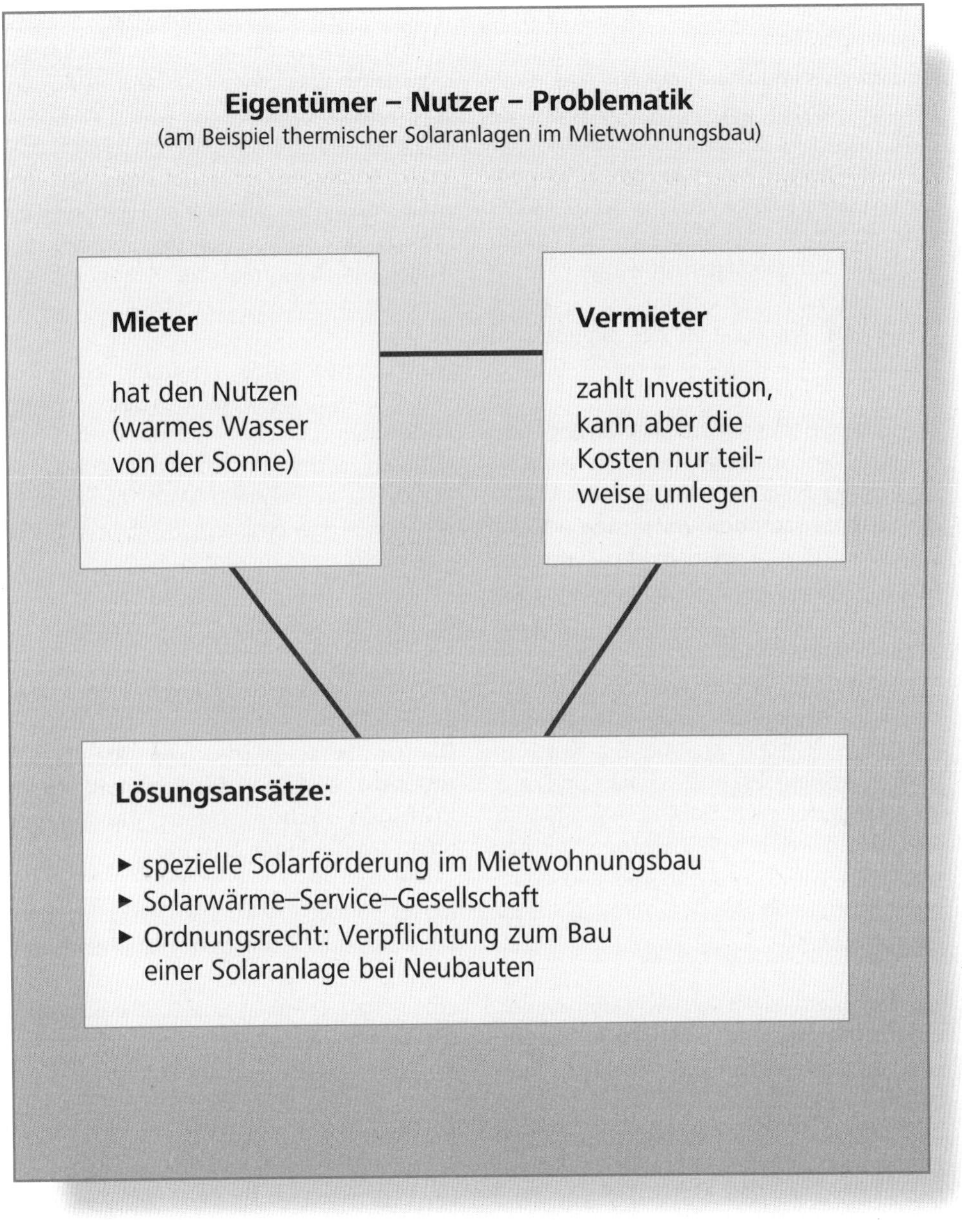

Quelle: eigene Darstellung

Vor dem Inkrafttreten des EEG am 1.4.2000 bestand bei Solarstromanlagen ein krasses Missverhältnis zwischen den Investitionskosten und der Einspeisevergütung. Letztere betrug bis 1999 für jede ins Netz eingespeiste Kilowattstunde ca. 8 ct/kWh. Wenn der Betreiber seinen gesamten Solarstrom ins Netz einspeiste, so konnte er bei einer 1-kWp-Anlage in 20 Jahren knapp 1500 € erlösen (20 Jahre * 900 kWh/Jahr * 0,08 €/kWh = 1440 €). Dies entsprach nur einem Bruchteil der damaligen Investitionskosten (ca. 10.000 €) und ermöglichte in keiner Weise eine Amortisation des eingesetzten Kapitals.

Um dieses Hemmnis zu überwinden, entwickelte der Solarenergie-Förderverein in Aachen Anfang der 1990er Jahre das Modell der **kostendeckenden Vergütung (kV)** für Solarstrom[341]: Die betriebswirtschaftlichen Kosten einer optimalen Solaranlage einschließlich einer angemessenen Kapitalverzinsung werden auf die solar erzeugten Kilowattstunden umgelegt. Damit ergibt sich die Einspeisevergütung, die einen kostendeckenden Betrieb erlaubt. Sie wird zu Beginn der Betriebszeit berechnet und über 20 Jahre ausbezahlt. Sinken die Kosten für PV-Anlagen weiter (vgl. 3.5), so gilt für neu gebaute Anlagen eine entsprechend geringere kV. Ende der 1990er Jahre lag die kV bei ca. 0,9 €/kWh.

Die kV unterscheidet sich von den damals üblichen Förderprogrammen: Nicht der Bau einer Solaranlage wird per Zuschuss unterstützt, sondern die Anlage wird dadurch gefördert, dass der eingespeiste Solarstrom angemessen vergütet wird. Dieses System hat deutliche **Vorteile:**

- Die Förderung (kV) greift nur dann, wenn die Anlage auch tatsächlich Strom produziert. Damit ist ein Anreiz gesetzt, die Anlage bei evtl. Betriebsstörungen zügig zu warten. Da der Betreiber die Investitionskosten in voller Höhe zahlen muss, liegt es in seinem Interesse, diese niedrig zu halten. Das bringt insgesamt die Kostendegression voran.
- Die Förderung ist unabhängig von der Finanzlage der öffentlichen Hand, weil die EVUs die Kosten auf die Stromkunden umlegen. Das trägt zur Kontinuität der Förderung bei.

Die kostendeckende Vergütung entspricht dem Grundsatz der EVUs, den Strompreis für Endkunden mittels Mischkalkulation aus unterschiedlichen Kosten der verschiedenen Kraftwerke zu ermitteln. Wird Solarstrom in den Mix aufgenommen, so ergibt sich nur eine minimale Strompreiserhöhung.

Im Jahr 1999 wurde die kV von etwa 20 Stadtwerken gezahlt. Von den Verbundunternehmen konnte sich hingegen keines dazu entschließen, diese Regelung umzusetzen. **Die Grafik zeigt, dass die kV in der Anfangsphase der Photovoltaik einen kräftigen Schub beim Bau neuer Solarstromanlagen bewirkte.**

Der Grundgedanke der kV, nämlich dem Betreiber einer Solarstromanlage eine faire Vergütung zu zahlen, wurde später vom Erneuerbare-Energien-Gesetz übernommen. Die nach der Novellierung von 2004 geltende Einspeisevergütung für Solarstrom stellt praktisch eine kostendeckende Vergütung dar. Daher gibt es heute (2007) in Deutschland keine Stadtwerke mehr, die neue Verträge zur kostendeckenden Vergütung abschließen.

Kostendeckende Vergütung setzt wichtige Impulse für den Ausbau der Photovoltaik in Deutschland

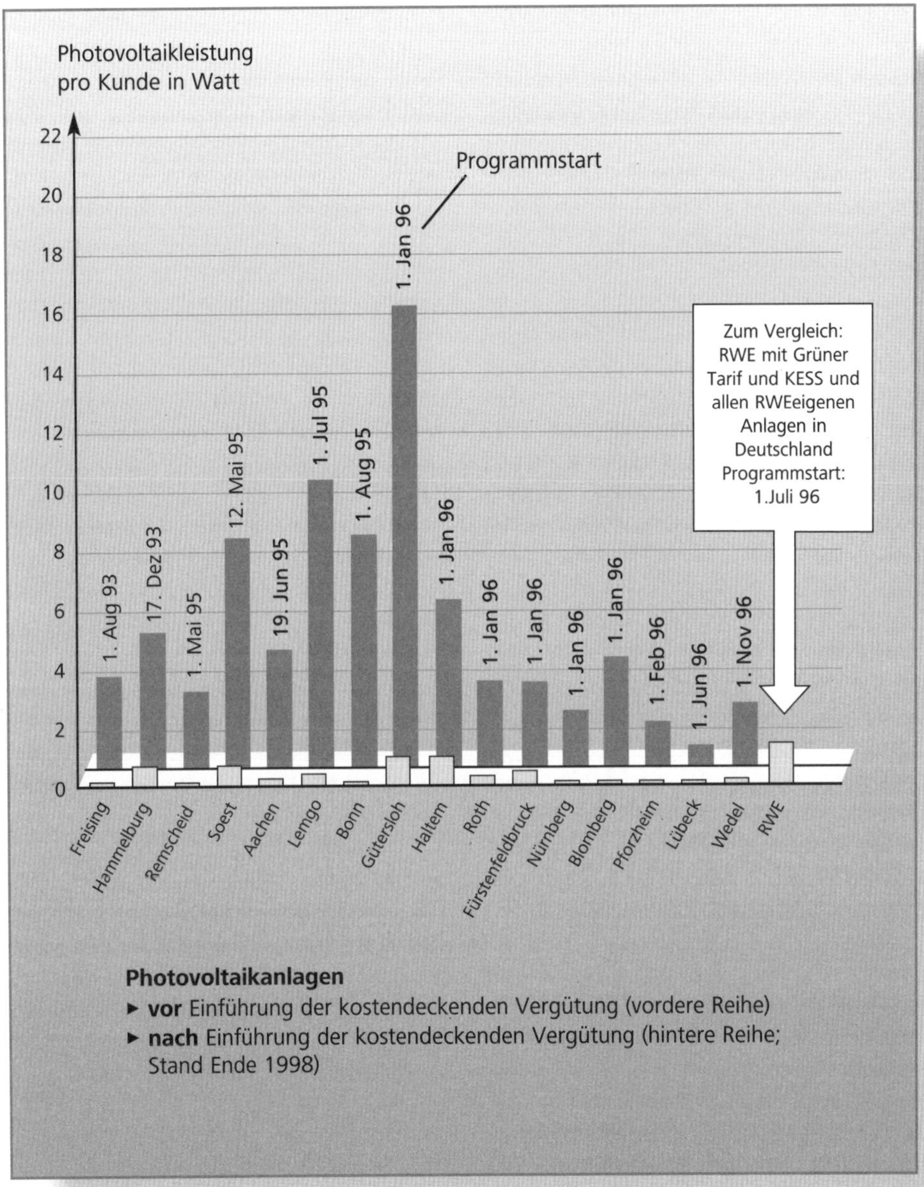

Quelle: Solarförderverein Aachen

11.9 Vom Stromeinspeisungsgesetz zum Erneuerbare-Energien-Gesetz (EEG)

Die Einführung des Stromeinspeisungsgesetzes zu Beginn des Jahres 1991 war der entscheidende Wendepunkt für die Entwicklung der Windkraft in der Bundesrepublik. Nach den Bestimmungen dieses Gesetzes wurden die Netzbetreiber erstmals verpflichtet, Strom aus regenerativen Energiequellen zu Mindestpreisen ins Netz aufzunehmen und zu vergüten. Die Höhe der Mindestvergütung orientierte sich dabei an den durchschnittlichen Strompreisen aller Endkunden des vorletzten Jahres.

Für Strom aus Windkraft- und Solaranlagen mussten die Netzbetreiber 90% dieses Wertes erstatten, für Strom aus Biomasse und kleinen Wasserkraftwerken mit einer Leistung von bis zu 500 Kilowatt 80% und für Strom aus Wasserkraftwerken mit einer Leistung von 500 kW bis zu 5 MW waren 65% zu vergüten.

Das Statistische Bundesamt hatte z.B. den Durchschnittswert der Stromerlöse für 1997 mit 9,4 Cent ermittelt. Somit betrug 1999 die Vergütung für Wind- und Solarstrom 8,4 Cent/kWh. Im Jahr 2000 wurden bereits 0,2 Cent weniger für die Kilowattstunde Windkraftstrom bezahlt, da durch die Liberalisierung des Strommarktes die Strompreise auf breiter Front sanken und somit den Basispreis für das Jahr 2000 reduzierten.

Damit verbunden war die **Unsicherheit potenzieller Investoren,** welche Einspeisevergütung sie in Zukunft für regenerativ erzeugten Strom erzielen können. Um hier Klarheit zu schaffen und somit Investitionsanreize für erneuerbare Energien herzustellen, wurde bei der Neugestaltung des Stromeinspeisungsgesetzes die **Einspeisungsvergütung unabhängig von der allgemeinen Strompreisentwicklung** festgelegt.

Ein weiterer Änderungsbedarf ergab sich aus der Verabschiedung der Energierechtsnovelle, die zum 29. April 1998 in Kraft trat: Damals führte der Gesetzgeber eine Sonderregelung für das Einspeisungsgesetz ein: Steigt der Anteil des eingespeisten Stroms aus regenerativen Energiequellen auf über 5% des Stromabsatzes, so wird das aufnehmende EVU von seiner Vergütungspflicht für die Einspeisung entbunden und der Vorlieferant des aufnehmenden Energieversorgungsunternehmens muss für die Vergütung eintreten. Erreicht die Aufnahme von Öko-Strom auch beim Vorlieferanten die 5-Prozent-Marke seines Gesamtabsatzes, so ist dieser für alle weiteren Strommengen von der gesetzlichen Einspeisevergütung freigestellt.

Diese Regelung, auch als **„doppelter fünf-Prozent-Deckel"** bezeichnet, wurde damals mit dem Ziel eingeführt, die finanzielle Belastung einzelner Energieversorgungsunternehmen zu begrenzen. Durch den starken Zubau von Windkraftanlagen wurden einige Endverteiler im norddeutschen Küstengebiet im Vergleich zu anderen Versorgungsunternehmen durch das Einspeisungsgesetz stärker belastet.[342]

Dieser Deckel stellte jedoch keine gute Lösung des Problems dar und hätte sich sehr schnell als eine starke Bremse für den weiteren Ausbau der Windenergie herausgestellt. Deshalb wurde auch diese Regelung im Jahr 2000 durch das neue Einspeisungsgesetz abgeschafft (siehe nächster Abschnitt).

Einspeisung und Vergütung nach Stromeinspeisungsgesetz (StrEG) und Erneuerbare Energien Gesetz (EEG) in Deutschland 1991-2005

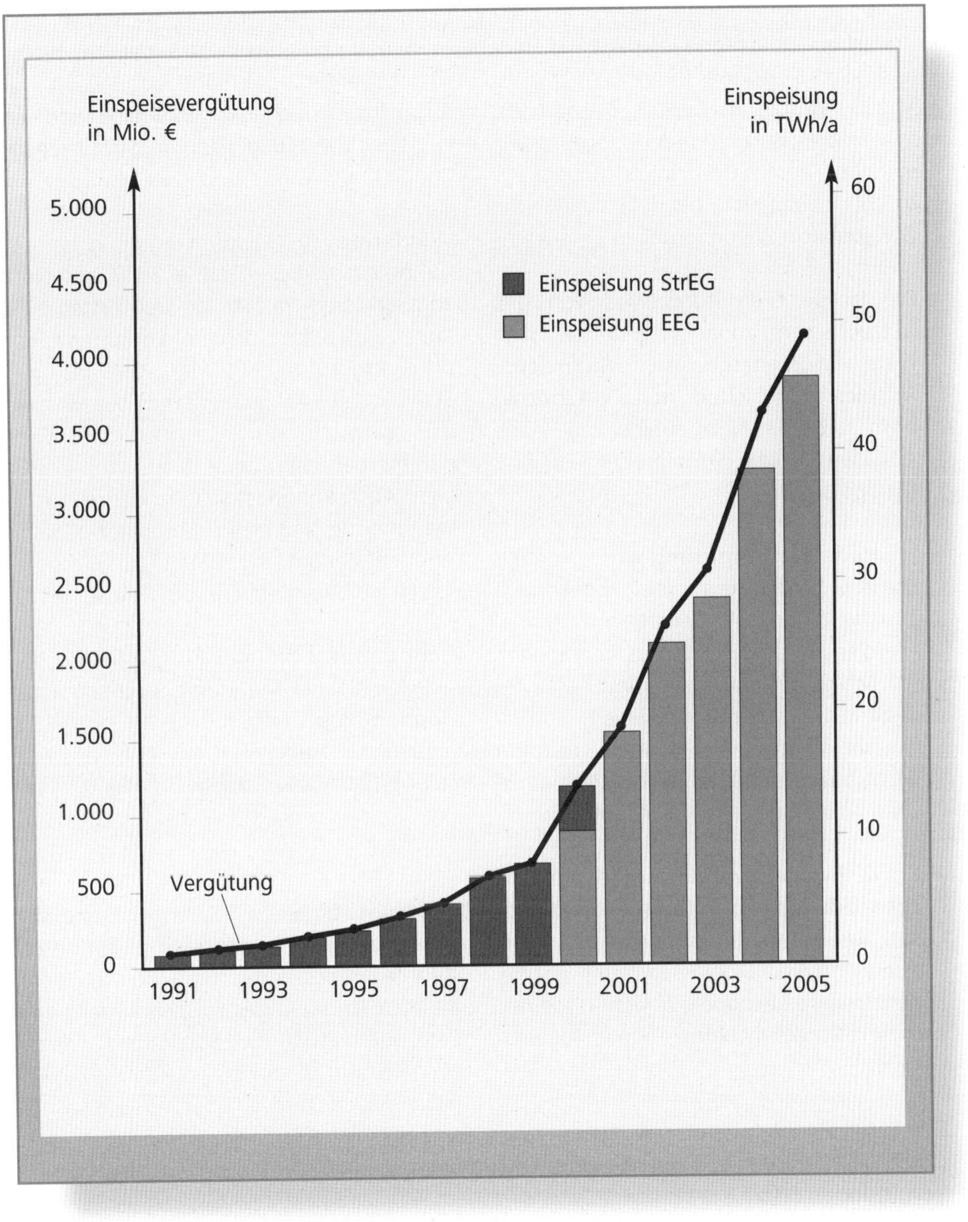

Quelle: BMU „Erneuerbare Energien in Zahlen", 2006

11

12 →

Aus ökologischer und ökonomischer Sicht bestand nach der Liberalisierung des Strommarktes Änderungsbedarf für das Einspeisungsgesetz (siehe 11.9). Daher wurde das **Erneuerbare-Energien-Gesetz (EEG)** erlassen, das am 1. April 2000 in Kraft trat. Im Jahr 2004 wurde das Gesetz novelliert und die Vergütungssätze wurden angepasst.[343] Gegenüber dem Stromeinspeisungsgesetz von 1991 haben sich mit dem novellierten EEG wesentliche Veränderungen ergeben:

- Die Einspeisevergütung wird von den Netzbetreibern zunächst erstattet, dann findet auf Bundesebene ein **finanzieller Ausgleich zwischen den Netzbetreibern** statt. Die Netzbetreiber legen ihre Auslagen auf die Strompreise aller ihrer Kunden um.[344]

- Die **Höhe der Vergütung** wurde von der Entwicklung der Strompreise abgekoppelt und für die verschiedenen erneuerbaren Energien so festgesetzt, dass bei rationeller Betriebsführung ein wirtschaftlicher Betrieb der Regenerativanlagen möglich ist. Die Höhe der Einspeisevergütung bleibt für die Anlagen jeweils über einen Zeitraum von 20 Jahren konstant.[345]

- Um die **Einspeisevergütung der Kostenentwicklung bei den Anlagen anzupassen,** wird die Vergütung für Solaranlagen, Windkraft- und Biomasseanlagen an das Kalenderjahr gekoppelt, in dem diese Anlagen erstmals in Betrieb gehen (Degression).[346]

Das EEG schreibt für Anlagen, die im **Jahr 2007** in Betrieb gehen, folgende **Mindestvergütungen** fest:

Wasserkraft: Kleine Anlagen bis 500 kW erhalten 9,38 ct/kWh, Anlagen mit einer Leistung von 501 bis 5.000 kW erhalten eine Mindestvergütung von 6,45 ct/kWh.[347]

Biomasse: Auch hier hängt die Vergütung von der Größe der Anlage ab: Bis 150 kW beträgt die Mindestvergütung 10,99 ct/kW bis 500 kW 9,46 ct/kWh, bis 5 MW 8,51 ct/kWh und darüber 8,03 ct/kWh.[348] Die Mindestvergütung erhöht sich, wenn der Strom aus nachwachsenden Rohstoffen gewonnen wird und wenn die Stromerzeugung in Kraft-Wärme-Kopplung erfolgt.[349]

Windkraft: Die Mindestvergütung beträgt für Anlagen, die im Jahre 2007 ans Netz angeschlossen werden, in den ersten fünf Jahren 8,19 ct/kWh. In den Folgejahren hängt die Vergütung von der Qualität des Standorts ab: An guten Standorten wird ab dem sechsten Jahr nur noch 5,18 Cent gezahlt, bei schlechteren Standorten erfolgt diese Absenkung erst später oder gar nicht. Die jährliche Degression für später gebaute Anlagen beträgt 2 Prozent. Für Offshore-Anlagen gibt es differenzierte Regelungen.[350]

Geothermie: Für Strom aus geothermischen Anlagen ist die Vergütung ebenfalls nach Leistung gestaffelt und reicht von 15,0 ct/kWh für Anlagen bis 5 MW bis 7,16 ct/kWh bei einer Leistung von über 20 MW. Die jährliche Degression beträgt ab dem Jahr 2010 1%.

Photovoltaik: Beim Solarstrom ergab sich gegenüber der bisherigen Regelung die stärkste Verbesserung: Statt den 8,5 Cent, die man zu Zeiten des Einspeisegesetzes für eine Kilowattstunde Solarstrom erlösen konnte, gibt es nun zwischen 51,8 ct/kWh (Solarfassade) und 37,95 ct/kWh (Freilandanlage). Für Freiflächenanlagen ab dem Baujahr 2006 wird die Vergütung jährlich um 6,5% gesenkt.

Das EEG hat für Investoren faire und verlässliche Rahmenbedingungen geschaffen und damit einen Boom beim Ausbau der erneuerbaren Energien ausgelöst.

Einspeisevergütung nach EEG für neue Anlagen, die im Jahr 2007 in Betrieb gehen (alle Angaben in Cent/kWh)

	bis 150 kW	bis 500 kW	bis 5 MW	> 5 MW
Wasserkraft[1]	9,38	9,38	6,45	spezielle Regelung
Deponie-, Klär-Grubengas[2]	7,33	7,33	6,36	spezielle Regelung
Biomasse[2]	10,99	9,46	8,51	8,03
	bis 5MW	bis 10 MW	bis 20 MW	> 20 MW
Geothermie[3]	15,0	14,0	8,95	7,16
	bis 30 kW	bis100 kW	> 100 kW	
Photovoltaik				
auf Dächern, Lärmschutzwänden[4]	49,21	46,81	46,30	
als Solarfassaden[4]	54,21	51,81	51,30	spezielle Regelung
Freiflächen[5]	37,95	37,95	37,95	
	ohne Leistungsbegrenzung			
Windkraft[6]				
Onshore	8,19	für mind. 5 Jahre (max. 20 Jahre) danach 5,18 ct/kW/h		
Offshore-Anlagen	9,10	für mind. 12 Jahre, spezielle Regelungen		

Absenkung bei Bau nach 2007:
[1] Degression 1,0 %/a
[2] Degression 1,5 %/a
[3] Degression 1,0 %/a (ab 2010)
[4] Degression 5,0 %/a
[5] Degression 6,5 %/a
[6] Degression 2,0 %/a

Quelle: eigene Darstellung (Stand: November 2006)

11
12 →

11.11 Das EEG als Vorbild für andere Länder

Das Erneuerbare-Energien-Gesetz (EEG) hat nicht nur in Deutschland einen sehr starken Aufschwung der Stromerzeugung aus regenerativen Energiequellen bewirkt. In vielen anderen Ländern wurden inzwischen Regelungen geschaffen, die an das Erneuerbare-Energien-Gesetz angelehnt sind. **Nicht nur deutsche Windkraftanlagen, sondern auch das Gesetz selbst ist zum „Exportschlager“ geworden.**

Neben einigen europäischen Staaten wie Spanien, Portugal, Frankreich, Österreich, Irland, Niederlande und Griechenland haben in den letzten Jahren auch einige Entwicklungsländer wie Thailand oder Pakistan die Einspeisemöglichkeiten verbessert. Einige Bundesstaaten in Kanada[351] und in den USA[352] haben ebenfalls verbesserte Regelungen eingeführt. China hat ein Gesetz zur Förderung regenerativer Energiequellen erlassen und in diesem Rahmen auch einen Einspeisetarif für Biomasse geschaffen. Dabei werden den Einspeisern die in der jeweiligen Provinz anfallenden Stromerzeugungskosten eines Kohlekraftwerks, zuzüglich eines Aufschlags von 3 Cent/kWh geboten. Windkraftanlagen müssen sich hingegen einem Ausschreibungsprozess unterziehen. Im Jahr 2006 waren dabei 700 Megawatt ausgeschrieben.[353]

Immer mehr Länder erlassen Regelungen, um regenerative Energiequellen über eine verbesserte Einspeisevergütung zu fördern. Für Anfang des Jahres 2006 berichtet der Global Status Report von 41 Ländern oder Bundesstaaten, die eine entsprechende Regelung eingeführt haben.[354] Parallel zur Regelung der Einspeisevergütung wird üblicherweise noch ein Mix weiterer Instrumente eingesetzt.[355]

Auch das Nachbarland Schweiz hat im Frühjahr 2007 ein neues Gesetz auf den Weg gebracht, das nach dem Prinzip der kostendeckenden Vergütung die Einspeisebedingung für Strom aus regenerativen Energiequellen voraussichtlich ab dem Jahr 2008 verbessern wird.

Der weltweite Aufschwung der regenerativen Energiequellen lässt sich neben der raschen Entwicklung der Anlagenkapazitäten am besten durch einen Kennwert darstellen: Betrugen die Gesamtinvestitionen in regenerative Energiequellen im Jahr 2004 noch 30 Mrd. US$, so erhöhten sie sich im Jahr 2005 auf 38 Mrd. US$ (+ 26%). Erneuerbare Energien haben sich also weltweit zu einem Milliardengeschäft entwickelt, und die Branche wächst wesentlich schneller als andere Industriezweige.

Länder mit Einspeisevergütung für Strom aus erneuerbaren Energien

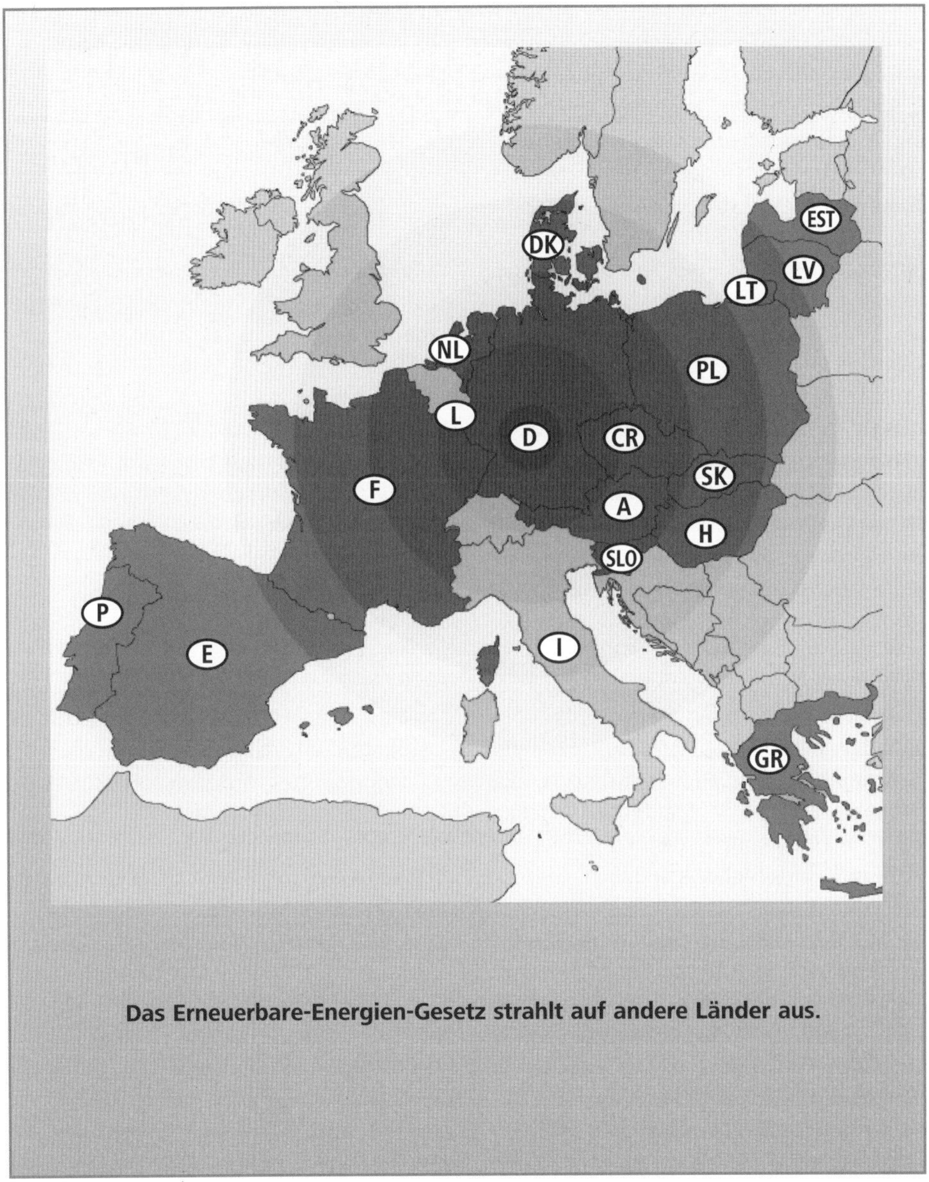

Quelle: eigene Darstellung nach: BMU, Erneuerbare Energien in Zahlen, 2006

11.12 „Verspiegelung" der Landschaft durch große PV-Anlagen?

Für Investoren ist es aufgrund der Vergütungssätze des EEG von Interesse, große Solarstromanlagen auf der „grünen Wiese" zu bauen. Sie besitzen mehrere **Vorteile:**[356] Zum einen kommen hier die Kostenvorteile von Großanlagen voll zum Tragen. Zum anderen können die Solarzellen optimal in Richtung Sonne ausgerichtet werden, und die frei aufgeständerten Module werden gut hinterlüftet, was den Wirkungsgrad etwas erhöht. Zudem sind Wartungsarbeiten zu ebener Erde einfacher als bei gebäudeintegrierten Anlagen.

Einige Bedenken **von Seiten des Naturschutzes** lassen sich entkräften: Spezielle Aufständerungen benötigen nur kleine betonierte Flächen, so dass der Boden kaum versiegelt wird. Die von den Modulen erzeugten Schatten wandern (wie bei Bäumen) mit dem Stand der Sonne, daher ist die Fläche unter einer Solarstromanlage z.B. als Weide nutzbar.

Der gravierendste Streitpunkt bei großflächigen Solarstromanlagen ist der Eingriff in das Landschaftsbild. Nach dem Vorwurf der „Verspargelung" der Landschaft durch Windkraftanlagen gab es erste Proteste gegen eine „Verspiegelung" der Landschaft[357] durch große PV-Freiflächenanlagen.

Das novellierte EEG hat derartigen Beeinträchtigungen in verschiedener Hinsicht einen Riegel vorgeschoben. Das Gesetz gibt Anreize dafür, dass Solarstrom vorrangig auf den noch in großer Zahl vorhandenen Dächern und Fassaden erzeugt wird, es lässt aber in gewissen Situationen große Solarstromanlagen zu:

Differenzierung bei der Vergütung:
Das 2004 novellierte EEG setzt finanzielle Anreize für die Installation von PV-Anlagen auf Gebäuden; die Vergütung liegt hier um ca. 12 ct/kWh über der von Freiflächenanlagen (vgl. 11.10).

Bebauungsplan:
Eine Vergütung nach EEG wird nur gewährt, wenn die Solarstromanlage im Geltungsbereich eines Bebauungsplans errichtet wurde, der zumindest auch zu diesem Zweck nach dem 1. September 2003 aufgestellt oder geändert worden ist. Das dafür notwendige Verfahren stellt eine Öffentlichkeitsbeteiligung her; damit kann eine möglichst große Akzeptanz erreicht werden. Eine Folge dieser Forderung ist u.a., dass der Bau einer großen PV-Anlage nicht gegen den Willen der Gemeinde möglich ist.

Beschränkung der Flächen:
Eine Vergütung nach EEG muss nur dann gezahlt werden, wenn die Anlage auf einer bereits versiegelten Fläche, auf einer Konversionsfläche oder auf ehemaligem Ackerland, das durch die Nutzung als Grünland ökologisch aufgewertet wird, errichtet wird.[358] Ein Beispiel für eine derartige Freiflächenanlage ist das 3,4 MW-Solarkraftwerk in Borna (Sachsen), das auf 22 Hektar einer ehemaligen Brikettfabrik gebaut wurde (siehe Foto).[359] – Auf ökologisch sensiblen Flächen, aber auch auf normalem Grünland ist der Bau einer PV-Freilandanlagen nicht zu befürchten, denn in diesen Fällen gibt es keine Vergütung nach dem EEG. Ohne die Vergütungsregelung nach EEG werden die Anlagen dort auf mittlere Sicht absolut unwirtschaftlich sein.

Solare Flächenkonversion

Auf dem Gelände einer ehemaligen Brikettfabrik in Borna entstand 2006 ein Solarkraftwerk mit einer Leistung von 3,44 MWp.

Quelle: Geosol Gesellschaft für Solarenergie mbH

11.13 Quotenmodelle und Ausschreibungsverfahren

Zur Förderung der regenerativen Stromerzeugung gibt es zwei unterschiedliche Ansätze. Einerseits kann die Politik eine feste Mindestvergütung für die Stromeinspeisung vorschreiben (wie z.B. beim EEG). In welchem Umfang es dann zum Ausbau der erneuerbaren Energien kommt, regelt sich am Markt: Eine hohe Vergütung sorgt für kräftige Investitionen; eine zu geringe Vergütung bewirkt einen Rückgang oder Stopp der Investitionstätigkeit.

Neben den so genannten preisregulierten Modellen gibt es andererseits die mengenregulierten Fördermodelle: Das Quotenmodell und das Ausschreibungsverfahren. Gemeinsam ist ihnen, dass die Politik ein Ausbauvolumen vorgibt.

Beim **Quotenmodell** wird festgeschrieben, welcher Prozentsatz der Stromerzeugung bzw. des Stromabsatzes der EVUs mit erneuerbaren Energiequellen gedeckt werden muss (Quote). Der Nachweis geschieht über Zertifikate, die der Erzeuger von Regenerativstrom für seine Einspeisung erhält (z.B. ein Zertifikat pro 10.000 kWh). Unternehmen, die mehr als die Quote produzieren, können Zertifikate verkaufen, wer weniger produziert, muss Zertifikate kaufen. Der Preis für die Zertifikate ergibt sich aus Angebot und Nachfrage. Damit die Quotenregelung nicht unterlaufen wird, gibt es eine Kontrollinstanz, die die Zertifikatsvergabe überwacht und bei Nichterfüllung der Quote eine entsprechende Strafzahlung (Pönale) eintreibt.

Bei einem **Ausschreibungsverfahren** gibt die Politik ein festes Volumen vor, z.B. neue Windkraftanlagen mit einer Jahresproduktion von 300 GWh. Investoren können dann Angebote für einen Teil dieses Volumens vorlegen; die günstigsten Anbieter erhalten den Zuschlag.

Von den Befürwortern werden solche Modelle als effizienter als die Einspeisevergütung bezeichnet, weil der Wettbewerb gestärkt und damit die Kosten für z. B. Windstrom stärker gesenkt werden könnten.

Was ist dran an diesem Argument? Ohne Zweifel spricht in der **Theorie** einiges für diese Modelle. **Die Erfahrungen in der Praxis sind jedoch eher abschreckend.** Während Dänemark und Spanien ähnlich wie Deutschland bei der Förderung der regenerativen Energiequellen auf eine Mindestvergütungsregelung gesetzt haben, setzten Großbritannien, Irland und Frankreich auf das Ausschreibungsverfahren. Auch wenn bei einem Vergleich der beiden Gruppen nicht alle relevanten Aspekte berücksichtigt werden können, so ist das Ergebnis deutlich genug, um daraus Schlüsse zu ziehen: In den Ländern mit Mindestpreisregelung (Einspeisevergütung) betrug die installierte Windleistung im Jahr 2004 ein Vielfaches im Vergleich mit den Ländern mit Quotenregelung.[360] (siehe Grafik).

Quotensystem oder Einspeisevergütung – was ist effektiver?

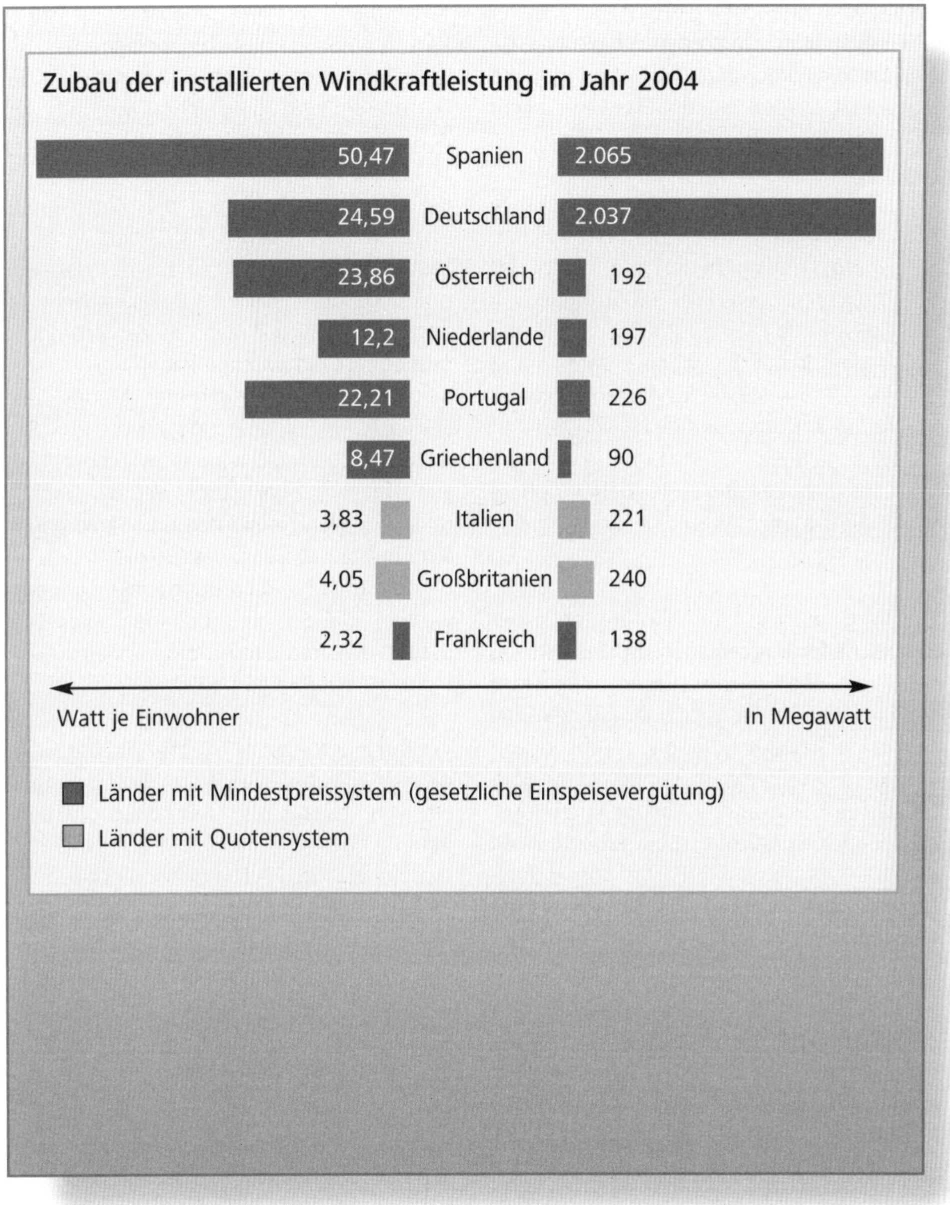

Quelle: Bundesverband WindEnergie

11.14 Baupflicht für Solaranlagen

In Deutschland wurden solarthermische Anlagen und Holz-Pellet-Heizungen in den letzten Jahren durch das Marktanreizprogramm gefördert. Angesichts deutlich gestiegener Ölpreise stellten sich so deutliche Zuwächse ein, dass die Förderung 2006 vorübergehend ausgesetzt werden musste. Das verdeutlicht einerseits die Grenzen der aus öffentlichen Haushalten finanzierten Investitionszuschüsse, andererseits hinkte die regenerative Wärmeerzeugung trotz der erfreulichen Steigerung deutlich hinter den durch das EEG erreichten Zuwächsen im Strombereich her: So ist in den Jahren 2003 bis 2005 der Anteil der Erneuerbaren am Wärmemarkt nur von 5,1% auf 5,4% gestiegen, während der Anteil am Stromverbrauch von 8,1 auf 10,2% zunahm.[361] Für Fortschritte auf dem Weg ins Solarzeitalter sind daher höhere Wachstumsraten im Wärmebereich erforderlich.

Ein Weg dazu ist die Einführung einer Baupflicht für Solaranlagen. In Deutschland hat hier die nordhessische Kleinstadt **Vellmar** die Vorreiterrolle übernommen: Die Gemeinde hat 2001 für das Neubaugebiet „Auf dem Osterberg" im Rahmen eines städtebaulichen Vertrags[362] Solarpflichten festgeschrieben. Für die ca. 350 Neubauten sind ca. 1000 qm Kollektorfläche vorgeschrieben[363]. Noch weiter geht die Hansestadt **Hamburg:** Sie hat auf der Basis des Hamburgischen Klimaschutzgesetzes die Verpflichtung zum Einbau von Sonnenkollektoren in einem Bebauungsplan festgeschrieben. Demnach sollen 5.500 Wohneinheiten zu 30% mit solar erwärmtem Brauchwasser versorgt werden.[364]

In Spanien ist die solare Baupflicht schon in deutlich größerem Umfang eingeführt: Seit August 2000 gilt in **Barcelona** eine Solar-Satzung („ordinanca solar").[365] Danach müssen neue Wohngebäude ab einer Größe von ca. 16 Haushalten mindestens 60% ihres häuslichen Warmwasserbedarfs aus solarthermischen Anlagen beziehen. Bei Schwimmbädern beträgt die Rate 100%. Diese Regelung gilt nicht, wie bei den Beispielen aus Deutschland, nur für ein einzelnes Baugebiet, sondern sie erfasst die gesamte Stadt. Anfangs gab es Widerstände von Seiten der Bauwirtschaft, aber zwischenzeitlich wächst die Akzeptanz der Solarverordnung. Die installierte Kollektorfläche ist seit Ende 2000 auf mehr als das Zehnfache gestiegen.[366] Inzwischen haben weitere spanische Kommunen, darunter Madrid und Sevilla, eine Solar-Satzung erlassen. – Seit Oktober 2006 gilt eine schwächere Nutzungspflicht sogar landesweit.[367] Danach muss bei allen Neubauten und Sanierungen sichergestellt werden, dass 30 bis 70 Prozent der Warmwasserbereitung solar gedeckt werden. Die Solarverordnungen spanischer Städte, die strengere Anforderungen stellen, bleiben weiterhin gültig.

Weil in Europa rund 50 Prozent des Energieverbrauchs auf den Wärmebereich entfallen, gibt es auch auf europäischer Ebene Bemühungen für eine stärkere regenerative Wärmenutzung. EU-Energiekommissar Andris Piebalgs hat für Ende 2006 einen Entwurf für eine Richtlinie zum Heizen und Kühlen mit erneuerbaren Energien angekündigt.[368] Fachleute fordern dabei, die positiven Erfahrungen mit dem Strom-EEG auch für den Wärmebereich nutzbar zu machen.

Erfolg der Solaranlagenverordnung von Barcelona

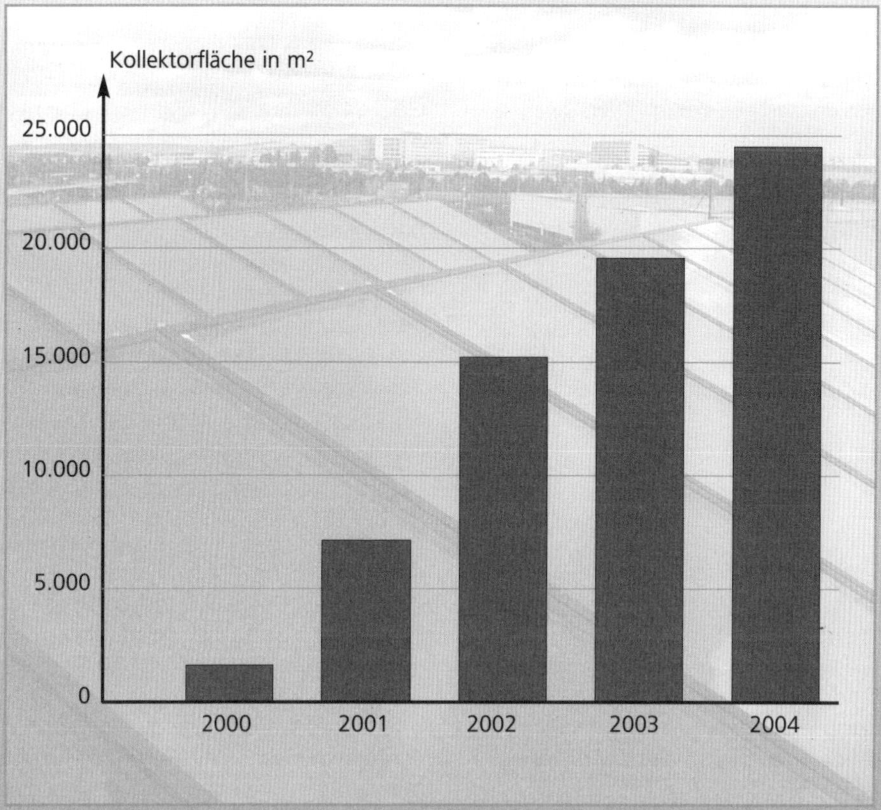

Mit der Solaranlagenverordnung von 2000 hat sich die Kollektorfläche in Barcelona bis 2005 mehr als verzehnfacht.

Quelle: Quilisch/Peters: Solarthermie in Katalonien, 2005

11
12 →

Fußnoten ↓ Glossar ↓ Infos ↓

11.15 Ein Wärme-EEG für Deutschland?

In Deutschland hat sich die CDU-SPD-Koalition 2005 im Koalitionsvertrag darauf geeinigt, die Marktpotenziale erneuerbarer Energien im Wärmebereich durch die Fortführung des Marktanreizprogramms im bisherigen Umfang sowie durch weitere Instrumente, wie z. B. ein regeneratives Wärmenutzungsgesetz, besser zu erschließen.[369] Im Mai 2006 legte der Bundesumweltminister dazu ein Konsultationspapier vor, in dem er **vier mögliche Modelle** zur Diskussion stellt:[370]

- Investitionszuschüsse
- Sonderabschreibungen
- Nutzungsmodell (mit oder ohne Ausgleichsregelung)
- Bonusmodell (Wärme-EEG)

Bei den ersten beiden Varianten handelt es sich im Grundsatz um bekannte Förderinstrumente, die aber von der jeweiligen Haushaltslage abhängig sind. Es ist daher fraglich, ob sie bei der erforderlichen starken Wachstumsdynamik die notwendige Kontinuität der Förderung sicherstellen können.

Beim **Nutzungsmodell** werden Betreiber von Heizanlagen oder Wärmenetzen verpflichtet, einen bestimmten Anteil (z.B. 10%) der genutzten oder vermarkteten Wärme aus erneuerbaren Energien bereitzustellen. Falls das nicht möglich oder unwirtschaftlich ist, so muss eine Ausnahmegenehmigung eingeholt werden. Für das Nutzungsmodell liegen positive Erfahrungen aus Israel und Spanien vor (vgl. 11.14).

Kritisch zu sehen ist beim Nutzungsmodell der administrative Aufwand. Auch wird die Verbreitung von tendenziell kostengünstigeren Groß- und Nahwärmeanlagen nur in geringem Umfang gefördert.

Beim **Bonusmodell (Wärme-EEG)** nutzen die Erzeuger regenerativer Wärme diese Wärme selbst oder sie verkaufen sie an Dritte. Für die erzeugte Wärmemenge erhalten sie zum einen vom Verbraucher den für fossile Energie üblichen Preis, zum andern einen gesetzlich festgelegten „Bonus", der die Mehrkosten der Wärme aus Erneuerbaren Energien (EE) abdeckt. Die Höhe des Bonus hängt von der eingesetzten Technologie ab.
Die Händler von fossilen Brennstoffen müssen entsprechend ihres Marktanteils für die Bonuszahlungen aufkommen und dafür eine geringe Umlage auf das verkaufte Öl bzw. Gas erheben (vgl. Grafik). Betreiber von kleinen Anlagen erhalten statt laufender Bonuszahlungen einen einmaligen Investitionszuschuss.

Ein solches Bonusmodell ist unabhängig von der staatlichen Haushaltslage und kann damit eine hohe Kontinuität der Förderung sicherstellen. Durch eine technologiebezogene Differenzierung der Bonushöhe können auch spezielle Anreize für Nah- und Fernwärmesysteme geschaffen werden. Auf die öffentlichen Haushalte kommen nur geringe Forderungen zu, z.B. die Feststellung von Marktanteilen und die Missbrauchsaufsicht. Die Kosten der Bonuszahlungen werden im Endeffekt durch einen geringen Aufschlag auf fossile Brennstoffpreise finanziert. Nach Schätzungen des BMU liegt dieser für 2010 bei ca. 1% (bzw. 0,65 ct pro Liter Öl), bis 2020 wird mit einer Erhöhung auf ca. 2,5% gerechnet.[371]

Insgesamt hat das Bonusmodell Vorteile für eine längerfristige Ausbauperspektive; der behördliche Vollzugsaufwand wird im Vergleich zum Nutzungsmodell als etwas geringer eingestuft.

Konzept für ein Wärme-EEG: Wärmeerzeuger erhalten Mehraufwand für Umweltdienstleistung vergütet.

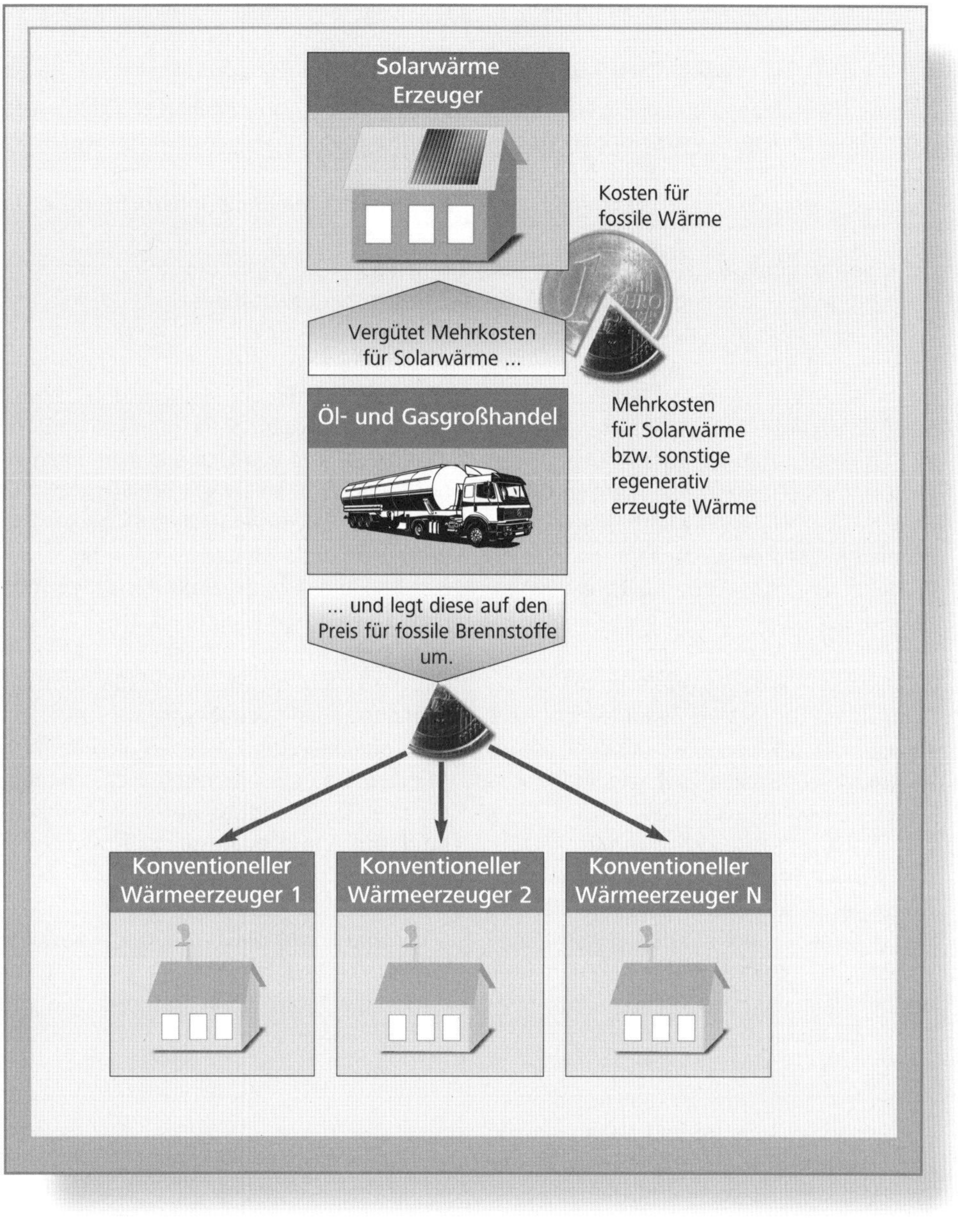

Quelle: eigene Darstellung

11.16 Emissionshandel

In der Umweltpolitik werden grundsätzlich zwei Steuerungsinstrumente unterschieden: Zum einen das Ordnungsrecht, welches den Unternehmen oder Anlagenbetreibern vorschreibt, welche Schadstoffe und Schadstoffmengen emittiert werden dürfen oder welche Anlagen betrieben werden dürfen; zum anderen marktwirtschaftliche Ansätze wie Steuern, Abgaben oder auch der Emissionshandel mit Schadstoffen.

Die **Idee des Emissionshandels** ist es, auf eine möglichst kostengünstige Art und Weise eine Reduktion des Klimagases Kohlendioxid bzw. auch anderer klimawirksamer Gase zu erreichen. Dabei gibt der Staat vor, wie hoch die Gesamtemissionen an CO_2 bei den zum Klimaschutz verpflichteten Emittenten (derzeit nur Energiegroßverbraucher) sein dürfen. Die betroffenen Unternehmen müssen entweder in ihren eigenen Produktionsstätten soviel CO_2 einsparen, dass sie das vorgegebene Ziel erreichen können oder sie müssen so genannte Emissionszertifikate bei anderen verpflichteten Unternehmen, die überzählige Zertifikate besitzen, zukaufen. Durch die Festlegung der Gesamtemissionsmenge bildet sich ein Marktpreis für CO_2-Emissionsrechte heraus. Ist das Ziel sehr ambitioniert, so wird sich der Preis für die CO_2-Zertifikate auf einem höheren Niveau einpendeln, als wenn das Ziel von den Unternehmen ohne große Investitionen erreichbar ist. Die verpflichteten Emittenten werden anhand des Preises für CO_2-Zertifikate abwägen, ob es für sie günstiger ist, im eigenen Betrieb Maßnahmen umzusetzen oder Zertifikate zu kaufen. Über den Ausgleich von Angebot und Nachfrage von Zertifikaten kann so zumindest in der Theorie erreicht werden, dass die Reduktion der CO_2-Emissionen dort umgesetzt wird, wo sie die geringsten Kosten verursachen. Insofern gilt der Emissionshandel als ökonomisch effizientes Instrument.

Ein weiterer Vorteil soll nicht unerwähnt bleiben: Beim Emissionshandel gibt der Staat das zu erreichende Emissionsziel vor. Dieses Ziel wird dann auch sicher erreicht, wenn alle „Spielregeln" eingehalten werden.[372]

Der Handel mit Emissionsrechten hat in Deutschland im Jahr 2005 begonnen. Hintergrund war die in 2003 erlassene Emissionshandelsrichtlinie der EU, die die Mitgliedsstaaten der Union verpflichtet, dieses System einzuführen.[373] Die EU ihrerseits hat auf die Einführung des Emissionshandels gedrungen, weil zu befürchten war und ist, dass die EU ihre Verpflichtungen im Rahmen des Kyoto-Protokolls nicht erfüllen wird. Im Rahmen des Kyoto-Protokolls haben sich die unterzeichnenden Staaten verpflichtet, in der ersten Periode von 2008 bis 2012 ihre Emissionen um bestimmte, nach Staaten differenzierte Mengen zu senken. Die Europäische Union hat eine Absenkung um 8% gegenüber dem Vergleichsjahr 1990 zugesagt. Innerhalb der EU haben die einzelnen Mitgliedsstaaten unterschiedliche Reduktionsziele zugesagt. **So hat sich Deutschland auf ein Reduktionsziel von 21% festgelegt**.

Das Kyoto-Protokoll wurde von der notwendigen Mehrheit der Staaten ratifiziert, so dass es am 16.2.2005 in Kraft treten konnte und nun völkerrechtlich verbindlich ist.[374]

Funktionsweise des Emissionshandels

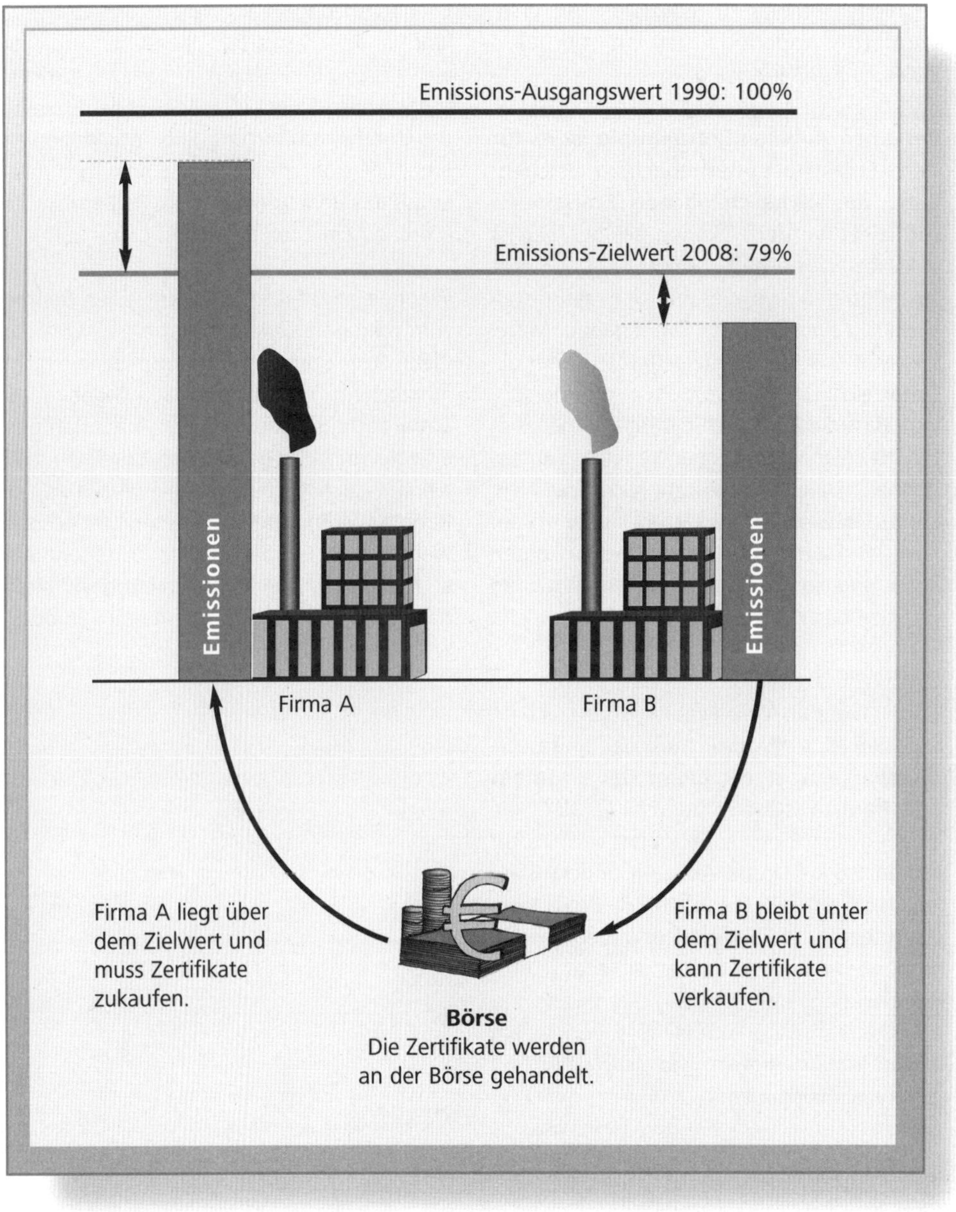

Quelle: eigene Darstellung

11.17 Clean Development Mechanism

Im Rahmen des Kyoto-Protokolls (vgl. 11.16) haben sich die unterzeichnenden Staaten verpflichtet, ihre Klimagasemissionen um definierte Mengen zu reduzieren. Als erste Verpflichtungsperiode wurden die Jahre 2008 bis 2012 festgelegt.

Bei einer globalen Betrachtung ist es für den Klimaschutz unerheblich, in welchem Land die klimaschädlichen Emissionen reduziert werden. Ökonomisch gesehen ist es deshalb vorteilhaft, den CO_2-Ausstoß dort zu reduzieren, wo dies mit den geringsten Kosten verbunden ist. Um knappe Mittel kosteneffizient einzusetzen, haben daher die Unterzeichner des Kyoto-Protokolls festgelegt, dass die Ziele auch mit Hilfe so genannter "flexibler Mechanismen" erreicht werden können. Danach ist es möglich, dass ein Land Emissionszertifikate in anderen am Emissionshandel beteiligten Ländern kaufen kann und somit seine Verpflichtungen im Rahmen des Kyoto-Protokolls erfüllt.

Ein weiteres Instrument, das sowohl im Rahmen der EU-Verpflichtungen als auch im Rahmen des Kyoto-Protokolls eingesetzt werden kann, ist der **Clean Development Mechanism (CDM):** Industrieländer, die sich zu Emissionsreduktionen verpflichtet haben (so genannte Annex-I-Länder), können sich durch Investitionen in Projekte in Schwellen- und Entwicklungsländern (Nicht-Annex-I-Länder) die dabei erzielten Emissionsminderungen in ihrem Stammland anrechnen lassen, sofern die Investitionen zum Klimaschutz beitragen und gleichzeitig auf eine nachhaltige Entwicklung ausgerichtet sind.

Von diesem System werden positive Impulse für Investitionen im Bereich der regenerativen Energiequellen sowie der rationellen Energienutzung in Schwellen- und Entwicklungsländern erwartet. Investitionsprojekte in Wasser- und Windkraftwerke, Aufforstungsprojekte (die CO_2 binden) oder Projekte der Methangasnutzung aus Mülldeponien erhalten eine zusätzliche Einnahmequelle: Erlöse aus dem Verkauf von CO_2-Zertifikaten (Certified Emission Reduction units, CER).

Wenngleich dieses Instrument einen Beitrag zum Klimaschutz leisten kann, so wird der Clean Development Mechanism alleine nicht ausreichen, um in den Schwellen- und Entwicklungsländern einer nachhaltigen Energiewirtschaft zum Durchbruch zu verhelfen. Auch andere energiewirtschaftliche Rahmenbedingungen müssen verbessert werden (z.B. Einspeisegesetz für regenerative Energiequellen, Abbau von Subventionen bei der Energieversorgung, Abbau von bürokratischen Hemmnissen, usw.).

Beispiel für die Funktionsweise des CDM-Mechanismus

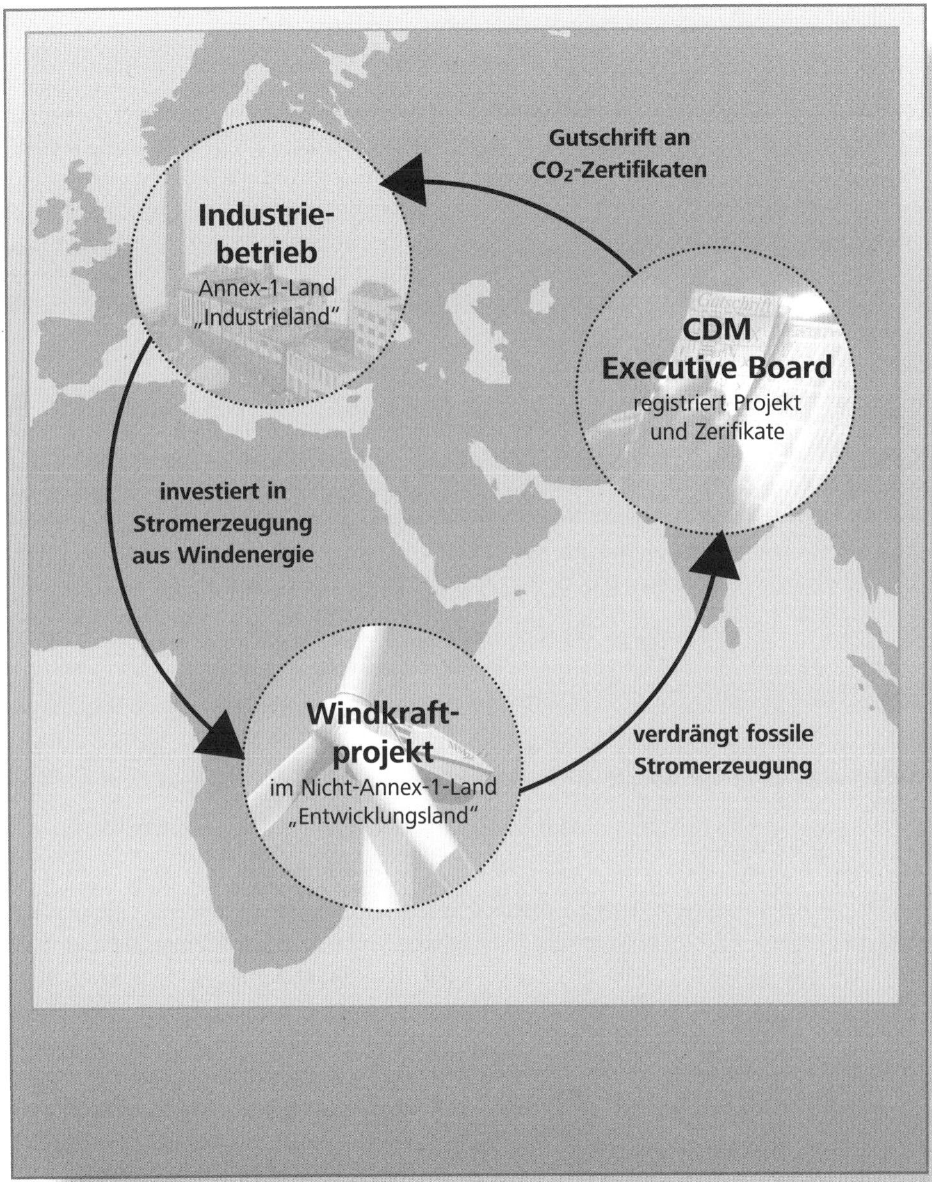

Quelle: eigene Darstellung

11
12 →

Fußnoten ↓ Glossar ↓ Infos ↓

Die regenerativen Energiequellen können und müssen langfristig den Löwenanteil an der Energieversorgung abdecken. Dabei muss der Ausbaupfad zügig und entschlossen gegangen werden. Alle verfügbaren Technologien müssen gezielt gefördert und marktfähig gemacht werden. Dabei kommt es darauf an, dass die Instrumente eine Anschubfinanzierung leisten und dazu beitragen, dass die erneuerbaren Energiequellen in den Bereich der Wirtschaftlichkeit gelangen.

Die Bedeutung der Ökologischen Steuerreform, des Stromeinspeisungsgesetzes, der Verteilung der Forschungsmittel, der kostenorientierten Vergütung sowie der Investitionszuschüsse in diesem Prozess wurden bereits dargelegt.

Daneben sind weitere **flankierende Maßnahmen** sowie eine Anpassung der Instrumente an die jeweiligen Technologien und Adressaten für eine rasche Entwicklung der regenerativen Energiequellen wichtig:

- Über ein **zielgruppenorientieres Marketing** sollten die Informationsdefizite und die Fehlinformationen der Vergangenheit auf der Nachfrageseite kompensiert werden. Erste Schritte hierzu hat beispielsweise die dena (Deutsche Energie Agentur) mit ihrem Informationsportal und ihrer Effizienzkampagne gemacht.[375]

- Auf der Angebotsseite gilt es, die Hemmnisse bei den Handwerksbetrieben zu beseitigen. Gezielte **Weiterbildungskurse** nach dem Vorbild des Schweizer RAVEL-Programms[376] sowie eine flächendeckende Durchführung von **Demonstrationsprojekten** könnten hier zur Überwindung beitragen.

- Um die Effizienz der eingesetzten Fördermittel zu gewährleisten, müssen die einzelnen Förderinstrumente sowohl an den bevorzugten Adressatenkreis, als auch an die zu fördernden Technologien angepasst werden. Anlagen mit kleinerem Investitionsvolumen und bevorzugt privaten Anwendern können über eine **Investitionsförderung** gut erreicht werden. Anlagen, deren Energieertrag gut messbar ist (also insbesondere stromerzeugende Systeme mit vollständiger Einspeisung in das öffentliche Netz), eignen sich für eine Einspeisevergütung.

- Um Anreize für eine rasche Umsetzung der Investitionen in regenerative Energiequellen zu liefern, **sollten die Förderquoten über den Betrachtungszeitraum hin abnehmen.** Außerdem ist bei der Investitionsförderung eine Festpreisförderung der prozentualen Förderung vorzuziehen, um auf diese Weise einen stärkeren Druck auf die Herstellungskosten auszuüben.

Entscheidend für eine erfolgreiche Förderung ist jedoch die **Kontinuität** und **Verlässlichkeit der Förderung.** Nichts ist für die Entwicklung der regenerativen Energiequellen schädlicher, als die Ankündigung von Zuschussprogrammen, deren Start dann doch verschoben werden muss oder deren Fördertöpfe so knapp bemessen sind, dass bei dem praktizierten Windhundverfahren nur wenige Interessenten zum Zuge kommen. Dieser Effekt wird noch verstärkt, wenn die Investitionsförderung mit langen Bearbeitungszeiten und der Auflage verbunden ist, erst nach Bewilligung mit dem Bau des geförderten Objektes zu beginnen.

Einsatz von Förderinstrumenten

Gezielte Förderung braucht unterschiedliche Instrumente

	Einspeise-vergütung	Investitions-kostenzu-schüsse	Zinsver-günstigte Darlehen	Betriebs-kostenzu-schüsse Wärme-EEG	Risiko-fonds
Kleine Wasserkraft	✓		✓		
Windkraft	✓				
Photovoltaik	✓	✓	✓		
Solarkollektoren kleine Anlagen		✓			
Solarkollektoren große Anlagen			✓	✓	
Biomasse Strom	✓		✓		
Biomasse Wärme		✓	✓	✓	
Geothermie	✓		✓	✓	✓

Quelle: eigene Darstellung

11.19 Ausstieg aus der Atomenergie

Spätestens seit der Reaktorkatastrophe in Tschernobyl (1986) haben viele Menschen die grenzenlosen Risiken der Atomenergie erkannt. Gleichzeitig ist jedoch mit der Klimaveränderung ein weiteres globales Risiko unserer heutigen Energieversorgung immer deutlicher hervorgetreten. Die Energiewirtschaft nutzt diese Situation, um ein Risiko gegen das andere auszuspielen und dabei die vermeintlich positive Rolle der Atomenergie bei der Bekämpfung des Treibhauseffekts hervorzuheben. Schließlich, so die Argumentation, werden durch die Atomenergie fossile Energieträger verdrängt und somit Kohlendioxidemissionen eingespart.

Diese oberflächlich richtige Feststellung geht jedoch an den umfassenderen Zusammenhängen vorbei: Mit dem **Atomkonsens** zwischen der Bundesregierung und den Betreibern der Atomkraftwerke ist der **Fahrplan für den Atomausstieg in der Bundesrepublik festgelegt.** Solange dieser noch nicht umgesetzt ist, haben die Energieversorger aufgrund der energiewirtschaftlichen Situation einen hohen Anreiz zur Absatzsteigerung und zur Verdrängung der Zukunftstechnologien. Positive Signale für einen sparsamen Umgang auf der Nachfrageseite und für eine entschlossenere Nutzung der regenerativen Energiequellen bleiben aus.

Mit einem rascheren Atomausstieg würden hingegen Signale der Knappheit gesetzt, was Innovation und Produktion im Bereich neuer Energietechnologien anregt. Die Märkte für nachhaltige Energietechnologien würden sich daher mit einer großen Dynamik entwickeln. Das vielfach vorgetragene Argument, ein rascher Ausstieg aus der Atomenergie würde die Emissionen von Treibhausgasen ansteigen lassen, stimmt deshalb nicht. Das Öko-Institut hat bereits 1996 in einem Ausstiegsszenario dargelegt, dass die **vorübergehenden Emissionszunahmen nach einem Atomausstieg** durch den Umbau des Kraftwerksparks und eine gezielte Energiepolitik **rasch kompensiert werden können.** Selbst wenn dieser Ausstieg innerhalb eines Jahres vollzogen würde, so könnten bereits vier Jahre danach die CO_2-Emissionen unter das Niveau der Referenzentwicklung[377] gesenkt werden, sofern dies begleitet wird von einer Energiepolitik, die eine Erhöhung der Effizienz und der erneuerbaren Energien anstrebt.[378]

Für den Einstieg ins Solarzeitalter wäre es daher hilfreich, wenn die im Atomkonsens vereinbarten Restlaufzeiten verkürzt würden. Das hätte einen doppelten Vorteil: Es wird sowohl das Risiko der Atomenergie als auch das des Treibhauseffekts vermindert.

Bei der Atomenergie handelt es sich um einen absterbenden Ast der Stromerzeugung. In den letzten zehn Jahren sind mehr Anlagen außer Betrieb gegangen als zugebaut wurden. In den kommenden Jahren wird sich dieser Trend wesentlich verstärken. Es ist auch nicht zu erwarten, dass in liberalisierten Energiemärkten Energieversorgungsunternehmen aus wirtschaftlichem Interesse Atomkraftwerke bauen. Dagegen sprechen die hohen Kapitalkosten sowie die lange Bauzeiten. Den großen Energieversorgern geht es deshalb heute nicht darum die Atomenergie weiter auszubauen, sondern die bestehenden Atomkraftwerke trotz der erheblichen Risiken weiter zu betreiben.

Atomausstieg

Ein schneller Ausstieg aus der Nutzung der Atomenergie würde zwar kurzfristig zu einem Anstieg der CO_2-Emissionen führen; verbunden mit einer Energiewende-Politik, die vorrangig auf Effizienz und den Ausbau der erneuerbaren Energien setzt, würden die Emissionen mittel- und langfristig stärker sinken als in der Referenzentwicklung. Eine neue Studie von EUtch und Greenpeace belegt diesen Zusammenhang.

Ergebnis einer Studie des Öko-Instituts auf der Basis der Zahlen von 1996

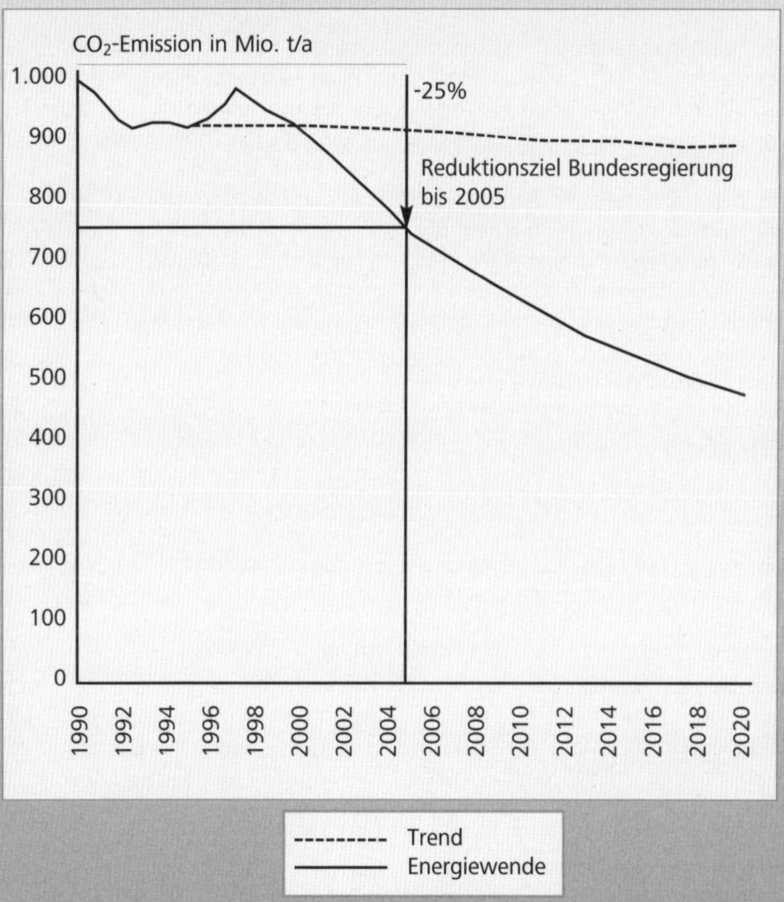

Quelle: Öko–Institut, 1996, EUtech und Greenpeace: Klimaschutz: Plan B, 2007

11.20 Regenerative Energiequellen hier und in der Dritten Welt

In den vorangehenden Abschnitten haben wir die wichtigsten Instrumente und Maßnahmen für den Weg zu einer nachhaltigen Energieversorgung in Deutschland dargelegt und in einigen Punkten auch die Bedeutung der regenerativen Energiequellen für eine nachhaltige Entwicklung in den Ländern der Dritten Welt aufgezeigt.

War der Einstieg für die Markteinführung der Solarenergie bei uns schon mit großen Schwierigkeiten verbunden, so ist die Umsetzung einer nachhaltigen Energieversorgung in den so genannten Entwicklungsländern aufgrund ihrer anderen **ökonomischen Ausgangslage noch wesentlich schwerer**[379]**:**

- Aufgrund der drängenden großen ökonomischen und sozialen Probleme der Länder und der Armut großer Teile der Bevölkerung spielt Umweltschutz in diesen Ländern eine untergeordnete Rolle.
- Für Investitionen in regenerative Energiequellen oder Effizienztechnologien steht in der Regel kein Kapital zur Verfügung.
- Die Ausbildung im Hinblick auf eine nachhaltige Energieversorgung sowie die Kenntnisse zur politischen Umsetzung einer Nachhaltigkeitsstrategie weisen große Lücken auf.
- Die Energiepreise werden aus sozialen Gründen häufig subventioniert, was den ökonomischen Einsatz von regenerativen Energiequellen und Effizienztechnologien erschwert.

Trotz dieser schwierigen Ausgangssituation haben die regenerativen Energiequellen und die Energieeffizienz in diesen Ländern eine ebenso große Bedeutung auf dem Pfad zu einer nachhaltigen wirtschaftlichen Entwicklung wie in den Industrieländern.

Da eine Elektrifizierung mit „Solar Home Systemen" in netzfernen Gebieten kostengünstiger ist als ein Ausbau des Netzes (vgl. 3.3 und 3.4), könnten die Lebensbedingungen der ärmsten Bevölkerungsschichten mittels Solarenergie mit relativ wenig Aufwand verbessert und ein großer Schritt in Richtung nachhaltige Entwicklung gegangen werden.
Eine erfolgreiche Anwendung der regenerativen Energiequellen im netzfernen Bereich setzt jedoch aus psychologischen und ökonomischen Gründen den Einsatz dieser Technologien auch im netzgekoppelten Betrieb voraus: Damit die regenerativen Energiequellen nicht **das Stigma der „Technologie für die Armen"** tragen müssen, sollten sie im ganzen Land eingesetzt und wesentlicher Bestandteil der Energiepolitik werden. Eine auch ökonomisch tragfähige Strategie, die neue Arbeitsplätze schafft und den Aufbau neuer Gewerbezweige mit sich bringt, wird nur dann möglich sein, wenn die regenerativen Energiequellen breitflächige Anwendung finden.

Gegen eine breite Anwendung in den Dritte-Welt-Ländern sprechen indes die vergleichsweise noch höheren Kosten der regenerativen Energiequellen. Die Aufgabe der Industrieländer wird es sein, durch eine gezielte Förderpolitik Kostensenkungen bei den erneuerbaren Energien anzustoßen und damit diese Technologien auch für die Länder der Dritten Welt interessanter zu machen. Zudem können die Erfahrungen genutzt werden, die Deutschland und andere Länder beim Einsatz der Förderinstrumente gewonnen haben.
Dass dieser Weg fruchtet, zeigt sich bereits im internationalen Maßstab: Das Erneuerbare-Energien-Gesetz dient in vielen anderen Ländern als Vorlage und vor dem Hintergrund gestiegener Ölpreise und sinkender Kosten für die Energiegewinnung aus regenerativen Energiequellen, wie z.B. **Windkraftanlagen**, sind diese heute in vielen Ländern **auch ohne Subventionen wirtschaftlich** (siehe 6.6).

Erneuerbare Energien in netzfernen Anwendungen

Quelle: triolog, Fraunhofer ISE, Solar-Fabrik AG

11
12 →

12.1 Alle sind für die Sonne

Wie die bisherige Darstellung zeigte, können sich regenerative Energien bisher nur in einigen Marktsegmenten aus eigener Kraft behaupten, so z.B. solare Erwärmung in Freibädern (2.1) und in Mehrfamilienhäusern, Windkraft an günstigen Standorten, Solar-Home-Systems in südlichen Ländern (3.3). In den anderen Fällen ist die Fortsetzung der heutigen Förderung (insbesondere des EEG) oder eine Änderung der Rahmenbedingungen notwendig, um das erforderliche Wachstum zu erreichen. Dort, wo die Solarenergie gegenüber anderen Energieformen heute noch nicht konkurrenzfähig ist, kann ein geschicktes Marketing ihren **Zusatznutzen „Gut für die Umwelt"** für den weiteren Ausbau der erneuerbaren Energien verwerten.

Dieses Kapitel stellt dazu einige Beispiele vor. Grundlage für den Erfolg einer solchen Marketing-Strategie ist die hohe Wertschätzung, die die Sonnenenergie, aber auch die anderen regenerativen Energien in weiten Teilen der Bevölkerung genießen: Noch in den 70er Jahren, nach der Öl(preis)krise, setzte die Politik der Bundesrepublik nicht auf eine einzige Energiequelle, sondern auf einen „Energie-Mix", der Atomenergie, Kohle, Öl, Gas und auch die erneuerbaren Energien umfasste. Heute dagegen findet die Atomenergie kaum noch Unterstützung, und die fossilen Energien spielen bei der Einschätzung der zukünftigen Energieversorgung nur eine untergeordnete Rolle. **Die Mehrheit der Bevölkerung votiert dafür, dass Sonne, Wind & Co. die zukünftige Energieversorgung sichern.**[380] (siehe Grafik) Eine übergroße Mehrheit (87%) der Bevölkerung spricht sich zudem dafür aus, die aktuelle Förderung der erneuerbaren Energien beizubehalten oder noch zu verstärken. Eine deutliche, wenn auch nicht ganz so große Mehrheit (ca. 70%) ist auch bereit, zu diesem Zweck einen höheren Preis (für Strom) zu bezahlen[381].

Dieses positive Image, verbunden mit der Bereitschaft, dafür auch mehr zu zahlen, wird in den nachfolgend aufgeführten Beispielen genutzt. So gibt es z.B. eine hohe Bereitschaft

- für ökologisch erzeugten Strom (wie bei Bio-Lebensmitteln) einen höheren Preis zu zahlen (siehe "Grüne" Tarife 12.2, Solar-Makler 12.4)

- sich an den Investitionen in Solar-, Wind- und Biomasse-Kraftwerken zu beteiligen (siehe Gemeinschaftsanlagen, 12.3)

Auch die Kombinationsangebote von völlig wesensverschiedenen Produkten wie z.B. Solaranteil und Fußball-Dauerkarte hat schon zu Erfolgen am Markt geführt (siehe 12.9).

Die vorgestellten Beispiele sind keineswegs eine vollständige Aufzählung aller Möglichkeiten. Vielmehr sollen die hier aufgeführten Beispiele zum Weiterdenken anregen und so evtl. auch zu neuen Marketingideen führen[382]. Wir Autoren würden uns über entsprechende Rückmeldungen freuen.

Und das meint die Bevölkerung:

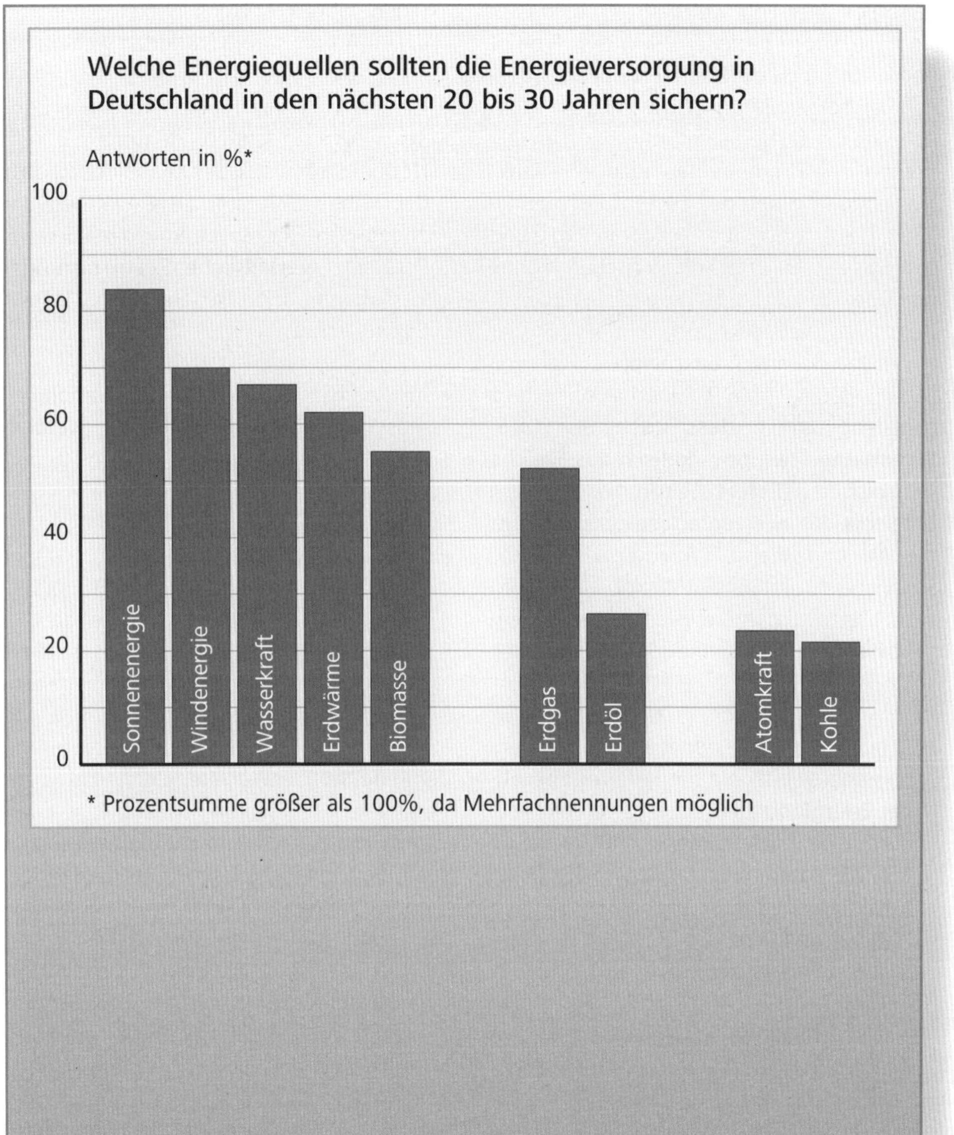

Quelle: forsa, 2005

← 1
← 2
← 3
← 4
← 5
← 6
← 7
← 8
← 9
← 10
← 11
12

Am 29.4.1998 trat das neue Energiewirtschaftsgesetz in Kraft. Seitdem können alle Stromkunden wählen, von welchem Energieversorger oder von welchem Stromhändler sie ihren Strom beziehen möchten. Prompt boten die ersten kommerziellen Unternehmen so genannten „Grünen Strom" zum Kauf an. Mancher sieht mit der Liberalisierung des Strommarktes auch eine Energiewende im Sinne des Öko-Instituts eingeleitet. Der Ausstieg aus der Atomenergie und der Einstieg in eine Solarwirtschaft könne nun über die Steckdose gesteuert werden.
Doch was versteckt sich hinter „Grüner Strom"? Wodurch unterscheidet er sich von „Egal- oder Altstrom"? Zunächst sollte festgehalten werden, **dass auch der Öko-Stromkunde rein physikalisch das Gleiche wie bisher geliefert bekommt.** Was sich unterscheidet oder unterscheiden sollte, ist die Art und Weise, wie der angebotene Strom produziert und ins Netz eingespeist wird. Was sind nun die **wichtigsten Eigenschaften,** die der „grüne" Strom aufweisen sollte?[383]

- Zum einen sollte „Grüner Strom" größtenteils oder vollständig mit Hilfe **regenerativer Energiequellen** erzeugt werden. Aber auch andere Erzeugungstechnologien, wie z.B. die dezentrale Kraft-Wärmekopplung führen zu einer wesentlichen Umweltentlastung und können Bestandteil eines „Grünen Strommixes" sein.

- Noch wichtiger ist jedoch der Aspekt, dass die Produktionsanlagen, in denen der Strom produziert wird, **neu** sind und für die **zusätzliche** Erzeugung „Grünen Stroms" konzipiert wurden. Andernfalls erhält der Verbraucher lediglich „umverpackten" Strom. Werden durch den Kauf des „Grünen Stromes" keine Neuanlagen hinzugebaut, so verbessert sich auch nicht die Umweltbilanz der Stromerzeugung. Verbessern würde sich dann lediglich die finanzielle Bilanz des Unternehmens, welches den Strom aus bereits bestehenden regenerativen Anlagen aufkauft und mit einem Aufpreis an die Kunden weitergibt.

- Gerade weil das Produkt, das die Öko-Strom-Kunden kaufen, identisch mit dem Normal-Strom ist, ist es unabdingbar, dass der Kunde sich auf die Einhaltung der angegeben Eigenschaften verlassen kann. Dies setzt **verlässliche Zertifizierungsverfahren** und **Labels** für „Grünen Strom" voraus.

- Im Rahmen des Zertifizierungsverfahrens muss schließlich sichergestellt werden, dass die erzeugte Menge „Grünen Stroms" **nicht doppelt verkauft wird.**

- Andere Kriterien, unter denen „Grüner Strom" feilgeboten wird, wie z.B. Vollversorgung des Kunden oder zeitgleiche Erzeugung[384], sind hingegen von geringer Bedeutung.

„Grüner Stromkauf" ist Vertrauenssache. In der Regel will der Anbieter einen Beitrag zur Veränderung in Richtung „Nachhaltige Energiewirtschaft" leisten. In diesem Falle sollten auch die Strukturen betrachtet werden, die man unterstützt. Kauft man bei einem Versorgungsunternehmen, welches gegen das Stromeinspeisungsgesetz geklagt hat oder hartnäckig an der Nutzung der Atomenergie festhält? Kauft man bei einem kommunalen Energieversorger, der immer noch krampfhaft versucht, Blockheizkraftwerke in seinem Versorgungsgebiet zu verhindern, der das „Grüne Strom"-Angebot als Imagemaßnahme betreibt und ansonsten eine klimaschädliche Geschäftspolitik vollzieht?
Somit kann ein produktbezogenes Gütesiegel nur ein Aspekt bei der Wahl des Lieferanten sein.[385]

Grüner Strom

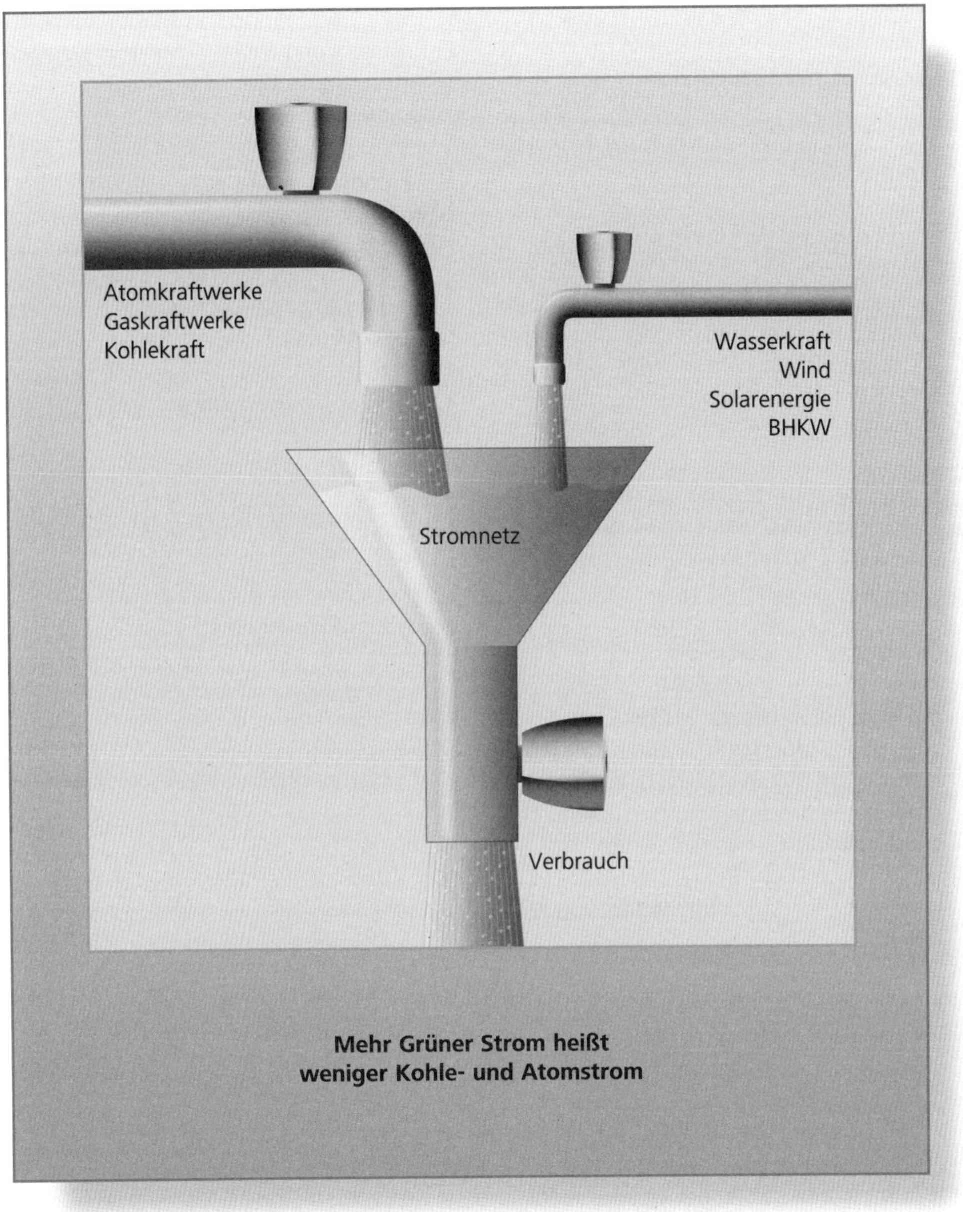

Quelle: Eigene Darstellung

12.3 Nicht jeder hat ein Dach: Solarstrom-Gemeinschaftsanlagen

Die Hemmnisse für die Nutzung regenerativer Energien liegen keineswegs nur im finanziellen Bereich. Viele Menschen sind z.B. bereit, Geld in eine Solarstromanlage zu investieren, aber ihnen steht dafür kein geeignetes Dach zur Verfügung, denn:

- Gut 50% der Menschen in der BRD wohnen zur Miete.
- Von den übrigen wohnen knapp 20% in Eigentumswohnungen[386]; auf den Dächern dieser Häuser darf eine PV-Anlage in der Regel nur mit Zustimmung aller Eigentümer errichtet werden, was sich in der Praxis häufig als Investitionshemmnis erweist.
- Viele Häuser, bei denen es rechtlich keine Probleme gibt, haben eine für die PV-Nutzung ungünstige Ausrichtung des Daches.

Um diesen Menschen den Einstieg in die Solarnutzung zu ermöglichen und so brachliegende Potenziale zu nutzen, wurde die Idee von **Solarstrom-Gemeinschaftsanlagen** entwickelt: Mit dem Geld von vielen Anteilseignern werden an guten Standorten große Solarstromanlagen errichtet.

Damit ergeben sich **eine Reihe von Vorteilen:**

- Die Gemeinschaftsanlagen werden an optimalen Standorten errichtet, was eine wichtige Voraussetzung für gute Solarerträge darstellt. Es besteht kein Mangel an dafür geeigneten Dächern auf Fabriken und öffentlichen Gebäuden.
- Aufgrund der Größe der Anlagen ergeben sich geringere spezifische Kosten (= Kosten pro installiertem kW).
- Die Stückelung der Kosten der Gesamtanlage in zahlreiche Anteile macht diese auch für Normalverdiener erschwinglich.

Zur Abwicklung einer Solarstrom-Gemeinschaftsanlage müssen drei Gruppen/Partner zusammenarbeiten:[387]

Die Anteilseigner/innen
- bezahlen die Investition,
- erhalten die Einspeisevergütung (abzüglich Treuhand- und Verwaltungsgebühr)

Die Solarfirma
- projektiert und installiert die Solaranlage,
- wartet und betreibt die Anlage

Der Treuhänder/Verwalter
- schließt im Auftrag der Anteilseigner die Verträge zur Installation und Wartung ab,
- managt die Fertigstellung bis hin zur Abrechnung mit der Solarfirma,
- beantragt Fördermittel,
- rechnet die Einspeisevergütung mit dem EVU und den Anteilseignern ab,
- verwaltet Rückstellungen und Einspeisevergütungen.

In ähnlicher Form gibt es auch zahlreiche Beteiligungsprojekte für Anlagen zur Nutzung von Wind- und Wasserkraft sowie von Biomasse.

Bürgerbeteiligungsmodell für Solaranlagen

Organisation von Solarstrom-Gemeinschaftsanlagen

Anteilseigner/in
- bezahlt Investition
- erhält Vergütung (abzügl. Verwaltungsgebühr)

Treuhänder
- beantragt Fördermittel
- schließt Verträge zur Installation und Wartung ab
- überwacht Fertigstellung und zahlt Kaufpreis aus
- rechnet Einspeisevergütung ab
- verwaltet Rückstellungen

Solarfirma
- projektiert und installiert die Solaranlage
- wartet und betreibt die Anlage

Vorteile von Gemeinschaftsanlagen
- Optimale Standorte bewirken gute Erträge
- Kostensenkung durch größere Anlagen
- Stückelung in Anteile macht diese erschwinglich

Quelle: eigene Darstellung

Bereits 1995 führten die Elektrizitätswerke Zürich (EWZ) bei 3.500 zufällig ausgewählten Kunden eine repräsentative Befragung durch. Sieben Prozent der Kunden gaben damals an, dass sie Interesse hätten, Solarstrom zu einem höheren Preis zu abonnieren. Um auf diesen Kundenwunsch reagieren zu können, wurde in Zürich die Solarstrombörse geschaffen. Bei der Solarstrombörse übernimmt das Stadtwerk die **Vermittlerrolle** zwischen Angebot und Nachfrage, also zwischen den Produzenten von Solarstrom und den Haushalten und Gewerbebetrieben, die Solarstrom kaufen wollen. Um für die Kunden möglichst kostengünstigen Solarstrom anbieten zu können, schrieben die Stadtwerke die Solarstromproduktion aus. Aus 21 angebotenen Projekten wählten die Stadtwerke die 12 günstigsten Anbieter/Solaranlagen aus. Aus diesen Angeboten ergab sich für den Solarstrom ein Durchschnittspreis von 1,2 Franken pro Kilowattstunde. Die Elektrizitätswerke **garantieren** den Solarstromproduzenten eine **Abnahme über einen Zeitraum von 20 Jahren.** Sollte während dieser Zeit die Nachfrage nach Solarstrom zurückgehen, so werden die Kosten aus dem Solarstrombezug über den allgemeinen Etat der Elektrizitätswerke gedeckt.

Ab Anfang 1997 wurde dann der Solarstrom ohne Aufschlag zum Preis von 1,2 Franken pro Kilowattstunde den Kunden zur Abnahme angeboten. Die Nachfrage war unerwartet groß. Die Elektrizitätswerke kamen mit der Solarstromlieferung nicht nach. Bereits Ende 1997 musste die Solarstromlieferung rationiert werden - so groß war die Nachfrage. Konsequente Folge: die EWZ starteten eine erneute Ausschreibungsrunde für Solarstromlieferung, um die Nachfrage decken zu können. Der durchschnittliche Angebotspreis der zweiten Ausschreibung lag bei unter einem Franken, so dass der Durchschnittspreis für die Kunden ab 1999 auf 1,11 Franken pro Kilowattstunde gesenkt werden konnte.

Im September 1999 hatte das EWZ 5.690 Kunden mit einer Solarstrombezugsmenge von knapp 800.000 kWh unter Vertrag. Der Solarstrom wurde in 33 Anlagen mit einer Leistung von insgesamt 1,1 MW bereitgestellt. Zur Jahresmitte 2003 waren es bereits 68 Anlagen mit einer Leistung von 2,3 MW. Das erfolgreiche Modell hat in der Schweiz und auch im Ausland schnell **Nachahmer** gefunden. Nach kurzer Zeit wurde das Modell von mehr als zehn Elektrizitätswerken in der Schweiz zum Teil mit großem Erfolg[388] kopiert.

Die Elektrizitätswerke Zürich begrüßten die schnelle Nachahmung des Modells "Solarstrombörse" durch andere Unternehmen. Allerdings wurde beim EWZ sehr bedauert, dass einige der Kopien nicht dem Original entsprechen: „Wenn andere Elektrizitätswerke unter dem Namen „Solarstrombörse" – den wir leider nicht patentieren können – mit verwässerten Angeboten einen Etikettenschwindel betreiben, schadet dies nicht nur dem Image des betreffenden Werkes, sondern auch der Sache selber. Im Gegensatz zur Börse des EWZ finanziert dort die Solarkundschaft im ungünstigsten Fall bereits bestehende Solaranlagen."[389]

Inzwischen (Ende 2006) ist der Strompreis für den Solarbörsenstrom auf 84 Schweizer Rappen (ohne MWSt) gesunken.[390]

Quelle: Elektrizitätswerke Zürich (CH)

← 1
← 2
← 3
← 4
← 5
← 6
← 7
← 8
← 9
← 10
← 11
12

Die Installation einer Solaranlage erfordert für einen Eigenheimbesitzer einen nicht unerheblichen Aufwand: Informationen einholen, technische Konzepte miteinander vergleichen, Anlagenkonzept erstellen, Angebote von Betrieben einholen, Vergleich der Angebote, Auswahl der Handwerksbetriebe, Förderungsmöglichkeiten erfragen, Förderungsanträge beschaffen und bearbeiten, Überwachung der Arbeiten u. a.. Nicht gerade wenig "action" in einer schnelllebigen Zeit. Hier könnten Stadtwerke ansetzen und durch Komplettangebote ihre Kunden binden und neue Solarfreunde dazu gewinnen.

So könnten z.B. die Stadtwerke ihren Kunden ein schlüsselfertiges **Komplettangebot zu einem Fixpreis** anbieten. In diesem Angebot ist bereits die Beratung enthalten, die Erstellung und Einreichung von Förderanträgen. Weiterhin wird – sofern nötig – das Baugesuch bearbeitet. Die Arbeiten werden von den Stadtwerken ausgeschrieben und durch qualifizierte Generalunternehmen bzw. Installationsfirmen ausgeführt. Bis zur Inbetriebnahme der Anlage werden dem Investor alle Arbeiten abgenommen. Zu einem festgelegten Fixpreis erhält der Hausbesitzer so eine Anlage geliefert, die ihm für die nächsten zwanzig Jahre nahezu kostenlos Wärme für Dusche und Bad liefert.[391]

Ein derartiges günstiges Solarangebot machen z.B. die Stadtwerke Ettlingen, und zwar sowohl für Haushalte als auch für Gewerbe und Industrie. 1996 gestartet, konnten sie zwei Jahre später bereits mit der 100. Anlage ein Jubiläum feiern. Ende 2005 waren über 400 Anlagen installiert. Bis zum Jahr 2003 hatten die Stadtwerke Ettlingen rund 2,6 Mio. Euro beim lokalen Handwerk **als zusätzliches Auftragsvolumen** ausgelöst. Bis zum Jahr 2010 sollen in der 40.000-Einwohner-Stadt insgesamt 1.000 Solardächer für das warme Wasser in den Haushalten und Betrieben sorgen. Der Vorteil liegt zunächst bei den Kunden. **Zufriedene Kunden sind** aber für die Stadtwerke **gute Kunden,** weil sie nicht zur Konkurrenz abwandern. Vor diesem Hintergrund macht sich die Förderung der Solarenergie unter dem Strich auch für die Stadtwerke bezahlt.

Einen weiteren Service bieten die Stadtwerke bei der regenerativen Wärmeversorgung: Obwohl selbst Erdgasversorger, bieten die Stadtwerke Ettlingen ihren Kunden auch die **Lieferung von Holzpellets** an. Da sie Holzpellets nur in geprüfter Qualität liefern, sorgen sie hiermit für einen störungsfreien und emissionsarmen Betrieb und sicherlich auch dafür, dass die Kunden ihren Strom nicht bei einem anderen EVU kaufen.

Ein Service, wie ihn der Kunde wünscht:
Das komplette Solarpaket aus einer Hand

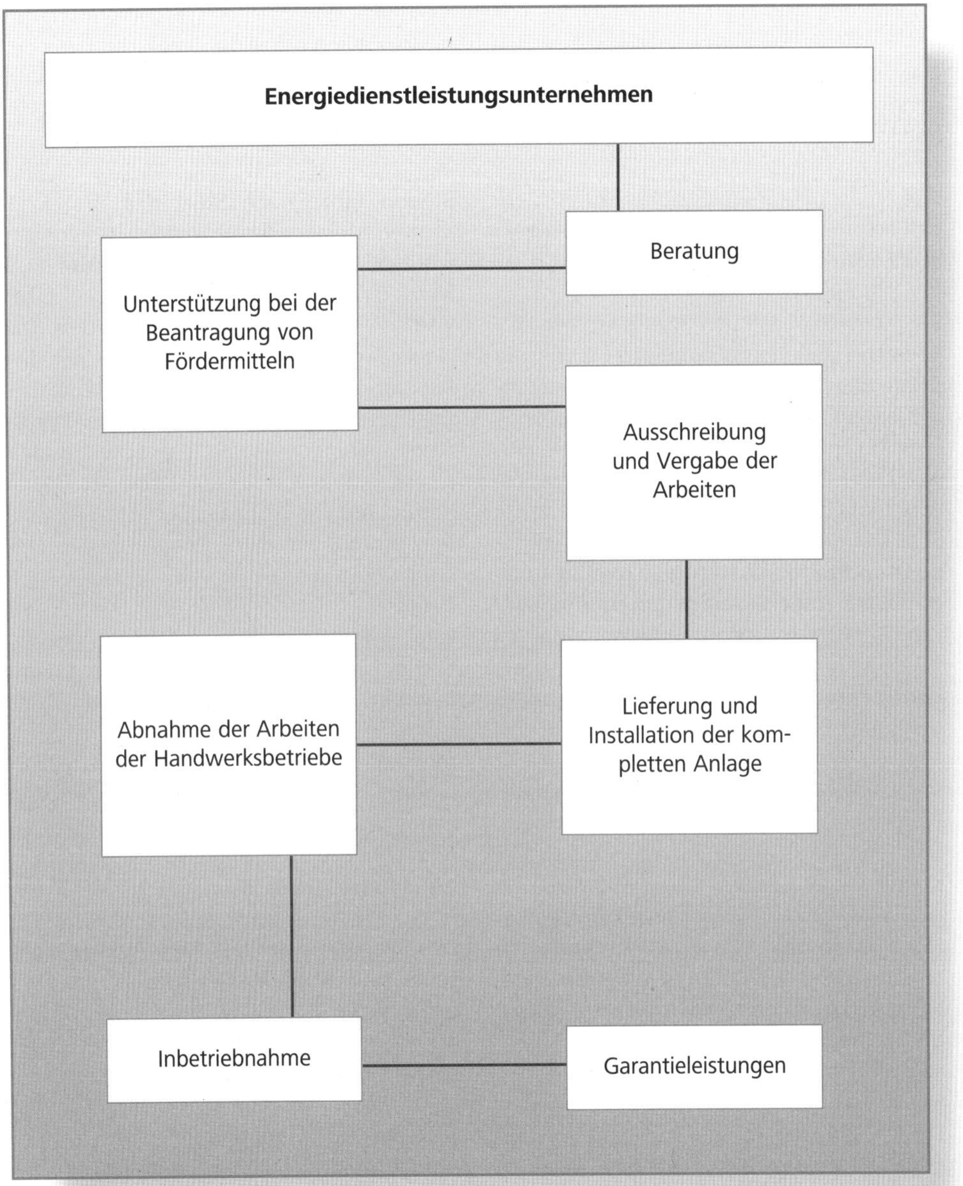

Quelle: eigene Darstellung

← 1
← 2
← 3
← 4
← 5
← 6
← 7
← 8
← 9
← 10
← 11
12

Unter dem Aspekt des Klimaschutzes müssen die Solarvisionen um Energievisionen ergänzt werden. Es ist zwar eine schöne Vorstellung, wenn in Zukunft alle Gebäude von der Solarenergie profitieren können, doch eine nachhaltige Energieversorgung kommt ohne eine Reduktion des derzeitig viel zu hohen Energieverbrauchs nicht aus.

Wie Solar- und Energievisionen zusammengeführt werden können, zeigt das Projekt „ECO-Watt":

Das vom Öko-Institut initiierte und in Kooperation mit dem Fraunhofer-Institut für Solare Energiesysteme (ISE) entwickelte Projekt basiert auf der Erkenntnis, dass rationelle Energienutzung in einem weiten Bereich wirtschaftlich ist. So entstand die Idee, die wirtschaftlichen Einsparpotenziale in einer Schule auszunutzen und **aus den eingesparten Energiekosten gleichzeitig noch den Bau einer Solaranlage zu finanzieren.** Die Idee ließ sich verwirklichen: Im Juli 1999 konnte das erste **über Bürgercontracting** finanzierte Einsparkraftwerk in der Bundesrepublik eingeweiht werden.

Im Juni 1998 begann die Bewerbung des Projektes. Die Akquisition der Mittel erfolgte über den förderverein energie- und solaragentur regio freiburg e.V. (fesa) und die ECO-Watt GmbH. Die geplanten Einlagen in Höhe von insgesamt 245.000 Euro konnten bis November 1998 eingeworben werden. Rund 100 Investoren – darunter viele Eltern und Lehrer der Staudinger Gesamtschule – sind an dem Projekt beteiligt.

Die Investitionen in Höhe von rund 280.000 Euro, die unter anderem eine neue Beleuchtungsanlage, geregelte Umwälzpumpen, eine effizientere Heizungs- und Lüftungssteuerung sowie zwei Solaranlagen, ein modernes Lastmanagement und Wassersparmaßnahmen umfassen, wurden von der eigens hierzu gegründeten Gesellschaft ECO-Watt GmbH&CoKG (Staudinger Gesamtschule) in Kooperation mit dem örtlichen Handwerk durchgeführt. Als Entlohnung für die Investition erhält die Gesellschaft von der Stadt Freiburg über einen Zeitraum von acht Jahren die durch die Maßnahmen eingesparten Energiekosten.

Sieben Jahre nach Start des Projektes kann von einem großen Erfolg gesprochen werden: **Rund 1.3 Mio. kWh Strom, 4,8 Mio. kWh Wärme und 66 Mio. Liter Wasser konnten eingespart werden.** Die eingesparten Kosten kommen nicht nur den Kapitalgebern, sondern auch der Staudinger Gesamtschule zugute: Aus den Energiekosteneinsparungen erhielt die Schule bisher einen Betrag von 69.000 Euro zur freien Verfügung. Die Kapitalgeber erhalten eine Verzinsung von 6% auf ihr eingesetztes Kapital.[392]

Parallel zu den Planungen auf der technischen Ebene wurden die Lehrer und der Elternbeirat in das Projekt einbezogen. Schließlich war es das Ziel des Projektes, nicht nur durch technische Maßnahmen den Energieverbrauch zu senken, sondern auch durch Verhaltensänderungen Einsparungen zu erzielen und somit den technischen Einsparerfolg weiter abzusichern.

Das Projekt zeigt, dass Klimaschutz nicht teuer sein muss, im Gegenteil sogar eine ordentliche Rendite bringt. Dabei wurde auch die thermische Solarenergienutzung, sowie in geringem Umfang auch die Nutzung der Photovoltaik, in das Projekt einbezogen. Nicht Profitmaximierung stand im Vordergrund, sondern Investitionen in eine **nachhaltige Energiezukunft,** die nur über das Zusammenspiel von rationeller Energienutzung mit der Solarenergie erreicht werden kann.

Klimaschutz als Kapitalanlage

Quelle: eigene Darstellung

1
2
3
4
5
6
7
8
9
10
11
12

Die Liberalisierung des Strommarktes (vgl. 1.10) hat auch positive Veränderungen mit sich gebracht. So hat sich zum Beispiel die Vergütung für eingespeisten Strom aus Solaranlagen und kleinen Blockheizkraftwerken (bis 50 kW) deutlich verbessert.

Vor diesem Hintergrund wurde das in Abschnitt 12.6 dargestellte ECO-Watt-Projekt weiterentwickelt. Unter dem Stichwort 100.000 Watt Solar-Initiative wurde vom Wuppertal Institut in Kooperation mit dem Büro Ö-quadrat ein Konzept für Schulen erarbeitet.[393]

Die Grundidee der **„100.000 Watt-Solar-Initiative"** besteht darin, dass an ausgesuchten nordrhein-westfälischen Schulen pro Schüler 50 Watt solare Stromerzeugung installiert und 50 Watt an der Beleuchtungsleistung eingespart werden soll. Pro Schüler entfallen damit insgesamt 100 Watt Leistung an herkömmlicher Stromerzeugung. Eine Schule mit ca. 1.000 Schülerinnen und Schülern kann so ein 100.000 Watt-Solar-Einsparkraftwerk errichten.

Darüber hinaus wurde in den Projekten die Kooperation mit dem jeweiligen Energieversorger gesucht und gefunden: Bei der Sanierung des Aggertal-Gymnasiums wurde die Beleuchtungssanierung, eine 43 kW Solaranlage sowie der hydraulische Abgleich der Heizkreisläufe[394] und die Pumpensanierung aus den Einlagen des Bürger-Contracting finanziert. Die Stromversorgung Aggertal trug die Investitionen für ein BHKW mit einer elektrischen Leistung von 50 Kilowatt und liefert aus dieser Anlage Wärme an die Schule. Diese Wärme wird zu einem mit dem Gas vergleichbaren Preis geliefert.

Insgesamt ergibt sich damit folgende Bilanz: In der Schule wird heute deutlich mehr Strom produziert als benötigt wird. Aufgrund der Einsparmaßnahmen sind von dem ursprünglichen Stromverbrauch von 120.000 kWh pro Jahr nur noch rund 65.000 kWh übrig geblieben. Die Solaranlage liefert jährlich etwa 35.000 kWh und das Blockheizkraftwerk 230.000 kWh Strom. So kommt es, dass die Schule heute rund 70% weniger CO_2 produziert als vor der Sanierung. In einem zweiten Projekt, dem Willibrord-Gymnasium in Emmerich am Rhein, konnte sogar eine CO_2-Einsparung von 85% erreicht werden.[395]

Die beiden Projekte wurden im Sommer 2003 wegen ihres besonderen Beispielcharakters als **Leitprojekt der Landesinitiative Zukunftsenergien NRW** eingestuft.

Die Kapitalgeber (zum größten Teil Lehrer und Eltern von Schülern) können über einen Zeitraum von 20 Jahren mit einer **Kapitalverzinsung von über 6 Prozent pro Jahr** rechnen. Weitere Schulprojekte befinden sich in der Umsetzung.[396]

Die Realisierung dieser Projekte wurde möglich einerseits durch die Einführung des Erneuerbaren-Energien-Gesetzes sowie andererseits durch das Kraft-Wärme-Kopplung-Modernisierungsgesetz. Zudem trägt die ökologische Steuerreform über höhere Strompreise und eine Befreiung der Gassteuer für KWK-Anlagen zu einer besseren Verzinsung des eingesetzten Kapitals bei.

Die Sanierung des Willibrord-Gymnasiums durch ein Bürgerbeteiligungsmodell erbrachte eine CO_2-Einsparung von 86% im Jahr 2005

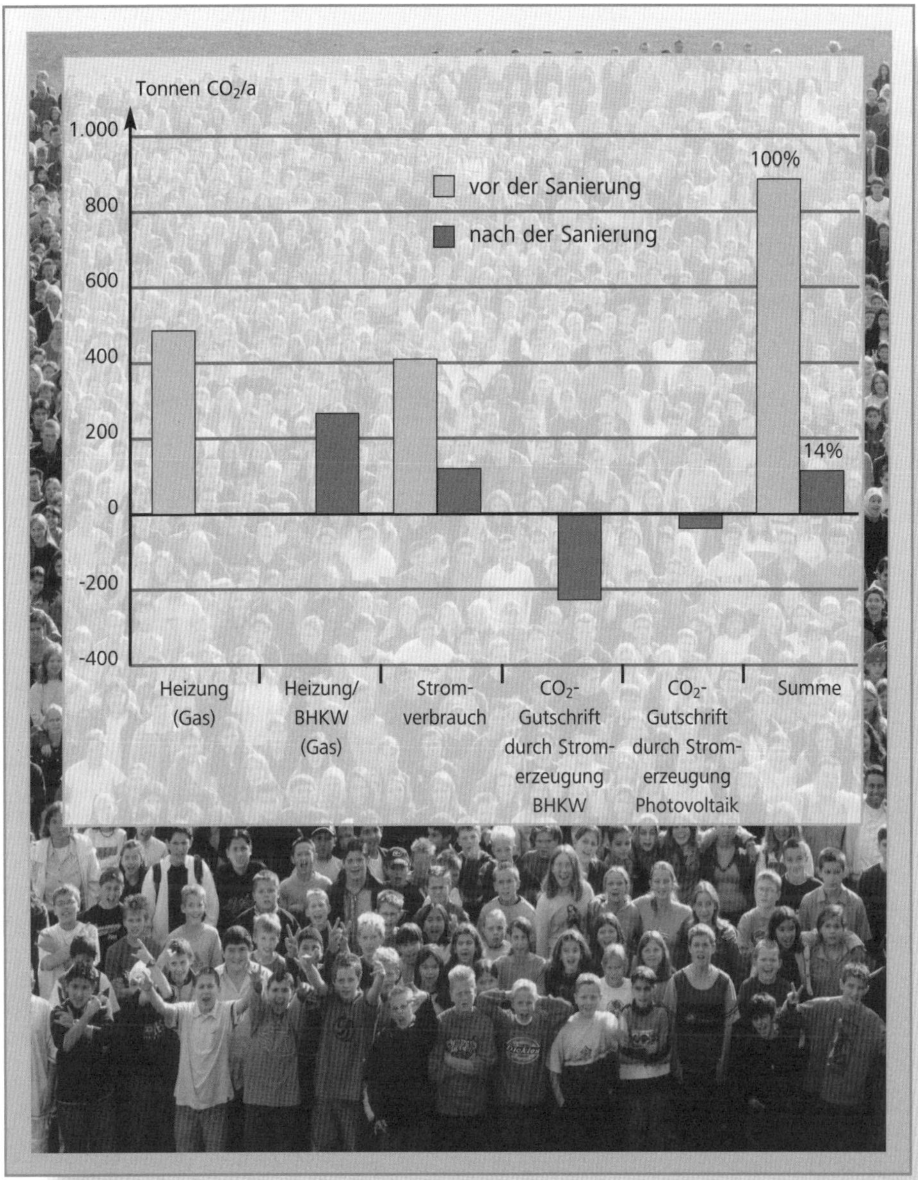

Quelle: Eigene Darstellung

12

Weltweit leben heute 1.600 Millionen Menschen ohne elektrisches Licht. Das sind mehr als in den 80er Jahren des 19. Jahrhunderts, als Thomas Edison die Glühlampe entwickelte.[397] Diese Menschen nutzen **Kerosin-Lampen** oder Kerzen, um ihre Wohnungen zu beleuchten. **Das ist nicht nur teuer, sondern auch schädlich für Umwelt und Menschen:**

- Kerosinlampen verursachen eine nicht unerhebliche Rußentwicklung, die das Raumklima schwer belasten und die in vielen Fällen zu Atemwegserkrankungen und Lungenkrebs führen. Zudem hat die schlechte Beleuchtung eine geringere Effektivität bei den durchgeführten Arbeiten zur Folge und führt langfristig zu Sehschäden.
- Da die Lichtausbeute von Kerosinlampen sehr niedrig ist, sind die CO_2-Emissionen dieser Beleuchtungstechnologie relativ hoch und betragen rund das 20-fache einer konventionellen Beleuchtung mit fossiler Stromversorgung. Deckt man den Lichtbedarf solar ab, so kann gegenüber einer Kerosinlampe eine jährliche CO_2-Minderung von rund 80 kg erzielt werden.

Daher stellt eine Versorgung mit elektrischer Beleuchtung eine deutliche Steigerung der Umwelt- und Lebensqualität dar. In netzfernen Gebieten ist eine solare Stromerzeugung in Verbindung mit Kompaktleuchtstofflampen (Solar Home Systems, vgl. 3.3) die bislang günstigste Lösung für die Beleuchtungserfordernisse in Haushalten. Deren weitere Verbreitung wird bisher durch die hohen Kosten gebremst.

Die **neu entwickelten Leuchtdioden (LED)**, die weißes Licht ausstrahlen, ermöglichen es, in Zukunft **die Kosten für eine solare Lichtversorgung deutlich zu senken** und damit deren Verbreitung voranzubringen. Denn durch den geringeren Leistungsbedarf der Leuchtdioden kann sowohl das Solar-Panel als auch die Batterie kleiner ausgelegt werden, was die Kosten für das gesamte System deutlich reduziert. Zudem sind LED-Lampen stoßunempfindlich und haben eine Lebensdauer von bis zu rund 100.000 Stunden und somit eine rund zehnfache Lebensdauer gegenüber Stromsparlampen bzw. hundertfache Lebensdauer gegenüber Glühlampen.

Die Kosten einer effizienten solaren LED-Beleuchtung mit fokussierender Linse liegen damit schon heute deutlich niedriger als die Kosten der herkömmlichen Beleuchtung, wie z.B. Sturmlaterne mit Kerosin, Kerzen oder Taschenlampe mit Batterien).[398] Damit kann effiziente Technik in Verbindung mit Solarenergie und einem geeigneten Finanzierungsmodell (Mikrokredit) auch in entlegenen Orten der Welt ein Licht aufgehen lassen.

Solarbetriebene Leuchte ersetzt Kerosinlampe:
Vorteile für Mensch, Umwelt und Klima

Quelle: eigene Darstellung

Schalkham: Gemeinde organisiert Solar-Sammelbestellung
Anfang 1994 setzte sich die kleine Gemeinde Schalkham (bei Landshut) das Ziel, für jeden Haushalt eine thermische Solaranlage zu bauen. Die Gemeinde gab dazu pro Anlage einen Zuschuss von 2.000 DM. Sie organisierte zusätzlich mehrere Sammelbestellungen. Da die Installation weitgehend in Eigenleistung und Nachbarschaftshilfe erfolgte, konnten die Endkosten auf unter 4.000 DM gesenkt werden. Dies „Schalkhamer Modell" fand so guten Anklang, dass innerhalb von zwei Jahren 55 Solaranlagen gebaut wurden, was 23 Prozent (!) der Haushalte entspricht.

PHÖNIX: Kostenreduktion durch standardisierte Solaranlagen
Der Bund der Energieverbraucher startete 1994 das Phönix – Projekt: Ziel war die Verbreitung von solarthermischen Anlagen. Dazu bot der Bund der Energieverbraucher drei standardisierte und einfach zu montierende Solaranlagen (ca. 5 m^2, 7 m^2 und 14 m^2) an, die in Eigenarbeit oder durch Handwerker installiert werden. In der Folge wurde das Projekt auf PV-Anlagen ausgeweitet. Aus der Initiative sind inzwischen zwei Gesellschaften entstanden, die in Zusammenarbeit mit über 500 Beratern thermische Solaranlagen in ganz Deutschland und auch im Ausland anbieten. (www.sonnenwaerme-ag.de)

Sonne, Mond und Sterne: Die Kohle geht, die Sonne kommt
Unter diesem Motto fand 1999 im Rahmen der Internationalen Bauausstellung Emscherpark auf der Kokerei Zollverein in Essen eine Ausstellung statt. In den Gebäuden der ehemaligen Kokerei wurde dabei der Gegensatz zwischen der alten Energie Kohle und der neuen Energiequelle Sonne deutlich: Ein riesiges, sich drehendes Sonnenrad und eine große PV – Anlage sollten dabei den Strukturwandel im Ruhrgebiet symbolisieren. Die Besucher der Ausstellung konnten selbst einen Beitrag für den Ausbau der Solaranlage leisten: Jede Spende von 15 DM (ca. 7,5 Euro) vergrößerte die im Aufbau befindliche PV-Anlage um ein Watt.

Sonne und Fußball
Der förderverein energie- und solaragentur freiburg (fesa) errichtete 1995 auf dem Dach der Tribüne des SC-Stadions eine PV-Gemeinschaftsanlage (vgl. 12.3). Der Absatz der Anteile konnte durch eine neue Allianz zwischen dem Fußball-Bundesligisten und der fesa wirkungsvoll gefördert werden: Jeder, der einen Anteil der Solaranlage erwarb, erhielt damit die Zusicherung, dass er eine der damals heiß begehrten Dauerkarten für die Spiele des SC Freiburg (gegen volle Bezahlung) erhält. Dies erwies sich als so wirkungsvoll, dass die restlichen Anteile innerhalb eines Monats gezeichnet waren.

Sonne in der Schule, ...
In Schulen und anderen Bildungseinrichtungen ist es von besonderer Bedeutung, dass die Heranwachsenden von der Sonnenenergie nicht nur theoretisch, also aus dem Lehrbuch etwas erfahren. Es kommt auch darauf an, dass Schülerinnen und Schüler diese Technologien konkret erleben als einen Bestandteil ihrer (zumindest schulischen) Lebensumgebung und als Zeichen einer neuen Energiepolitik. Unterstützt wurde dieses Anliegen durch das Programm „Sonne in der Schule" mit dem aus Mitteln des Marktanreizprogramms pro Schule der Bau einer Solarstromanlage (Photovoltaik-Anlage) mit einem Festbetrag von 3.000 € gefördert wurde. Weil das 2004 novellierte EEG eine kostendeckende Vergütung gewährte, wurde dieses Programm im Jahr 2005 eingestellt.

...im Gefängnis

Die Energieagentur Niedersachsen hat ein Solarprojekt in einer großen Gefängnisanstalt durchgeführt. In diesem Falle war die Lieferung von Solarwärme für den Gebäudenutzer nicht mit Zusatzkosten verbunden. Die Energieagentur schnürte ein Paket aus Wassereinsparung und thermischer Solaranlage und schloss mit dem Land einen Vertrag über mehrere Jahre ab. In diesem Zeitraum erhält die Energieagentur die eingesparten Energie- und Wasserkosten gegenüber den Verbrauchswerten vor der Sanierung.

... und auf dem Kirchendach

Viele Kirchengebäude eignen sich in besonderer Weise für Solaranlagen: Traditionell liegt ihr First genau in Ost-West-Richtung, was für die südliche Dachfläche eine optimale Ausrichtung bedeutet. So hat z.B. die Kirchengemeinde in Schönau ihr Süddach vollständig mit PV-Modulen belegt und so ein „Schöpfungsfenster" geschaffen.

Um auch andere Kirchengemeinden bei solchen Aktivitäten zu unterstützen, hat die Deutsche Bundesstiftung Umwelt rund 5 Mio. Euro für die Förderinitiative „300 Kirchengemeinden für die Sonnenenergie" zur Verfügung gestellt. So konnten sowohl Solarstrom- als auch solarthermische Demonstrationsanlagen auf kirchlichen Gebäuden von 1999 bis 2002 mit 50% bezuschusst werden. Auch für begleitende Informationsarbeit gab es Zuschüsse. Das Programm ist inzwischen abgeschlossen.

Kirchensteuern für Energiewende widmen

Mitglieder der Erzdiözese Wien haben (zunächst nur im Jahr 2007) die Möglichkeit, bis zu 50% ihrer Kirchensteuer bestimmten von ihnen gewählten Einrichtungen zukommen zu lassen, so z.B. der Arbeitsgemeinschaft Schöpfungsverantwortung. Diese wird das Geld in Energiesparmaßnahmen und erneuerbare Energien investieren, insbesondere bei kirchlichen Bauprojekten. www.argeschoepfung.at

Prädikat „Solar - Kommune"

Die Deutsche Umwelthilfe (Radolfzell) verleiht an solarfreundliche Kommunen das Prädikat „Solar-Kommune". Dafür müssen sich die Gemeinden verpflichten, eine große Solarstrom - Anlage zu installieren (bis zu 20.000 Einwohner: mindestens 30 kWp; darüber: 40 bis 200 kWp) und mindestens zehn Prozent des damit erzeugten Stroms selbst abzunehmen. Darüber hinaus sollen diese Gemeinden das Thema Solarstrom in der Öffentlichkeit aktiv kommunizieren. Als erste Gemeinde in Deutschland ist der Kurort Königsfeld (Schwarzwald) diese Verpflichtungen eingegangen. Weil er als Kurort besonderes Interesse an sauberer, zukunftsfähiger Energie hat, investiert er Gelder, die bei dem Strombezug der Gemeinde durch die Preissenkungen im liberalisierten Strommarkt anfielen, in die Sonnenenergie.[399] Zwischenzeitlich (Ende 2006) gibt es 15 Solar-Kommunen.
(www.duh.de/solarkommune.html)

Solar-Bundesliga

„Konkurrenz belebt das Geschäft" bzw. „Der Vergleich mit anderen spornt an." In diesem Sinne starteten die Deutsche Umwelthilfe e.V. und die Zeitschrift Solarthemen im Jahr 2001 die Solar-Bundesliga: Für die gemeldeten Städte und Gemeinden werden dabei zunächst die Pro-Kopf-Daten in den Teilbereichen Solarthermie und Photovoltaik bestimmt und daraus eine Gesamtwertung gebildet. Der aktuelle Stand der Tabelle ist im Internet unter www.solarbundesliga.de zu finden. - Ende 2006 beteiligten sich fast 1000 Gemeinden, wobei der kleine Ort

Gollhoven in Bayern die Gesamttabelle anführte. Freiburg und Neckarsulm lagen bei den Groß- und Mittelstädten an der Spitze.[400] – Es ist zu wünschen, dass der "Kampf" um die vorderen Plätze in dieser Tabelle noch manche kreative Idee vor Ort freisetzt.

Schalkham II: Wärmedämmung plus Solarenergie

Die gemeindeeigene Solarförderung der neunziger Jahre hat der kleinen bayerischen Gemeinde Schalkham in der Solar-Bundesliga einen Spitzenplatz bei solarthermischen Anlagen beschert. Gemäß dem Grundsatz, dass zur Solarstrategie auch das Energiesparen gehört (vgl. 1.8), hat die Gemeinde Schalkham 1999 ihre Förderung umgestellt: Sie bezuschusste bei Neubauten eine zusätzliche Wärmedämmung mit 10.000 DM (ca. 5.100 Euro), aber nur, wenn die Wärme zu einem Großteil mittels Sonnenkollektoren gewonnen wurde.[401]

Ortenauer Sonnendächer

Das Beispiel Schalkham findet Nachahmer. So hat in Baden-Württemberg der Ortenaukreis im Rahmen der Lokalen Agenda das Programm „Ortenauer Sonnendächer" aufgelegt, bei dem standardisierte Solaranlagen per Großeinkauf günstig erworben werden. Der Kreis übernahm die Öffentlichkeitsarbeit, Sparkassen und Volksbanken gewährten günstige und unkomplizierte Sonderkredite und die regionale Presse berichtete über das Programm. So konnten in 13 Monaten über 450 thermische Solaranlagen installiert werden.[402]

Solaranlage als Standard

Nach Ansicht vieler Experten gehört eine thermische Solaranlage heute zur Standardausrüstung eines Neubaus. Einige Gemeinden haben ein spezielles Förderprogramm aufgelegt, um dieses Ziel in ihrem Wirkungskreis umzusetzen. Die Stadt Ulm geht hier einen neuen Weg: Sie hat die eigenen Wohnungsbaugesellschaften verpflichtet, hier mit gutem Beispiel voranzugehen. Auch private Bauherren werden in die Pflicht genommen, sofern sie das Bauland von der Stadt erwerben. Dann steht im Kaufvertrag, dass auf zu bauenden Wohngebäuden Solarenergie genutzt werden muss.[403]

Solarwette „Thermie gegen PV"

Bei der Einweihung der weltgrößten Aufdach- Solarstromanlage in Bürstadt/Krs. Bergstraße entstand die Idee, einen Wettbewerb zwischen der 5-MW-Solarstromanlage „Sonnenfleck" und den Solarwärmeanlagen auf den Häusern des Kreises anzustrengen. Landrat Wilkes forderte Erhard Renz, den Initiator des Sonnenflecks, zu folgender Wette heraus: „Wir holen mehr Sonnenwärme von den Dächern im Kreis, als Erhard Renz Sonnenstrom von seinem Sonnenfleck ernten kann." Bei einem Umrechnungsfaktor von 0,7 Kilowatt pro Quadratmeter Solarwärmefläche mussten innerhalb eines Jahres 7.143 Quadratmeter Sonnenwärmeanlagen aufgefunden werden, um die 5 MW zu toppen. Anders als bei PV-Anlagen, die vollständig beim Energieversorger registriert sind, werden Solarthermieanlagen nicht automatisch erfasst. Hier musste eine mühsame Einzelzählung erfolgen. Das gelang durch das Schülerprojekt „Solare Schnitzeljagd". Die Kinder und Jugendlichen rückten so gemeinsam mit ihren LehrerInnen, Bürgermeistern und dem regionalen Handwerk die Zukunftsenergie Sonnenenergie in das Bewusstsein der Öffentlichkeit. – Gewonnen hat die Solarwette der Landrat. – www.sebz-bergstrasse.de

SolarLokal
SolarLokal ist eine bundesweite Imagekampagne für mehr Solarstrom. Sie richtet sich an Kreise, Städte und Gemeinden und wird getragen von der Deutschen Umwelthilfe e.V. und dem Solarstromkonzern SolarWorld AG. Die Kampagne wirbt bei Kommunen für den Bau von Solarstromanlagen. Dafür bietet sie einen Info- und Presseservice, eine bundesweite Börse für geeignete Dächer, ein Infotelefon u.a. an, bis hin zu einem digitalen SolarLokal-Ortsschild, das für die Medienarbeit eingesetzt werden kann.
www.SolarLokal.de

Bundesverband Schule Energie Bildung
Energiesparen und Nutzung Erneuerbarer Energien in Schulen sind nicht nur aus ökonomischen und ökologischen, sondern auch aus pädagogischen Gründen von großer Bedeutung. Bundesweit beteiligen sich daher schon über 2.000 Schulen an Projekten, die die praktische Energieeinsparung im Schulgebäude mit der thematischen Behandlung von Klimaschutz und Erneuerbaren Energien verbinden (vgl. 12.6). Leider sind das weniger als 10% aller Schulen. Wegen dieses Missverhältnisses haben sich 12 Einrichtungen, die in verschiedenen Bundesländern für Umweltbildung im Themenfeld Energie und Klimaschutz zuständig sind, zum Bundesverband „Schule Energie Bildung" zusammengeschlossen. Dieser will weitere Projekte zum Einsatz erneuerbarer Energien und zum Energiesparen initiieren, den Erfahrungsaustausch fördern, sowie Politik, Wirtschaft und Verwaltung in Fragen der Umwelterziehung beraten. Bundesverband Schule Energie Bildung, Greifswalder Str. 4, 10405 Berlin, Tel.: 030-42849930; siehe auch: www.ufu.de/klimaschutz

Schülerfirma als Energieagentur
An der Alexander-von-Humboldt-Schule in Viernheim wird die 1994 gegründete Energieagentur in Form einer „Schülerfirma" betrieben. Zehn Schüler und zwei Lehrer schlagen dem Schulträger Projekte zur Energieeinsparung, zum Klimaschutz und zur Nutzung erneuerbarer Energien vor und verwirklichen sie nach dessen Zustimmung. Damit wurden bis Ende 2003 über 80.000 Euro eingespart. Diese Erträge fließen in neue Projekte. – Das Ganze macht sowohl ökologisch, als auch pädagogisch Sinn: Jugendliche werden als gleichberechtigte Partner nicht nur theoretisch, sondern durch eigene Erfahrungen und Erfolge für den Klimaschutz gewonnen. www.energieagentur-avh.de

Naturenergielehrpfade
Für viele Menschen ist das Solarzeitalter noch ein Buch mit sieben Siegeln. Sie besitzen wenig und/oder falsche Informationen und können sich daher eine regenerative Energieversorgung nur schlecht oder gar nicht vorstellen. Daher ist eine sachliche Information, die auch die Chancen der Erneuerbaren herausstellt für Fortschritte ins Solarzeitalter sehr wichtig. Eine gute Möglichkeit dafür sind Energielehrpfade, die bereits vielerorts eingerichtet wurden. Beim Naturenergielehrpfad Dreisamtal (bei Freiburg) kann man auf einem einfachen, neun Kilometer langen Wanderweg eine Bürger-Solarstromanlage, eine Holzhackschnitzelheizung, eine normale Holzheizung, eine Wasserturbine, ein wasserbetriebenes Sägewerk, eine thermische Solaranlage und auch eine Biogasanlage besichtigen. Der Wanderer sieht dabei alte und neue regenerative Energienutzungen und erlebt dabei noch die reizende Schwarzwaldlandschaft; eine gelungene Kombination. – Die Broschüre „1. Naturenergie-Lehrpfad Dreisamtal" ist erhältlich über Tel. 07661/3939 bzw. 930566.

SolarBrücke Obrigheim-Biblis

Mit der Aktion Solarbrücke soll der Wunsch der Mehrheit der Bevölkerung nach einem Atomausstieg und einem verstärkten Einstieg in die Nutzung erneuerbarer Energien umgesetzt werden: Zwischen den Atomkraft-Standorten Obrigheim (2005 stillgelegt) und Biblis soll eine SolarBrücke entstehen. Städte und Dörfer in einem breiten Korridor innerhalb dieser gedachten Brücke bilden die Brückenpfeiler. Im Neckar-Odenwald-Kreis sind es beispielsweise Mosbach, Schefflenz, Buchen und Walldürn. Kleine und große Solar-, Wind- und Wasserkraft- und Biomassekraftwerke, die in diesen „Korridor"-Gemeinden errichtet werden, tragen zum Bau der SolarBrücke bei. Das SolarBrücke-Team unterstützt Menschen, die Anlagen initiieren wollen, vor Ort mit Beratung und Vorträgen. Die InitiatorInnen sind sich einig, dass man in großem Maßstab und schneller denn je gedacht auf die erneuerbaren Energien umsteigen muss.
www.solarbruecke.de

Solar-Bürger-Genossenschaft eG

Wer auch mit kleinem Geldbeutel die erneuerbaren Energien voranbringen will, kann der Solar-Bürger-Genossenschaft eG beitreten. Die Mindestbeteiligung für einen Anteil beträgt 100 Euro. Damit eine Identifikation mit den Kraftwerken vollzogen wird, soll eine Bürgschaft für ein konkretes Objekt ebenfalls in Höhe von 100 Euro je Anteil geleistet werden. Die Bürgschaft wird bis 3.000 Euro von der GLS Gemeinschaftsbank für Leihen und Schenken in Bochum durch ein einfaches Formular anerkannt.
www.solar-buerger.de

Solares „Perpetuum Mobile"

Ein solares „Perpetuum Mobile" will der Förderverein Zukunftsenergien in Wyhl (Kaiserstuhl) errichten: Der Verein wirbt um Spenden und Sponsoren, um eine Photovoltaikanlage zu errichten. Damit wird sofort Kohlendioxid vermieden. Gleichzeitig versteht der Verein das als einen Beitrag zur Vermeidung von Hunger und Katastrophen in der 3. Welt, denn die ärmsten Regionen werden von einer Klimaänderung zuerst getroffen. – Die Einnahmen aus dem Stromverkauf sollen in die Erweiterung der Anlage fließen und so die angestrebten Effekte vervielfältigen. Wenn die Solaranlage ihre endgültige Ausbaustufe erreicht hat, soll der Ertrag in eine gemeinnützige Stiftung fließen. (www.solarregio.de)

Solarzwilling: Solarenergie in Nord und Süd nutzen!

Das Solarzwilling-Projekt besteht zunächst aus zwei Solarstromanlagen. Der eine solare Zwilling erzeugt im Göttinger Freibad Brauweg Strom aus Sonnenenergie. Bürgerinnen und Bürger, Firmen und Institutionen haben über Spenden dieses Bürgerkraftwerk errichtet, das umweltfreundlichen Strom für Haushalte in Göttingen und Umgebung liefert. Für den erzeugten Solarstrom erhält der Projektträger über einen Zeitraum von 20 Jahren die gesetzlich garantierte Einspeisevergütung. Dieses Geld wird dann - nach Abzug der Kreditkosten für die Anlage in Göttingen – für den Bau weiterer Anlagen in Brasilien verwendet.

Der andere solare Zwilling steht in Brasilien auf dem Gelände eines Müllrecycling-Projektes der Caritas und der Landlosenbewegung. Auch er erzeugt- auf einem ökologischen Modellhaus – Strom aus Sonnenenergie. Die Anlage ist so ausgelegt, dass sie ausreichend Strom für die wichtigsten Bedürfnisse eines typischen brasilianischen Landarbeiter-Haushaltes erzeugt.

Beide Anlagen produzieren nicht nur Strom, sondern helfen auch, Kenntnisse und Erfahrung für den Aufbau einer ökologischen und demokratischen Energieversorgung zu vermitteln. Die Betreiber zeigen, wie's geht, stehen für Fragen zur Verfügung und geben ihr Wissen weiter.
www.solarzwilling.de

fairPla.net

Dramatischer Klimawandel, globale Ungerechtigkeit und Armut, Verantwortungslosigkeit von Konzernen. In dieser Situation haben 31 Menschen aus Deutschland, Südkorea und Afghanistan Im Jahr 2007 fairPla.net gegründet – eine internationale Genossenschaft für Klima, Energie und Entwicklung.
In der internationalen Genossenschaft fairPla.net beteiligen sich Menschen und Initiativen aus unterschiedlichen Regionen der Erde mit einem oder mehreren Anteilen von je 250 Euro. Mit dem Kapital wird der Aufbau und Betrieb erneuerbarer Energieprojekte sowie Projekte zur Steigerung der Energieeffizienz finanziert – und zwar parallel im reichen Norden wie im benachteiligten Süden und Osten der Erde. Aus dem Betrieb der Anlagen sollen jährlich 2 - 3 % Dividende erwirtschaftet werden: www.fairPla.net

Sonne stiften

In ländlichen Regionen der so genannten Entwicklungsländer sind die Hemmnisse für die Nutzung der erneuerbaren Energien besonders groß (vgl. 11.20). Hier setzt die Aktion „Sonne stiften" an: Sie will durch den Einsatz erneuerbarer Energien die Armut in den Ländern Afrikas lindern. Nach dem Prinzip „Hilfe zur Selbsthilfe" werden aus dem Stiftungskapital Solarsysteme in Afrika errichtet. Die Menschen zahlen für den Solarstrom. Diese Gebühren werden für Betrieb und Wartung eingesetzt und bilden damit gleichzeitig eine Starthilfe für das lokale Handwerk. So entsteht in der äthiopischen Region Mida bereits das zweite Solardorf: Alle 1200 Hütten und die Schule erhalten eine solar betriebene Beleuchtung. Damit kann abends für Kinder, die tags auf den Feldern arbeiten müssen, Unterricht angeboten werden. Für weitere derartige Projekte wurde 2006 die Stiftung Solarenergie gegründet. Weitere Sonnenstifter sind gesucht: www.sonne-stiften.org

Abschließend ein Beispiel aus Indien: Ladeservice für Solarbatterien

Straßenhändler in Bangalore mussten traditionsgemäß bisher jeden Abend für ca. 31 Cent ihre Kerosinlampen füllen lassen. Das indische Solarunternehmen Selco Light erkannte hier eine Chance. Es baute einen Ladeservice für Solarbatterien auf: Für 21 Cent wird den Händlern täglich eine solar geladene Batterie geliefert und um Mitternacht wieder abgeholt. Die Ersparnis ist so groß, dass die Händler ohne Probleme die Energiesparlampen erwerben können, die im Vergleich zur Kerosinlampe besseres Licht und keine Abgase erzeugen. Der Ladeservice für Solarbatterien beschäftigt derzeit etwa 40 Kleinunternehmer und beliefert ca. 1.000 Straßenhändler. Fazit: Solarenergienutzung bringt weniger Qualm, besseres Licht und neue Beschäftigung.
(PHOTON, Juni 2006, S. 92)

Fußnoten

← 1 ← 2 ← 3 ← 4 ← 5 ← 6 ← 7 ← 8 ← 9 ← 10 ← 11 ← 12

1 DIE ZEIT, 2.11.2006, S.26

2 Bundesverband Solarwirtschaft: Statistische Zahlen der Deutschen Solarwirtschaft, Juni 2006

3 REN21-Studie vom August 2006; nach: www.sonnenseite.com

4 Presseerklärung B90/Die Grünen, Berlin 8.11.2005

5 DIE ZEIT, 2.11.2006, S. 26

6 Financial Times Deutschland, 2.2.2006

7 Zitiert nach Handelsblatt vom 13.10.2006

8 BP Statistical Review of World Energy, Juni 2006

9 So hat z.B. der US-amerikanische Erdölspezialist Professor Kenneth S. Deffeyes den 24. November 2005 zum „World Peak Oil Day" erklärt, also zu dem Tag, an dem der Höhepunkt der weltweiten Ölförderung erreicht wurde. Nach: Energiedepesche, März 2006, S. 4 - siehe auch: www.peak-oil.de und Heinberg, R.: The Party is over. Das Ende der Ölvorräte und die Zukunft der industrialisierten Welt, Riemann Verlag 2004

10 BP Statistical Review of World Energy, June 2006

11 Statistisches Jahrbuch für die Bundesrepublik Deutschland 2006, S.467

12 So haben z.B. die Europäische Kommission und die Internationale Energieagentur (IEA) ihre Mitgliedsstaaten vor der Unberechenbarkeit des russischen Energieriesen Gasprom gewarnt. Sie reagierten auf Drohungen des Gasprom-Chefs. Financial Times 20.4.2006

12 Hennicke, P./Müller, M.: Weltmacht Energie. Herausforderung für Demokratie und Wohlstand

14 Diese Aufzählung erhebt keinen Anspruch auf Vollständigkeit. – Siehe auch: Öko-Institut: Risiko Kernenergie. Es gibt Alternativen, Freiburg 2005

15 siehe z.B.: Geisterflug auf der Geisterbahn, DIE ZEIT, 10.8.2006

16 Damit steht Deutschland in Europa keineswegs allein da: Dänemark, Griechenland, Irland, Italien, Luxemburg, Österreich und Portugal haben auf die Nutzung der Atomenergie verzichtet. Schweden beschloss 1984 den Atomausstieg, und Spanien hat 1984 ein Moratorium (Verzicht auf einen weiteren Ausbau) verabschiedet.

17 Öko-Institut: Risiko Kernenergie. Es gibt Alternativen, Freiburg 2005

18 Das Öko-Institut nennt ca. 40 Jahre, eine Studie von Greenpeace hat eine Reichweite von höchstens 65 Jahren ermittelt. – Öko-Institut: Risiko Kernenergie. Es gibt Alternativen, Freiburg 2005; bzw.: www.greenpeace.de/themen/atomkraft (Februar 2006)

19 Rechsteiner, R.: Grün gewinnt. Die letzte Ölkrise und danach, Zürich 2003, insbesondere S. 39-45

20 Schneider, M.: the Status of the Nuclear Power in the World, Präsentation Brüssel, 7.11.2005

20a Bernward Janzing in Badische Zeitung 10.1.2007

21 Arbeitsgemeinschaft Energiebilanzen, Januar 2006 (www.ag-energiebilanzen.de)

22 Bundesanstalt für Geowissenschaften und Rohstoffe: Reserven, Ressourcen und Verfügbarkeit von Energierohstoffen 2005; Hannover 2006. -Die nicht erneuerbaren Energievorräte werden unterteilt Reserven und Ressourcen. Die Reserven sind die Teile der Vorräte, die nachgewiesen sind und mit verfügbarer Technik wirtschaftlich gefördert werden können. Ihre Menge hängt daher auch vom zugrunde gelegten Energiepreis ab. Die zusätzlichen Ressourcen umfassen die Teile der Vorräte, die zwar nachgewiesen, aber derzeit technisch und/oder wirtschaftlich nicht förderbar sind, sowie die, die noch nicht nachgewiesen, aber geologisch wahrscheinlich sind.

23 Eine Ausnahme bildet die Geothermie (vgl. 7.5 bis 7.7): Sie kann die Solarenergie ergänzen.

24 Zudem werden Land- und Wasserflächen ungleich aufgeheizt, was ebenfalls zu Luftbewegungen führt.

25 Scheer, H.: Sonnenstrategie, Politik ohne Alternative. München 1993, S. 109f

26 Lehmann, H., Reetz, T.: Zukunftsenergien. Birkhäuser Verlag, Berlin u.a. 1995

27 Krause, F. u.a.: Energiewende. Wachstum und Wohlstand ohne Erdöl und Uran. Frankfurt a. M. 1980

28 Deutscher Bundestag: Schutz der Erde. Eine Bestandsaufnahme mit Vorschlägen zu einer neuen Energiepolitik. Bonn 1990, insbes. Band 2, S. 158ff

29 von Weizsäcker, E.U., Lovins, A.B., Lovins, L.H.: Faktor vier. Doppelter Wohlstand – halbierter Naturverbrauch. Der neue Bericht an den Club of Rome. München 1995

30 DLR, IFEU, Wuppertal Institut: „Ökologisch optimierter Ausbau der Nutzung erneuerbarer Energien in Deutschland", März 2004

31 Umweltbundesamt: Wie private Haushalte die Umwelt nutzen – höherer Energieverbrauch trotz Effizienzsteigerungen, Hintergrundpapier, November 2006

32 Dieses Beispiel wurde vorgestellt von: Stryi-Hipp, G.: Sonnenenergie frei Haus - Solarthermie und Photovoltaik nutzen. Vortrag vom 22.1.97 in Bonn

33 Irrek, Wolfgang, Stefan Thomas: Der Energie SparFonds für Deutschland, Düsseldorf 2006

34 Die über Kühltürme und Kühlwasser abgeführte Wärmemenge ist größer als der gesamte Raumwärmebedarf aller Wohn- und Büroräume in Deutschland.

← 1
← 2
← 3
← 4
← 5
← 6
← 7
← 8
← 9
← 10
← 11
← 12

35 „Zwischen 1994 und 1996 mussten nach einer VDEW-Umfrage die 50 größten Stromversorger sich in fast 2.000 Fällen der Herausforderung durch Pläne zur Eigenversorgung (von Betrieben) stellen. Durch flexibles Preisgebaren.... konnten sie sich vielfach behaupten. ...Jedenfalls wurden die Überlegungen zur Eigenerzeugung in den meisten Fällen letztlich fallen gelassen."(VDEW Jahresbericht 1996)

36 Bundesverband Kraft-Wärme-Kopplung, Stellungnahme zur Novellierung des Kraft-Wärme-Kopplung-Gesetzes, September 2006

37 Traube, K.: Potentiale der KWK. Bundesverband der Kraft-Wärme-Kopplung e.V., Januar 2005

38 Im Rahmen des Least-Cost Planning Ansatzes werden die Kosten für die Umsetzung von Stromeinsparpotentialen mit den Kosten für den Ausbau der Kraftwerke und des Stromnetzes verglichen. Ziel ist es, die kostengünstigere Variante zur Umsetzung zu bringen.

39 Hierzu haben zu einem Teil auch die ökologische Steuerreform sowie die Umlage für das Erneuerbare Energien Gesetz beigetragen.

40 Diese betragen im Jahr 2006 rund 38%.

41 Süddeutsche Zeitung vom 7.9.2006

42 Main-Spitze, 5.10.2006

43 Für einen Privathaushalt in Freiburg mit einem Jahresverbrauch von 3500 kWh stellte sich das z.B. im November 2006 wie folgt dar: Das Angebot des lokalen Versorgers Badenova belief sich auf 778,55 € pro Jahr; das deutschlandweit günstigste Angebot betrug 570 Euro (Flexstrom GmbH, 3600-Paket). Auch die Ökostrom-Angebote von Lichtblick und EWS-Schönau („Watt ihr spart") lagen mit 730,39 € bzw. 748 € günstiger als das lokale EVU. – www.stromauskunft.de

44 Ein Energiedienstleistungsunternehmen verkauft nicht nur Strom und Gas, sondern es setzt sich auch dafür ein, dass diese Energieträger möglichst effizient eingesetzt werden, z.B. indem es Stromsparberatung oder Kampagnen für effizienten Stromeinsatz finanziert.

45 Vgl. hierzu Hennicke/Seifried: Das Einsparkraftwerk, Berlin, Basel, Boston 1996

46 Wirtschaftsminister Riehl zitiert nach taz, 5.10.2006

47 Hierbei sollten einerseits die bisher ausgenommenen Energieträger Kohle und Schweres Heizöl in die Besteuerung einbezogen werden sowie die Ausnahmen von der Besteuerung (Flugbenzin, Eigenverbrauch, Raffinerien, landwirtschaftlicher Verbrauch) abgebaut werden. Um weitere Umverteilungseffekte zu vermeiden, ist der Steuersatz für das produzierende Gewerbe relativ stärker anzuheben als der für die privaten Verbraucher.

48 Irrek, W./Thomas, S.: Der EnergieSparFonds für Deutschland, Düsseldorf 2006

49 z.B. in England, Dänemark und einigen Bundesstaaten der USA.

50 Siehe hierzu: Wuppertal Institut: Energieversorger auf dem Prüfstand, Wuppertal 2001

51 Energiesparcontracting ist eine vertraglich vereinbarte Dienstleistung zwischen einem Unternehmen (Contractor oder auch Energiesparpartner) mit einem Gebäudeeigner. Der Contractor führt in dem Gebäude Investitionen und Maßnahmen zur Energieeinsparung durch. Seine Aufwendungen lässt er sich durch den Erfolg der Einsparmaßnahmen, also über die reduzierten Energiekosten des Gebäudes, vergüten. Der Gebäudeeigner muss nicht investieren, trägt kein Risiko und ist trotzdem an dem Erfolg der Einsparmaßnahme beteiligt.

52 Zu einer nachhaltigen Energiewirtschaft gehört unter anderem, dass nicht mehr Rohstoffe und Ressourcen verbraucht werden als nachwachsen.

53 Wenn Einsparmaßnahmen wirtschaftlich umgesetzt werden können, heißt dies jedoch noch nicht, dass sie tatsächlich realisiert werden.

54 May, H.: Kostensenker vom Dienst, in: Neue Energie 10/2006, S. 14f

55 PROKON: Der Wind hat sich gedreht, Sonderveröffentlichung, Itzehohe, Oktober 2006

56 Gemeinsame Presseerklärung von UBA und BMU vom 17.10.2006 zum Start des neuen Kompetenzzentrums für Klimafolgen und Anpassung

57 Presseerklärung BMU vom 12.9.2006: Erneuerbare Energien sichern langfristig Arbeitsplätze in Deutschland

58 Weitere Details siehe z. B.: Schüle, R., Ufheil, M., Neumann, C. : Thermische Solaranlagen, Marktübersicht. Ökobuch Verlag, Staufen bei Freiburg 1997, S. 41ff - siehe auch: Deutsche Gesellschaft für Sonnenenergie (DGS): Nutzerinformation Solarthermie, München 2006

59 Dieser Berechnung liegt ein Heizölpreis von 6 ct/kWh (= ca. 60 Ct/Liter) zugrunde; zudem wird eine Preissteigerung beim Heizöl von 3% pro Jahr angenommen. Da die Preissteigerung in den Jahren 1998 bis 2006 mit durchschnittlich 13% deutlich höher lag, wurden keine Finanzierungskosten eingerechnet. Unter diesen Annahmen ergibt sich in 20 Jahren eine Einsparung bei den Heizölkosten von 4.800 €. Wird eine elektrische Warmwasserbereitung ersetzt, so summieren sich die Einsparungen in 20 Jahren auf 10.200 €. nach: Bundesverband Solarwirtschaft: Zeitung für Solarwärme, 2006

60 Der Anteil der Solaranlagen, die auch einen Beitrag zur Raumheizung liefern, ist im Jahr 2006 auf ca. 45% der neu installierten Anlagen gestiegen. nach: Bundesverband Solarwirtschaft: Zeitung für Solarwärme, 2006

61 Neue Aspekte eröffnet demgegenüber die thermochemische Wärmespeicherung: Im Vergleich zu einem üblichen Heißwasserspeicher kann dabei pro Volumen die fünffache Wärmemenge gespeichert werden. Dazu nutzt man geeignete reversible chemische Reaktionen, wie etwa die Adsorption eines Arbeitsmittels an einen Feststoff. Neben der hohen Energiedichte ergibt sich dabei als entscheidender Vorteil, dass die Wärme nahezu verlustfrei auch über lange Zeiträume gespeichert werden kann. Projekte dieser Speichertechnik finden sich z. B. in: Thermochemische Speicher, BINE-Projektinfo 2/01

62 R. Kübler, N.Fisch: Energiekonzept für die Zukunft. Neckarsulm Amorbach – solare Nahwärme in der 2. Generation. in: Solarenergie Heft 1, 1998, S. 36-37; Berner, J.: Sommersonne für den Winter; Langzeit-Wärmespeicher haben ihre Tauglichkeit bewiesen. in: Sonnenenergie Nov. 2001, S. 16-19

63 siehe z.B.: Rentzing, S.: Coole Sonne, in: Neue Energie, H. 4, 2006, S. 38-43

64 Details zum Prozessverlauf siehe: Hindenburg, C., u. a.: Kühlen mit Luft, in: Sonnenenergie, Heft 1, 1999, S. 39-41

65 Der Taupunkt bezeichnet den Zustand eines Gas-Dampf-Gemischs (hier: Luft mit Wasserdampf), bei dem das Gas vollständig gesättigt ist. Das bedeutet: Bei Abkühlung kondensiert der Wasserdampf. "Er schlägt sich als Tau nieder."

66 Hindenburg, C., u. a.: Kühlen mit Luft. in: Sonnenenergie Heft 1, 1999, S. 39 - 41

67 Rentzing, S.: Coole Sonne, in: Neue Energie, H. 4, 2006, S. 38-43

68 W. Mühlbauer, A. Esper: Solare Trocknung, in: Sonnenenergie Heft 6, 1997, S. 35 - 37; Köpke, R.: High tech by low cost. in: Neue Energie, 2/2002, S. 38-41

69 In Mitteleuropa lässt sich in großen, gewächshausartigen Luftkollektoren Klärschlamm wirtschaftlich mit Solarenergie trocknen. Bux, M.: Solare Klärschlammtrocknung - eine ernstzunehmende Option?, in: Baden-Württembergische Gemeindezeitung BWGZ 4/2002, S.145-147

70 Brake, M.: Luftkollektoren heizen Wohnhäuser. Warme Luft von der Sonne. In: Sonnenenergie, September 2006, S. 30-36

71 BUND: Vorbildliche Energieprojekte von Kreisen und Kommunen in Hessen. Frankfurt 2005

72 Pfluger, R.: Solare Nahwärme Göttingen, in: Sonnenenergie, Heft 1, 1998, S. 44f

73 Schwerpunkt ‚Solarthermische Kraftwerke', in: Sonnenenergie Heft 3, 1998, S. 27 - 59 und in: Solarzeitalter, Heft 3, 1998, S. 12 - 27

74 Start für Parabolrinnenkraftwerk; in: Solarthemen, 8. 6. 2006, S.4; Keller, V. v.: Es geht voran; in: Sonnenenergie, Juli 2006, S. 32-37; Pitz-Paal, R. (DLR): Solare Kraftwerke, Vortrag auf dem Symposion „Quo vadis Solarenergie", Freiburg 15.9.2006

75 Im Juli 2006 ging zu Demonstrationszwecken bei Jülich (Deutschland) ein Solar-Turm-Kraftwerk von 1,5 MW in Bau; Badische Zeitung, 5. Juli 2006

76 Klaiß, H., Staiß, F.: Solarthermische Kraftwerke für den Mittelmeerraum. Springer-Verlag, Heidelberg 1992; Pitz-Paal, R. (DLR): Solare Kraftwerke, Vortrag auf dem Symposion „Quo vadis Solarenergie", Freiburg 15.9.2006

77 Einzelheiten siehe z.B.: Leuchtner, J.; Preiser, K.: Photovoltaik-Anlagen, Marktübersicht 94/95, Öko-Institut, Freiburg 1994, S. 13ff, sowie aktuelle Berichte in der Zeitschrift Photon (www.photon.de).

78 siehe z. B.: Leuchtner, J.; Preiser, K. a.a.O., S.56f; Weithöner, H.: Aus alten Zellen neue machen. Deutsche Solar steigt in Freiberg in das PV-Recycling ein. in: Sonnenenergie, März 2003, S. 41-43

79 Die Einheit kWp bezeichnet die Spitzenleistung einer PV-Anlage, also die bei voller Sonne erzeugte elektrische Leistung

80 Stryi-Hipp, G. (Bundesverband Solarwirtschaft e.V.): EEG-Novelle und regeneratives Wärmegesetz - Chancen und Herausforderungen für die deutsche Solarindustrie, Präsentation Juli 2006

81 Stryi-Hipp, a.a.O., Juli 2006

82 In dünn besiedelten ländlichen Regionen können die Kosten eines Stromanschlusses mehrere tausend US-$ betragen. Gabler, H.; Preiser, K.: Photovoltaik – ein Baustein zur nachhaltigen Entwicklung netzferner Regionen. in: Forschungsverbund Sonnenenergie (c/o DLR): Nachhaltigkeit und Energie, Themen 98/99, Köln 1999, S. 28-31

83 REN21: Globaler Statusbericht Erneuerbare Energien 2005, Washington 2005, S. 32f

84 Schmela,M.: Kleinvieh macht auch Mist. Wo sich in unseren Breiten Solarstrom-Anlagen rechnen. in: PHOTON, Heft 2, 1999, S. 44 - 51

85 International Solar Energy Society 2002: Sustainable Energy Policy Concepts (SEPCo). Studie für das Bundesministerium für Umwelt, Naturschutz und Reaktorsicherheit, Freiburg 2002. Weitere Informationen unter http://www.ises.org/shortcut.nsf/to/ICNFINAL

86 Unter einem Inselnetz versteht man die Versorgung eines Dorfes über ein eigenes elektrisches Netz, das nicht mit der Elektrizitätsversorgung des übrigen Landes verbunden ist. Die Stromerzeugung innerhalb des Netzes kann mit fossilen Energieträgern (z.B. Dieselmotor) oder auch mittels Solarenergie bzw. mit einer Kombination verschiedener Erzeugungstechnologien erfolgen.

87 Prof. J. Luther, bis 2006 Leiter des Fraunhofer Instituts für Solare Energiesysteme, in einem Interview: Bild der Wissenschaft, Heft 9, 2006, S. 96-99, sowie: BINE: Photovoltaik - Innovationen bei Solarzellen und Modulen, Themen-Info, III/05, Bonn 2005

← 1 ← 2 ← 3 ← 4 ← 5 ← 6 ← 7 ← 8 ← 9 ← 10 ← 11 ← 12

88 Ursache dafür war ein Mangel an Reinst-Silizium. Angesichts des starken Wachstums der Branche gibt es Bestrebungen zum Aufbau von Produktionsstätten für Solar-Silizium, so dass dieser Engpass ca. 2009 behoben sein kann.

89 gemäß einer Untersuchung der EU; zitiert nach: Klartext Energie Nr. 1, Basel, März 2006,

90 siehe z.B.: G. Steimer,I. Lohbihler: Energiekonzepte für zukunftsfähige Neubauten, Freiburg 1998, S. 9 und 11

91 Die Forderungen der EnEV sind nicht direkt vergleichbar mit denen der vorher gültigen Wärmeschutzverordnung, da die EnEV Grenzwerte für den Primärenergieverbrauch eines Gebäudes festlegt. Das heißt, sie berücksichtigt auch den Brennstoff oder den Wirkungsgrad der Heizung. Die Wärmeschutzverordnung hatte dagegen nur Grenzwerte für den Heizwärmebedarf vorgeschrieben.

92 Goetzberger, A.; Wittwer, V.: Sonnenenergie, Stuttgart 1986, S.132ff

93 Der U-Wert eines Bauteils gibt an, welche Leistung (wie viel Watt) bei einer Temperaturdifferenz von einem Grad (1 K) durch die Fläche von 1 m^2 ‚verloren geht'.

94 Beispiele dazu finden sich z.B. in den Internetportalen www.solarbau.de, www.energie-projekte.de bzw. www.baunetz.de/infoline/solar/

95 ebök (Tübingen): Energieeinsparung bei Neubausiedlungen durch privat- und öffentlich-rechtliche Verträge, Köln 1998

96 Stadt Köln; Ministerium für Arbeit, Soziales ... NRW: Planen mit der Sonne, Arbeitshilfen für den Städtebau, Düsseldorf Köln 1998, S. 12 und S.48: Die Autoren rechnen mit 0,1 Cent pro eingesparter Kilowattstunde.

97 Das Beispiel ist entnommen aus: Ranft, F.; Haas-Arndt, D.: Energieeffiziente Altbauten, Köln 2004, S. 122ff

98 Stand März 2007; aktuelle Konditionen siehe: www.kfw.de

99 Bei der Energieeinsparverordnung (EnEV) ist nicht der Heizwärmebedarf entscheidend, sondern es wird ein Grenzwert für den Primärenergiebedarf festgelegt, der auch die Art der Wärmeerzeugung berücksichtigt. Damit kann z.B. der Einbau einer thermischen Solaranlage oder einer Holzpelletanlage dazu beitragen, die in der EnEV festgelegten Kriterien zu erreichen.

100 Die Behaglichkeit in einem Raum hängt wesentlich von der Oberflächentemperatur der Wände ab. So ergibt sich z.B. in schlecht gedämmten Häusern trotz einer normalen Raumtemperatur ein eher „frostiges" Wohnklima, weil die Außenwände kalt sind.

101 C. Russ, u. a.: Energetische Sanierung einer Typenschule in Plattenbauweise unter Verwendung Transparenter Wärmedämmung (TWD), Fraunhofer Institut für Solare Energiesysteme, Jahresbericht 1996, S. 18

102 Eine andere Variante ist die schaltbare Verglasung: Je nachdem, ob man Wasserstoff oder Sauerstoff in den Zwischenraum einer Doppelverglasung bringt, wird eine dünne Wolframoxidschicht dunkelblau oder durchsichtig. nach: Solarthemen, 15.2.2001, S. 7

103 Auch optimierte Mehrfachstegplatten aus Polycarbonat werden zu diesem Zweck eingesetzt. Siehe dazu auch: BINE: Transparente Wärmedämmung zur Gebäudeheizung, profi info 1/96, Bonn 1996

104 nach: Fachverband Transparente Wärmedämmung e.V., www.fvtwd.de

105 Die Energieeinsparverordnung (EnEV) legt Grenzwerte für den Primärenergiebedarf von Gebäuden fest, nicht für den Heizenergiebedarf. Dem Heizwärmebedarf von 15 kWh/m^2*a (Passivhausstandard) entspricht je nach Haustechnik ein Primärenergiebedarf von 20 bis 40 kWh/ m^2*a. Ein KfW-40-Gebäude (Energiestandard im Rahmen der Förderprogramme der staatlichen Kreditanstalt für Wiederaufbau) hat also in etwa den Energiebedarf eines Passivhauses. Vgl.: BINE themeninfo II/03: Energieeffiziente Einfamilienhäuser mit Komfort. Bonn, 2003, S.2

106 CEPHEUS (Cost Efficient Passive Houses as European Standards – Kostengünstige Passivhaushäuser als Europäische Standards). Dieses Projekt wurde im 5. Rahmenprogramm der EU gefördert und gemeinam von den Ländern Deutschland, Frankreich, Österreich, Schweden und der Schweiz als Partner durchgeführt (Projekt Nr. BU/0127/97).

107 Köpke, R.: The next generation, Passiv - Solar - Häuser setzen neue Maßstäbe beim Energiesparen, Neue Energie Heft 4, 1999, S. 34-35

108 Witt, J.; Leuchtner, J.: Passivhäuser: Nischenprodukt oder Zukunftsmarkt? Eine Marktpotentialstudie. Vortrag gehalten auf der 3. Passivhaustagung 19./20.2.99 in Bregenz (A)

109 Pressemitteilung der IG Passivhaus vom 6.8.2005; www.ig-passivhaus.de

110 BINE: Energieautarkes Solarhaus, Projektinfo Nr. 18, Bonn 1994; FhG ISE: Das energieautarke Solarhaus, Freiburg 1992

111 Heute wird dieses Haus als Forschungs- und Institutsgebäude des Fraunhofer Instituts für solare Energiesysteme (ISE) genutzt.

112 www.solarsiedlung.de.

113 So war es im ursprünglichen Konzept vorgesehen; aus Kostengründen wurde dann auf die thermische Solaranlage verzichtet.

114 So beziffert Fritsche vom Öko-Institut das Potenzial auf 700 PJ; Kaltschmitt kommt auf 940 PJ; siehe: Fritsche, U.: Bioenergie, Nachwuchs für Deutschland, Öko-Institut 2004; sowie: Biomasse-Potenziale in Deutschland, in: Energiedepesche, H.2, 2004, S. 18

115 Energiepflanzen auf 4,4 Mill. ha (also ca. 25% der heutigen landwirtschaftlichen Nutzfläche) könnten ca. 1200 PJ liefern, was etwa 9% des Primärenergiebedarfs entspricht. nach: Fritsche, U.: Bioenergie, Nachwuchs für Deutschland, Öko-Institut 2004 - Die Fachagentur Nachwachsende Rohstoffe setzt das gesamte Biomassepotenzial in Deutschland mit 17,4% des Primärenergiebedarfs etwas höher an als Fritsche. FNR: Basisdaten Bioenergie Deutschland, Gülzow 2005

116 siehe z.B.: Thomas, F., Vögel, R.: Gute Argumente: Ökologische Landwirtschaft. Beck'sche Verlagsbuchhandlung, München 1989

117 Fachverband Biogas e.V.

118 Pressemitteilung Fachverband Biogas vom 1.2. 2007

119 R. Schell: Wärme aus Biogas, awt, Heft 2, 1997, sowie: www.flintenbreite.de

120 FNR (Gülzow): Basisdaten Biogas Deutschland 2005

121 Bensmann, M.: Freie Fahrt für Fermenter. in: Neue Energie, H.1, 2007, S. 52-55 - siehe auch: Bensmann, M.: Mächtig Gas geben, in: Neue Energie, H.2, 2005, S. 50-52

122 So gibt z.B. Dederer für eine 180 kW-Biogasanlage bei einem Mais-Ertrag von 13 t Trockenmasse/ha einen Flächenbedarf von 77 ha an. Bei Grassilage (8 t TM/ha) steigt der Bedarf auf 137 ha. Dederer, M.: Wirtschaftlichkeit von Biogasanlagen, Referat auf der Biogas-Tagung der Akademie für Natur- und Umweltschutz, Stuttgart 19.10.2005

123 BMU (Hrsg.): Erneuerbare Energien und Nachhaltige Entwicklung. Bonn 1999, S. 56

124 Neumann, H.: Feinstaub kratzt zu Unrecht am Holzimage, in Moderne Energie & Wohnen, H.1, 2006, S. 67-70; sowie: DIE ZEIT Nr. 50, 7.12.2006, S. 32 - Unter www.ECOTopTen.de stellt das Öko-Institut besonders umweltfreundliche Holzpelletheizungen vor.

125 So erzeugt z.B. die „Sunmachine" mittels Holzpellets Hitze, die dann ein Stirlingmotor in Strom und Wärme umwandelt. Siehe: www.sunmachine.de

126 Forstabsatzfonds: Holzenergie für Kommunen, 3. überarbeitete Auflage, Bonn 2003, S. 10

127 Hersteller berichten, dass 50 bis 70% der Pelletsheizungen im Tandem mit solarthermischen Anlagen verkauft werden. Nach: Riedel, A.: Ein starkes Tandem, in: Sonnenenergie, März 2007, S. 20-22

128 KEA: Faltblatt Klimaschutz durch Holzenergie, Karlsruhe (1999)

129 Anton Lutz: Erfahrungen mit realisierten Nahwärmenetzen in Neubaugebieten und öffentlichen Liegenschaften, BWGZ Nr. 6, 1999, S. 233-235

130 Forstabsatzfonds: Holzenergie für Kommunen, 3. aktualisierte Auflage, Bonn 2003, S. 88ff

131 Neumann, H.: Feinstaub kratzt zu Unrecht am Holzimage, in: Moderne Energie & Wohnen, H.1, 2006, S. 67-70; Bensmann, M.: Schreckgespenst Feinstaub, in: Neue Energie, H.7, 2006, S. 48-51

132 Lewandowski, I.; Kaltschmitt, M.: Voraussetzungen und Aspekte einer nachhaltigen Biomasseproduktion. in: Akademie für Natur- und Umweltschutz Baden-Württemberg: Biomasse: Umweltschonender Energie- und Wertstofflieferant der Zukunft, 1998, Band 27, S. 19 - 38

133 z.B.: Alt, F.: Schilfgras statt Atom. Neue Energie für eine friedliche Welt. Piper 1999

134 Hier keimt die Power. in: Neue Energie, 04/2006, S. 47-49

135 „Schon heute sind an den Terminbörsen die Weltmarktpreise für Grundnahrungsmittel, die sich auch zu Pflanzensprit verarbeiten lassen, aufgrund der Nachfrage nach Pflanzentreibstoffen stark gestiegen." zitiert nach: Backes/Bredenbeck: Weltmarkt Biomasse, in: in: blätter des iz3w, Nr. 298, Jan./Febr. 2007, S.32-35

136 Schreiber, E.: Schweden gibt Biogas!, in: Solarzeitalter, H.3, 2005, S. 25-26

137 Chancen und Perspektiven flüssiger Bioenergieträger in Deutschland. Bericht über die Fachtagung vom 14.2.2003 in Böblingen. in: Newsletter März 2003 des Biomasse Info-Zentrums (BIZ) Stuttgart

138 Im Jahr 2005 wurde Raps in Deutschland auf einer Fläche von ca. 1,3 Mio. ha angebaut; auf die Biodieselproduktion entfielen davon ca. 727.000 ha. Etwa die Hälfte davon wurde auf Stilllegungsflächen angebaut. – Pers. Mitteilung von Dr. A. Weiske, Institut für Energetik und Umwelt, Leipzig vom 9.11.2006

139 FNR: Biokraftstoffe, eine vergleichende Analyse, Gülzow 2006, S. 20

140 Seit dem 1.8.2006 wird Biodiesel mit 9 Cent pro Liter besteuert; bis 2011 soll diese Steuer auf 45 ct/l ansteigen; reines Pflanzenöl soll ab 2008 besteuert werden. – Die Besteuerung von Biodiesel hat (auch aufgrund des gesunkenen Rohölpreises) schon kurzfristig zu einem Rückgang des Absatzes von Biodiesel geführt: Nach Angaben des Bundesverbandes Biogene und Regenerative Kraft- und Treibstoffe e.V. ist Biodiesel Anfang 2007 nicht mehr wettbewerbsfähig, und 25% der deutschen Biodiesel-Produktionskapazitäten sind bereits stillgelegt bzw. herunter gefahren worden. Pressemitteilung vom 20.2.2007

141 FNR: Basisdaten Biokraftstoffe, Gülzow August 2005 und: Neue Energie, Heft 2, 2006, S. 35

142 Deutscher Bundestag Drs. 14/8711

143 FNR: Biokraftstoffe, eine vergleichende Analyse, Gülzow 2006, S. 22

144 Das Bioethanol wird nicht direkt verkauft, sondern dem Benzin beigemischt (bis 10%) oder zum Oktanverbesserer ETBE umgewandelt und dann dem Benzin beigemischt.

145 Nitsch, M.; Giersdorf,J.: Biokraftstoffe zwischen Euphorie und Skepsis – am Beispiel Brasilien, in: Solarzeitalter, Heft 2, 2006, S. 36-41; Sieg, K.: Zuckersüße Alternative, in: Neue Energie, H.3, 2005, S. 81-85

146 Die FFVs sind notwendig, weil in einer Situation mit hohen Zucker- und günstigeren Ölpreisen das Zuckerrohr verstärkt zu Zucker verarbeitet wird und damit das Ethanol-Angebot sinkt. FFVs können dann auf fossiles Benzin ausweichen.

147 Nitsch, M.; Giersdorf,J.: Biotreibstoffe in Brasilien, FU Berlin, Volkswirtschaftliche Reihe 12/2005, Berlin Juni 2005, S. 12

148 So sind zum Erreichen des von der EU für 2010 gesetzten 5,75% Anteils von Biokraftstoffen für das Marktsegment Ottokraftstoff ca. 2,1 Mio. Tonnen Ethanol notwendig, das entspräche ca. 1 Mio. ha Weizen- bzw. ca. 400.000 ha Zuckerrübenanbaufläche.

149 Moser, S.: Biomasse - Karriere eines Schmuddelkindes. in: bild der wissenschaft, H.5, 2003, S. 66-69

150 Bensmann, M.: Den Königsweg finden, in Neue Energie, H. 5, 2006, S. 62-66

Die Dimension dieser Fläche wird deutlich, wenn man im Vergleich dazu sieht, dass auf dem siebenhundertfachen dieser Fläche durch eine Nutzung von PV-Anlagen der gesamte Energiebedarf der Welt abgedeckt werden könnte (vergleiche 1.6).

151 FNR: Biokraftstoffe, eine vergleichende Analyse, Gülzow 2006, S. 30

152 Vorerst wird aber für die BtL-Produktion noch absolut trockenes Holz benötigt; mit Stroh laufen die Prozesse weniger optimal. Nach: Bensmann M.: Den Königsweg finden, in Neue Energie, H. 5, 2006, S. 63

153 Bringezu, S., Steger, S.: Biofuels and Competition for Global Land Use, in: Tagungsdokumentation der Heinrich-Böll-Stiftung: Bio im Tank, Berlin 2005, S. 62ff

154 Allein für ihren Nahrungsmittelmarkt belegt die EU-15 ca. 35 Millionen Hektar an außereuropäischen Flächen, das ist gut das Doppelte der landwirtschaftlichen Nutzfläche Deutschlands. Hinzu kommen noch die Futtermittelimporte. Insgesamt entfällt damit etwa ein Sechstel der globalen Flächeninanspruchnahme der EU-Bürger auf Flächen außerhalb der EU. Tagungsdokumentation der Heinrich-Böll-Stiftung: Bio im Tank, Berlin 2005, S. 5 und S. 67

155 „If the world were to adopt such consumption and supply pattern (incl. the 60 Mtoe biofuel equivalent), there would be no longer any relevant amount of natural grassland, pampa or prairie. Outside of forests there would be crop land, intensively cultivated py ploughing and fertilization, a green desert around the globe. Certainly a theoretical scenario. The question is to which extend it may become reality." Bringezu/Steger, a.a.O., S. 69

156 siehe z.B.: Klute, M.: Fremdwort Nachhaltigkeit, in: blätter des iz3w, Nr. 298, Jan./Febr. 2007, S. 34f; - sowie: Biodiesel-Import in der Kritik, in: Neue Energie 03/2006, S.29

157 So kann z.B. in Deutschland ein Zweikultursystem ökologische Vorteile und höhere Erträge kombinieren. Siehe: Bensmann, M.: Im Kessel Buntes, in: Neue Energie, H. 8, 2004, S. 50-51

158 Berger, H.: Mobilität durch Lebensenergie, in: Tagungsdokumentation der Heinrich-Böll-Stiftung: Bio im Tank, Berlin 2005, S. 5

159 Bundesverband Windenergie, Süddeutsche Zeitung 8.12.1998. - In den letzten Jahren ist der Preis pro kW Windkraftleistung kaum mehr gesunken. Aufgrund verbesserter Anlagentechnik können jedoch etwas höhere Stromerträge pro installiertem kW Leistung erzielt werden. Erfahrungsbericht zum EEG. Deutscher Bundestag Drs. 14/9807, S. 10-15

160 DLR, IFEU, Wuppertal Institut: Ökologisch optimierter Ausbau der Nutzung erneuerbarer Energien in Deutschland. Forschungsvorhaben im Auftrag des Bundesministeriums für Umwelt, Naturschutz und Reaktorsicherheit, Stuttgart, Heidelberg, Wuppertal 2004, S. 164f

161 Süddeutsche Zeitung vom 8. August 1997

162 So versuchte z.B. der baden-württembergische Ministerpräsident Erwin Teufel im August 2003 den Bau zweier Windkraftanlagen am Schauinsland zu verhindern, obwohl bereits eine gültige Baugenehmigung vorlag und die Anlagen schon weitgehend errichtet waren. (Landtag Baden-Württemberg, Drs. 13/2395)

163 Der geringe Flächenbedarf von Windkraftanlagen wird besonders deutlich, wenn man ihn damit vergleicht, was andere erneuerbare Energien an Flächen benötigen: So liefert eine moderne Windkraftanlage (1,8 MW, 1.800 Volllaststunden) im Jahr ca. 3,2 GWh = 3,2 Mio. kWh Strom. Um die gleiche Strommenge zu erzeugen, benötigt man bei der Photovoltaik eine ca. 5,4 ha große (Freiland)-Anlage, d.h.: eine Fläche von 200m*270m (Fläche zu 60% belegt; Ertrag: 1.000 kWh pro 10 qm Modulfläche). Wird der Strom aus Biomasse gewonnen, so ist für den Anbau der Energiepflanzen eine Fläche von ca. 220 ha, also 1.000m * 2.200m erforderlich (also etwa das 40-fache der PV-Fläche). Bei dieser Berechnung wurde der Energieinput für den Maisanbau noch nicht berücksichtigt, aber auch der ggf. nutzbare Wärmeertrag wurde nicht einbezogen.

164 Bundesumweltministerium (BMU) 1999, a.a.O., S. 22

165 Weinhold, N.: Die Flaute im Kopf, Neue Energie, Heft 2, 2006, S. 39-42

166 In Dänemark ist dies mit dem Ausstiegsbeschluss aus der Atomenergie und der Festschreibung klarer energiepolitischer Ziele sowie mit Mengenzielen für die Windenergie geschehen.

167 Weinhold, N.: Der Faktor 10, Neue Energie, Heft 10/2006, S. 26-29

168 Abo-Wind, Pressemitteilung vom 4.9.2002

169 vgl. Erneuerbare Energie 5/2005, S. 40

170 vgl. Neue Energie, 2/2002, S.21

171 Der Export von Windkraftanlagen ist heute für Dänemark extrem wichtig. Nur der Schweineexport bringt mehr Devisen. Naturstrom-Magazin 1/2001 - Auf dem Inlandsmarkt konnten die dänischen Hersteller aufgrund der veränderten Rahmenbedingungen im Jahr 2001 nur wenige Windkraftanlagen absetzen. Vgl. Neue Energie 4/2003, S.44

172 Pressemitteilung des BMU vom 16.5.2006

173 Suisse Eole, www.suisse-eole.ch, Oktober 2006

174 Lönker, O.: Windland No. 1, Neue Energie, Heft 7/2006, S. 68-75; BWE-Pressemitteilung vom 16.01.2007

175 Der Production Tax Credit (PTC) stellt eine Steuervergünstigung in Höhe von 1,9 US-Cent pro erzeugter Kilowattstunde dar, die über einen Zeitraum von 10 Jahren geltend gemacht werden kann. vgl.: Lönker, O.: Windland No. 1, in: Neue Energie, Heft 7/2006, S. 68-75

176 Lönker, O.: Windland No. 1, Neue Energie, Heft 7/2006, S. 68-75

177 Allerdings muss hier angemerkt werden, dass in vielen Öl-Kraftwerken Rohöl von geringer Qualität und mit hohem Schadstoffgehalt eingesetzt wird, was deutlich günstiger auf dem Markt erhältlich ist, als die hochwertigen, leichten Rohölsorten.

178 The New York Times, 9.10.2006

179 Gemessen an der Leistung der installierten Anlagen, The New York Times, 9.10.2006

180 Natürlich hängt die Wirtschaftlichkeit auch von der unterschiedlichen Einspeisevergütung ab, die für Windkraftanlagen auf dem Lande und für Offshore-Anlagen gewährt wird.

181 Einen guten Überblick über die Offshore-Windenergienutzung gibt das Internetportal www.offshore-wind.de der dena. – siehe auch die Broschüre: BMU und Stiftung der deutschen Wirtschaft zur Nutzung und Erforschung der Windenergie auf See: Entwicklung der Offshore-Windenergienutzung in Deutschland, Januar 2007

182 Dabei werden überwiegend Anlagen mit einer Leistung von über 2 MW eingesetzt. www.offshore-wind.de

183 „Energiewirtschaftliche Planung für die Netzintegration von Windenergie in Deutschland an Land und Offshore bis zum Jahr 2020" (dena-Netzstudie), Berlin 2005

184 Lönker, O.: Flaute fällt aus. In: Neue Energie, 03/2006, S. 42-45

185 Bundesverband WindEnergie: Repowering - weniger ist mehr. Hintergrundinformation, August 2005

186 vgl. Bundesverband WindEnergie, a.a.O.

187 Lönker, O.: Flaute fällt aus. In: Neue Energie, 03/2006, S. 43

188 Ein Überblick über die Turbinentechnik und die Wasserkraftwerksarten findet sich z.B. in: Landesinitiative Zukunftsenergien NRW: Wasserkraftnutzung. Düsseldorf, o. J.

189 BP Energiestatistik 2006, www.bp.com/statisticalreview; BMU: Erneuerbare Energien in Zahlen. Berlin 2006

190 WWF Deutschland: Wasserkraft – weltweit von hoher Bedeutung, Berlin 2004; Köpke, R.: Auf ewig heiß. In: Neue Energie 10/2004, S. 85-91

191 Landesinitiative Zukunftsenergien NRW: Wasserkraftnutzung. Düsseldorf, o. J.

192 Einen Überblick über die geplanten Erweiterungen und Neubauten gibt B. Janzing in: Neue Energie 8/2003, S. 22.

193 www.energiedienst.de

193 Verband der Deutschen Elektrizitätswirtschaft

← 1
← 2
← 3
← 4
← 5
← 6
← 7
← 8
← 9
← 10
← 11
← 12

195 Staiß, F.: Jahrbuch Erneuerbare Energien 2001, Hrsg.: Stiftung Energieforschung Baden-Württemberg, Bieberstein 2001

196 So hat z.B. eine kleine Karlsruher Firma (HydroWatt), einen Trick gefunden, wie alten Wasserrädern bis zu 30 Prozent mehr Leistung abgerungen werden kann. Bislang drehten die Wasserräder mit konstanter Drehzahl, weil bei einer Anbindung ans öffentliche Stromnetz der angekoppelte Generator mit einer bestimmten Drehzahl laufen muss. Mit moderner Elektronik lässt sich nun die Drehzahl des Wasserrades der anfallenden Wassermenge anpassen. Die für die Einspeisung benötigte konstante Stromfrequenz wird über einen Frequenzumrichter erzeugt. (Neue Energie, Heft 5, 1999)

197 Gemeinsame Verwaltungsvorschrift des Ministeriums für Umwelt und Verkehr, des Ministeriums Ländlicher Raum und des Wirtschaftsministeriums zur gesamtökologischen Beurteilung der Wasserkraftnutzung, vom 14.12.2000

198 Die Wikipedia-Liste der größten Wasserkraftwerke der Erde verzeichnet weltweit neun Kraftwerke mit einer Leistung von mehr als 5.000 MW; vier weitere sind im Bau bzw. in Planung. www.wikipedia.de

199 Die starke Kritik an großen Wasserkraftwerken hat dazu geführt, dass die Weltbank die Mittel für große Staudammprojekte deutlich reduziert hat. Entgegen diesem Trend hält China am Bau weiterer Staudämme fest, so dass weltweit fast die Hälfte der Großstaudämme in China steht. Kreutzmann, H.: Staudammprojekte in der Entwicklungspraxis: Kontroversen und Konsensfindung, in: Geographische Rundschau, H. 12, 2004, S. 4-9

200 Badische Zeitung, 31.5.2003

201 Die anaerobe Zersetzung der Biomasse führt (wie in einer Biogasanlage) u. a. zur Freisetzung von Methan, Schwefelwasserstoff und Ammoniak.

202 Kohlhepp, G,: Große Staudammprojekte in Brasilien, in: Geographische Rundschau, H. 7-8, 1998, S. 428-436

203 Blume, G.: Eine neue Mauer, in: taz, 22.5.2006

204 REN21: Globaler Statusbericht 2005, a.a.O., S. 8f

205 Sanner, B.: Das Geothermiezeitalter wird eingeläutet. In: Erneuerbare Energien 2/2002, S. 52-55

206 Das Feld „The Geyser" liefert pro Jahr 7.784 GWh Strom; nach: http://iga.igg.cnr.it/geoworld

207 www.sonnenseite.com vom 25.8.2006

208 Bei der Windkraft lag der Anteil im Jahr 2003 mit 2,1% nur geringfügig höher; wobei hier eine höhere Ausbaudynamik zu verzeichnen ist. – Eigene Berechnung nach: BMU: Erneuerbare Energien in Zahlen, Berlin 2006, S. 37

209 In Reykjavik werden mit geothermischer Abwärme sogar Bürgersteige und Parkplätze vom Schnee befreit.

210 http://iga.igg.cnr.it/geoworld; Köpke, R.: Auf ewig heiß. In: Neue Energie, H. 10, 2004, S. 85-91

211 BINE: Geothermie. basisEnergie 8, Febr. 2001

212 Zukunftsenergien aus Nordrhein-Westfalen. Düsseldorf 2002, S. 52

213 Bei dieser Art der geothermischen Stromerzeugung wird als Arbeitsmittel nicht Wasser zum Sieden gebracht (wie in konventionellen Kraftwerken üblich), sondern man setzt Arbeitsmittel mit geringerem Siedepunkt (z.B. reine Kohlenwasserstoffe) ein. Ein solcher ORC-Prozess kann schon bei Temperaturen ab 100°C Strom erzeugen.

214 Levermann, E.-M.: „Heißer Strom" aus 2.200 Meter Tiefe. In: Sonnenenergie, Mai 2004, S. 32-34

215 Europäisches Geothermieprojekt Soultz-sous-Forêts, BINE Projektinfo 6/99; Tischner, T; Baumgärtner, J.; Jung, R: Erster Zirkulationstest in 5000m Tiefe in Soultz, in: Geothermische Energie 48, August-Oktober 2005; siehe auch: www.soultz.net

216 Bad Urach erschließt gigantische Energiequelle. In: Schwäbische Zeitung 27.4.02

217 Am Oberrhein boomt die Erdwärme. In: Badische Zeitung, 23.12.2004

218 Marter, H.J.: Strom aus der Tide. in: Neue Energie 11/2002, S. 60-62; „Rotor unter Starkstrom", in Neue Energie 8/2003, S.58-60 und „Lange Wellen"; in: Neue Energie 10/2005, S. 84-88; „Seaflow - Strom aus Meeresströmungen", BINE-Projektinfo 04/2004

219 Graw, K.-U.: Stand und Perspektiven der Nutzung der Meeresenergie. In: Energiewirtschaftliche Tagesfragen, Heft 3, 2006, S. 59ff - Bereits ab 2008 soll eine Pelamis-Anlage vor den Orkney-Inseln Strom für 2000 Haushalte liefern. Die schottische Regierung will dieses Projekt mit nahezu 20 Mio. Euro fördern. Quelle: Strom von der Seeschlange; www.energieportal24.de vom 28.2.2007

220 Babylon in Australien. in: SIEG TECH, Nr. 17/2002, S.20; Schlaich, J.; Weinrebe, G.: Das Aufwindkraftwerk, Strom aus heißer Luft. In: Physik in unserer Zeit, H.5, 2005, S. 212-218

221 BINE: Wärmepumpen. basisEnergie 10, Dez. 2001

222 Köpke, R.: Beim Umweltengel abgeblitzt. TAZ, 4./5.9.99 - Derzeit läuft ein Feldversuch, um verlässliche Praxisdaten von neueren elektrischen Wärmepumpen im Bereich Einfamilienhäuser zu erhalten. Nach: Jensen, D.: Energieernte unterm Rasen, in: Neue Energie, Heft 2, 2007 S. 40-42

223 Wärmepumpen durchgefallen. in: Energiedepesche, März 2001

224 Dementsprechend sind auch die Umweltwirkungen des Wasserstoffeinsatzes wesentlich davon abhängig, wie der Wasserstoff erzeugt wurde (z.B. mit Kohlestrom, Atomstrom oder regenerativen Energiequellen).

225 Bei der katalytischen Verbrennung reagiert der Wasserstoff direkt mit Luft im Kontakt mit einem Katalysator (z.B. Platin) schon bei relativ niedrigen Temperaturen. Katalytische Brenner zeichnen sich durch einen sehr hohen Wirkungsgrad und extrem schadstoffarmen Betrieb aus (sehr geringe Stickoxidemissionen).

226 Genauso offensichtlich sind jedoch die Nachteile: Damit es sich um „sauberen Wasserstoff" handelt, sollte der Energieträger aus regenerativen Energiequellen erzeugt sein. Das bedeutet jedoch, dass die derzeit noch hohen Kosten der regenerativen Stromerzeugung aufgrund der Umwandlungsverluste bei der Wasserstofferzeugung den Wasserstoff noch weiter verteuern.

227 so der Titel einer Ausstellung des Landesgewerbeamtes Baden-Württemberg und der Deutschen Forschungs- und Versuchsanstalt für Luft und Raumfahrt (1988/89) oder auch: Scheer, H. (Hrsg.): Die gespeicherte Sonne. Wasserstoff als Lösung des Energie- und Umweltproblems, Serie Piper, München 1987; als neuere Publikation ist zu nennen: Rifkin, J.: Die H2-Revolution, Campus Sachbuch, 2002

228 Nitsch, J., Dienhart, H.; Langniß, O.: Entwicklungsstrategien für solare Energiesysteme. Die Rolle von Wasserstoff in Deutschland. in: Energiewirtschaftliche Tagesfragen, 47, Heft 4, 1997, S. 223 - 229

229 siehe z.B.: Seifried, D.: Gute Argumente: Energie. Beck, München 1986

230 Nitsch, J., u.a. (1997), a.a.O., S. 228; siehe auch: Dirschauer, W.: Wasserstoff - kein Königsweg der Energieversorgung. Energiewirtschaftliche Tagesfragen, H 1/2, 2003, S. 87-89 und Fischedick, M.; Nitsch, J.: Langfristszenario für eine nachhaltige Energienutzung in Deutschland, Forschungsbericht Bundesministerium für Umwelt, Berlin 2002.

231 Vgl. z.B: Pehnt, M.: Energierevolution Brennstoffzelle? Perspektiven, Fakten, Anwendungen, Weinheim 2002

232 So hat der taiwanesische Elektronikkonzern Antig im Herbst 2006 ein brennstoffzellenbetriebenes Ladegerät für Kleingeräte auf den Markt gebracht. Der Verkaufspreis von ca. 2.000 US-Dollar für maximal 16 Watt Leistung wird jedoch nur in wenigen Nischenanwendungen akzeptiert werden. www.initiative-brennstoffzelle.de, 13.10.2006

233 Die EVUs erwarten, dass sie zukünftig Besitzer der Brennstoffzelle sein werden, den Strom in ihr Netz aufnehmen, die anfallende Wärme verkaufen und sich so den Wärmemarkt erschließen.

234 nach Einschätzung der Firma Vaillant. www.initiative-brennstoffzelle.de (November 2006)

235 Eine solche kann auch nicht von heute auf morgen geschaffen werden, denn es fehlen z. B. sogar noch technische Normen, welche Anforderungen an Wasserstoffleitungen in Wohngebieten zu stellen sind. Deutscher Bundestag, Drs. 14/5054

236 Deutscher Bundestag, Drs. 14/5054, S. 102

237 Zusätzlich ist hier auch die Gasreinigung anzusprechen: Erdgas „aus dem Netz" enthält diverse Zusätze, die vor einem Einsatz in der Brennstoffzelle entfernt werden müssten. Deutscher Bundestag, Drs. 14/5054, S.77/78

238 siehe z.B.: Deutscher Bundestag, Drs. 14/5054, S. 46

239 Erste Brennstoffzellen-Flotte geht in den Praxistest. dpa, 7. Okt. 02

240 „Nach Einschätzung von Verkehrsminister Wolfgang Tiefensee wird die Entwicklung vieler marktreifer Produkte noch fast zehn Jahre dauern", Badische Zeitung, 31.10.2006

241 Langer, H.: Brennstoffzellen-Tagung: Verhaltene Äußerungen zu den Marktchancen. in: Sonnenenergie, Jan. 03, S. 34f - Als zusätzliches Hemmnis kommt hinzu, dass die Umstellung der Fahrzeugflotte auf Brennstoffzellenantrieb erhebliche industriepolitische Veränderungen erfordert (z. B. beim Motorenbau).

242 Das Umweltbundesamt kam daher in einer Kosten-Nutzen-Analyse zum Ergebnis, dass Emissionsminderungen und Beiträge zum Ressourcenschutz wesentlich kostengünstiger durch Optimierung des klassischen Antriebs realisiert werden können als durch Fahrzeuge mit Brennstoffzellenantrieb. Vgl.: Deutscher Bundestag, Drs. 14/5054, S.65

243 gemessen als CO_2-Äquivalent (CO_2äqv)

244 Der Einsatz von regenerativ erzeugtem Strom für die Wasserstoffherstellung ist damit solange klimapolitisch kontraproduktiv, bis die spezifischen Emissionen des Grenzkraftwerkes im Stromsystem unter 190 g CO_2äqv./kWh sinken. Vgl. hierzu: Ramesohl u. a.: Bedeutung von Erdgas als neuer Kraftstoff im Kontext einer nachhaltigen Energieversorgung. Studie des Wuppertal Institut für Klima, Umwelt und Energie, Wuppertal 9/2003.

245 siehe z.B.: DaimlerChrysler: Umweltbericht 2003

← 1 ← 2 ← 3 ← 4 ← 5 ← 6 ← 7 ← 8 ← 9 ← 10 ← 11 ← 12

246 DLR, ifeu, Wuppertal-Institut: Ökologisch optimierter Ausbau der Nutzung erneuerbarer Energien in Deutschland. Forschungsvorhaben im Auftrag des Bundesministeriums für Umwelt, Naturschutz und Reaktorsicherheit, Stuttgart, Heidelberg, Wuppertal 2004 - Die Autoren unterschieden dabei zwei Potenzial-Varianten: In der „Basis"-Variante bestimmten sie das technisch-strukturelle Potenzial, das bereits wesentliche Vorgaben des Naturschutzes berücksichtigt, wie z.B. den Ausschluss von Windparks in Naturschutzgebieten. In der Variante „NaturschutzPlus" wurde ein reduziertes Potenzial ermittelt, das langfristig auch unter strengen naturschutzfachlichen Anforderungen zur Verfügung steht (hier in Klammern angegeben). Bei den hier dargestellten Werten ist für die vielseitig einsetzbare Biomasse ein mittleres Szenario wiedergegeben. Beim Szenario A (100% stationäre Nutzung) liegen die Potenziale bei 180 TWh Strom und 1.130 PJ Wärme; im Szenario (100% Kraftstoffe) kann die Verwendung aller Biomasse für Kraftstoffe bis zu 1.000 PJ erbringen.

247 Bei der Variante ohne Wärmenutzung in KWK ergeben sich 290 TWh, bei Wärmenutzung in KWK sinkt das Potenzial geothermischer Stromerzeugung auf 66 TWh.

248 BMU: Erneuerbare Energien in Zahlen, Berlin Mai 2006

249 Bundesverband Solarwirtschaft, Juni 2006

250 Beschluss des Europäischen Parlaments vom 13.3.2002; nach: Deutscher Bundestag Drs. 14/9670

251 Die Stiftung testete 16 Anlagen; 15 davon wurden mit dem Prädikat sehr gut oder gut bewertet. Stiftung Warentest, Heft 4/2002

252 www.solarwaerme-plus.info

253 Presseinformation der estec, 13.3.2003

254 Kommission der Europäischen Gemeinschaften: Energie für die Zukunft: Erneuerbare Energieträger. Weißbuch für eine Gemeinschaftsstrategie und Aktionsplan.

255 Weißbuch, a.a.O., S. 8

256 Diese Arbeitsplätze entstünden entweder unmittelbar im Bereich der erneuerbaren Energieträger oder mittelbar im Zulieferbereich für diese Unternehmen. Hierbei handelt es sich um Nettoangaben, die den Abbau von Arbeitsplätzen in anderen Energiesektoren bereits berücksichtigen. Neben dieser Studie gibt es eine Reihe von Verbändegutachten, die zu wesentlich größeren Arbeitsplatzeffekten kommen.

257 Weißbuch, a.a.O., S.15

258 Richtlinie 2001/77/EG des Europäischen Parlamentes und des Rates vom 27. September 2001. Amtsblatt der Europäischen Gemeinschaften L283/33 vom 27.10.2001.

259 Mit diesem Aktionsplan sollen die Mitgliedsländer auf einen Mindestprozentsatz zur Substitution von Otto- und Dieselkraftstoffen durch Biokraftstoffe verpflichtet werden. Für das Jahr 2010 ist dabei ein Anteil von 5,75% vorgesehen. Vgl. Europäische Kommission KOM (2001) 547 endgültig vom 7.11.2001 (www.europa.eu.int). Grünbuch der Kommission über Energieeffizienz oder: Weniger ist mehr, KOM (2005) 265

260 Aktionsplan für Energieeffizienz: Das Potential ausschöpfen. Mitteilung der Kommission vom 19.10.2006

261 Daten von 2002; nach: Reiche/Bechberger: Erneuerbare Energien in den EU-Staaten im Vergleich. Energiewirtschaftliche Tagesfragen, H.10, 2005, S. 732-739 – Der hohe Wasserkraftanteil deutet auch darauf hin, warum in Schweden und Österreich von 1997 bis 2003 der Anteil der regenerativen Stromerzeugung gesunken ist: Bei geringeren Niederschlägen sinkt auch der erzeugte Wasserkraftstrom.

262 Reiche/Bechberger (2005) a.a.O., S. 732f; BMU: Erneuerbare Energien in Zahlen. Berlin 2006

263 Reiche/Bechberger (2005) a.a.O., S. 733; BMU: Erneuerbare Energien in Zahlen. Berlin 2006

264 Seit Juni 2006 gilt in Griechenland ein neues Einspeisegesetz. Damit soll die PV-Kapazität bis 2020 auf 700 MWp ausgebaut werden. Quelle: dena, 17.9.2006

265 BMU: Erneuerbare Energien in Zahlen. Berlin 2006 – Absolut gesehen hat im Jahr 2005 jedoch Frankreich die meiste Biomasse (fast 10 Millionen Tonnen Öläquivalent) energetisch verwertet. Es folgten Deutschland mit 7,86 und Finnland mit 6,6 Megatonnen Öläquivalent. Nach: Schwarzburger, H.: Biomasse wächst in ganz Europa, in: Sonnenenergie, März 2007, S. 44-48

266 Reiche, D.; Bechberger, M.: Erneuerbare Energien in den EU-Staaten im Vergleich. Energiewirtschaftliche Tagesfragen, H.10, 2005, S. 732-739

267 Weil Italien und Luxemburg im März 2004 neue Gesetze verabschiedet haben, nimmt die EU-Kommission hier keine Bewertung vor. – Mitteilung der Kommission: Der Anteil erneuerbarer Energien in der EU. {SEK(2004) 547} vom 26.5.2004

268 Die Wissenschaftler Ezzati und Kammen schätzen aufgrund einer Literaturstudie, dass im Jahr 2000 weltweit zwischen 1,5 und 2 Millionen Todesfälle der Raumluftbelastung durch feste Brennstoffe zuzuschreiben sind. Nach: REN21 Renewable Energy Policy Network: Erneuerbare Energien 2005 Globaler Statusbericht. Washington, DC, Worldwatch Institute, 2005, S. 29

269 REN21: Erneuerbare Energien 2005 Globaler Statusbericht. Washington, DC, Worldwatch Institute 2005

270 REN21: Globaler Statusbericht, a.a.O., S. 31

271 REN21: Globaler Statusbericht, a.a.O., S. 7f

272 Auf China entfielen 2004 auch 80% des weltweiten Zuwachses an Kollektorfläche. nach: REN21: Globaler Statusbericht, a.a.O., S. 25

273 REN21: Globaler Statusbericht, a.a.O., S. 25

274 REN21: Globaler Statusbericht, a.a.O.

275 Lehmann, H., u.a.: Long-Term Integration of Renewables Energy Sources into the European Energy System, The LTI Research Team, Physica Verlag 1998

276 Langniß, O., Luther, J., Nitsch, J., Wiemken, E.: Strategien für eine nachhaltige Energieversorgung - Ein solares Langfristszenario für Deutschland. Freiburg, Stuttgart 1997

277 DLR, ifeu, Wuppertal-Institut: Ökologisch optimierter Ausbau der Nutzung erneuerbarer Energien in Deutschland. Forschungsvorhaben im Auftrag des Bundesministeriums für Umwelt, Naturschutz und Reaktorsicherheit, Stuttgart, Heidelberg, Wuppertal 2004

278 Bei dieser Rechnung wird der Strom aus erneuerbaren Energien mit derjenigen Primärenergie bewertet, die sonst in thermischen Kraftwerken zur Erzeugung derselben Strommenge bereitgestellt werden müsste (Substitutionsmethode).

279 Siehe dazu: www.100re.net sowie: Tischer, M. u.a.: Auf dem Weg zur 100%-Region - Handbuch für eine nachhaltige Energieversorgung von Regionen, B.A.U.M., München 2006

280 Süddeutsche Zeitung/Wissen vom 3.2.06; Willems, W.: Ein komplettes Dorf heizt mit Gülle. in: Energiedepesche, H.4, 2005, S. 34-35; - Interdisziplinäres Zentrum für Nachhaltige Entwicklung (IZNE) der Universität Göttingen: Bioenergiedörfer – Dörfer mit Zukunft, Göttingen Oktober 2006 - Als weiteres Beispiel ist u.a. die 15.000 Einwohner zählende Gemeinde Weilerbach bei Kaiserslautern zu nennen. Siehe: Bannasch, D.; Hohl, H.: Neue Energie-Region Rhein-Neckar. Beispielhafte Projekte auf dem Weg ins Solarzeitalter, Mannheim/Heidelberg 2004, S. 25

281 www.eee-info.net

282 Guardian vom 8.2.2006, nach: wassertriebwerk 3/2006, S. 33f

283 Köpke, R.: Auf ewig heiß. In: Neue Energie, 10/2004, S. 85-91

284 Langniß, O. u.a.: Strategien für eine nachhaltige Energieversorgung - Ein solares Langfristszenario für Deutschland, Freiburg/Stuttgart 1997, S. 37

285 Anlagen, bei denen ein Gas- und Dampfturbinenprozess hintereinander geschaltet ist. Diese Anlagen werden in der Regel mit Gas oder mit Gas und Kohle betrieben.

286 Vgl. Glossar

287 Lönker, O.: Zukunftsspeicher, in: Neue Energie, 04/2005, S. 30-36

288 Engel, T.: Der Ausbau erneuerbarer Energien braucht keine Speicher sondern Verbraucher, in: DGS-Newsletter vom 2.11.2006

289 www.thema-energie.de

290 Neue Energie, 04/2005, S. 34

291 Vorschlag von Michael Vandenbergh (ISET), nach: Engel, T.: Der Ausbau erneuerbarer Energien braucht keine Speicher sondern Verbraucher, in: DGS-Newsletter vom 2.11.2006 - Ein anderer Vorschlag lautet, Kühlhäuser als Stromspeicher einzusetzen: „Nachts soll in großen Kühlhäusern die Temperatur um nur ein Grad verringert werden, ... denn da sei der Energieverbrauch gering. Am Tag aber, wenn der Energieverbrauch hoch ist, lässt man die Kühlhäuser um ein Grad erwärmen. Somit verhielten sich Kühlhäuser wie Batterien. Große Kühlhäuser haben eine Speicherkapazität von 50.000 Megawatt-Stunden." www.sonnenseite.com vom 11.2.2007

292 Eine fünfte Möglichkeit scheidet aufgrund der mit ihr verbundenen Risiken aus: Die Atomenergie

293 siehe hierzu: PROGNOS, DLR, Öko-Institut und Wuppertalinstitut: Klimaschutzkonzept für das Saarland, Untersuchung im Auftrag des Ministeriums für Umwelt, Energie und Verkehr des Saarlandes, Berlin, Stuttgart, Freiburg, Wuppertal 1998

294 Pick, E., Wagner, H.-J.: Beitrag zum kumulierten Energieaufwand ausgewählter Windenergiekonverter. Arbeitsbericht – Juli 1998, Institut Ökologisch verträgliche Energiewirtschaft, Universität GH Essen

295 Vgl. Neue Energie 9/2003, S.8 und www.das-gruene-emissionshaus.de

296 Wagner, H.-J.: Energie- und Emissionsbilanz von Solaranlagen. In: VDI Fortschrittberichte Nr. 194, Düsseldorf 1998, S. 17 – 33; siehe auch: Stiftung Warentest 4/2002

297 Kreutzmann, A.; Welter, P.: Mehr raus als rein. Neue Energiebilanzen belegen kurze Energierücklaufzeiten von Photovoltaikanlagen, in: Photon, Sept. 2005, S. 66-69

298 Hierbei handelt es sich um den Zusammenhang, dass durch den Ausbau der Regenerativen die Stromerzeugungskosten im Durchschnitt ansteigen, was die Leistungs- und Wettbewerbsfähigkeit der Deutschen Industrie (in geringem Umfang) belastet. – Der zweite Aspekt wird in der alternativ verausgabten Nachfrage gesehen. Geld, welches für eine Solaranlage ausgegeben wurde, kann nicht mehr für andere Konsumgüter verwendet werden. Also, so die Folgerung, entfallen Arbeitsplätze in anderen Sektoren.

← 1 ← 2 ← 3 ← 4 ← 5 ← 6 ← 7 ← 8 ← 9 ← 10 ← 11 ← 12

299 Nachhaltige Energiewirtschaft, Einstieg in die Arbeitswelt von morgen. Öko-Institut, Freiburg, Darmstadt, Berlin 1996

300 Wind Kraft Journal, 2/1999, S.44

301 Aufgrund der Vorreiterrolle, die Dänemark in diesem Bereich auszeichnete, dominierten die dänischen Hersteller lange Zeit den gesamten Weltmarkt für Windkraftanlagen (vgl. 6.5).

302 Pressemitteilung BMU vom 12.9.2006

303 Weißbuch der EU, a.a.O, S. 15

304 Die Zeit, 20.5.99

305 z.B.: Seifried, D.: Gute Argumente: Energie, München 1986, S. 97

306 Mez, L.: Fusionen: Das große Fressen, in: Energiedepesche Juni 2001

307 VDEW-Projektgruppe „Strombilanz", Stand: 4.9.2006; siehe auch: Bömer, T.: Nutzung erneuerbarer Energien zur Stromerzeugung im Jahr 2000. in: Elektrizitätswirtschaft, H.7, 2002, S.22-32

308 BMU: Erneuerbare Energien in Zahlen, Berlin 2006

309 Für die Energieforschung waren im Laufe der Jahre unterschiedliche Ministerien zuständig, die auch die Systematik nicht immer gleich formulierten. Die hier gewählte Einteilung entspricht dem 3. Programm Energieforschung und Energietechnologien (1990 - 1995).

310 Deutscher Bundestag, Drs. 13/1963, S. 62ff, sowie pers. Mitteilungen von Joachim Nitsch und aus dem BMWi und BMBF

311 BMBF: 4. Programm Energieforschung und Energietechnologie, Bonn 1996, S. 87

312 Einzelheiten siehe: Deutscher Bundestag, Drs. 14/8015

313 Lönker, O.: Forschen für Energie, in Neue Energie, H.4, 2006, S. 22-27; sowie: BMWA: Innovation und neue Energietechnologien. Das 5. Energieforschungsprogramm der Bundesregierung, Berlin 2005

314 Dieses Missverhältnis droht sich im 7. Forschungsrahmenprogramm (ab 2007) fortzusetzen. siehe: Lönker, O.: Forschen für Energie, in Neue Energie, H.4, 2006, S. 22-27

315 Langniß, O. u.a.: Strategien für eine nachhaltige Energieversorgung - ein solares Landfristszenario für Deutschland, Freiburg 1997

316 Nach dem Kohlekompromiss vom 13.3.97 gewährte der Bund in den Jahren 1997 bis 2005 (9 Jahre) Finanzierungshilfen für den Absatz von Verstromungs- und Kokskohle sowie für zukünftige Zechenstilllegungen in einer Gesamthöhe von 28 Mrd. €. Weitere 1,3 Mrd. € wurden für die Übernahme der Saarbergwerke AG durch die Ruhrkohle AG bereitgestellt. Insgesamt bedeutete dies im o.g. Zeitraum 3,3 Mrd. € pro Jahr. – Im Jahr 2004 haben sich die Regierungsparteien auf eine Anschlussfinanzierung geeinigt. Danach soll für die Jahre 2006 bis 2012 eine öffentliche Steinkohleförderung von knapp 16 Mrd. € gewährt werden. Im Jahr 2005 betrug diese Förderung 2,7 Mrd. €. (Die Welt, 9.11.2005)

317 Nach ARD beträgt der Verbrauch an Flugbenzin in Deutschland ca. 8 Mio. t/Jahr. Die Steuerbefreiung hat pro Liter einen Umfang von ca. 60 Cent + Mehrwertsteuer.

318 Insgesamt ca. 510 Mio. € verteilt auf 5 Jahre.

319 Umweltministerium und Wirtschaftsministerium Baden-Württemberg: Erneuerbare Energien in Baden-Württemberg 2005, Stuttgart 2006; – Vorläufige Werte für 2005: EEG-Einspeisung: 45,4 Mrd. kWh; EEG-Vergütung: 4,4 Mrd. €

320 Zugrunde gelegt wurde ein Durchschnittswert von 6 ct/kWh

321 Prognos AG: Die externen Kosten der Energieversorgung, Stuttgart 1992

322 Hohmeyer, O.: Least-Cost Planning und soziale Kosten, in Hennicke, P. (Hrsg.): Den Wettbewerb im Energiesektor planen. Heidelberg, New-York, Tokyo 1991. Dass die externen Kosten der konventionellen Stromerzeugung höher liegen als die Förderung durch die Einspeisevergütung im Rahmen des Erneuerbaren Energien Gesetzes belegt Hohmeyer in einem Gutachten für das Umweltbundesamt. Hohmeyer 2001: Vergleich externer Kosten zur Stromerzeugung in Bezug auf das Erneuerbare Energien Gesetz, Flensburg 2001.

323 Dies ist vor allem auf das Störfallrisiko und die immensen Kosten eines atomaren Unfalls zurükzuführen. Bisher werden nur Schäden bis zu einer Höhe von 500 Millionen Mark über die Versicherungen und Rückversicherungen der Atomkraftwerksbetreiber abgedeckt - viel zu wenig, wie Ewers und Gelling ermittelt haben. Die beiden Wissenschaftler haben mögliche Schäden von rund 2.000 Milliarden € errechnet. Ganz nebenbei bemerkt: Eine solche Versicherungssumme kann man zwar weltweit abdecken, die Schäden, die ein schwerer Unfall in einem Atomkraftwerk verursachen kann, sind damit aber keineswegs zu kompensieren. Denn auch mit Billionen von Euro kann man bekanntlich Menschen nicht wieder von den Toten auferwekken oder atomar verseuchte Landstriche wieder bewohnbar machen. Wenn also die sozialen Kosten für die Elektrizitätserzeugung in Atomkraftwerken von Hohmeyer mit rund 5 bis 36 Cent/kWh errechnet werden, so bedeutet dies lediglich, dass diese Kosten rechnerisch der Atomenergie zuzuschreiben sind, nicht jedoch, dass hiermit die Verantwortung für die Atomkraftwerke abgegolten ist.

324 So belegt z.B. die vom DLR und vom Fraunhofer Institut für System- und Innovationsforschung erstellte Studie, dass die Kosten, die die Kunden über das Erneuerbare Energiengesetz für die Förderung der Stromerzeugung aus regenerativen Energiequellen tragen, niedriger sind als die externen Kosten der Stromerzeugung, die ansonsten bei der Stromerzeugung fossiler Kraftwerke anfallen würde. DLR/ISI: Externe Kosten der Stromerzeugung aus erneuerbaren Energien im Vergleich zur Stromerzeugung, Karlsruhe 2006

325 Sofern die Stromsteuer einen Sockelbetrag von 511 Euro pro Jahr nicht überschritt.

326 Mit einem Gesamtwirkungsgrad von mindestens 70%

327 Ecologic, Institut für Internationale und Europäische Umweltpolitik gGmbH und Deutsches Institut für Wirtschaftsforschung (DIW) im Auftrag des Umweltbundesamtes: Auswirkungen der Ökologischen Steuerreform auf private Haushalte, Band III des Endberichts für das Vorhaben: „Quantifizierung der Effekte der Ökologischen Steuerreform auf Umwelt, Beschäftigung und Innovation" August 2005

328 Conze/Bitter (Stiebel Eltron): Gesamtförderung 1997 von BUND, Ländern, Kommunen und EVUs, 3.7.98

329 Lackschewitz, U. (GUT): Thermische Solaranlagen in Wohngebäuden, Auswertung des Solarthermischen Förderprogramms des Landes Hessen für die Jahre 1992–1996, (Hrsg: Hessisches Ministerium für Umwelt, Energie, Jugend, Familie und Gesundheit), Kassel 1998, S. 7

330 Lackschewitz, U. (GUT), a.a.O., S.82

331 Einen knappen Überblick über die Förderprogramme der Bundesländer gibt Staiß, F.: Jahrbuch erneuerbarer Energien 02/03, Bieberstein 2003,S. 162 ff; bzw.: www.solarfoerderung.de

332 Lackschewitz, U. (GUT), a.a.O., S.19; Landtag Baden-Württemberg, Drs. 12/1840, S. 5. Der höhere Fördersatz in Hessen hat sich dabei nicht in einem höheren Zuwachs niedergeschlagen; es sind also auch noch andere Faktoren für die Marktentwicklung von Bedeutung (z. B. allgemeine Informationen und Aktivitäten der Firmen).

333 Landtag Baden-Württemberg, Drs. 12/1840, 12/2340, 12/3635

334 So wurde z.B. Ende 2006 die Förderung ausgesetzt. Aktuelle Konditionen des Marktanreizprogramms: Bundesamt für Wirtschaft und Ausfuhrkontrolle, Frankfurter Straße 29 - 35, 65760 Eschborn, www.bafa.de; siehe auch: www.solarfoerderung.de

335 Lackschewitz, U. (GUT), (1999), a.a.O., S. 16 und S. 74; Landtag Baden-Württemberg Drs. 11/6318, II.1. und Drs. 12/242

336 Bleyl, J.; Krüger, K.: Solares Contracting. in: Sonnenenergie 1/2001, S. 24f – Weitere Beispiele finden sich z. B. in: Sonnenenergie, 11/2002, S.22f

337 So werden im Rahmen der Förderprogramms Solarthermie2000plus der Bundesregierung mehrere Demonstrationsprojekte wissenschaftlich begleitet. Nach: Wärme für viele: Wohn- und Bürohäuser im Visier, in: Neue Energie, Heft 2, 2007, S. 34

338 Erstes Gesetz zur Änderung des Gesetzes zur Förderung der sparsamen sowie umwelt- und sozialverträglichen Energieversorgung und Energienutzung im Land Berlin vom 12. Oktober 1995

339 „Leere Versprechungen?", in: Solarthemen Nr. 130, 28.2.2002, S.2

340 "Berlin soll sich an Barcelona ein Beispiel nehmen" in: Neue Energie 2/2002, S. 52f; „Kein Neubau ohne Solaranlage", in: Sonnenenergie, März 2002, S. 48f.

341 siehe z.B.: Seltmann, T.: Die treibende Kraft. in: Sonnenenergie und Wärmetechnik, H. 1, 1999, S. 22 - 25;

342 So betrug z.B. der Windstromanteil am gesamten Stromverbrauch in Schleswig-Holstein im Jahr 1999 bereits über 15%. DEWI-Magazin, Nr.15, August 1999

343 Gesetz für den Vorrang Erneuerbarer Energiequellen (Erneuerbare-Energien Gesetz) vom 21.7.2004, gültig ab August 2004

344 Die Gegenfinanzierung der Mindesteinspeisevergütung erfolgt über Aufschläge auf die Strompreise. Derzeit beträgt der Aufschlag etwa 0,8 ct/kWh. Für große industrielle Stromverbraucher, bei denen die Stromkosten einen Anteil von 15 Prozent an der Bruttowertschöpfung überschreitet, sieht das EEG eine Sonderregelung vor, die die Belastung dieser Verbraucher auf 0,05 Cent/kWh beschränken.

345 Die im Jahr der Inbetriebnahme gültige Einspeisevergütung wird vom Tag der Inbetriebnahme bis zum 31.12. des laufenden Jahres plus 20 volle Kalenderjahre gezahlt.

346 Bei Anlagen, die nach dem Jahr 2004 ans Netz gehen, greift jeweils eine Absenkung des Vergütungssatzes um einen festgelegten Prozentsatz.

347 Die Vergütung ist an einige Bedingungen geknüpft, siehe § 6 EEG.

348 Die Mindestvergütung wird für Anlagen, die in den folgenden Jahren in Betrieb gehen, jeweils um ein Prozent gesenkt.

349 Siehe § 8 EEG, der differenzierte Vorgaben für die Vergütung von Strom aus Biomasse macht.

350 Vgl. § 10 Absatz 3 EEG

351 In Ontario wird Strom aus Windenergie, Biomasse und kleine Wasserkraft mit 0,11 Can$/kWh vergütet, und PV-Strom mit 0,42 Can$/kWh. Die Einspeisevergütung wird über einen Zeitraum von 20 Jahren gewährt und an die allgemeine Inflationsentwicklung angepasst. Die Größe der Projekte ist auf 10 MW begrenzt.

352 In den USA haben vier Bundesstaaten im Jahr 2005 so genannte Einspeisetarife eingeführt: Minnesota für Wind, New Mexiko für PV, Washington für PV, Wind, und Biogas und Wisconsin für PV und Biogas. Diese Programme sind jedoch auf einzelne Kunden oder in ihrem Umfang begrenzt (z.B. in New Mexiko auf eine Kapazität von 1.2 MW) und somit nicht direkt mit dem EEG vergleichbar.

353 Die vereinbarten Strompreise in der letzten Ausschreibungsrunde lagen zwischen 5.8-6.1 Cent/kWh. Diese Vergütung wird über 30.000 Volllaststunden bezahlt.

354 Global Status Report Renewables, 2006 Update, S.23

355 Globaler Statusbericht Erneuerbare Energiequellen, 2005, S.21f

356 v. Manteuffel, B.: Size matters, in: Sonnenenergie, Nov. 2004, S. 16-19

357 So warnte z.B. der Regionalverband Schwarzwald-Baar-Heuberg (Baden-Württemberg) im August 2004 vor einer „Verspiegelung" der Landschaft. dpa, 18.8.2004

358 §11, Abs. 3 des EEG

359 Photon, Juni 2006, S. 72

360 Bundesverband Windenergie, (www.wind-energie.de/de/themen). Einer der Gründe für diese unterschiedliche Entwicklung: Wenn die Investoren im Wettbewerb knapp kalkulieren, um den Zuschlag zu erhalten, fehlt ihnen die Reserve, falls sich unvorhergesehene Schwierigkeiten ergeben. Sie werden dann den Zuschlag für ein Projekt zurückgeben. Der Ausbau der erneuerbaren Energien wird damit verzögert.

361 BMU: Konsultationspapier zur Entwicklung eines Instruments zur Förderung der erneuerbaren Energien im Wärmemarkt. Berlin, 24.5.2006

362 Ein städtebaulicher Vertrag ist eine privatrechtliche Vereinbarung zwischen der Stadt/Gemeinde und den Grundstückskäufern. Grundlage ist hier §9 Absatz 23b des Baugesetzbuchs, der vorsieht, dass „bestimmte bauliche Maßnahmen für den Einsatz erneuerbarer Energien" vorgeschrieben werden können.

363 Danach müssen 50% des Energiebedarfs für die Brauchwassererwärmung solar erzeugt werden. Im Gegenzug hat der Bauherr Anspruch auf eine kostenlose Energieberatung bei einer Energieagentur.

364 Longo, F.; Rogall, H.: Die neue Solarverordnung im Vergleich. Der Vellmarer Weg, in: Sonnenenergie, Mai 2004, S. 29-31

365 „Kein Neubau ohne Solaranlage", in: Sonnenenergie, März 2002, S. 48f, – Weitere Informationen: www.icaen.net

366 Quilisch, T.; Peters, Chr.: Solarthermie in Katalonien. Kommunale Solarverordnungen als Erfolgsmodell, Vortrag auf dem Exportforum, Hannover 14.5.2005

367 Die technische Gebäuderichtlinie 314/2006 „Código Téchnico de la Edificación (CTE)" wurde am 17.3.2006 beschlossen und trat im Oktober 2006 in Kraft.

368 Rentzing, S.: In der Warteschleife, in: Neue Energie, 07/2006, S. 14-16

369 Koalitionsvereinbarung CDU-SPD vom Nov. 2005, S. 51

370 BMU: Konsultationspapier zur Entwicklung eines Instruments zur Förderung der erneuerbaren Energien im Wärmemarkt. Berlin, 24.5.2006, www.bmu.de

371 ebenda

372 Allerdings kann eine ambitionierte Zielsetzung dazu führen, dass die Preise für die knappen CO_2-Zertifikate in die Höhe schnellen und infolgedessen auf Druck der betroffenen Akteure die Ziele von der Politik angepasst werden (müssen).

373 EU-Richtlinie 2003/87/EG

374 Oberthür, S./Ott,H.: The Kyoto-Protocol, Berlin, Heidelberg, New York 1999

375 Vgl. z. B. www.thema-energie.de und www.initiative-energieeffizienz.de

376 RAVEL steht für „Rationelle Verwendung von Elektrizität". Unter diesem Titel hat die Schweiz ein zielgruppenorientiertes Programm zur Umsetzung der Stromeinsparpotenziale aufgelegt. Anwendungsorientierte Forschung, Weiterbildung von Handwerkern und Ingenieuren, Demonstrationsprojekte und Öffentlichkeitsarbeit werden gezielt eingesetzt.

377 In der Referenzentwicklung wird dargelegt, wie sich die CO_2-Emissionen bei einem Weiterbetrieb der Atomkraftwerke entwickelt hätten.

378 Öko-Institut 1996: Das Energiewende-Szenario 2020. Ausstieg aus der Atomenergie, Einstieg in Klimaschutz und nachhaltige Entwicklung. Darmstadt, Freiburg, Berlin 1996

379 vgl.: International Solar Energy Society 2002: Sustainable Energy Policy Concepts (SEPCo). Studie für das Bundesministerium für Umwelt, Naturschutz und Reaktorsicherheit, Freiburg 2002. Weitere Informationen unter http://www.ises.org/shortcut.nsf/to/ICNFINAL

380 Forsa: Meinungen zu erneuerbaren Energien. Umfrage vom 27./28. April 2005

381 Güllner, M. (forsa): Das Marktpotential und die Zielgruppe für „Öko-Strom". Thesen im Rahmen des ASEW-Seminars: Top oder Flop? Ökostrom aus der Sicht der Stadtwerke. 27./28.4.99 in Heidelberg

382 Ergänzend siehe dazu z.B.: Bannasch, D.; Hohl, H.: Neue Energie-Region Rhein-Neckar. Beispielhafte Projekte auf dem Weg ins Solarzeitalter, Mannheim/Heidelberg 2004

383 siehe dazu auch: http://www.ecotopten.de/prod_strom_prod.php

384 Unter ökologischen Aspekten ist es nicht von Bedeutung, ob sauberer Strom etwas früher, später oder zeitgleich erzeugt wird, wie er verbraucht wird.

385 Ein Konzept zur Beurteilung der Leistungen eines Energieversorgers in Bezug auf Nachhaltigkeit hat das Wuppertal Institut entwickelt: Energieversorger auf dem Prüfstand, Wuppertal Papers Nr. 116, 2001

386 Statistisches Bundesamt, Fachserie 15, Einkommens- und Verbrauchsstichprobe 1998, Sonderheft 1

387 Die hier dargestellte Aufgabenteilung entspricht der Freiburger Regio-Solarstromanlage (Wiese, R.: Regio-Solarstromanlagen in: Sonnenenergie, Heft 5, 1997, S. 34 -35) Einen Überblick über geeignete Gesellschaftsformen geben z.B.: Cottmann, T.: PV-Betreibergemeinschaften: GmbH & Co KG? in: Sonnenenergie, Heft 5, 1997, S. 36f; - Bernreuter, J.: "Mehr Risiko oder mehr Kosten", in: PHOTON, Februar 2002, S. 36 - 39 - Der Leitfaden „Bürger Solarstrom Anlagen" (Verlag Solare Zukunft, Erlangen) richtet sich an Personen, die eine Bürgersolarstrom- bzw. Gemeinschaftsanlage errichten wollen. Bezug auch über: www.bwe-buecher.de

388 So sind z.B. im Rahmen der 1998 geschaffenen Öko-Strombörse der Elektrizitätswerke Bern innerhalb eines Jahres bereits 450 kW Solarstrom unter Vertrag genommen worden. (Der Bund, 19.2.1999)

389 EWZ, Medienkonferenz vom 15. April 1997

390 Er heißt jetzt allerdings EKZ Naturstrom solar (http://www.ekz.ch/internet/ekz/de/kundendienst)

391 Ein solches Programm hatten beispielsweise die Industriellen Werke Basel angeboten. Ende 2006 wurde dieses Programm jedoch nicht mehr beworben.

392 Nähere Informationen: www.eco-watt.de

393 Die „100.000 Watt Solar-Initiative für Schulen in Nordrhein-Westfalen - Energieschule 2000+" ist ein Projekt der Landesinitiative Zukunftsenergien NRW. Die Konzeption des Projektes wurde durch das Land NRW gefördert.

394 Bei einem hydraulischen Abgleich werden die Strömungsverhältnisse in der Heizungsanlage optimiert. Im Prinzip soll nur soviel Wasser durch die Leitungsrohre des Heizungssystems gefördert werden, wie für die Beheizung des jeweiligen Gebäudeabschnitts benötigt wird.

395 In dieser Schule wurde eine komplette Sanierung des Heizungs- und Lüftungssystems vorgenommen, sowie ein BHKW und eine Solaranlage mit einer elektrischen Leistung von jeweils 50 kW installiert. Nähere Informationen unter www.solarundspar.de

396 Nähere Informationen im Internet unter www.solarundspar.de

397 IEA 2006, Light's Labour's Lost, Paris 2006, S. 25

398 IEA 2006, S.468

399 Die erste Gemeinde mit Solar-Prädikat liegt im Schwarzwald; Badische Zeitung, 4.11.99

400 Pressemitteilung der Solarbundesliga vom 27.6.2002; der aktuelle Tabellenstand findet sich unter www.solarbundesliga.de

401 www.solarbundesliga.de

402 Karlin, D., Schmidt,G.: Programm "Ortenauer Sonnendächer", Die Gemeinde (BWGZ), Heft 10/2000, S. 320f. Hrsg: Gemeindetag Ba.-Wü., Panoramastr. 33, 70174 Stuttgart

403 Kommunale Erfolgsgeschichten. in: Solarthemen 130, 28.2.2002, S.10f

Zwick Steuerberatungsgesellschaft mbH
Ihr Spezialist für steuerliche Fragen im Bereich erneuerbare Energien.
Zertifizierung nach ISO 9001:2000
LGA InterCert
Zertifiziertes QM System
ISO 9001:2000
Premium-Service-Auszeichnung für außergewöhnliche und herausragende Dienstleistungen
TÜV
LGA Premium Service
Zwick Steuerberatungsgesellschaft mbH
Solar Info Center · Emmy-Noether-Str. 2 · 79110 Freiburg
Tel. 0761 15215-0 · Fax 0761 15215-30
info@zwick-freiburg.de
Mitglied der Deutschen Vereinigung für Erbrecht und Vermögensnachfolge e.V.
www.zwick-freiburg.de

Sonnige Aussichten für Klima und Geldbeutel
Die Natur hat unsere Unterstützung
Der Schutz der Umwelt in der Region liegt uns am Herzen. Deshalb unterstützen wir Ihr engagiertes Handeln in Sachen Energiesparen und Klimaschutz. In Kombination mit den aktuellen badenova-Förderprogrammen erhalten Sie von den teilnehmenden Sparkassen besonders zinsgünstige Darlehen.
Sparkasse
Infos unter:
Telefon 0180 2 83 84 85*
*0,06 €/Festnetz-Anruf
> www.badenova.de
badenova
Energie. Tag für Tag

Glossar

1 2 3 4 5 6 7 8 9 10 11 12

Absorber
Teil des Sonnenkollektors, siehe 2.1

Amortisationszeit
Zeit, in der sich eine Investition bezahlt gemacht hat. Energetische Amortisationszeit ist die Zeit, in der eine regenerative Anlage so viel Energie erzeugt hat, wie zu ihrer Herstellung notwendig war; siehe 10.4

Biomasse
siehe Teil 5

Biogas
Gas, das unter Luftabschluss bei der Vergärung von Biomasse (insbesondere Gülle und Dung) entsteht; siehe 5.2 und 5.3

Blockheizkraftwerk (BHKW)
Kraft-Wärme-Kopplungs-Anlage zur kombinierten Erzeugung und Nutzung von Strom und Wärme: Ein (Gas-) Motor treibt einen Generator an. Neben dem so gewonnenen Strom wird auch die Abwärme des Motors genutzt (siehe 1.9 und 5.3).

Brauchwasser
Warmwasser, das in Bad und Küche benötigt wird

Brennstoffzelle
Strom- (und Wärme-)quelle, bei der die chemische Energie des Brennstoffs (z.B. Wasserstoff oder Gas) direkt in Strom umgewandelt wird. Auch die dabei entstehende Wärme lässt sich nutzen.

Brennwertanlage
Gas- bzw. Ölheizung mit besonders hohem Wirkungsgrad. Dieser wird erreicht, indem der im Abgas enthaltene Wasserdampf zum Kondensieren gebracht wird.

Contracting
Beim Energieeinspar-Contracting wird eine neue effizientere Anlage (z.B. Beleuchtungs- oder Lüftungsanlage) durch eingesparte Energiekosten finanziert: Ein Contractor plant die Investition, finanziert sie und setzt sie um. Als Gegenleistung erhält er für einen vorher festgelegten Zeitraum die eingesparten Energiekosten; siehe 12.6 und 12.7

Diffuse/direkte Strahlung
Der Anteil der Solarstrahlung, der ohne Richtungsänderung (also bei klarem Himmel) auf die Erdoberfläche fällt, wird als direkte Strahlung bezeichnet. Im Gegensatz dazu ist die diffuse Strahlung der Teil, der an Wolken, Dunst, Nebel u.a. gestreut wird und daher aus verschiedenen Richtungen auf die Erdoberfläche auftrifft, siehe 1.6.

Durchleitungsgebühren
Durchleitungsgebühren sind zu entrichten, wenn Strom durch fremde Netze geleitet wird.

Einspeisevergütung
Vergütung für ins (Strom-)Netz eingespeisten Strom

Einsparkraftwerk
siehe 12.7

Elektrolyse
Zerlegung einer chemischen Verbindung mittels Strom, z. B. lässt sich Wasser per Elektrolyse in Sauerstoff und Wasserstoff zerlegen.

Endenergie
Die dem Endverbraucher (Haushalt, Industriebetrieb, Fahrzeugbetreiber, etc.) gelieferte Energie, also die Energie, die dem Verbraucher nach der Umwandlung der Primärenergie in Raffinerien, Kraftwerken etc. und nach der Verteilung über das Stromnetz, das Tankstellennetz, etc. zur Verfügung steht

Energieautarkes Solarhaus
siehe 4.7

Energieeinsparverordnung
Die Energieeinsparverordnung (EnEV) schreibt Obergrenzen für den Energieverbrauch von Gebäuden fest, siehe 4.1.

Energiepflanzen
Pflanzen, die speziell zur energetischen Nutzung angebaut werden; siehe 5.1 und 5.6

Erneuerbare-Energien-Gesetz (EEG)
Neufassung und Erweiterung des Stromeinspeisungsgesetzes, siehe 11.10

Fossile Energieträger
Kohle, Erdöl und Erdgas; diese enthalten gespeicherte Sonnenenergie, da sie durch geologische Vorgänge aus Pflanzenstoffen entstanden sind.

Gasturbine
Spezielle Turbine mit guten Regeleigenschaften; siehe 10.1

Gemeinschaftsanlagen
siehe 12.3

Geothermie
Energetische Nutzung der Erdwärme

Grüner Strom
eine Bezeichnung für Strom aus erneuerbaren Energien; siehe 12.2

Grundlast
Leistung, die ständig, also Tag und Nacht, Sommer und Winter nachgefragt wird; siehe auch: Spitzenlast

Holzhackschnitzelheizung
Heizung, die mit kleingehackten Holzstückchen befeuert wird; siehe 5.5

Holzpellets
Spezieller Brennstoff für Holzheizungen: Holzpellets sind ca. 5 cm große Presslinge aus Holzabfällen mit genormten Brennstoffeigenschaften wie Feuchte und Heizwert; siehe 5.4

Kernfusion
Bei der Kernfusion handelt es sich um Energieerzeugung durch das Verschmelzen von Atomkernen. Die Kernfusion ist derzeit noch weit entfernt von der technischen Anwendung (vgl. 11.1).

Klimaschutzpolitik
Eine Politik, die gezielt die Aufheizung der Erdatmosphäre (siehe Treibhauseffekt) vermeiden bzw. verringern will. Da die Emission von Kohlendioxid (CO_2) eine wesentliche Ursache für den Treibhauseffekt ist, zielt eine Klimaschutzpolitik darauf ab, die CO_2-Emissionen zu reduzieren.

Kollektor
wandelt Sonnenstrahlung in Wärme um; siehe 2.1

Kohlendioxid (CO_2)
Kohlendioxid entsteht bei der Verfeuerung von fossilen Energieträgern (Kohle, Öl, Gas). Die Emissionen von Kohlendioxid sind die wesentliche Ursache für den Treibhauseffekt und die weltweite Klimaveränderung, siehe 1.1.

Kondensationsstrom
Strom aus einem Kraftwerk, das die bei der Stromerzeugung anfallende Restwärme des Dampfes an die Umgebung abgibt und das daher nur einen geringen Wirkungsgrad (ca. 30 bis 45 Prozent) erreicht.

Kostendeckende Vergütung (kV)
Vergütung für Solarstrom, die dem Betreiber der PV-Anlage einen kostendeckenden Betrieb seiner Anlage ermöglicht; siehe 11.8

Kraft-Wärme-Kopplung
Kombinierte Erzeugung und Nutzung von Strom und Wärme in einem Kraftwerk. Durch die Kraft-Wärme-Kopplung wird ein hoher Wirkungsgrad und damit eine geringe Umweltbelastung (pro nutzbarer Energieeinheit) erreicht.

Laufwasserkraftwerk
Wasserkraftwerke, das die Strömung eines Flusses zur Stromerzeugung nutzt. Charakteristisch ist eine geringe Fallhöhe (Differenz zwischen der Wasserhöhe vor und hinter dem Kraftwerk) bei relativ großer Wassermenge. Die Anlagen werden aus wirtschaftlichen Gründen oft in Verbindung mit Schleusen gebaut.

Lastmanagement
Wenn der Strombedarf höher ist als die Leistung, die die Kraftwerke liefern, so kann dieses Defizit auf zwei Arten behoben werden: Die Leistung der Kraftwerke wird erhöht oder gewisse Stromverbraucher werden kurzzeitig abgeschaltet (vom Netz genommen). Die zweite Variante nennt man Lastmanagement.

Liberalisierung des Energiemarktes
siehe 1.10

Luftkollektor
nutzt die Sonnenenergie um Luft zu erwärmen; siehe 2.5

nachhaltig
Eine Wirtschaftsweise wird als nachhaltig bezeichnet, wenn nicht mehr Rohstoffe und Ressourcen verbraucht werden als nachwachsen.

Nahwärmenetz
Wärmegedämmtes Rohrleitungssystem, durch das Wärme von einer zentralen Heiz- bzw. Solaranlage an die Verbraucher in der näheren Umgebung geleitet wird. siehe 2.3, 5.5

netzgekoppelte Solaranlage
Solarstrom- bzw. PV-Anlage, die keinen Speicher (Batterie) für die solar erzeugte Energie besitzt. Der Strom wird, sofern er nicht vor Ort verbraucht wird, ins Stromnetz eingespeist; siehe 3.2

Niedrigenergiehaus
Haus mit geringem Heizenergiebedarf; siehe 4.1

Off-Shore-Anlagen
Windkraftanlagen, die im Küstenbereich ins Meer gebaut werden; siehe 6.5

Ökosteuer
Besteuerung des Naturverbrauchs, in der Bundesrepublik bisher als Besteuerung von Energieträgern (Öl, Gas, Strom, Benzin) eingeführt; siehe 11.4 und 11.5

Passive Solarenergienutzung
siehe 4.2

Passivhaus
Haus mit sehr geringem Heizenergiebedarf, das ohne konventionelle Heizung auskommt; siehe 4.6

Photovoltaik (PV)
direkte Umwandlung von Sonnenenergie in elektrische Energie; siehe Teil 3

Plusenergiehaus
Haus, das mehr Energie erzeugt als in ihm verbraucht wird; siehe 4.8

Primärenergie
Kohle, Erdöl, Erdgas, Wind, fließendes Wasser, Sonnenstrahlung, Biomasse und Erdwärme sind Primärenergieträger. Die in ihnen enthaltene Energie wird als Primärenergie bezeichnet. Demgegenüber ist elektrische Energie (Strom) eine Sekundärenergie, da sie nicht direkt in der Natur vorkommt, sondern erst durch Umwandlungsprozesse aus Primärenergieträgern gewonnen wird.

Pumpspeicherkraftwerk
siehe Speicherkraftwerk

Quotenmodell
siehe 11.13

Regenerative Energiequellen
andere Bezeichnung für erneuerbare Energiequellen

Schwachholz
Holz, das bei der Durchforstung des Waldes anfällt und das z. B. wegen zu geringer Dicke nicht fürs Sägewerk geeignet ist. Schwachholz wird z. B. zur Spanplattenherstellung und zur energetischen Nutzung (Holzhackschnitzel, Holzpellets) eingesetzt; siehe Teil 5.

Solarer Wasserstoff
Aus Solarenergie gewonnener Wasserstoff soll in verschiedenen Konzepten als Energiespeicher dienen; siehe 8.2.

Solarstrombörse
Agentur, die zwischen Anbietern und Nachfragern von Solarstrom vermittelt, siehe 12.4

Solarthermie
Nutzung der Sonnenenergie zur Erzeugung von Wärme; siehe Teil 2

Solarthermische Kraftwerke
Kraftwerke, die mit Solarenergie zunächst Wasser oder eine andere Flüssigkeit erhitzen und damit dann Strom erzeugen; siehe 2.6

Solarverordnung
Verordnung, die gewisse Bauherren verpflichtet, Solaranlagen zu installieren; siehe 11.14

Solarzelle
wandelt Sonnenlicht direkt in elektrische Energie um; siehe 3.1

Speicherkraftwerk
Wasserkraftwerk, das das hohe Gefälle und die Speicherkapazität von Talsperren und Bergseen zur Stromerzeugung nutzt. Eine spezielle Form des Speicherkraftwerks ist das Pumpspeicherkraftwerk. Hier wird z.B. mit billigem Nachtstrom Wasser in ein hochgelegenes Speicherbecken gepumpt. Auf diese Weise wird die Energie gespeichert. Bei hohem Strombedarf (Spitzenlast) kann dies Wasser genutzt werden, um die Turbinen anzutreiben und so Strom zu erzeugen, siehe 10.2.

Spitzenlast
Leistung bzw. Stromnachfrage, die nur an wenigen Stunden oder einigen Tagen im Jahr auftritt; siehe auch: Grundlast

Spitzenkessel
Heizkessel, der als zweiter Kessel (z.B. neben einem holzbefeuerten Kessel) installiert wird und der benötigt wird, um den an nur wenigen Wintertagen auftretenden Spitzenbedarf an Wärme zu decken.

Stadtwerke
Versorgungsunternehmen für Strom, Gas und/ oder Wasser, deren Geschäftstätigkeit auf den Bereich einer Stadt konzentriert ist

Stromeinspeisungsgesetz
Dieses Gesetz verpflichtete die Netzbetreiber, eingespeisten Strom aus erneuerbaren Energien zu gewissen Mindestpreisen zu vergüten. Es wurde im Jahr 2000 durch das EEG abgelöst, siehe 11.9

1
2
3
4
5
6
7
8
9
10
11
12

Szenario
Zukunftsmodell, das unter bestimmten Annahmen und unter Verwendung wissenschaftlicher Methoden erstellt wird; siehe z.B. 9.6

Transmissionsverluste
Wärmeverluste, die dadurch entstehen, dass Energie durch Bauteile (z. B. Wand, Dach und Fenster) eines Hauses hindurch dringt. Durch Wärmedämmung werden Transmissionsverluste verringert.

Transparente Wärmedämmung
Spezielle Wärmedämmung, die das Haus isoliert und zusätzlich die Sonnenenergie nutzt, siehe 4.5

Treibhauseffekt
Durch Klimagase in der Erdatmosphäre (Kohlendioxid, Methan, Lachgas u.a.) kann die Erde nicht mehr so viel Energie in den Weltraum abstrahlen wie sie in Form von Solarstrahlung aufnimmt. Dadurch heizt sich die Erdatmosphäre auf, siehe 1.1.

Vorlieferant
Das Unternehmen, von dem ein (kleinerer) Stromversorger seinen Strom bezieht.

Wärmerückgewinnung
Im Gebäudebereich erfolgt diese z.B. durch einen in die Lüftungsanlage integrierten Wärmetauscher. Dieser entzieht der wärmeren Abluft Energie und erwärmt damit die kalte Zuluft. Der Wirkungsgrad moderner Wärmetauscher liegt in diesen Anlagen über 90%.

Wärmeschutzglas
Besonders gut isolierendes Glas, siehe 4.2

Wärmeschutzverordnung (WSchVo)
legte Obergrenzen für den Energiebedarf von Neubauten fest; sie wurde im Jahr 2002 durch die Enerieeinsparverodnung (EnEV) abgelöst; siehe 4.1

Windfarm
Anlage mit mehreren Windkraftanlagen

Wirkungsgrad
Verhältnis von genutzter bzw. abgegebener Energie zur aufgenommenen Energie. Wird z. B. in einem Kraftwerk Brennstoff mit 100.000 kWh Energiegehalt verfeuert (aufgenommene Energie) und das Kraftwerk produziert mit dieser Energie 35.000 kWh Strom, so beträgt der Wirkungsgrad 0,35 bzw. 35 Prozent.

Abkürzungen

1 2 3 4 5 6 7 8 9 10 11 12

BHKW Blockheizkraftwerk

CO_2 Kohlendioxid, entsteht bei der Verfeuerung von Kohle, Öl, Gas und anderen fossilen Engergieträgern. Die Emissionen von CO_2 sind die wesentliche Ursache für den Treibhauseffekt und die weltweite Klimaveränderung.

EEG Erneuerbare-Energien-Gesetz (siehe 11.10)

EnEV Energieeinsparverordnung (siehe 4.1)

EVU Energieversorgungsunternehmen

FCKW Fluor-Chlor-Kohlenwasserstoffe: Gase, die u.a. die Ozonschicht schädigen

GuD Gas- und Dampfturbinenprozess: Anlage zur Stromerzeugung mit hohem Wirkungsgrad

GW Gigawatt (eine Einheit für die Leistung):
1 GW
= 1.000 Megawatt (MW)
= 1.000.000 Kilowatt (kW)

kWh Kilowattstunde, Einheit für Energie (Leistung mal Zeit)

kWh/m²*a Einheit für den jährlichen Energiebedarf eines Hauses, in Kilowattstunden pro Quadratmeter Wohnfläche und Jahr

kV Kostendeckende Vergütung für Solarstrom (siehe 11.8)

kW Kilowatt (eine Einheit für die Leistung)

kWp Kilowatt peak, Spitzenleistung, z.B. bei PV-Anlagen diejenige Leistung, die bei maximaler Sonneneinstrahlung erzeugt wird

KWK Kraft-Wärme-Kopplung

MW Megawatt (Einheit für die Leistung):
1 MW = 1.000 Kilowatt

PJ Petajoule (Energieeinheit);
1 PJ = 278 Mio. kWh

PV Photovoltaik (siehe 3.1 ff)

TWD Transparente Wärmedämmung (siehe 4.5)

TWh Terawattstunde (eine Energieeinheit): 1 TWh = 1.000 GWh = 1.000.000 MWh = 1 Mrd. kWh

WSchVo Wärmeschutzverordnung (siehe 4.1)

Internetadressen

1. Erneuerbare Energien

1.1 Allgemeine Informationen

www.solarserver.de
Der Solarserver: Forum zur Solarenergie: aktuelle Meldungen, Fördermittel, u.v.m.

www.solarenergie.com
Solar-Infoportal: aktuelle Meldungen, Fördermittel, Solarfirmen, Links, u.v.m.

www.boxer99.de
Boxer-Infodienst: Regenerative Energie: Grundlegende Informationen sowie aktuelle Meldungen zum gesamten Spektrum der erneuerbaren Energien

www.bine.info
Informationsdienst über Forschungen zu vielen Aspekten der erneuerbaren Energiequellen und der Energiespartechniken

www.solid.de
SOLID Solarenergie Informations- und Demonstrationszentrum: Solarinformationen für Lehrer und Schüler, regenerative Energieprojekte

www.iwr.de
Internationales Wirtschaftsforum Regenerative Energien (Münster): Übersichtlich gestaltete Informationen zu Technik, Firmen, Märkten und Jobs im Bereich der erneuerbaren Energien

www.ag-solar.de
Arbeitsgemeinschaft Solar der Landesinitiative Zukunftsenergien NRW: Forschungs- und Technologieverbund sowie Förderprogramm

www.eva.wsr.ac.at
Energieverwertungsagentur EVA (Österreich)

www.sonnenseite.com
Franz Alts Nachrichtenportal zu erneuerbaren Energien, Umweltpolitik, Eine Welt u.a.

www.bmu.de
Bundesministerium für Umwelt, Naturschutz und Reaktorsicherheit

www.bmelv.de
Bundesministerium für Ernährung, Landwirtschaft und Verbraucherschutz

1.2 Verbände und Initiativgruppen

www.bee-ev.org
Bundesverband Erneuerbare Energien e.V.

www.eurosolar.org
EUROSOLAR Europäische Vereinigung für erneuerbare Energien e.V.

www.energieverbraucher.de
Bund der Energieverbraucher

1.3 Forschungs-Institute Solarenergie

www.fv-sonnenenergie.de
Forschungsverbund Sonnenenergie (Zusammenschluss von sieben deutschen Sonnenenergie-Forschungszentren); c/o Hahn-Meitner-Institut Berlin

www.dlr.de/tt
DLR-Institut für Technische Thermodynamik, Stuttgart; u.a. mit den Abteilungen Solarthermische Energietechnik und Systemanalyse und Technikbewertung (Erstellung von Energieszenarien u.a.)

www.ise.fhg.de
Fraunhofer Institut für Solare Energiesysteme Freiburg

www.iset.uni-kassel.de
Institut für Solare Energieversorgungstechnik, Kassel (ISET e.V.)

www.itw.uni-stuttgart.de
Institut für Thermodynamik und Wärmetechnik, Universität Stuttgart

www.zsw-bw.de
Zentrum für Sonnenenergie und Wasserstoffforschung (ZSW), Stuttgart

www.oeko.de
Öko-Institut e.V., Freiburg

www.wupperinst.org
Wuppertal-Institut für klima, Umwelt und Energie

www.izes.de
Institut für Zukunftsenergiesysteme (Anwendungsmöglichkeiten und Rahmenbedingungen für erneuerbare Energien und Energieeffizienz)

2. Spezielle Themen

2.1. Solarenergie

www.solarwirtschaft.de
Bundesverband Solarwirtschaft (BSW Solar)

www.dgs.de
Deutsche Gesellschaft für Sonnenenergie e.V. (DGS)

www.sses.ch
Schweizerische Vereinigung für Sonnenenergie (SSES)

www.ises.org
International Solar Energy Society (ISES)

www.portal-solaire.com
Internetportal zur Sonnenenergienutzung in Frankreich

www.solarfoerderung.de
Interaktiver Solarförderberater

www.solarwaerme-plus.de
Kampagne „Solarwärme plus"

www.sfv.de
Solarenergie – Förderverein Aachen: Informationen zur kostendeckenden Vergütung, Vereinszeitschrift SOLARBRIEF (als Volltext)

www.solarkaufhaus.de
Solarbetriebene Geräte online einkaufen

2.2 Solares Bauen

www.solarbau.de
Solarbau Monitor: vorgestellt werden u.a. Demonstrationsprojekte zum solaren Bauen

www.passivhaus-institut.de
Passivhaus Institut Darmstadt: Passivhaus-Projektierung (Software und Tagungen), Vorstellung konkreter Projekte

www.ig-passivhaus.de
Informations-Gemeinschaft Passivhaus Deutschland

www.fvtwd.de
Fachverband Transparente Wärmedämmung e.V.

www.solarintegration.de
Informationsdienst für solares Gestalten und Bauen

www.ibp.fhg.de
Fraunhofer-Institut für Bauphysik IBP, Stuttgart

2.3 Biomasse/Biogas

www.fachverband-biogas.de
Fachverband Biogas e.V. (Deutschland)

www.bioenergie.de
Bundesverband BioEnergie e.V. (BBE)

www.biogas.ch
Schweizerischer Biogas Fachverband

www.fnr.de
Fachagentur Nachwachsende Rohstoffe e.V.

www.biomasse-info.net
Biomasse Info-Zentrum

www.biomasse.de
Portal zur Biomasse

1 2 3 4 5 6 7 8 9 10 11 12

www.energieholzboerse.de
Informations- und Werbedienst für den regenerativen Energieträger Holz in Deutschland, Österreich und der Schweiz

www.holzpellets.com
Informationen rund um Holzpellets

www.holzenergie.de
Seite mit vielen Links zum Thema Holzenergie

2.4 Windenergie

www.wind-energie.de
Bundesverband Windenergie e.V.

www.wind-fgw.de
Fördergesellschaft Windenergie e.V. (Deutsche Windkraftindustrie)

www.windpower.org
Verband der dänischen Windkraftindustrie: Allgemeine Informationen zur Windkraft, Bilder, Publikationen u.v.m. (auch in deutscher Sprache)

www.dewi.de
Deutsches Windenergie-Institut GmbH (DEWI): Forschungen zur Windenergie

www.windmesse.de
Portal zum Thema Windenergie

2.5 Wasserkraft

www.wasserkraft.org
Bundesverband Deutscher Wasserkraft-werke

www.wassertriebwerk.de
Zeitschrift Wassertriebwerk: Inhalte, Bestellformular

2.6 Geothermie

www.geothermie.de
Geothermische Vereinigung e.V., Fachverband für alle Nutzungen der Geothermie (Erdwärme) in Deutschland und Österreich

www.geothermal-energy.ch
Schweizerische Vereinigung für Geothermie

http://iga.igg.cnr.it
International Geothermal Association (IGA)

2.7 Brennstoffzelle und Wasserstoff

www.energieportal24.de
Internetplattform für Wasserstoff, Brennstoffzelle und erneuerbare Energien

www.diebrennstoffzelle.de
Allgemeine Informationen zur Brennstoffzelle

www.brennstoffzelle-nrw.de
Kompetenz-Netzwerk Brennstoffzelle und Wasserstoff NRW, mit Newsletter, allgemeinen Informationen, Links u.v.m.

www.brennstoffzelle-bw.de
Informationen zur Förderung des Austausches zwischen Forschung und Industrie

www.initiative-brennstoffzelle.de
Zusammenschluss von Unternehmen der Gaswirtschaft zur Markteinführung der stationären Brennstoffzelle

www1.eere.energy.gov/hydrogenandfuelcells
Informationen über die Programme des U.S. Department of Energy zu Wasserstoff und Brennstoffzelle

Zeitschriften

Brennpunkt Energie
Hrsg.: Energieagentur NRW, Wuppertal
Tel.: 0202/2552-25, www.ea-nrw.de

DEWI-Magazin. Windenergie - Wind Energy - Energia Eolica
Hrsg.: Deutsches Windenergie-Institut GmbH, Wilhelmshaven
Tel.: 04421/4808-0, www.dewi.de

Energie Depesche
Informationen für Energieverbraucher
Hrsg.: Bund der Energievebraucher e.V., Rheinbreitbach
Tel. 0224/9227-0
www.energieverbraucher.de

EnergieEffizientes Bauen (EB)
Kernerweg 18, 73660 Urbach
Tel. 07181/885150

energie pflanzen
Fachzeitschrift für nachwachsende Rohstoffe
Hrsg.: Forstfachverlag, Scheeßel-Hetzwege
Tel. 04263/93 95-0

Erneuerbare Energien
Das unabhängige Monatsmagazin für die Zukunftsenergien
Hrsg.: SunMedia GmbH, Hannover
Tel. 0511/8 44 19 32

Geothermische Energie
Hrsg.: Geothermische Vereinigung e.V. Bundesverband Geothermie (GtV-BV), Geeste
Tel. 05907/545, www.geothermie.de

Neue Energie
Magazin für erneuerbare Energien
Organ des Bundesverbandes Windenergie (BWE), des Fachverbandes Biogas e.V. und des Bundesverbandes Erneuerbare Energien e.V., Berlin
Tel. 030/284821-30
www.ErneuerbareEnergien.de

PHOTON
Solarstrom-Magazin
Hrsg.: Solar Verlag GmbH, Aachen
Tel. 0241/470 55–0, www.photon.de

Solarbrief
Vereinszeitschrift und Mitteilungsblatt
Solarenergie – Förderverein e.V., Aachen
Tel. 0241/51 16 16, www.sfv.de

Solarthemen
Infodienst für erneuerbare Energien, Löhne
Tel. 05731/83460, www.solarthemen.de

Solarzeitalter. Politik und Ökonomie Erneuerbarer Energien
Politik und Kultur Erneuerbarer Energien
Hrsg.: Eurosolar e.V., Bonn,
Tel. 0234/9270833, www.eurosolar.org

Sonnenenergie
Zeitschrift für erneuerbare Energien und Energieeffizienz. Hrsg.: Deutsche Gesellschaft für Sonnenenergie e.V. (DGS), Berlin, www.sonnenenergie.de

Sonne, Wind & Wärme
Zeitschrift für alle regenerativen Energiequellen und dezentrale Energieerzeugung,
Hrsg.: Bielefelder Verlag GmbH, Bielefeld
Tel. 0521/595-0,
www.sonnewindwaerme.de
in englischer Sprache erscheint im gleichen Verlag: **Sun & Wind Energy**
www.sunwindenergy.com

Sonnenzeitung
Magazin für Erneuerbare Energie
Hrsg.: Uranus Verlagsgesellschaft, Wien
Tel. +43/01/403 9111-0,
www.sonnenzeitung.at

Wasserkraft & Energie
Quartals-Magazin für Wasserkraft und andere erneuerbare Energien
Wassertriebwerk
Zeitschrift für erneuerbare Energien mit Schwerpunkt Wasserkraft
Hrsg.: Bundesverband Deutscher Wasserkraftwerke und der Arbeitsgemeinschaften Wasserkraftwerke der Bundesländer.
Verlag Moritz Schäfer GmbH & Co. KG, Detmold,
Tel.: 05231/9243-0
www.vms-detmold.de

Eine Welt beginnt vor Ort

← 1 ← 2 ← 3 ← 4 ← 5 ← 6 ← 7 ← 8 ← 9 ← 10 ← 11 ← 12

Immer mehr Entscheidungsträger aus deutschen Städten und Gemeinden erkennen das vielgestaltige Potenzial, das die Realisierung nachhaltiger Entwicklungsstrategien und kommunaler Entwicklungszusammenarbeit für ihre Kommune und weltweit in sich trägt. Sie wissen, ein Engagement für die Eine Welt ist für Städte und Gemeinden in Deutschland und in den Partnerländern in vielerlei Sicht ein Gewinn: Wirtschaft, Bürgerschaft und Kultur profitieren gleichermaßen vom Standortfaktor „Internationalität".
Die Servicestelle Kommunen in der Einen Welt unterstützt Sie, als Akteure in Verwaltung, Zivilgesellschaft und Politik, dieses oft noch brachliegende Potenzial für sich vor Ort und Ihre kommunalen Partner weltweit zu entdecken und zu nutzen.

Welche fachlichen Themen und Leistungen bietet Ihnen die Servicestelle?
Die vier kommunalen Zukunftsthemen sind:

- Bürger- und Beteiligungshaushalt – Lernen im Nord-Süd-Dialog,
- Stärkung und Ausbau kommunaler Partnerschaften,
- Interkulturelle Kompetenzbildung in deutschen Kommunen – Zusammenarbeit mit Diasporen,
- Faires Beschaffungswesen – der kommunale Beitrag zur Ausweitung des Fairen Handels.

Städte und Gemeinden rund um die Zukunftsthemen zu informieren, beraten, vernetzen und qualifizieren ist Auftrag der Servicestelle. Dabei bieten wir Ihnen:

- vielfältige Publikationen, wie unsere Reihen „Dialog Global" und „Material"
- den monatlichen Newsletter „Eine Welt Nachrichten",
- unsere umfangreiche Homepage www.service-eine-welt.de.

inWent

Internationale Weiterbildung und Entwicklung gGmbH

SERVICESTELLE
KOMMUNEN IN DER EINEN WELT

Auf der Website stehen sämtliche Publikationen der Servicestelle zum Download bereit. Sie erhalten neben aktuellen Informationen und umfangreichen Links die Möglichkeit zur Nutzung unseres Finanzierungsratgebers und ModeratorInnen-Netzwerks:

- Persönliche, kostenlose Beratung, gern auch vor Ort in Ihrer Stadt oder Gemeinde,
- Veranstaltungen: Workshops, Netzwerktreffen, Konferenzen u.a.,
- Wettbewerbe, Fachveranstaltungen und individuelle Beratung in Ihrer Region.

Unsere Motivation sind Ihre Ideen und Konzepte, Ihre Kreativität und Ihr Durchhaltevermögen. Kommunales Engagement für die Eine Welt kann für alle Beteiligten gelingen – wir unterstützen Sie gern dabei!

Kontakt
Servicestelle Kommunen in der Einen Welt/
InWEnt GmbH
Friedrich-Ebert-Allee 40, D-53113 Bonn
Tel.: (0228) 44 60 - 1600
Fax: (0228) 44 60 - 1601
info@service-eine-welt.de
www.service-eine-welt.de

Danksagung

Zur Entstehung dieses Buches haben viele Freunde und Kollegen beigetragen:

Michael Berger, Wolfgang Englert, Hermann Grossmann, Ulrich Fröhner, Bernward Janzing, Jürgen Leuchtner, Andreas Markowsky, Christian Neumann, Joachim Nitsch, Eva Opitz, Mariele Pelster, Josef Pesch, Philipp Späth, Wilfried Telkämper, Martin Ufheil und Holg Wagner gaben uns wichtige Hinweise für die Verbesserung von Text und Grafik. Moni Bauer und Sabine Kropat wandelten unsere Vorstellungen und Wünsche in eine ansprechende Grafik um und zeigten auch bei wiederholten Änderungswünschen Geduld mit den Autoren. Nicht zuletzt geht unser Dank an Rainer Schüle, der die Entstehung dieses Buches von Anfang an begleitete und die Produktionsleitung übernahm. Ihnen allen sei herzlich gedankt.

Die Autoren
Freiburg, April 2000

Auch bei der zweiten und dritten Auflage standen uns Freunde und Kollegen zur Seite. Wir danken ganz herzlich Claus Barthel, Claudia Dambacher, Christine Denz, Thorsten Ellenbeck, Manfred Fischedick, Ulrich Fröhner, Jürgen Leuchtner, Traute Maier, Eva Opitz, Mariele Pelster, Werner Platzer, Juith S. Rieker, Hans-Peter Schäuble, Sabine Schlager, Rainer Schüle, Marcus Voigt, Annette und Holk Wagner und Andreas Weindel für die wertvollen Hinweise und die geleistete Unterstützung.

Die Autoren
Freiburg, im Mai 2007